普通高等教育"十一五"国家级规划教材

云降水物理学

杨 军 陈宝君 银 燕 等编著

气象出版社
China Meteorological Press

内容简介

全书共分16章，全面系统地介绍了云降水物理学的基础理论知识，包括大气中水的基本性质、云雾降水宏微观特征、核化过程与扩散增长、液相和冰相降水的形成、雷暴起电机制、云物理实验与探测，还简要介绍了云的数值模拟、人工影响天气及云降水化学方面的基础知识。各章均附有习题及主要参考文献，便于读者加深理解和延伸阅读。

本书力求概念清晰、论述严谨、深入浅出，既可作为高等学校大气科学专业本科生的专业课教材，也可供研究生和相关科技工作者和业务人员阅读、参考。

图书在版编目(CIP)数据

云降水物理学/杨军等编著.—北京：气象出版社，2011.6(2020.7重印)

ISBN 978-7-5029-5245-7

Ⅰ.①云… Ⅱ.①杨… Ⅲ.①降水-大气物理学

Ⅳ.①P426.61

中国版本图书馆CIP数据核字(2011)第122756号

云降水物理学

Yunjiangshui Wulixue

出版发行：气象出版社

地　　址：北京市海淀区中关村南大街46号　　**邮政编码**：100081

电　　话：010-68407112(总编室)　010-68408042(发行部)

网　　址：http://www.qxcbs.com　　**E-mail**：qxcbs@cma.gov.cn

责任编辑：李太宇　隋珂珂　　**终　　审**：周诗健

封面设计：博雅思企划　　**责任技编**：吴庭芳

印　　刷：三河市百盛印装有限公司

开　　本：720 mm×960 mm　1/16　　**印　　张**：23.5

字　　数：460千字

版　　次：2011年6月第1版　　**印　　次**：2020年7月第2次印刷

定　　价：68.00元

前言

云降水物理学是大气科学的重要分支,主要研究自然界云、雾和降水的形成、发展和消散过程,传统上分为研究云降水粒子形成、增长的云微物理学和研究云降水发展宏观过程、云系结构的云动力学,同时还包括雷暴电学、云雾光学、云的辐射气候效应、云降水化学等广泛的内容。

大气中绝大多数天气现象都和云、雾、降水过程密切相关,而且云、雾、降水本身就是主要的天气现象。云降水过程是全球水分循环中的重要环节,水汽输送和潜热释放在大气热量收支和大气动力过程中占有很重要的地位。其他如大气辐射、大气污染均与云降水密切相关。天气预报中对云和降水的预报需要对云降水物理有深刻的理解,数值天气预报要求提出正确描述云降水过程的计算方案。人工影响天气则是直接建立在云降水物理学基础上的一门应用科学技术。云降水物理学是一门具有现实意义、富有生命力的重要学科。

新世纪以来,云降水物理过程在天气、气候系统中的关键作用进一步成为学术界关注的焦点。同时,社会经济发展对人工影响天气提出了更为迫切的需求。国内外出现了新的一轮云降水物理研究热潮,并取得了大量新的研究成果。特别在成云致雨的大气气溶胶粒子、云雾形成过程、云向降水的转化、云的辐射气候效应、云降水实验探测技术以及数值模拟等方面取得到了新的进展,进一步加深了我们对大气基本物理过程的理解,直接推动了云降水物理学的快速发展。

云降水物理学作为大气科学的一门独立分支学科已有近百年历史。我国系统性的云降水物理研究是从 1958 年开始的,并随即在大学开设了云降水物理学专业课程,从最初的讲义到《云雾降水物理基础》(顾震潮,1980)、《云物理学基础》(北京大学,1981)、《微观云物理学》(王鹏飞和李子华,1989)、《云和降水物理学》(王明康,1991)、《云和降水物理》(黄美元和徐华英,1999)、《云物理学》(王宝贯,1997)的编写和《雨云物理学》(程纯枢译,1966)、《云物理学》(中国科学院大气物理研究所译,1978)《云物理简明教程》(周文贤和章澄昌译,1983)、《云物理学简编》(王鹏飞译,1983)的引进,逐步形成了较为系统完善的课程知识结构体系,在我国大气科学的人才培养中发挥了重要作用。

目前,我国高等教育迅速发展,已进入全面提升质量、加强内涵建设的新阶段。教材是体现教学内容和教学要求的知识载体,是保障教学质量的关键,更是提高教学质量、培养优秀人才的重要保证。新的高等教育形式对教材建设提出了新的需求。按照普通高等教育“十一五”国家级教材规划要求,我们在国内外已有教材和研究成果的基础上,根据学科发展、社会对人才的需求和人才培养实践编写了这本教科书。

在写作的指导思想上,本书力求遵循国际先进的教学理念、方法与中国高等教育特色相结合,理论知识、应用技能与创新思维相结合的原则。在本书材料组织上,希望做到基本原理和最新研究进展相结合,云微物理学和云动力学相结合,物理意义和数学描述相结合。每章均精选了典型习题并给出了部分参考答案,供读者学习中巩固基础知识、加深对内容的理解,同时对形成云降水物理知识体系的重要文献和书中用到的素材来源均注明参考文献,便于读者延伸阅读。

全书共分16章,内容包括大气中水的基本性质、云雾降水宏微观特征、核化过程与扩散增长、液相和冰相降水形成理论、雷暴起电机制、云物理实验与探测。考虑到内容的完整性,书中还简要介绍了云的数值模拟、人工影响天气及云降水化学方面的基础知识。本书第1、5、8、9、11、12、13章由杨军编写,第2、3、10、14章由陈宝君编写,第7、15、16章分别由银燕、刘晓莉、朱彬编写,第4章由金莲姬和银燕编写,第6章由杨素英和银燕编写。杨军负责全书统稿,对各章节文字和插图作了适当的补充和修改。

书中很多插图来源于相关教材、专著、论文,均标注了文献,对原作者表示感谢。在本书写作过程中,很多同行、专家提出了宝贵意见,同时参加本课程学习的同学们也对书稿提出了大量修改建议,在此致以深深的谢意。南京信息工程大学和气象出版社给予了教材出版经费资助。李太宇编审从选题提出到出版一直给予我们热情的鼓励和耐心的帮助,并做了认真细致的编辑、润色工作,深表谢意。

本书力求全面系统地介绍云降水物理学的基础理论知识和近年来的研究成果,但由于云降水物理学涉及面很广,发展迅速,加之编著者的学识水平有限,错误、疏漏之处在所难免,衷心希望各位读者批评指正。

编著者

2011年5月

目 录

第1章 绪 论

从太空遥望地球，60%～70%的地球表面被云覆盖(Quante，2004)，仅露出小片陆地。从地面仰望天空，云则千姿百态、千变万化。云为我们提供淡水、清洁大气、调节天气与气候，决定了我们赖以生存的地球环境状态，是地球系统的重要组成部分。

在云的美丽形态背后是各种有趣的物理、化学特征和规律，涉及动力学、微物理学、热力学、湍流、辐射传输、非均相化学等宽广的领域，是我们深入探索自然的又一广阔空间。

1.1 云降水物理学的性质和研究对象

云、雾、降水物理过程是大气水循环的核心组成部分，是地球大气的热量、水分和动量平衡的关键因素，它不仅影响局地和短期天气过程，也影响大气环流和全球气候变化。此外，云和降水还会影响大气污染、大气雷电和电磁波传播等过程。

云降水物理学，简称云物理学，广义上可定义为大气中云和降水的科学，或者说是大气中水的科学，包括云和降水的分类、形成、演变，以及从云中辐射传输、云中光电现象一直到云降水化学等广泛内容。

通常讨论的云降水物理学是以大气热力学和大气动力学为基础，研究大气中水分在不同阶段所经历的物理过程，具体而言就是研究云、雾和降水的形成、发展和消散过程，是大气科学中最为重要的分支学科之一。

根据研究对象尺度的大小，云物理学可分为宏观云物理学和微观云物理学。宏观云物理学以水平、垂直尺度大于10 m的云或云系为对象，以热力学、大气动力学为基础，将云作为一个整体，研究其形成、发展和衰亡的热力—动力过程及其演变规律。而微观云物理学则以云体的组成元素——云粒子(云滴、冰晶)和降水粒子(雨、雪、霰和冰雹等)为对象，尺度约为0.1 μm～1 cm，以水汽的相变热力学和气溶胶力学为基础，从微观角度研究云和降水粒子的形成、增长和转化等物理过程，所涉及的基础知识为热力学原理、扩散理论和物理化学等。

从研究对象的空间尺度(表1.1)来看，云降水的微观物理过程涉及的大气粒子尺度范围非常广，从气溶胶粒子中的 Aitken 核（约 10^{-2} μm）、大核（约 10^{0} μm）、巨核和云滴（约 10^{1} μm）、毛毛雨和雪晶（约 10^{2} μm）、雨、雪团和霰（约 10^{3} μm）到冰雹（约 10^{4}～10^{5} μm），跨度约达 7 个数量级。对于云形成的宏观动力过程，同样存在巨大的尺度差异，如小旋风（约 10^{1} m）、尘卷风（约 10^{0}～10^{1} m）、初生积云（约 10^{2}～10^{3} m）、雷暴（约 10^{3}～10^{4} m）、多单体风暴和台风等中尺度云系（约 10^{5} m）、罗斯贝波等天气尺度云系（约 10^{6} m）。

表 1.1　云降水物理学的研究对象

<table>
<tr><th colspan="2">分类</th><th>研究对象</th><th>尺度范围</th></tr>
<tr><td colspan="2" rowspan="5">微观尺度</td><td>气体分子、离子</td><td>0.1 nm～1 nm</td></tr>
<tr><td>气溶胶粒子、云降水粒子</td><td>1 nm～1 cm</td></tr>
<tr><td>雹胚、雹块、微涡</td><td>1 cm～10 cm</td></tr>
<tr><td>小涡、墙角风</td><td>10 cm～1 m</td></tr>
<tr><td>热泡、尘卷风、碎云、亮带厚</td><td>1 m～100 m</td></tr>
<tr><td rowspan="12">宏观尺度</td><td rowspan="3">小尺度
（结构尺度）</td><td>初生云</td><td rowspan="3">100 m～5 km</td></tr>
<tr><td>弧状云、龙卷漏斗、悬球云、云塔宽、降水幡等</td></tr>
<tr><td>雷达回波结构（弱回波区、回波墙、高悬回波等）</td></tr>
<tr><td rowspan="5">中小尺度</td><td>阵风锋</td><td rowspan="5">2～25 km</td></tr>
<tr><td>雷暴云、积云单体</td></tr>
<tr><td>龙卷风</td></tr>
<tr><td>中尺度高压及低压</td></tr>
<tr><td>雨团</td></tr>
<tr><td rowspan="4">大中尺度
（天气尺度）</td><td>飑线、云团、细胞状云</td><td rowspan="2">25～500 km</td></tr>
<tr><td>雨带</td></tr>
<tr><td>台风、气旋、锋面及辐合带云系</td><td rowspan="2">>500 km</td></tr>
<tr><td>盾状云、螺旋云带、逗点云</td></tr>
</table>

云物理学的微观和宏观两个方面虽然在研究对象尺度上存在巨大差异，但不同尺度的粒子、云系（云体）之间是相互联系、相互作用的。一方面，云和降水的微物理过程在相当大的程度上受到云中大气运动的制约。云发展和降水形成的宏观动力过程提供了微物理过程进行的背景，决定性地影响了云粒子的数密度、初始大小分布及其物理性质，限定了微物理过程进行的速率和持续时间，以及最终降水量的大小，而且只有研究了云动力学过程，才能知道微物理过程中哪些是重要的，所以云动力学在云和降水物理学的研究中具有基本的意义。另一方面，微物理过程对于宏观动力过程又有重要的反馈作用。云和降水粒子的凝结和凝华、蒸发和升华改变了水汽密度，伴随着相变潜热的释放和吸收，又提供了一种重要的热源和热汇，它极大地影响了云体内外空气的运动，而降水粒子的拖曳作用又常常是促使云体消散、崩溃的一个重要

因素。近年来，越来越多的人致力于研究云的宏观动力学与微物理学的相互作用。

1.2　研究目的和意义

云、雾和降水是在一定的天气形势条件下产生和发展的，大部分重要的天气现象，如雷暴、冰雹、龙卷以及暴雨、梅雨、台风、连阴雨等，都与云和降水有关。所以云和降水物理学与天气学有密切的关系。同时，云和降水过程是地球大气的热量、水分和动量平衡的关键因素，它不仅影响局地和短期天气过程，也影响大气环流和全球气候变化。此外，云和降水还会影响大气污染、大气雷电和电磁波的传播。因此，云和降水物理学与气候学、动力气象学、大气物理学、大气探测和大气化学等分支学科及其应用技术都有密切的联系。下面以天气、气候和大气化学为例简要讨论云降水物理学的研究目的和在大气科学中的作用。

1.2.1　云与天气

天气学是研究天气现象和天气过程的物理本质及规律，并用以制作天气预报的学科。云中潜热释放充当着一种驱动全球大气环流的"引擎"，同时将能量从低空输送到高空，改变能量在大气中的垂直分布，直接决定天气现象和过程产生的大气背景。云雾降水的发生和演变本身就是最重要的天气现象和过程，并影响天气系统的发展。如地球上很大一部分降水是从含有冰粒子的云中产生的，有时云中是否出现冰粒子甚至能决定降水是否发生以及降水强度和降水范围。

云降水发生于地球密度层结和旋转大气背景下的特定天气系统下，但同时也对天气过程的发展、演变具有反作用。例如，对于通常能够产生很大的降水量，甚至引起局地洪涝的强对流风暴系统，它能够发展到什么样的程度，所造成的结果究竟是冰雹、暴雨、还是强风，一定程度上取决于云体的结构。不同的结构可以导致系统朝不同的方向发展，从而产生不同的天气现象。同时，云体结构是大气动力学与云降水物理学相互作用的产物，没有云降水物理过程的参与，很多大气系统就无法产生和发展，但如果没有适当的动力、热力过程作为背景，导致系统发展的云降水物理过程则难以启动和加强。

云雾降水物理已经与天气预报在量的方面紧密联系、相互结合。准确和定量的天气预报必须考虑云降水物理过程，云降水物理学为定量天气预报提供了理论基础、思路和物理机制。例如，强对流天气系统的准确预报十分困难，原因之一就是控制强对流系统启动和发展的云降水物理机制还不完全清楚，因此也就不能在天气预报模式中充分地表征和准确预报，所以云降水物理过程是大气数值模式系统中不确定性的重要来源。

作为天气系统中不可分割的重要组成部分，云、雾和降水对其他天气现象和过程有着重要影响。如果对云降水物理过程把握不准确，不仅直接降低降水预报的准确性，同时由于云降水过程的影响，其他气象要素的预报也变得十分困难，如有云的阴天和无云的晴天，温度的差异将十分明显。

此外，云降水物理自身的发展也已走出环节性研究，向系统化方向发展。云降水物理学不再只包括单一的微物理内容，而是微物理与宏观动力学的结合，并不断地加深对大气中实际云体或云系的具体云降水过程的理解，这不仅需要知道天气系统的一般特征，还需要知道天气系统的精细结构。

1.2.2 云与大气辐射和气候

作为全球变化的一部分，气候变化是当今大气科学领域的一个重大问题，覆盖地球大部分天空的云与太阳短波辐射和地球大气长波辐射发生相互作用，从而成为影响地球大气辐射平衡、气候系统和气候变化的重要因素，同时也是目前认为不确定性最大的因素。

如图 1.1 所示，就全球平均而言，云对太阳辐射的反射率约为 15%，占到了地球行星反照率的一半，云反射太阳辐射产生的大气冷却效应约为 −42～−74 W · m^{-2}。在短波辐射光谱范围，对流层中、下层的层状云比高层的卷云具有更大的光学厚度，在云的辐射气候效应中起到了主要作用。此外，相对陆地而言，洋面由于本身反射率较低及占地球表面积比例大，因此云在海洋上空的大气能量平衡过程中显得更为重要。

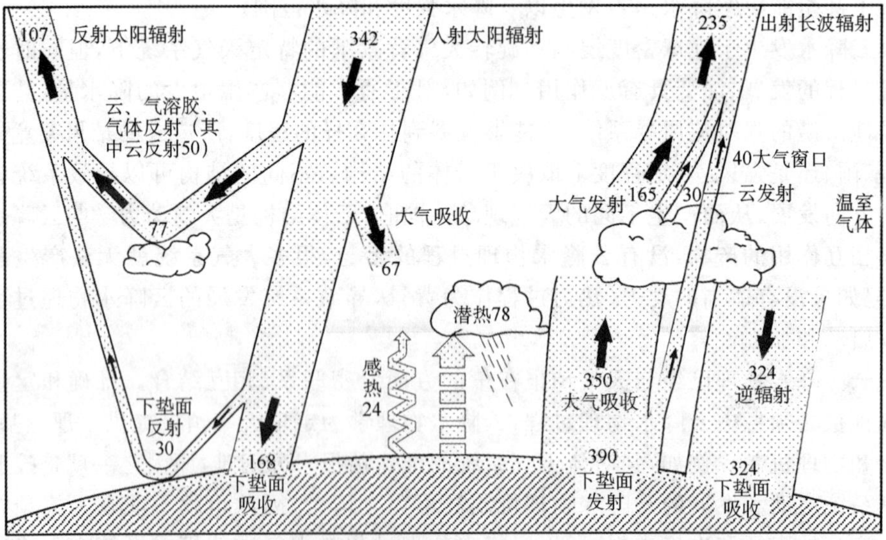

图 1.1 地球年平均能量收支（单位：W · m^{-2}；Kiehl 等，1997）

云在吸收很大一部分地面发射的长波辐射的同时，其本身也向外发射长波辐射，云吸收和发射长波辐射的规律不同于大气中的气体成分。云的发射强烈依赖于云体温度，因此云顶的温度决定了云体通过向上长波辐射造成的能量损失。云对地气系统长波辐射吸收作用很强，约在 22～55 $W \cdot m^{-2}$，这其中卷云发挥了重要作用。对照云对短波辐射和长波辐射的不同作用，可知云对气候系统产生的净效应约为 15～20 $W \cdot m^{-2}$。目前，人们对云的辐射气候效应的定量估计还存在很大的不确定性。在某些局部地区，云产生的净效应范围很大，既可以是增暖，也可以是冷却。

从另一个方面来看，气候变化对云的影响及变化了的云进而再对气候系统的反馈也是十分重要的，对这方面的科学认识和定量估计的准确性均远低于温室气体。全球变暖对云的范围和状态都会产生影响，其结果既可以是增温，也可以是降温，这种反馈机制对温室气体的气候效应可能产生增强或减弱的作用。

在云的辐射、气候效应中，云的辐射特性强烈依赖于云粒子的微物理性质，包括尺度、形状、数浓度等。例如，无论云是由水滴还是冰晶组成，在云粒子总水量相同的条件下，大量小粒子组成的云比少量大粒子组成的云能反射更多的太阳辐射。同时，一些情况下小云滴能起到减缓降水的作用，从而使云的生命史延长，云量增多。此外，人类活动向大气排放的物质中除了气体成分外，也包括气溶胶粒子，其中一些气体成分有利于大气中形成新的气溶胶粒子。人类活动产生的气溶胶粒子中的一部分是可溶性的，它们能促进云滴的生成，并且一定程度上决定了形成的云滴数目。当可溶性气溶胶粒子增多时，能造成云滴数目增多、尺度减小，从而使云的反照率增大或生命史延长。这一"气溶胶→云→辐射→气候"的影响过程被称作气溶胶的间接气候效应。对云降水过程本身进行充分的科学认识是准确揭示云、气溶胶辐射气候效应的前题。

1.2.3　云与大气化学

云、雾、降水等水凝物粒子相当于大气化学中的湿反应器，是大气污染物和痕量气体的源和汇，云、雾、降水物理过程与大气化学、酸雨、污染物的输送和清除等密切相关。

大气湿沉降过程是空气中的粒子和可溶性气体移出大气的主要途径。例如一些大气气溶胶粒子帮助云滴和冰晶形成并同时进入云粒子中，如果这些云粒子最终形成雨滴，则这些气溶胶粒子随雨滴一起降落到地面。同时，雨滴也将在下落过程中将捕获的气溶胶粒子一起携带到地面。可溶性气体成分能够在云滴中达到溶解平衡，若通过液相化学反应在云滴中生成一些非挥发性物质则可被降水一起移出大气。

酸雨是云降水过程造成污染物沉降的典型例子。其主要原因是化石燃料燃烧等过程释放出的 SO_2 和 NO_x 进入大气后通过气相、液相化学反应产生硫酸盐和硝酸盐,这些酸性化合物随降水一起被携带到地面。

对于不产生降水的云雾过程,大气中的可溶性气体和气溶胶粒子中的可溶性成分同样可通过液相化学反应进入云雾滴,使大气中气相和粒子相的化学成分及其随粒子大小的分布发生变化,这一过程特别是在云雾滴蒸发后形成新的气溶胶粒子时最为显著。对于冰相云降水过程,冰雪晶的表面提供了非均相化学反应条件,对大气化学过程也十分重要。

除了以上非均相化学反应和沉降过程,同样重要的是云对大气成分垂直分布的贡献。云的垂直运动将气体和颗粒物从包括边界层在内的对流层低层输送到对流层中上层甚至平流层下部,从而在一定条件下可使这些被输送的成分在大气中存留更长的时间,如深对流风暴系统中的强上升气流能够将边界层中的成分快速输送到对流层顶。

此外,云降水物理学已作为理论基础直接应用到了人工影响天气的实践活动中,例如人工降水、人工消雹、人工消雾、人工防雷以及人工造云等等,尽管在方法技术上还需要进一步完善,但已对国民经济起到了很大作用。同时云雾降水物理与大气光学、大气电学也都有着紧密的联系。由此可见云雾降水物理是一门有实际意义并富有生命力的重要学科。

1.3　研究方法体系

云降水物理学的研究过程,是利用人的主观能动性不断探索和发现的过程,是不断向客观真实靠近的过程,总体上遵循由简单到复杂、由低级到高级的渐进认识规律。因此,研究云降水物理,从认识论的角度可划分为三个层次、五类方法:(1)感性认识,即观测和探测;(2)理性认识,即理化实验、理化模拟和数值模拟;(3)自然过程人为干扰,即人工影响天气。

这些方法相辅相成、不可分割、互为补充、互相促进,整体上构成了一个研究方法体系(图 1.2)。通过认知过程的不断循环,使我们实现对云降水物理过程认识的从现象到本质、从外部到内部、从偶然联系到必然联系,在广度上不断扩展,在深度上不断向前推进,不断揭示自然云降水过程的本质和规律。

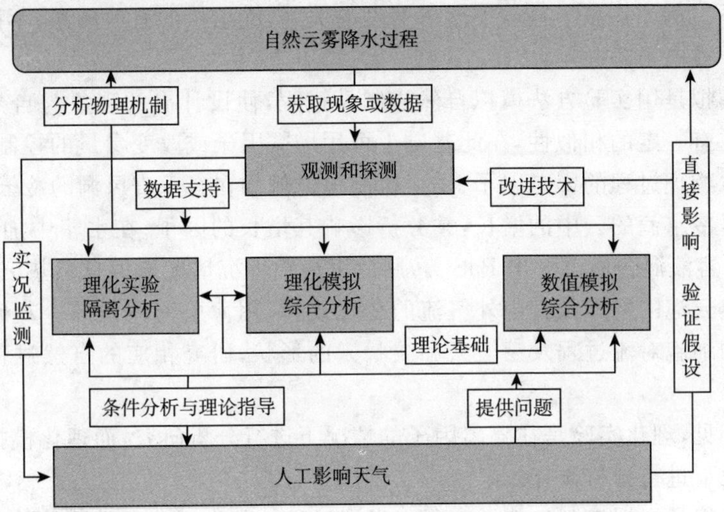

图1.2　云降水物理学研究的方法体系(王鹏飞,1980)

1.3.1　感性认识

观测和探测是对客观自然的或人工影响后的云降水过程获得感性认识的方法。例如组织中小尺度观测网;进行云内外温、湿、压及气流分布探测,云体发展及夹卷情况探测、雷达及卫星探测;云内微物理结构及其有关参量和特征(如滴谱、含水量等)观测、降水观测等。

如1.4节发展简史所述,人类气象知识的积累,最早便来源于对云和天气过程的直接观测,云的观测是气象观测中最基本的项目之一。《诗经》中有“上天同云,雨雪雰雰”,古巴比伦人也在公元前650年开始通过云状预测天气。随着16—18世纪大量气象仪器的出现,促使了气象学从经验和实践到知识和理论的演化,气象学真正成为了一门独立的学科。从此开始,对云降水物理的观测经历了从目测到器测、从地面到高空以至太空、从宏观到微观的过程,已形成较为完整的观测体系,为云降水理论认识的深入奠定了科学基础,推动了云降水物理学自身的发展和对天气、气候等大气过程的深入认识。

1.3.2　理性认识

理化实验、理化模拟和数值模拟是用分析和综合的方法提高对自然云降水过程及人工影响天气的理性认识。

理化实验和理化模拟都在实验室中进行,其区别在于:

理化实验是从云雾过程的整体中隔离出一些因子,在实验室分析较为单纯的一些物理关系。例如水滴半径与下落末速度的关系,冻结核的有效阈温,不同半径水滴的重力碰并或电力碰并等。

理化模拟是用实验方法模拟自然机制及过程,使设计出的现象与自然过程在直观和理论上有一定的相似性,在此基础上可用增减因子或改变参量的控制实验方法,研究云降水物理过程的影响因子、发生机制等。例如在有垂直风洞的冷云室中,模拟冰雹在有过冷水滴的云中的增长,并分析影响其增长的因子;在水箱中加入由 $BaCl_2$ 和 Na_2SO_4 溶液混合而沉淀出 $BaSO_4$,用此沉淀物下沉情况模拟自然热云泡的上升,从而研究热云泡的发展及其内外气流的变化规律;用薄层流体顶部冷却底部加热模拟自然云的细胞对流过程及镶嵌云和波状云的形状,研究相应的自然过程及云状的形成条件等。

由此可见,理化实验是在隔离因子的情况下进行分析研究,而理化模拟是在综合因子的情况下进行分析研究。

数值模拟是根据控制自然云雾降水发展过程的基本规律所遵循的数学物理方程组(包括宏观的流体动力及热力学方程组和云雾微观过程方程组),根据探测得到的初始条件和边界条件,进行数值求解。并把所得结果与自然界云雾降水发展的探测数据进行比较,二者相符则认为所采用的这些方程组及计算结果能够代表自然云降水过程,在此基础上开展云降水过程的各种试验。该方法是在 20 世纪 60 年代电子计算机发明之后才成为现实的,其发展决定于云降水物理理论认识的提高和现代计算机技术的发展。

数值模拟既可以摆脱实验室的约束和局限,又可以从更大的时间和空间范围研究云降水宏、微观理化过程,能够近似地模拟出客观云降水过程的规律。但是,数值模拟考虑的自然因素越多,方程组及其求解就越复杂,而且自然云降水过程的复杂性并不能完全用方程表达出来,求解时对方程组的简化也会造成一定程度上的失真,因此数值模拟侧重于对一些主要的综合过程的研究。

1.3.3 自然过程的人为干扰

人工影响云雾降水是指用人为方法干扰云雾降水过程,观测干扰后果,以了解云雾降水发展规律,其结果可用于使天气状况向人们所希望的方向演化,趋利避害。人工影响天气的主要途径是影响云和降水的微物理过程,因此云和降水物理学是人工影响天气的理论基础。同时也是云降水物理研究方法体系的重要组成部分,人工影响天气试验的广泛开展,又大大地促进了云和降水物理学的发展,并丰富了它的内容。

但是,自然云雾降水过程十分复杂,影响因子的主次常有变化。当进行人工催化时,催化的原理、催化剂的性质和播撒剂量、催化的时间和部位及被催化对象的特点等,都直接或间接影响云降水过程的后续发展。事实上,人工催化的后果是自然发展与人为干扰的综合叠加所造成的,区分后果中的自然演变和人为干扰的影响十分困难。

1.4 发展简史

1.4.1 自然哲学阶段

我国先民对云雾降水的体验和认识很早。

例如《竹书纪年》有:“轩辕五十年秋七月庚申天雾三日三夜,昼昏。大舜四十七年冬陨霜,不杀草木”。由于《竹书纪年》相传为战国时人所写,书中所言殷商之前的历史事迹多系传说。从有云降水相关实物记载的历史则可追溯到殷商时代,殷墟甲骨文中已有云、大雨、猛雨、疾雨、足雨、多雨、毛毛雨、小雨、大风、雾、雪、霰、电、虹等卜辞。《诗经》有“上天同云,雨雪雰雰”(《信南山》)、“有渰萋萋,兴雨祁祁”(《大田》)对不同的云产生不同的降水已有一定的认识。《庄子·徐无鬼》用两句话说明了水汽的形成“风之过河也,有损焉;日之过河也,有损焉”。《庄子·天运篇》还有“云者为雨乎?雨者为云乎?”讨论云和雨的关系。《吕氏春秋·圜道》讲到水循环时说“云气西行云云然,冬夏不辍;水泉东流,日夜不休,上不竭,下不满,小为大,重为轻,圜道也”。《周易集解篡注》引三国吴陆绩的话说“水气上天,决降成雨”,宋蔡卞《毛诗名物解》说:“水气纯化,在天成雾。雾,云之类也”。《老子·道德经》关于降水过程则有:“飘风不终期,骤雨不终日”。

对于固态降水,西汉董仲舒在《雨雹对》中指出:“攒聚相合,其体稍重,故雨乘虚而坠”,并且说:“风多则合速,故雨大而疏;风少则合迟,故雨细而密”,从雨滴碰并增大的角度来谈雨的形成,已涉及云降水的微物理过程。《春秋说题辞》说:“盛阴之气,凝滞为雪”,强调了雪通过凝华形成。公元前135年,西汉韩婴在《韩诗外传》中谈到雪的结晶时说:“凡草木花多五出,雪花独六出,雪花曰霙,雪云曰同云”。古代欧洲对雪花晶体的认识始于13世纪,Albertus Magnus(1200—1280年)于1260年提到“雪花是星状的”。但对雪花晶体六角对称性的认识,直到1611年Johannes Kepler(开普勒,1571—1630年)在《把六角形的雪花作为新年礼物》(*Strena Seu de Nive Sexangula*)的论文中才肯定了雪花的六角晶体结构。我国对霰的认识可追溯到《诗经·頍弁》中的“如彼雨雪,先集维霰”,而在东汉刘熙《释名》中指出:“霰,星也,水雪相抟,如星而散也”,意思是说:“霰是水和雪团在一起而成,其组成的质粒很像星星,其结构很松散”。董仲舒《雨雹对》中对冰雹的形成作解释说:“雹,霰之流也,阴气暴上,雨则凝结成雹焉”,意思是说:“雹与霰是同一类东西,当阴冷之气快速上升通过霰时,雨就在霰的表面碰聚冻结形成雹块”。

对于云的分类，《汉书·天文志》有：“陈云如垣。杼云如杼柚，云传两端锐。杓云如绳……，钩云如句曲”。《吕氏春秋·应同》有“山云草莽，水云鱼鳞，旱云烟火，雨云水波，无不皆类其所生以示人”。

在欧洲，古代对云雾降水也主要从预报天气的需要出发加以注意。古希腊哲学家 Aristotle（亚里士多德，前 384—前 322 年）所著《气象学》（*Meteorologica*）认为，大气从低到高可分为暖、冷、热三层，太阳将地面及水面的湿气吸引上升，在通过暖层进入冷层后，就形成了云、雨、雪、雹等现象。他的观点一直统治欧洲人的认识达两千年之久。

1.4.2 科学的开端

以上这些中西方早期对云降水过程的认识是基于对现象的思考，属于自然哲学范畴。在西方，先后经 Roger Bacon（1214—1294 年）的《气象学》（*In Meteora*）、Geronimo Cardano（1501—1576 年）的《论微妙物》（*De Subtillitate*）和 Rene Descartes（笛卡儿，1596—1650 年）的《气象学》（*Les Meteores*），建立了以实验（仪器定量测量）、归纳、分析等为基础的科学认识方法，使气象学完全摆脱 Aristotle 思想的束缚，从自然哲学发展到自然科学阶段。

在 18—19 世纪，云降水物理的研究侧重于云的宏观描述和对单个云粒子进行观测分析并对云滴的形成给出定量解释。

现代云的分类始于 1802 年 Jean-Baptiste de Monet de Lamarck（1744—1829 年）和 1803 年 Luke Howard（1772—1864 年），并在后者分类的基础上，根据云高和云状逐步发展为现在采用的国际云分类标准。

最早进行饱和水汽压测量的是 John Dalton（道尔顿，1766—1844 年），此后不少人对此进行研究。1843 年 Benoit Paul Émile Clapeyron（克拉珀隆，1799—1864 年）由热力学理论导出饱和水汽压随温度的变化关系，随后 Rudolf Julius Emmanuel Clausius（克劳修斯，1822—1888 年）将此关系改写为通用的微分表达形式，即 Clapeyron-Clausius（克拉珀隆—克劳修斯）方程。1884 年 H. G. Magnus（1802—1870 年）提出了平水面饱和水汽压与温度的经验指数关系式。

1784 年 James Hutton（1726—1797 年）发表了部分正确的降水形成理论，认为两团不同温度的空气混合时，空气中的一部分水汽变成雨水降落，因此暖风（气流）和冷风（气流）的交汇是降水的成因，忽略了水从气态向液态转化的物理过程。几乎过了一个世纪，1868 年 H. Peslin 首先说明降雨是由上升气流的膨胀冷却引起，与 Coulier、Aitken 等的凝结核观测工作结合形成现代降水理论的基础。Benjamin Franklin（富兰克林，1706—1790 年）在观测到被太阳加热的空气上升产生对流云后，将大气上升过程抽象为绝热冷却。

1870 年 William Thomson(1824—1907 年),即 Kelvin(开尔文)勋爵,在爱丁堡皇家学会的会议录上发表了具有重大意义的论文,得出了使用至今的云滴表面饱和水汽压与温度和水滴大小的重要关系。1884 年 François-Marie Raoult(拉乌尔,1830—1901 年)研究了稀溶液的饱和水汽压定律,解释了溶液表面饱和水汽压低于纯水表面饱和水汽压的现象。在以上研究基础上,后由 Hilding Köhler(科勒,1888—1982 年)通过对海盐核的研究发展了吸湿性核凝结理论,得到了著名的 Köhler 方程。

Paul Jean Coulier(1824—1890 年)和 John Aitken(1839—1919 年)最早利用膨胀云室揭示了大气尘埃粒子在水汽形成水滴的过程中的重要作用。1875 年 Coulier 发表了他的试验结果,证实了空气中的悬浮颗粒在微量过饱和或未达到饱和情况下,可充当在其周围发生凝结的核。1880 年后,Aitken 埋头苦干了近 35 年,用他那个被称之为 Aitken 核计数器的轻便膨胀室,考察了低层大气中所含的大气粒子数,他们的发现使人们对云滴形成过程开始有了正确的认识。Josiah Willard Gibbs(吉布斯,1839—1903 年)在 1890 年提出与相变发生时能量转化有关的 Gibbs 自由能概念。1897 年 Charles Thomson Rees Wilson(威尔逊,1869—1959 年)进行了经典的云室试验,研究了无尘空气中水汽的凝结,初步说明了凝结现象中离子核的作用。

1.4.3 独立的学科分支

随着 19 世纪末气象探测从地面向空中发展,1900 年前后 Arthur Josef Stanislaus Berson(1859—1942 年)通过气球观测发现了空中的过冷却云滴。其后 Alfred Lothar Wegener(1880—1930 年)在他 1911 年出版的《大气热力学》(Thermodynamik der Atmosphäre)一书中指出观测到−20～−30℃的液态水滴。书中说:"水汽张力将自行调节到冰面和水面饱和值之间的某一个值。由此产生的效应必然是,在冰上将连续不断发生凝华,而同时液体水则在蒸发,这一过程一直要进行到液相完全耗尽为止"。随后,Tor Bergeron(贝吉龙,1891—1977 年)对过冷水滴的观测事实进一步整理,将研究论文"On the Physics of Cloud and Precipitation"提交到 1933 年在里斯本召开的国际大地测量和地球物理联合会第五次全体会议上,这便是著名的液相和冰相混合云降水理论,一时引起世界上所有气象学家的关注,认为是对气象学的了不起的贡献。Theodor Robert Walter Findeisen(芬德森,1909—1945 年)通过进一步的观测和计算,于 1938 年发表文章对 Bergeron 的理论作了更为明确的阐述,并引进了许多新的解释,是当时唯一被公认的降水粒子形成理论。因此很多气象学家称 Bergeron 为云降水物理学的鼻祖,称 Findeisen 为第一位云物理学家。

1938 年 Henry G. Houghton 又指出云中无冰晶而出现降水,可能是大小水滴因下降速度不同而互相碰并增大所致。1940 年 W. Peppler 利用空中探测资料,认为暖云中有云滴碰并增长成雨的机制。1948 年 Irving Langmuir(朗缪尔,1881—

1957 年)指出积状暖云可因连锁繁生过程使雨滴数量增多。

1946 年是云降水物理学与人工影响天气历史上值得纪念的一年。当年 7 月 12 日,Langmuir 和 Vincent J. Schaefer(1906—1993 年)在研究冰箱里过冷却水滴的冻结过程时,当温度降到－20℃左右,仍没有冰形成,为了让温度再低一点,就取了一大块干冰投入箱中去降低温度。忽然间,空气中马上充满了冰晶,足有几百万个。把干冰取出来后冰晶继续维持了一会儿。接着发现,即使很小一块干冰也能使云里充满冰晶。Schaefer 在给《Science(科学)》的文章结语中写道:“计划准备在不久的将来通过一架飞机向云中播撒小块干冰,而将过冷云大规模转化为冰晶云。我们相信,这种作业是切实可行、比较经济的,同时,大面积的云系也可用这种方法进行人工影响”。在这期杂志出版前两天的 1946 年 11 月 13 日,Schaefer 进行了一次有历史意义的飞行,它是人类第一次对过冷云进行科学播撒。他们在一块云的上方沿着一条大约 5 km 长的航线,播撒了 1.4 kg 干冰。这块云是层积云,云高 4000 多米,云中温度－20℃。在 5 min 以内,似乎整个云都转变成了雪,在云下降落了约 600 m 才蒸发掉。同年 11 月,Bernard Vonnegut(1914—1997 年)在 Schaefer 等播撒干冰试验成功的基础上,把注意力也转移到冰晶的形成上来。当了解到冰晶可以在具有适当的晶体结构的物质上核化增长之后,他翻阅了 X 光晶体学手册,寻找晶体结构和冰晶相近、又不溶于水的物质,AgI 似乎是最符合这个条件的。通过实验,Vonnegut 确定了 AgI 作为人工冰核的成核作用。从此,干冰和 AgI 作为最可靠的人工冷云催化剂一直使用至今。

Langmuir、Schaefer 和 Vonnegut 播撒和实验的成功,使人类对主动干预天气过程的愿望获得了一定的科学依据,从而实现了云降水物理学从理论到实践的飞跃,从此云降水物理学成为了气象学中一门独立的分支学科。

入云探测是研究云降水物理的重要手段。1749 年 Alexander Wilson(1714—1786 年)和 Thomas Melvill(1726—1753 年)用风筝携带温度表测量高空温度。1752 年 Benjamin Franklin(1706—1790 年)进行了著名的“费城实验”,将风筝放入雷暴云中,弄清了雷电与地面的电是一回事,后来在 19 世纪末到 20 世纪逐步提出了各种云中起电机制。1783 年 Jacques Alexandre César Charles(1746—1873 年)乘氢气球测量了空中的温度和气压。1928 年 Pavel Alexandrovich Molchanov(1893—1941 年)研究出了无线电探空仪,1940 年还发展了无线电测风雷达,使云中温、压、湿、风均可直接测量。在第一次世界大战期间发展起来的飞机,也用来进行对云层及其附近空间的气象探测,并一直发展为云降水物理的现代飞机探测技术。

对云降水的宏观观测,由于中小尺度天气分析的需要而得到发展,1935—1939 年 G. A. Suckstorff 从对世界各地雷暴云的研究中,发现雷雨云下有冷空气丘。1941 年 H. T. Harrison 研究了锋前飑,以后 Horace Robert Byers(1906—1998 年)和 Roscoe R. Braham Jr. 对飑线做了进一步的研究,发现它移动中有生消过程,其中有单体的新生和消亡。1958 年 Tetsuya Fujita(藤田)发现产生龙卷的雷暴往往位于龙卷气旋之中。1969 年 Keith A. Browning 等利用探空仪及雨量网资料,分析了锋面降水,发现暖锋降水很复杂,其中包含了由对流性雨团组成的雨带。

第二次世界大战中发展起来的雷达在战后即用于气象探测,早在 1941 年 John Walter Ryde(1898—1961 年)就研究了云、雨、雹、沙尘暴造成的雷达回波衰减。1947 年 David Atlas 对早期的雷达定量分析暴雨进行了总结,1948 年 Athelstan F. Spilhaus 研究了雨滴大小、数密度与雷达回波的关系,以后气象雷达在云雾降水研究中成为既可了解中小尺度系统,了解云内结构,还可了解云内微物理特征的良好工具,是自然云降水探测及人工影响天气监测不可缺少的设备。1957 年和 1960 年先后发展了连续波和脉冲多普勒雷达,可以探测云中风场。1949 年 Byers 和 Braham 第一次利用雷达解剖了雷暴云,分析其动力过程,指出雷暴云发展的三个阶段。在 20 世纪 60 年代 Browning 和 Frank H. Ludlam 等分析了强雹云结构,发现了强雷暴成熟阶段的环流特征,并发现回波中有弱回波穹窿、悬垂回波、回波墙等结构。1972 年 John D. Marwitz 将强风暴分为多单体、超级单体、强切变等类型。1976 年 Browning 和 G. Brant Foote 进一步分析超级单体,又发现了雹胚帘结构,以及形成大冰雹时雹块的增长路径。由于常规天气雷达对小粒子组成的云不敏感,因此 20 世纪 60 年代美国空军开始使用毫米波雷达进行云的详细结构探测。经过近 30 年的技术改进,到 20 世纪 90 年代开始已发展到利用毫米波雷达进行云的连续监测,逐步实现了对云的三维结构、含水量、冰晶和云滴形状等的测量。

气象卫星自美国 1960 年和我国 1988 年发射以来,从早期以可见光及红外等云图形式给云雾降水物理研究提供了一个新工具,随着空间分辨率的提高和光谱通道的增加,逐步发展到对云雾降水结构、相态、温度、光学厚度、粒子有效半径等宏微观物理参数的综合探测。

早期的云物理学侧重于云的微物理学,并不是认为云的动力过程不重要,主要原因是对云的动力学的了解远不如对云的微物理学那样清楚。例如:许多微物理过程可在实验室中进行研究,而大尺度动力效应一般不容易再现。而且云的动力学中有许多重大的理论问题尚未解决,但微物理过程的理论基础则相对完善。

随着多普勒雷达、卫星、飞机等现代探测技术在云降水物理观测中不断发挥作用,以及微观云物理学研究的深入开展,越来越多的事实表明,云微物理过程在很大程度上受制于宏观动力学过程。同时人们也意识到,云微物理过程也能够在一定程度上改变云的宏观动力学和热力学结构。在此基础上,运用不断发展的计算机技术,将云中微物理过程和动力过程、云与环境紧密结合,进行数值模拟和试验,从而阐明云和降水发生发展的条件、物理过程、控制因素及其变化规律,推动了云的数值模拟和云动力学的发展,进一步完善了云降水物理学的内涵,使云物理学成为了一门复杂的定量科学。

20 世纪 80 年代以来，云和降水物理学与当代一些大气科学的前沿问题的关系愈来愈密切。(1)气候变化是当代面临的一个重大问题，而云的分布、结构及其演变严重地影响大气辐射，进而影响气候。(2)云和降水作为一种重要的大气湿化学反应器，对大气污染物和痕量气体来说既是汇又是源。因此，云和降水物理与大气化学、酸雨、污染物的输送和清除等密切有关。(3)中尺度灾害天气(如暴雨等)与强对流云和云系有关，准确和定量的降水预报必须建立在云物理学的基础之上。

我国的云降水物理学通常认为是从 1958 年开始创建的。在这之前，我国还没有对云雾降水物理进行系统的研究，仅在云下电场等方面有少量观测研究。但在另一方面，人民群众中积累了很多很有价值的云雾降水物理知识。为了帮助农业解决“水”的问题，1958 年在当时干旱最严重的吉林省进行了人工降水的试验，取得了实效。中科院地球物理研究所为了帮助解决西北干旱问题也在祁连山区，以后在兰州附近进行了人工降水的试验，取得了一定效果。之后各地陆续开始了人工影响云雾试验，这样的形势要求云雾物理加快发展。所以说，我国的云雾降水研究自 1958 年开始就被人工降水的具体、迫切的需求带动起来，并为解决实际抗旱任务服务。同时在中南、华东等地也进行了飞机人工降水的科学试验，并在黄山和衡山建立了云物理观测基地。通过研究揭示了我国云、降水的一些宏观和微观物理特征，提出了暖云降水的起伏理论，以及人工降水作业时的最佳播撒方法。这些理论和方法，突破了当时旧的观点，在云物理学上很有意义。

可以看出，云降水物理学是一门经过长期发展并不断继续向前发展的学科，和所有学科一样，社会经济发展的需求是云降水物理学发展的根本动力，人工影响天气是云降水物理学满足社会经济发展需求的具体体现。目前对于云降水物理过程的很多方面还有待深入研究，也正因为如此，云降水物理学有着广阔的空间等待我们去发展。

习 题

(1)什么是云降水物理学？其研究对象有哪些？

(2)试述云动力学与微观云降水物理学之间的关系。

(3)简述云在大气科学中的重要性。

(4)简述云降水物理学与人工影响天气的关系。

(5)简述理化实验、理化模拟与数值模拟的联系与区别。

(6)20 世纪云降水物理学取得的重要进展有哪些？

参考文献

北京大学地球物理系大气物理教研室云物理教学组.1981.云物理学基础(大气物理专业用).北京:农业出版社,258pp.

顾震潮.1980.云雾降水物理基础.北京:科学出版社,219pp.

黄美元,徐华英等.1999.云和降水物理.北京:科学出版社,291pp.

王鹏飞.1980.云雾降水物理学—宏观部分(讲义).南京气象学院大气物理系,196pp.

叶家东,李如祥.1988.积云动力学.北京:气象出版社,344pp.

Cotton W R, and Anthes R A. 1993. 风暴和云动力学. 北京:气象出版社, 949pp.

Harper K. 2007. *Weather and Climate: Decade by Decade*. Facts on File, 250pp.

Heintzenberg J., and Charlson R J. 2009. *Clouds in the perturbed climate system: Their Relationship to Energy Balance, Atmospheric Dynamics, and Precipitation*. MIT Press, 597pp.

Kiehl J T, and Trenberth K E. 1997. Earth's annual global mean energy budget. *Bulletin of the American Meteorological Society*, **78**:197-208.

Levin Z, and Cotton W R. 2008. *Aerosol Pollution Impact on Precipitation: A Scientific Review*. Springer, 386pp.

Mason B J. 2007. *Cloud Physics*. McGraw-Hill Encyclopedia of Science & Technology, 10th ed., M. D. Licker, and Coauthors, Eds., McGraw-Hill, 287-291.

Potter T D, and Colman B R. 2003. *Handbook of Weather, Climate, and Water: Dynamics, Climate, Physical Meteorology, Weather Systems, and Measurements*. Wiley-Interscience, 973pp.

Quante M. 2004. The role of clouds in the climate system. *Journal de Physique* Ⅳ, **121**:61-86.

Straka J M. 2009. *Cloud and Precipitation Microphysics: Principles and Parameterizations*. Cambridge University Press, 392pp.

第2章 水的热力学性质

水是我们赖以生存的地球环境最基本的组成成分，它是地球上分布最广泛的物质之一，这是地球不同于其他行星的主要特征，地球因此被称为“水的行星”。水是自然大气中唯一能以固、液、气三种相态存在的物质，水汽在大气中所占的比例很小，仅0.1%～3%，却是大气中最活跃的成分，直接参与各种大气过程。水尤其是形成云雾降水最基本的物质条件。除尘云和化学云以外，没有一种云雾不是主要由水组成的。尽管水分子结构简单，而且通常认为水是我们最熟悉的物质，但有科学家指出：“在物理学和理论化学所研究的一切物质当中，水的许多性状最难研究”。本章从水的基本结构开始，主要讨论与大气过程，特别是与云降水物理过程关系最密切的一些水的基本特征和水的多相平衡系统。

2.1 水的物质结构

2.1.1 水的分子结构

水分子由一个氧原子及两个氢原子组成，其化学式为 H_2O。氢及氧原子都有同位素。氢的同位素是D(氘或重氢)、T(氚或超重氢)。D比H多了一个中子，而T则比H多两个中子，这三者都只有一个质子。因此D是H的两倍重，而T则是H的三倍重，T是放射性的。一些“夜光”手表上所涂的荧光剂中就含有T，就是利用了它的放射性。氧的原子量是16，因此普通的氧原子是 ^{16}O，它的同位素是 ^{17}O 及 ^{18}O，比通常的氧原子各多一个和两个中子。

所有氢和氧的同位素都可以排列组合而成为水分子。因此实际上会产生下列多种水分子：$H_2{}^{16}O$，$H_2{}^{17}O$，$H_2{}^{18}O$，$HD^{16}O$，$D_2{}^{16}O$，$HT^{16}O$ 等等。当然其中绝大多数还是 $H_2{}^{16}O$，其他类型的含量非常少。即便如此，它们有时候也有某些特殊的用途。例如 ^{18}O 常被古气候学家用来测定埋藏在两极或山上深层冰川中的冰所代表的气温状况。假定这些冰在过去的几十万年中一直没有融化，那么埋藏越深代表距今时间越久远。由于^{18}O在冰中的含量和当时下雪时的气温有关，因此用^{18}O含量的多少便可以大致推测出远古时代的气温状况，从而推论气候的变化。

H_2O的分子结构可以从热力学中的物理量确定。比如说，在室温情况下，可以测得每个水分子的定容热容是 3κ，κ 是 Boltzmann（玻尔兹曼）常数。由于一个自由分子不存在分子间的振动，而只会有平动和转动。而平动和转动都可以具有三个自由度，每个自由度所带的热能量是 $\kappa/2$，因此六个自由度总的热能量是 $(\kappa/2)\times 6 = 3\kappa$，即水分子的定容热容是 3κ，说明它的确具有三个平动自由度及三个转动自由度。

一个自由分子有三个平动自由度说明它可以自由地沿 x、y 或 z 方向移动。三个转动自由度则表明水分子是非线性分子，即不是像 H-O-H 这样排列。实验发现水分子的结构是：两个氢原子及一个氧原子排成一个三角形。在平衡状态下一个 O-H 键的长度是 0.95718Å，而两个 O-H 键之夹角为 104.523°，如图 2.1 所示。

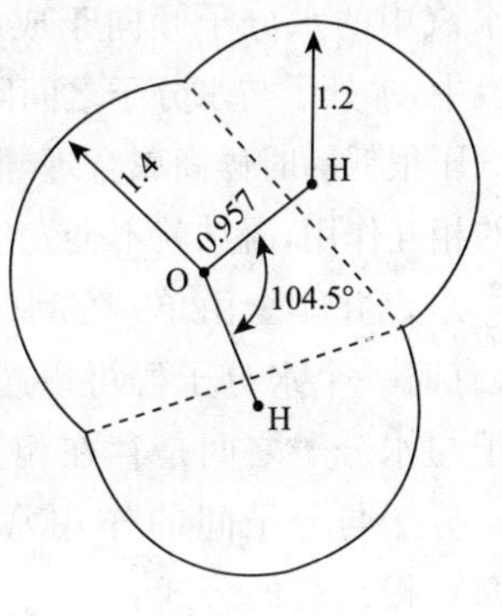

图 2.1　单个水分子的二维结构

需要注意的是，这个夹角是一个自由水分子的夹角。如果该分子处于其他分子的重重包围之中，它的夹角便不会是这个值了，在这种情况下，每个原子又会受到邻近水分子的影响，力的平衡和自由分子状态有所不同。

至于夹角为什么是 104.523°而不是 90°？我们记得一个氧原子有 8 个电子。这 8 个电子的轨层分配如下：

$$1S^2 \quad 2S^2 \quad 2P_x^2 \quad 2P_y^1 \quad 2P_z^1$$

右上角的数字代表那个轨层的电子数。由于每个轨层最多只能有两个电子，因此 1S、2S、$2P_x$ 都被电子充满。而 $2P_y$ 及 $2P_z$ 却各只有一个电子，显然正好和氢原子的唯一的一个电子配对。但是这样的配对产生的夹角应该是 90°，而不是接近 105°。显然实情并非如此。

上述的轨层中，1S 的两个电子最靠近氧的原子核，因此被静电力牢牢地吸引。但是 2S 轨层的两个电子相对自由些，于是可以和 $2P_y$ 及 $2P_z$ 的两个孤电子组成了所谓 SP^3 的混成轨层，共有 4 组。其中两组会和氢原子的电子配对，两组则保持孤立。不过配对的情况是灵活多变的，因此这四组每一组都有配对的机会。整个分子的形状类似一个四面体。一个正四面体的夹角是 109.467°，而分子的夹角因另有其他力的作用所以小一些，接近 105°。

一个水分子的电性是中性的。但是它里面的电子密度分布却不是均匀的，而是靠近氧原子的电子密度大一些，而在氢原子附近却很小。总的来说，正电荷的中心在两个氢原子之间，而负电荷的中心则靠近氧原子。这种电性结构类似一个电偶极子，水分子的电偶极距为 $\mu=1.8546\ \mathrm{D}=6.1863\times10^{-30}\ \mathrm{C\cdot m}$,是一个不小的电偶极距,表明外电场的存在能够改变水分子的动力特性。有实验证明,在有外加电场的情况下,水汽的凝结或凝华会受到影响,从而改变相变速率或相变开始发生的温度。反之,水的磁偶极距却非常小,即外加磁场对水分子的特性不会有太大的影响。

2.1.2 水汽的结构

上面讨论的是单个自由水分子,尚未提及不同水分子之间的相互作用。实验表明水汽中的水分子倾向于成群存在。通常,水汽都被当成一种理想气体,也就是在一团水汽中,水分子与水分子之间除了碰撞之外,没有其他的相互作用。这种假定,在水汽的蒸汽压很低的时候尚属合理,但是在蒸汽压比较大时就不恰当了,因为这时如果没有分子间的相互作用,凝结就不会发生。可见理想气体的假定,只有在某些情况下才适用。

水汽并非全由单一的水分子所组成,而是包括成双、成三、成四、……地成群出现,有时一个水分子群可以超过上百个分子(测量有多至180个分子)的情况,说明水分子与水分子之间是存在相互作用的。

分子与分子间的作用常可用相互作用的位能 U 来代表。下式是 Stockmayer (1941)提出来的公式:

$$U=-\frac{\mu^2 f}{r^3}-\frac{c}{r^6}+\frac{c\sigma^{18}}{r^{24}} \tag{2.1}$$

式中 r 代表两分子之间的距离,μ 是水分子的电偶极距,c 是一个可调整的常数,σ 是 $U=0$ 时两个分子之间的最小距离,可看作是分子直径,而 f 则是两分子相互配位情况的函数。(2.1)式右边第一、二项即通常所称的 van der Waals(范德瓦尔斯)作用,表现为吸引力,保持分子群的结构,只是这种结构很松散,因为 van der Waals 力并不大。第三项是排斥力,这个力在 r 很小的时候非常大,避免了两个水分子结合为一个。

利用这些位能,可以定量地把水蒸气的一些物理特性计算出来。不过我们必须知道,像(2.1)式或是其他一些类似的式子也都只是近似的公式而已,而且也只是停留在二体相互作用的范畴内,而实际上的作用包括三体以上的多体相互作用,这时候这些式子就不适用了。

2.1.3 冰的晶体结构

冰的最基本结构单元是六角形晶体。冰的晶体中水分子的排列遵循 Bernal-Fowler 法则(Bernal 和 Fowler,1933):两个氧原子之间只有一个氢原子,每个氧原子只有两个最接近的氢原子,组成一个水分子结构单元。每个水分子结构单元里的两个氢原子大致指向将该水分子围成四面体的四个氧原子中的两个。自然界不存在完美的晶体,冰晶也不例外,其结构中存在很多种缺陷。下面是一些常见的缺陷(不限于冰晶，一般晶体都可能存在）：

空位缺陷：又称 Schottky 缺陷，规则的晶格中存在缺少分子的空位。

间隙分子缺陷：又称 Frenkel 缺陷，规则的晶格分子之间本不该有分子，却出现多分子的现象，与空位缺陷正好相反。

化学缺陷（Chemical defects）：本该都是同种分子的晶格中，却出现有异类分子。

堆积断层（Stacking faults）：在冰的六角形晶格中，插入有立方晶体的冰。在某些情况之下，冰的晶体不是呈六边形，却是呈立方体，这两种不同形态的冰晶在一起，就会造成堆积断层。

电离状态（Ionized states）：本该只有两个氢原子在一个氧原子的左右，突然有另一个氢原子核也靠近过来，而暂时形成像 H_3O^+ 的离子。而那个缺失氢原子核的分子则暂时呈现 OH^- 的离子状。

方位缺陷：也称 Bjerrum 缺陷，存在两种情况。一种叫做 D-缺陷，即两个氧原子间应该只有一个氢原子，但有时又有一个氢原子暂时转到这个 O-O 之间。另一种叫做 L-缺陷，与 D-缺陷相反。O-O 连线之间没有了氢原子。L-及 D-缺常常伴随发生，都违反了 Bernal-Fowler 法则。

除了上述比较常见的缺陷之外，当然还有很多其他种类的缺陷。虽然将这些现象称为“缺陷”，但往往是晶体中能量较高的位置。许多重要的现象，如成核作用等，便有可能在某些晶体的缺陷上率先产生。当然，晶体发生的不稳定现象，像破碎或断裂，也常常发生在缺陷部位，此时便是名符其实的缺陷了。

2.1.4　液水和水溶液的结构

关于液态水的结构，目前提出了多种模式。利用这些模式可以分别计算一些水的物理特性。

准晶体模式（Quasi-crystalline model）：这个模式认为，液态水有些像冰晶的结构，但是很破碎，因此像是许多极小块的冰晶组合起来的群体。这个模式似乎可以解释液态水近距离内似冰的结构以及它为什么缺乏长距离的秩序。只要调整碎块的大小，便可以求得一些液态水的物理特性，而且能使这些特性的值与实验值一致。但是，却没有什么必然的理由认为水的结构像碎冰一样。

间隙模式（Interstitial model）：这个模式认为液态水的基本结构是个由氢键组成的有秩序的构造，但是在这些由氢键连结的分子间隙中却没有那些没有或只有部分结合键的水分子。这些间隙分子的存在使得整个结构显得不整齐。

笼形模式（Clathrate model）：某种化学分子完全被其他种类化学分子包围的复合物称为笼形包合物。当一种气体溶解在水里时，气体分子周围被水分子团团围住，看起来好像是一层“水壳”包着一个或一些其他分子，这种情况可看成是一种笼形包合物。如果把这些“其他”的分子换成是水分子，即水分子被周围其他水分子包围，称为液态水的笼形模式。

摇曳分子团模式(Flickering cluster model)：由于氢键有类似共价键的功能，想象液态水中氢键的形成类似于协作现象。当一个氢键形成时，它会促成附近的氢键也连结起来。反之，当一个氢键断裂的时候，附近由氢键结合的分子群的氢键也随之瓦解，分子群像是处于摇曳不定的状态。该模式可以用来解释为什么短距离及短时间内液态水可能表现出类似晶体的结构，而长距离时则无此结构。

混合模式(Mixed model)：这个模式把液态水当成是由各种不同分子数组成的分子群体。

弯键模式(Bent-bond model)：这个模式认为，当冰融解成液态水时，只有极少数的氢键断裂，而大多数只是弯曲变形，但键能不像原来冰里的氢键那么强。弯曲变形的程度以及相应的分子群数，可以用来模拟液态水的行为。

虽然上述这些模式多多少少都可以模拟出液态水的一些行为及特性，但也都有许多不能符合事实的地方。也有人认为，根本不用假定有什么类似晶体的结构，或其他氢键的结构，而直接用分子动力模式计算即可。Stillinger 等(1972)的计算即是这一类，所得结果类似上述混合模式的结果。

2.2　水的基本特征

分子的微观结构决定了其宏观性质，而联系宏观性质和微观结构的就是分子之间的相互作用和反应。我们已知水分子之间具有氢键是水的一个重要特点，而物质的物理性质和化学性质在很大程度上受到氢键的影响，如物质的熔点、沸点、溶解度和酸碱性等。表 2.1 给出了水的一些重要物理特性，并接下来讨论在云降水物理过程最为重要的比热容、潜热和表面张力。

表 2.1　水的主要性质

性质	相态/温度	常用符号	数值
定压比热容	汽	c_{pv}	$1.952\ \mathrm{J \cdot g^{-1} \cdot K^{-1}}$
	液(0℃)	c_{pw}	$4.218\ \mathrm{J \cdot g^{-1} \cdot K^{-1}}$
定容比热容	汽	c_v	$1.463\ \mathrm{J \cdot g^{-1} \cdot K^{-1}}$
蒸发潜热	0℃	L_v	$2.5\ \mathrm{kJ \cdot g^{-1}}$
	100℃		$2.25\ \mathrm{kJ \cdot g^{-1}}$
熔化潜热	0℃	L_f	$0.33\ \mathrm{kJ \cdot g^{-1}}$
表面张力	液水/空气(20℃)	σ_{w0}	$0.073\ \mathrm{J \cdot m^{-2}}$

2.2.1 比热容

液水比热容的半经验公式为

$$c_{pw}=4.175+1.297\times10^{-5}(t-35)^2+1.590\times10^{-8}(t-35)^4,(0\leqslant t\leqslant35℃) \quad (2.2)$$

$$c_{pw}=4.218+3.470\times10^{-4}t^2,(-40\leqslant t\leqslant0℃) \quad (2.3)$$

公式(2.2)—(2.4)式的单位为 $J\cdot g^{-1}\cdot K^{-1}$。这里的比热容是针对纯水而言的，水中离子的增加会使比热容减小，当溶液浓度低于 $0.1\ mol\cdot L^{-1}$时，离子的影响可完全忽略不计。因此，在云物理学中，认为水的比热容与浓度无关，仅仅决定于温度。(2.3)式中液水处于 0℃以下，称为过冷水。

冰的比热容经验公式是

$$c_{pi}=2.105+7.322\times10^{-3}t,(-40\leqslant t\leqslant0℃) \quad (2.4)$$

2.2.2 潜热

纯水的蒸发潜热和熔化潜热与温度的经验关系是

$$L_v(kJ\cdot g^{-1})=2.5\left(\frac{273.15}{T}\right)^{0.167+3.67\times10^{-4}T} \quad (2.5)$$

$$L_f(J\cdot g^{-1})=333.5+2.03T-0.0105T^2 \quad (2.6)$$

上面两式中温度 T 的单位为 K。溶液的潜热与纯水有一定差异，但是，以 NaCl 为例，浓度高到 $5\ mol\cdot L^{-1}$时，对蒸发潜热的影响小于 0.2%。因此，同样认为潜热仅仅与温度有关。

2.2.3 表面张力

某一种物质(例如水)的两个相态之间的界面就是我们这里所说的“表面”。该表面实际上并非是一个几何平面，而是具有一定的厚度(图 2.2)。

由图 2.2 可以看出，表面水分子的密度并不是立即从液态变为气态的，而是有一段逐渐降低的层次。为了方便起见，常常定义一个界面 Z_0，使得此界面与两边密度曲线之间的阴影区面积相等，而把所定义的这个界面作为所要讨论的表面。即表面只有面积而没有体积。由于表面分子的特性既不是液态，也不是气态，因此可以把它看成另外一个相态。

表面具有一个很重要的特性，是表面分子的平均能量比液体内部要高。这高出的能量叫做表面自由能(Surface free energy)，表面积越大，则表面所具有的总自由能越大。一般的系统都有处于最低能量状态的趋势，以便维持稳定平衡。而球面正好是在相同的体积中，表面积最小的形状，因此小水滴缩成小圆球最为稳定，因为该状态下表面自由能最低。

表面张力是指每单位面积的表面自由能：

$$\sigma=\frac{E_{sfc}}{A_{sfc}} \tag{2.7}$$

它的单位是(能量/面积)＝(力/长度)。因为后者的单位表示“张力”，因此才被称之为表面张力，实际上并不是“力”的概念，相应地也把表面自由能称为表面张力能。

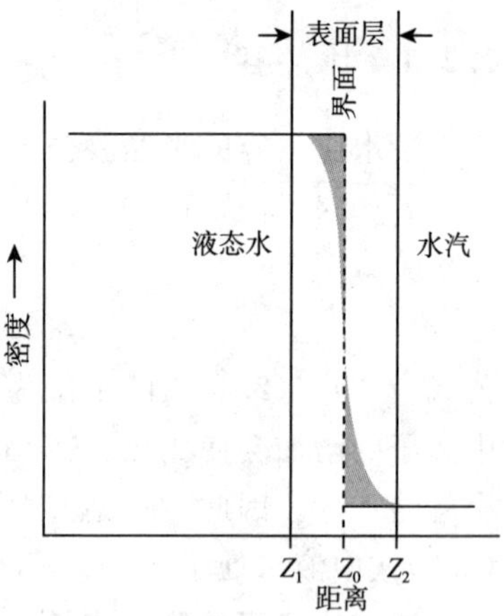

图 2.2　液水表面层的示意图
(左边液态水区域密度较高，右边水汽区域密度较低。表面层是一个过渡层，密度由液态水逐渐变为水汽状态)

从微观上看，液水的表面张力反映了液水内部水分子对表面水分子的束缚，即液水表面张力越大，表面水分子受内部水分子的束缚越强，表面水分子越不容易离开液面，即越不容易蒸发，反之亦然。同理可知，冰中水分子之间的作用力大于液水，因此同温度下，冰表面的水分子比液水表面的水分子更难离开，即同温度下冰的表面张力大于液水。

纯水的表面张力随温度的升高而降低，它们之间的关系是

$$\sigma_{w0}(\mathrm{J\cdot m^{-2}})=0.0761-1.55\times10^{-4}t,(-40\leqslant t\leqslant40℃) \tag{2.8}$$

(2.8)式表明，0℃时水的表面张力为 76.1×10^{-3} J · m^{-2}，温度每升高 10℃降低 1.55×10^{-3} J · m^{-2}。

表面张力能还因水中含有盐分而改变。一般溶液的浓度愈大，则表面张力能也愈大，溶液中水蒸发为水汽比纯水要难。这一方面是由于水表面层被溶质分子占了一定比例，减少了水分子在表面层中所占的百分比，从而减少了液水分子自由逸出水面的机会；另一方面，溶质分子在溶液中与水分子发生作用，尤其是溶液中的离子，更易牵制水分子的活动，从而使水分子更难逸出水面。对于 NaCl 和 $(NH_4)_2SO_4$，在云物理学领域涉及的浓度范围内，它们的表面张力近似与浓度呈线性关系：

$$\sigma_w(m_{\mathrm{NaCl}},T)=\sigma_{w0}(T)+1.62\times10^{-3}m_{\mathrm{NaCl}} \tag{2.9}$$

$$\sigma_w(m_{(\mathrm{NH_4})_2\mathrm{SO_4}},T)=\sigma_{w0}(T)+2.17\times10^{-3}m_{(\mathrm{NH_4})_2\mathrm{SO_4}} \tag{2.10}$$

式中 m 为以 mol · L^{-1}表示的溶液浓度。

此外，如果表面不是平面，曲率会影响分子间的引力关系，从而也会使表面张力能发生变化。对于凸表面来说，其表面上任一分子受到内部水分子的引力比平表面要小，从而表面张力能也就会减小。对于凹表面，正好相反。根据研究，半径为 r 的凸水面表面张力 σ_{wr} 与平水面表面张力的关系可表示如下：

$$\frac{\sigma_{wr}}{\sigma_{w0}}=\frac{1}{1+3.12\times10^{-8}/r} \tag{2.11}$$

其中 r 的单位为cm。由(2.11)式可知，半径越小，表面张力也越小。但是，从公式(2.11)还可以看到，曲率对表面张力的影响较小，主要对尺度小于0.01 μm 的水滴的影响较显著。对于直径为0.1 μm 的小滴，曲率的影响小于1%。因此，在云物理学中，一般情况下可忽略曲率对表面张力的影响。

2.3 大气热力学基础

水存在于大气热力学系统之中，受大气热力条件的控制，同时水也通过相变潜热影响和改变大气热力状况。本节主要介绍大气基本热力学性质。

2.3.1 系统和状态变量

2.3.1.1 系统的基本概念

系统，是指宇宙间的一个特定空间，而这个空间被"边界"把它和其他空间隔离开来。这些"其他的空间"就叫做"环境"。系统的特性根据边界的性质来定义。按照系统与环境之间是否进行质量、能量的交换，系统可分为孤立系统、封闭系统和开放系统。

孤立系统是既不与环境进行质量交换，也不与环境进行能量交换的系统。从理论上说，自然界中没有孤立系统。

封闭系统是指系统的边界不容许质量出入，因此环境与系统之间没有质量交换。但是注意，封闭系统与孤立系统的差异在于封闭系统可与环境交换能量。

开放系统则指系统的边界容许质量出入，使得环境和系统之间可以进行质量交换。

上面所提到的所谓"边界"并不一定是要有个实质的东西来隔开一个系统和它的环境。举例来说，如果有个系统在膨胀或收缩，但无论如何，这个系统中的粒子总是不会跑到环境中去，而环境中的粒子也不会跑进来。那么即使是系统与环境之间实际并没有什么"东西"隔在中间，我们仍旧可以把这个系统称之为封闭系统。

2.3.1.2 状态变量

状态变量是描述系统状态的物理量。例如描述一个系统热力状态的温度、力学状态的压强等都是系统的状态变量。除这些常见的状态变量，本书还涉及内能、熵、焓和Gibbs函数，下面将进行简要的介绍。

(1)内能

系统不仅拥有宏观的动能和位能，而且微观上由于分子或原子的动能和位能使系统具有内能。内能记做U。单位质量物质的比内能u正比于分子平均能量，而分子平均能量是分子平均动能与分子平均位能之和。比内能是温度和比容的函数。

(2)熵

熵本来只是一个为了方便而设的物理量，其定义是

$$dS=\frac{\bar{d}Q}{T} \tag{2.12}$$

其中S代表熵，而dS代表熵的微改变量。$\bar{d}Q$是可逆过程中热量的微改变量，微分符号上面的小横杠表示$\bar{d}Q$不是一个完全微分，不能看作状态变量。然而这个不完全微分除以温度之后，却得到一个完全微分dS，因此S可以作为状态变量。(2.12)式可以写为

$$\bar{d}Q=TdS \tag{2.13}$$

热力学第二定律的普遍形式为：$dS\geqslant\frac{\delta Q}{T}$。

L. E. Boltzmann(1844—1906)发现，熵并不只是一个使用上方便的物理量，而有它实质上的意义。他提出了Boltzmann定律：

$$S=\kappa\ln W \tag{2.14}$$

上式中κ是一个常数，即Boltzmann常数，W是指系统内分子的可能排列方式的数目。例如，传统上认为，在一个系统的温度为绝对零度时，所有分子都只能在一个固定的位置上，所以说来只有“一种”排列方式。因此，$W=1$，$\ln W=\ln 1=0$，从而导致$S=0$这个结论。然而事实上有许多物质的熵在绝对零度时并不是零，其解释可参考相关量子力学书籍。

(3)焓

焓的定义是

$$H=U+pV \tag{2.15}$$

(4)Gibbs函数

Gibbs函数(或称Gibbs自由能、自由焓)的定义是

$$G=H-TS=U+pV-TS \tag{2.16}$$

1 mol物质的Gibbs函数通常称为化学势，常以μ表示。

2.3.2　热力学第一定律

热力学第一定律是说，如果不对一个系统添加能量，也不把能量从这个系统提走，那么这个系统的总能量会保持不变。但是如果给这个系统增加了一些能量会怎样呢？则要看当时情况允许发生什么样的过程而定。

2.3.2.1　封闭系统情形

这里假定只考虑体积膨胀功，一个封闭系统的总能量是 Q，周围环境的压强是 p。如果这个系统和它的环境是处于平衡状态的话，则此系统的压强也是 p。现在给这个系统施加一个能量 $\mathrm{d}Q$，那么这个系统会发生什么变化？第一，系统内温度可能会升高。第二，系统的体积可能会膨胀。当然，有可能只是发生一种变化，不一定两种都会发生。上述过程可简化为下列公式：

$$\bar{\mathrm{d}}Q=\mathrm{d}U+p\mathrm{d}V \tag{2.17}$$

上式中 $\mathrm{d}U$ 是内能的改变量，它便是 $\mathrm{d}Q$ 中被用来增加系统温度的部分。由焦耳定律可知，理想气体的内能只是温度的函数，而与体积无关，可推导出

$$\mathrm{d}U=C_v\mathrm{d}T \tag{2.18}$$

式中 C_v 是系统内物质的定容热容。

(2.17)式中的第二项 $p\mathrm{d}V$ 则是系统膨胀所作的功，$\mathrm{d}V$ 是体积增加量。

这个系统当然不一定是静止不动的，在运动状态之中(2.17)式仍然有效。如果这个系统正在经过一种绝热过程，则按照绝热的定义，$\mathrm{d}Q=0$，因此(2.17)式要求

$$C_v\mathrm{d}T+p\mathrm{d}V=0 \tag{2.19}$$

此式只是说，在一个绝热过程中，温度增加所须的能量和体积膨胀所作功的和应当是零。很显然这两个量不会都是正的，而一定是一正一负，或者两个都是零。假如体积真的是“膨胀”，那么 $p\mathrm{d}V>0$，于是 $C_v\mathrm{d}T<0$。所以，在一个绝热过程中，一个系统如果体积膨胀，一定会导致系统的冷却。

如果上面所提到的系统是一团干空气，而这团干空气块因某种原因而上升，又假设它的上升过程是一种绝热过程，可以利用理想气体定律：

$$p\alpha=R_aT \tag{2.20}$$

其中 α 是比容，R_a 是干空气比气体常数，将上式左右微分可得到

$$p\mathrm{d}\alpha+\alpha\mathrm{d}p=R_a\mathrm{d}T \tag{2.21}$$

此外，将(2.19)式两边除以系统的总质量，可以得到

$$p\mathrm{d}\alpha+c_v\mathrm{d}T=0 \tag{2.22}$$

这里，$c_v=C_v/m$ 是定容比热容。根据(2.21)式，可以把(2.22)式改写为

$$c_v\mathrm{d}T+R_a\mathrm{d}T-\alpha\mathrm{d}p=0 \tag{2.23}$$

或

$$c_p\mathrm{d}T-\alpha\mathrm{d}p=0 \tag{2.24}$$

其中，$c_p=c_v+R_a$ 是定压比热容。如果要求得这个空气块随高度而冷却的情形，可以利用流体静力方程：

$$\mathrm{d}p=-\rho g\mathrm{d}z \tag{2.25}$$

把(2.25)式代入(2.24)式,可得:

$$c_p \mathrm{d}T = -\alpha\rho g \mathrm{d}z = -g \mathrm{d}z$$

所以,

$$\gamma_d = -\frac{\mathrm{d}T}{\mathrm{d}Z} = \frac{g}{c_p} \tag{2.26}$$

这便是干绝热递减率。迅速上升中的未饱和空气团的运动近似于绝热过程,但是,空气团在上升过程中实际上会有夹卷作用,气团内外的空气发生交换,因此不会是真的绝热过程。另外,(2.26)式假定上升运动中,气团的压强随着高度的变化符合流体静力平衡关系。而实际上,在强对流云的区域,这个假定是不符合实际的,因此,气团的真正垂直递减率会与(2.26)式有出入。

利用熵和焓的定义,热力学第一定律也可分别表示为包含有熵和焓的形式。对于可逆过程,有

$$T\mathrm{d}S = C_v \mathrm{d}T + p\mathrm{d}V \tag{2.27}$$

根据(2.15)式,也可以把(2.17)式写成

$$\mathrm{d}H = \delta Q + V\mathrm{d}p \tag{2.28}$$

由上式可知,等焓过程的条件是绝热和等压。在等压过程中,由(2.28)式可得,$\mathrm{d}H = (\delta Q)_p$,因此,焓的物理意义是:在等压过程中,系统焓的增加值等于它所吸收的热量。因此,定压热容

$$C_p = \frac{(\delta Q)_p}{\mathrm{d}T} = \left(\frac{\partial H}{\partial T}\right)_p \tag{2.29}$$

根据热力学第二定律的普遍形式 $\mathrm{d}S \geqslant \frac{\delta Q}{T}$ 和熵的定义式,上式还可写成

$$\mathrm{d}H \leqslant T\mathrm{d}S + V\mathrm{d}p \tag{2.30}$$

由(2.16)式,同样可得第一定律和第二定律的联合表示式:

$$\mathrm{d}G \leqslant -S\mathrm{d}T + V\mathrm{d}p \tag{2.31}$$

若过程是等温等压的,有

$$\mathrm{d}G \leqslant 0 \tag{2.32}$$

对于可逆(平衡)变化情况,$\mathrm{d}G=0$;而对于不可逆变化的情况,则有 $\mathrm{d}G<0$。所以,在等温等压下,系统的 Gibbs 函数永不增加。可以根据此性质对等温等压过程的方向进行判断,称为 Gibbs 函数判据。

2.3.2.2 开放系统情形

如果对一个开放系统施加一个很小的热量 $\bar{\mathrm{d}}Q$,此系统的反应会和前面的封闭系统略有不同。除了有可能改变温度(即改变内能)及体积之外,它的分子也可以自由出入,环境分子也可以进来,因此要有第三个量来描述被这第三个过程所用去的

能量。

在这个情况下，(2.27)式便不足以描述这个系统的改变了，而须变为

$$TdS = dU + pdV - \sum_{k=1}^{c} \mu_k dn_k \tag{2.33}$$

上式右边第三项即代表因物质自由出入引起的变化所用掉的能量。假定在这个系统中共有 c 种成分，而 n_k 即是其中的第 k 种成分的摩尔数。如果 $dn_k>0$，则表示 n_k 有所增加，$dn_k<0$ 代表 n_k 减少。μ_k 则是第 k 种成分的化学势，它代表该成分从外面进来或从里面出去的能力。如果这个系统内的第 k 种成分的 μ_k 比环境中的同类分子的 μ_k 要高，那么系统内第 k 种成分有部分流到外面去，如果系统内 μ_k 较低，则外面的 k 种成分会流入系统内。

(2.33)式右边第三项前面的符号为负，可以这样来理解：假如系统内 μ_k 较高，则 k-分子会流失，因此，$dn_k<0$，则 $-\mu_k dn_k>0$，所以(2.33)式即为

$$TdS = dU + pdV + (\text{因分子流失用掉的能量}) \tag{2.34}$$

反之，如果 μ_k 在系统内较低，则分子会流入，$dn_k>0$，因而 $-\mu_k dn_k<0$，即这时不但没有能量消耗，而且还有增加，当然是由于分子流入产生的。

在一个封闭系统，分子不能自由出入，所以 n_k 保持定常，因而 $dn_k=0$。在此情况下，(2.34)式又回到(2.27)式。

2.3.3 Gibbs-Duhem 关系式

一个非单一成分组成的系统，其内能可以用 Euler 方程来计算：

$$U = TS + pV - \sum_{k=1}^{c} \mu_k n_k \tag{2.35}$$

把上式两边微分，得到

$$dU = TdS + SdT - pdV - Vdp + \sum_{k=1}^{c} \mu_k dn_k + \sum_{k=1}^{c} n_k d\mu_k \tag{2.36}$$

比较(2.34)和(2.36)两式，则得到

$$0 = SdT - Vdp + \sum_{k=1}^{c} n_k d\mu_k$$

或者

$$-SdT + Vdp = \sum_{k=1}^{c} n_k d\mu_k \tag{2.37}$$

此式即是称之为 Gibbs-Duhem 关系式。定义一个摩尔分数：

$$x_k = \frac{n_k}{\sum n_i} = \frac{n_k}{n} \tag{2.38}$$

则(2.37)式两边各除以 n 之后,可得

$$-\frac{S}{n}\mathrm{d}T+\frac{V}{n}\mathrm{d}p=\sum_{k=1}^{c}\frac{n_k}{n}\mathrm{d}\mu_k \tag{2.39}$$

$$-s\mathrm{d}T+v\mathrm{d}p=\sum_{k=1}^{c}x_k\mathrm{d}\mu_k \tag{2.40}$$

上式中,s 是摩尔熵,即每摩尔分子所含有的熵,同样地,v 是摩尔容积。当然公式(2.40)也是 Gibbs-Duhem 关系式的另一形式。

2.4 水的多相热力学系统

水的三种相态(水汽、液滴及固态冰)常在云和降水中同时存在,而且时常互相转变。相变过程不但影响云的微物理结构,更因为有潜热的吸收和释放,会改变整个云系统的热力、动力结构。本节主要讨论多相系统中水的热平衡性质,这是讨论云雾粒子形成和扩散增长的基础。

2.4.1 热力学平衡的一般条件

要达到热力学平衡,需要具备以下三个条件:

(1)热平衡

涉及平衡各方的各相态(“$'$”、“$''$”、……、“α”)的温度必须相等,即

$$T'=T''=\cdots\cdots=T^{(\alpha)} \tag{2.41}$$

举例来说,有一杯置于空气中的水,如果水、杯子及空气三者的温度皆是一样,则此三者是处于热平衡状态。如若不然,则一定会有热量从某一部分流到另一部分,直到温度相同为止。

(2)机械平衡

指涉及平衡各方各相态的压强必须相等,即

$$p'=p''=\cdots\cdots=p^{(\alpha)} \tag{2.42}$$

(3)化学平衡

指涉及平衡各方的每一种成分的各相态化学势必须相等,即

$$\mu_k{}'=\mu_k{}''=\cdots\cdots=\mu_k{}^{(\alpha)} \tag{2.43}$$

值得注意的是,这里并没有要求不同成分间的化学势必须一样,例如一杯置于空气中的盐水,如果盐水中水分子的化学势和空气中水汽的化学势一样的话,那么就“水”这一成分而言,是处于化学平衡状态。至于水分子化学势与盐之化学势不同,倒没有什么关系。

涉及平衡的几个部分如果彼此达到热平衡、机械平衡及化学平衡,则这几部分即

是彼此处于热力平衡的状态。下面我们便要利用这些平衡条件来探讨大气中的水分平衡的情况。

2.4.2　纯水平面相态平衡

考虑一个由平面纯液态水与纯水汽组成的热力平衡系统。该系统包括一种成分(都是水分子)及两个相态(液态及气态)。在平衡状态下,两个相态之化学势必须相等:

$$\mu' = \mu'' \tag{2.44}$$

上式中,“′”指的是气态,而“″”是指液态,因此,假定左边项突然产生一些改变,使得 μ' 改变了 $\mathrm{d}\mu'$。那么右边也必须作同样之改变量 $\mathrm{d}\mu''$,以便继续维持平衡状态,即

$$\mathrm{d}\mu' = \mathrm{d}\mu'' \tag{2.45}$$

利用 Gibbs-Duhem 关系(2.40)式,并注意到在此仅有一种成分,故 $x_k=1$。可得下面两式:

$$\mathrm{d}\mu' = -s'\mathrm{d}T + v'\mathrm{d}p \tag{2.46}$$

$$\mathrm{d}\mu'' = -s''\mathrm{d}T + v''\mathrm{d}p \tag{2.47}$$

显然,将公式(2.46)及(2.47)代入公式(2.45)式中可得:

$$-s'\mathrm{d}T + v'\mathrm{d}p = -s''\mathrm{d}T + v''\mathrm{d}p \tag{2.48}$$

或是

$$\frac{\mathrm{d}p}{\mathrm{d}T} = \frac{s'-s''}{v'-v''} \tag{2.49}$$

联合摩尔蒸发潜热:

$$L'^{\prime\prime} = T(s'-s'') \tag{2.50}$$

则(2.49)式可以写成:

$$\frac{\mathrm{d}p}{\mathrm{d}T} = \frac{L'^{\prime\prime}}{T(v'-v'')} \tag{2.51}$$

上式即为 Clausius-Clapeyron 方程,它是用来决定一个系统是否和其他系统(或一个系统的两个部分)处于平衡状态。在上面所考虑的这个系统中,任何一点小改变都会破坏原来的平衡状态。例如把蒸汽压稍微提高一些,则不平衡马上会发生,但是如果蒸汽压增加了 $\mathrm{d}p$,而温度亦随之增加了 $\mathrm{d}T$,而 $\mathrm{d}p$ 与 $\mathrm{d}T$ 之比值恰如(2.51)式所示的话,则平衡仍然能够维持。因此,Clausius-Clapeyron 方程实际上是用来判定平衡条件的公式,而式中的 p、T 即为平衡时的值。此时的 p 即是饱和蒸汽压。

(2.51)式不仅能用在纯水—纯水汽的平衡上,也可以用在纯水—纯冰及纯冰—纯水汽的平衡上。这三个平衡状态的方程分别如下,其中我们以 v、w、i 三个下标分别代表水汽、液态水及冰的相态,并用 e 来代表压强:

(1)纯水—水汽平衡

$$\frac{\mathrm{d}e_{s,w}}{\mathrm{d}T}=\frac{L_v}{T(v_v-v_w)}\approx\frac{L_v}{Tv_v} \tag{2.52}$$

上式中 $e_{s,w}$ 即是温度为 T 时平水面的饱和(平衡)蒸汽压,L_v 是摩尔蒸发潜热,v_v 及 v_w 分别是水汽及水摩尔体积。在同样温度下,$v_v\gg v_w$,故(2.52)式可以进行如上简化。

(2)纯冰—水汽平衡

$$\frac{\mathrm{d}e_{s,i}}{\mathrm{d}T}=\frac{L_s}{T(v_v-v_i)}\approx\frac{L_s}{Tv_v} \tag{2.53}$$

L_s 是摩尔升华潜热,$e_{s,i}$ 则是温度为 T 时平冰面上的饱和 Tv_v 蒸汽压,又因在同样温度下,$v_v\gg v_i$,故(2.53)式也可以简化如上。

将(2.52)及(2.53)两式相比,知道 $L_s>L_v$,因此在同样温度下,(2.53)式之右边项比(2.52)式右边项大得多,也就是说,平冰面上的饱和蒸汽压随着温度的变化比在平水面上要大。要注意的是,这只是指变化率而言,所以并不是说,冰面上的饱和蒸汽压比水面上大,实际上恰恰相反。

(3)纯冰—纯水平衡

$$\frac{\mathrm{d}p_m}{\mathrm{d}T}=\frac{L_f}{T(v_w-v_i)} \tag{2.54}$$

L_f 是摩尔融解潜热,p_m 是冰与水之间的压强。从实验中得知 $v_w\approx v_i$,所以(2.54)式右边项的分母几乎是零。这表示$\frac{\mathrm{d}p_m}{\mathrm{d}T}$几乎是无穷大。实际上在靠近 0℃ 的负温区,$v_w<v_i$,所以$\frac{\mathrm{d}p_m}{\mathrm{d}T}$在此附近是个负值。(2.52)至(2.54)式中的潜热实际上并非是常数,而是 p 和 T 的函数,但其变化并不是很大,故近似常数。要了解公式(2.52)—(2.54)式的意义,最好是将它们画成曲线来分析,这便是水的相图(图 2.3)。

注意,Clausius-Clapeyron 方程是从“平衡条件”导出来的,因此由它的解表示成的曲线也自然代表平衡条件。这就是说,凡是蒸汽压与温度状况正好位于这些曲线上时,则必是平衡状态。例如,在 $T=4$℃,$e=6.098$ mmHg 时,该点正好在曲线 aa' 上,表示此种情况乃是水汽与液态水平衡的状况,而 6.098 mmHg 之蒸汽压即是 $T=4$℃时之饱和蒸汽压。此时不会有净蒸发或净凝结发生。如果情况是 $p=7$ mmHg、$T=4$℃时又如何呢?此时该点落于液态水区域,这表示此种情况有利于液态水的形成(即过饱和),因此水汽过多,会逐渐凝结为液态的水滴。若温度保持不变,则水汽就会持续凝结,直到蒸汽压降回到 6.098 mmHg 为止。如果是 $p=5$ mmHg、$T=4$℃,我们看到该点落于水汽区内,这代表此种情况有利于水汽的形成(此即未饱和状态),因此液态水就会蒸发,来供应水汽以便达到饱和。如果温度保持不变,则蒸发会持续直到蒸汽压升回到 6.098 mmHg 为止。其他的情况都可以用这个例子来理解。

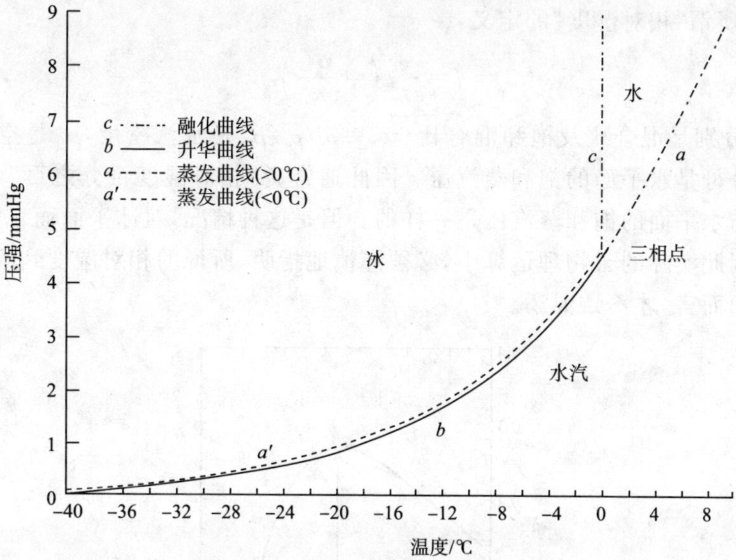

图 2.3　水的相态变化图(p-T 图)

虚线代表过冷水的平衡曲线，三个相态变域的交合点即三相点。

上图中 a' 的一段虚线曲线是从 a 一直延续下来的，温度低于 0.01℃($e_{s,w}=$ 4.56 mmHg，此点即三相点)的一段。它仍然代表液态水的饱和蒸汽压随着温度的变化，但因为基本上是低于 0℃，因此代表的是“过冷水”。从此曲线我们可以了解到，在相同的温度下，过冷水平面上所需的饱和蒸汽压要大于冰平面上的饱和蒸汽压。这个事实导致了一个特别的效应：假如在某一个低于 0℃的环境之下，同时有过冷水及冰的存在，而环境中的实际蒸汽压正好介于过冷水及冰平面的饱和蒸汽压之间，会产生什么后果呢？对于过冷水来说，环境是未饱和的，因为它的蒸汽压低于过冷水的饱和蒸汽压。这么一来，过冷水就要蒸发。另一方面，对冰而言，环境中的蒸汽压高于冰平面的饱和蒸汽压，因此环境是过饱和的，因此冰必定要增长。如果环境中的蒸汽压维持不变的话，那么这个效应的最终结果是，过冷水蒸发殆尽，而冰则大为增长。这种情况有可能在实际的云中发生，将在第 7 章进行讨论。前面已经提及，当云中温度低于 0℃的时候，过冷云滴及冰晶可能同时存在于适当的蒸汽压条件之下，上述的效应便会发生。其结果是，过冷云滴蒸发，而冰晶却大幅增长。这个效应被称为 Bergeron 效应。这样迅速长大的冰晶比较容易降落到温度高于 0℃的低层，进而融化为水滴。有些比较小的雨滴可以由这种过程形成。

图 2.4 是过冷水平面及冰平面饱和蒸汽压的差值，从图中可以看出，差值最大出现在−12℃附近，因此冰晶最大增长也应该发生在此温度区间。但是，冰晶的增长还受到其他一些因素的控制，因此真正的最大增长并不正好在−12℃附近。特别指出

的是，一般所谓“相对湿度”的定义：

$$f=\frac{e}{e_{s,w}}\left(=\frac{w_v}{w_{v,s}}\right) \tag{2.55}$$

w_v 及 $w_{v,s}$ 分别是混合比及饱和混合比（$w_v=\rho_v/\rho_a$，ρ_v 是水汽密度，ρ_a 是空气密度），上式中的分母是水平面的饱和蒸汽压。因此通常说“相对湿度百分之百”，是说实际的蒸汽压与水平面的饱和蒸汽压是一样的。但是这种情况，对冰平面而言，却一定是过饱和。因此实际的云物理运算中，必须谨慎地指明，所说的相对湿度到底是对水平面或冰平面而言，才不致混淆。

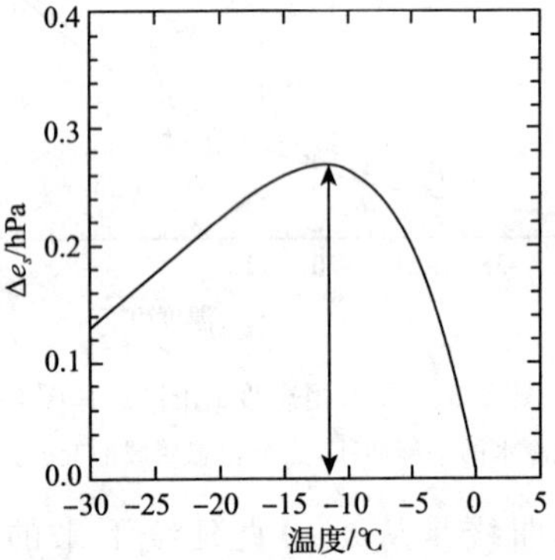

图 2.4　过冷水平面的饱和蒸汽压与冰平面饱和蒸汽压强之差距。
$\Delta e_s=e_{s,w}-e_{s,i}$ 最大差距发生于−12℃附近。

图 2.3 除了可以用来看平衡状况之外，也被人用来解释相变过程。例如，先有一个 $T=8$℃，$e=6.2$ mmHg 的情况，这情况显然是未饱和的状况。我们如何使这样的空气达到饱和呢？办法之一是，如果蒸汽压保持固定，则我们可以将空气冷却，到了4℃，即达到饱和，再冷却下去，液态水即应该开始出现。但事实上，许多情况之下，液态水往往不会在饱和点之后立即出现，而是会维持过饱和一阵子。同样地，再继续冷却到 0℃以下，应该即有冰出现，而事实上是，通常液态水保持液态，也就是成了过冷水，而且必须低于 0℃甚多才会真正结成冰。

如果从（$T=8$℃，$e=2$ mmHg）这一点出发而将这一系统逐渐冷却会发现将先达到曲线 b，即冰—水汽之平衡曲线，然后才会达到曲线 a'，即过冷水—水汽之平衡曲线。这意味着，首先会有冰出现，再冷却后才会有过冷水出现。事实上从来没有这样的事，总是先有过冷水而后有冰，或者便是水汽直接凝华成冰，而不会更有过冷水之出现。

以上这些事实都指出，用 Clausius-Clapeyron 方程来预测相态变化与实际观测有一定的差距。这种差距在云里尤其显著。到底是何种原因造成这些差距呢？原来在导出 Clausius-Clapeyron 方程时，我们事先假定了两个相态之间的界面是个平面，因此两边的压强相等便达到力学平衡。然而实际上，一个新的凝结相态的产生，通常是以一个微粒的形式开始，逐渐扩展开来的。像水汽凝结成水刚开始一定是个小水珠，这小水珠有很大的曲率，它与水汽之间的界面绝不是平面，而是个球面。水结成冰也有类似情况，这种非平面的力学平衡和平面颇不一样，因此用平面界面导出来的公式也就不完全正确。

2.4.3　纯水滴表面相态平衡

由于凝结相态刚形成时，都是以小粒子的形式存在，因此在研究这些云粒子的热力平衡时，我们必须考虑到表面曲率的作用。这种情形在大气的云中尤其显著，因为云中多的是小水滴、小冰晶。

2.4.3.1　曲面系统的热力学平衡

在讨论曲面系统的热力平衡时，我们将集中在力学平衡这一点上，因为热平衡和平面系统完全相同。

讨论一个曲面热力平衡系统(图 2.5)。这个系统有三个相态组成。除了相态 1 及相态 2 之外，另外还有一个表面相态。V_1 是相态 1 的容积，V_2 是相态 2 的容积。dV_2 是相态 2 经过热力变化所增加的容积。

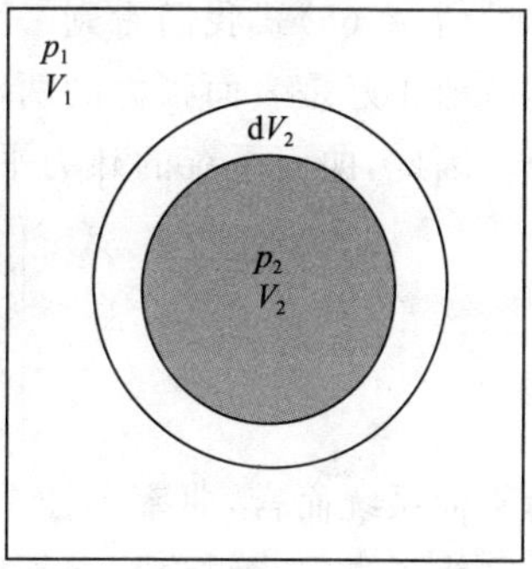

图 2.5　一个曲面热力平衡系统

假定这个系统原来处于平衡状态。如果给它一点扰动，它便会偏离了这个平衡状态，而根据能量守恒定律，每个相态的内能改变如下：

相态 1：

$$dU_1 = TdS_1 - p_1 dV_1 \tag{2.56}$$

相态 2：

$$dU_2 = TdS_2 - p_2 dV_2 \tag{2.57}$$

表面相态：

$$dU_s = TdS_s + \sigma dA \tag{2.58}$$

(2.58)式的右边第二项是因为表面积改变后增加的表面自由能，因为表面没有体积，因此用这样的形式来代表能量改变。整个系统的内能改变于是变为

$$\begin{aligned} dU &= dU_1 + dU_2 + dU_s \\ &= T(dS_1 + dS_2 + dS_s) - p_1 dV_1 - p_2 dV_2 + \sigma dA \\ &= T(dS_1 + dS_2 + dS_s) - p_1(dV - dV_2) - p_2 dV_2 + \sigma dA \\ &= TdS - p_1 dV - (p_2 - p_1) dV_2 + \sigma dA \end{aligned} \tag{2.59}$$

上式中我们用了以下关系：

$$dV = d(V_1 + V_2) = dV_1 + dV_2 \tag{2.60}$$

由于已经假定体积 V 是定常的，所以 $dV=0$。另外也可以假定这个改变是个绝热过程，目的是为了求得一个曲面平衡系统的力学平衡关系，因此这个系统到底经由什么过程达到平衡并不重要，反正只要平衡就好，因此此处选用了绝热过程。于是 $TdS=0$，(2.59)式变为

$$dU = -(p_2 - p_1)dV_2 + \sigma dA \tag{2.61}$$

当这个系统再次获得平衡时，它的内能应是一个极小值，因此 $dU=0$，这也就是说，这样一个系统如果处在平衡状态的话，它的总内能应该是固定的，只是不同相态之间变来变去而已，于是(2.61)式可写成

$$(p_2 - p_1)dV_2 = \sigma dA \tag{2.62}$$

假如相态 2 是一个半径为 r 的圆球，那么

$$dV_2 = d\left(\frac{4}{3}\pi r^3\right) = 4\pi r^2 dr \tag{2.63}$$

$$dA = d(4\pi r^2) = 8\pi r dr \tag{2.64}$$

(2.62)式于是变成

$$(p_2 - p_1) = \frac{2\sigma}{r} \tag{2.65}$$

由(2.65)式我们看到一个平衡中的曲面系统，两个相态之间的压强是不一样的，其差值正好是表面张力的两倍除以该点的曲率半径。

因此，曲面系统的热力平衡条件是：

$$\begin{cases} T' = T'' = T^{(\sigma)} \\ p'' - p' = \dfrac{2\sigma}{r} \\ \mu'_k = \mu''_k = \mu_k^{(\sigma)}, k = 1, 2, 3, \cdots, c \end{cases} \tag{2.66}$$

对平面系统而言，曲率半径是无穷大，因此力学平衡条件有所不同。

为了进一步讨论相态平衡的条件，我们必须先把化学势的问题弄得更清楚一点。

在一个体系中，某成分 k 的化学势 μ_k 与它在此体系中的浓度有关。假定有一个由几种理想气体混合而成的系统，怎样来求得此系统中成分 k 的化学势呢？

利用 Gibbs-Duhem 关系(2.40)式可以得到：

$$\left(\frac{\partial \mu_k}{\partial p}\right)_{T, n_{j\neq k}} = v_k, \left(\frac{\partial \mu_k}{\partial T}\right)_{p, n_{j\neq k}} = -s_k \tag{2.67}$$

两式左边括号的下标 $T, n_{j\neq k}$ 的意思是“如果温度 T 和系统中每种分子(除 k 分子之外)的摩尔数 $n_{j\neq k}$ 皆保持不变”，v_k 是 k 成分的摩尔容积。

因为 k 成分也是理想气体，因此可将理想气体状态方程用于(2.67)式，得

$$\left(\frac{\partial \mu_k}{\partial p_k}\right)_{T,n_{j\neq k}}=\frac{RT}{p_k} \tag{2.68}$$

或

$$\partial \mu_k = RT\frac{\partial p_k}{p_k}=RT\partial \ln p_k \tag{2.69}$$

式中 R 为普适气体常数。

(2.69)式指出，化学势的微变量$\partial \mu_k$ 与$\partial \ln p_k$ 直接成正比。假定成分 k 的分压是从一个大气压(1 atm)增加到 p_k，它的化学势当然也会跟着改变，其改变总量可由(2.69)式积分而得：

$$\int_{\mu_{k,0}}^{\mu_k}\partial \mu_k = RT\int_1^{p_k}\partial \ln p_k \tag{2.70}$$

$$\mu_k-\mu_{k,0}=RT(\ln p_k-\ln 1)=RT\ln p_k \tag{2.71}$$

$$\mu_k=\mu_{k,0}+RT\ln p_k \tag{2.72}$$

利用摩尔分数的概念 $p_k=x_k p$，(2.72)式可以改写为

$$\mu_k=\mu_{k,0}+RT\ln p+RT\ln x_k \tag{2.73}$$

上式中，$\mu_{k,0}$是指成分 k 在一个标准大气压时的化学势。

利用(2.73)式，可以求得在湿空气中的水汽的化学势：

$$\mu_k(p,T,x_v)=\mu_{v,0}(1\ \text{atm},T)+RT\ln p+RT\ln x_v \tag{2.74}$$

上式中 $\mu_{v,0}$是水汽在它的压强为一个大气压，温度为 T 时的化学势，而 p 是湿空气的总气压，不可与蒸汽压相混。

现在考虑一个半径为 a，相态为 2 的曲面热力系统，此系统有如下特性：(1)处于热平衡状态；(2)没有化学反应；(3)两相态之间有质量传输；(4)每一个相态含有多种成分，组成非理想溶液。

在这种情况之下，成分 k 的化学势为

$$\mu_k(p,T,x_k)=\mu_{k,0}(p,T)+RT\ln x_k \tag{2.75}$$

两边除以温度 T，可得

$$\frac{\mu_k}{T}=\frac{\mu_{k,0}(p,T)}{T}+R\ln x_k \tag{2.76}$$

∴

$$\mathrm{d}\left(\frac{\mu_k}{T}\right)=\mathrm{d}\left[\frac{\mu_{k,0}(p,T)}{T}\right]+R\mathrm{d}\ln x_k \tag{2.77}$$

由于(2.77)式右边第一项是个全微分，而且是 p,T 的函数，因此

$$\begin{aligned}\mathrm{d}\left[\frac{\mu_{k,0}(p,T)}{T}\right]&=\frac{\partial}{\partial p}\left[\frac{\mu_{k,0}(p,T)}{T}\right]\mathrm{d}p+\frac{\partial}{\partial p}\left[\frac{\mu_{k,0}(p,T)}{T}\right]\mathrm{d}T\\&=\frac{1}{T}\left(\frac{\partial \mu_{k,0}}{\partial p}\right)\mathrm{d}p+\frac{1}{T}\left(\frac{\partial \mu_{k,0}}{\partial T}\right)\mathrm{d}T-\frac{\mu_{k,0}}{T^2}\mathrm{d}T\end{aligned} \tag{2.78}$$

将(2.67)式代入(2.78)式，考虑到 $\mu_{k,0}=h_{k,0}-Ts_{k,0}$，可得：

$$d\left[\frac{\mu_{k,0}(p,T)}{T}\right]=\frac{v_{k,0}}{T}dp-\frac{1}{T}\left[\frac{\mu_{k,0}}{T}-\frac{\partial\mu_{k,0}}{\partial T}\right]dT$$

$$=\frac{v_{k,0}}{T}dp-\frac{1}{T}\left[\frac{\mu_{k,0}}{T}+s_{k,0}\right]dT$$

$$=\frac{v_{k,0}}{T}dp-\frac{1}{T}\left[\frac{\mu_{k,0}+Ts_{k,0}}{T}\right]dT$$

$$=\frac{v_{k,0}}{T}dp-\frac{h_{k,0}}{T}dT \tag{2.79}$$

∴

$$d\left(\frac{\mu_k}{T}\right)=-\frac{h_{k,0}}{T^2}dT+\frac{v_{k,0}}{T}dp+Rd\ln x_k \tag{2.80}$$

(2.80)式对相态 1 或相态 2 均可适用，在这个系统中由于两相态是处于平衡状态。因此，$\mu'=\mu''$，$T'=T''=T$（但 $p'\neq p''$）。

于是有：

$$d\left(\frac{\mu'_k}{T}\right)=d\left(\frac{\mu''_k}{T}\right) \tag{2.81}$$

但

$$d\left(\frac{\mu'_k}{T}\right)=\frac{h'_{k,0}}{T^2}dT+\frac{v'_{k,0}}{T}dp'+Rd\ln x'_k \tag{2.82}$$

$$d\left(\frac{\mu''_k}{T}\right)=\frac{h''_{k,0}}{T^2}dT+\frac{v''_{k,0}}{T}dp''+Rd\ln x''_k \tag{2.83}$$

所以由公式(2.82)—(2.83)可得

$$-\frac{h'_{k,0}-h''_{k,0}}{T^2}dT+\frac{v'_{k,0}}{T}dp'-\frac{v''_{k,0}}{T}dp''+Rd\ln\left(\frac{x'_k}{x''_k}\right)=0 \tag{2.84}$$

因为这是一个曲面系统，所以

$$p''-p'=\frac{2\sigma}{a},\ p''=p'+\frac{2\sigma}{a} \tag{2.85}$$

$$\therefore -\frac{h'_{k,0}-h''_{k,0}}{T^2}dT+\frac{v'_{k,0}}{T}dp'-\frac{v''_{k,0}}{T}d\left(p'+\frac{2\sigma}{a}\right)+Rd\ln\left(\frac{x'_k}{x''_k}\right)=0 \tag{2.86}$$

$$\therefore -\frac{L'^{\prime\prime}_{k,0}}{T^2}dT+\frac{(v'_{k,0}-v''_{k,0})}{T}dp'-\frac{2v''_{k,0}}{T}d\left(\frac{\sigma}{a}\right)+Rd\ln\left(\frac{x'_k}{x''_k}\right)=0 \tag{2.87}$$

(2.87)式是一个很广泛的方程式，它是用来描述一个有两个相态的曲面系统的平衡条件。我们注意到，最前面两项就是传统的 Clausius-Clapeyron 方程的主要组成部分，而后面两项则是因曲面及含有其他物质而引起的修正项。

2.4.3.2　纯水滴表面相态平衡

把上面的(2.87)式应用在纯水滴与湿空气之间的平衡上，目的是求一个半径为 a 的水滴在湿空气中的饱和蒸汽压。这样的系统共有两个相态（液态、气态）及两种

成分(水、空气)。假定平衡状态可经过等温及等压过程达到,即 $dT=0$、$dp'=0$,于是(2.87)式可变为

$$-\frac{2v_w}{T}d\left(\frac{\sigma}{a}\right)+R\mathrm{dln}\left(\frac{x_v}{x_w}\right)=0 \tag{2.88}$$

对于纯水滴 $x_w=1$,而且水汽在湿空气中的含量很小,则有

$$x_v=\frac{e}{p} \tag{2.89}$$

式中,e 是蒸汽压,p 是湿空气的气压。于是(2.88)式可以写成

$$-\frac{2v_w}{T}d\left(\frac{\sigma}{a}\right)+R\mathrm{dln}\left(\frac{e}{p}\right)=0 \tag{2.90}$$

对(2.90)式从平面的情况积分到曲面的情况,得到

$$-\frac{2v_w}{T}\int_{\infty}^{a}d\left(\frac{\sigma}{a}\right)+R\int_{e_{\mathrm{sat},\infty}}^{e_{\mathrm{sat},a}}\mathrm{dln}\left(\frac{e}{p}\right)=0 \tag{2.91}$$

式中∞符号代表平面,因为平面的曲率半径是无穷大。我们得到

$$-\frac{2v_w}{T}\frac{\sigma}{a}+R\ln\left(\frac{e_{s,a}}{e_{s,\infty}}\right)=0 \tag{2.92}$$

或是

$$\frac{e_{s,a}}{e_{s,\infty}}=\exp\left(\frac{2v_w\sigma}{RTa}\right) \tag{2.93}$$

此式便是 Kelvin 方程。它指出,在一个球面上的饱和蒸汽压和平面上的饱和蒸汽压是不同的,它们之间的比值一如公式(2.93)所给的形式。上式中右手项括号内的值都是正值,因此其指数函数值大于 1,即

$$\exp\left(\frac{2v_w\sigma}{RTa}\right)>1 \tag{2.94}$$

故

$$e_{s,a}>e_{s,\infty} \tag{2.95}$$

由(2.95)式可知,一个球面上(或任何凸面)上的饱和蒸汽压大于平面上饱和蒸汽压,也就是说,在同样温度下,一个水滴表面要达到饱和,它所需要的水汽含量必须大于在水平面上的水汽含量。在相对湿度 100%时,空气中的水汽含量只是足够使得一个平面的水汽达到饱和而已。对一个水滴来说,却是未饱和的。在这种情形下,水滴理应会蒸发。然而,云中存在很大一部分相对湿度小于 100%的区域。而此处所导出来的式子却指出,即使在相对湿度是 100%的情况下,云中的水滴也应蒸发掉!问题出在哪里?

原来我们在导出(2.95)式时,已假定水滴是纯水组成。但是云中的水滴却不是纯水滴,而绝大数都是水溶液滴。水溶液滴的平衡不是由 Kelvin 方程决定的,而是

由 Köhler 方程来决定。

2.4.4 水溶液表面相态平衡

2.4.4.1 水溶液中水分子的化学势

下面计算在水溶液中水分子的化学势。首先讨论纯水与纯水汽处于平衡的状态。根据(2.67)式：

$$\left(\frac{\partial \mu_{w,0}}{\partial p}\right)_T = v_{w,0} \approx 常数 \tag{2.96}$$

此式中 $\mu_{w,0}$ 及 $v_{w,0}$ 皆是指纯水的情形。由于液态水是几乎不可压缩的，所以它的容积也几乎是不变的。将上式积分：

$$\int_{\mu_{w,0}(0,T)}^{\mu_{w,0}(p,T)} \partial \mu_{w,0} = \int_0^p v_{w,0} \partial p \tag{2.97}$$

上式中的积分范围的意义是指从没有水汽($p=0$)的情况积分到蒸汽压为 p 的情况，结果是

$$\mu_{w,0}(p,T) \approx \mu_{w,0}(0,T) + v_{w,0} p \tag{2.98}$$

故 $\mu_{w,0}$ 的变化量与 p 成正比，而不是 $\ln p$。

在不是纯水，而是一般水溶液的情况下，液态水的分子只须与水汽平衡即可，因此

$$\mu_{k,l} = \mu_{k,0} + RT\ln p_k \tag{2.99}$$

上式中 $\mu_{k,0}$ 是指纯粹是 k 成分的液态的化学势，p 则是此成分的分压。

2.4.4.2 理想溶液及非理想溶液

理想溶液是指一种溶质与溶剂互相不会干涉的溶液。事实上，溶质及溶剂一定会相互作用，所以世界上没有真正的理想溶液。但是当一种溶液的浓度非常小的时候，能够和溶剂发生作用的溶质一定非常少，因此从整体来看，溶质和溶剂几乎不发生作用，也就可以看作是理想溶液。

理想溶液中的成分 k 与蒸汽压之间的关系是

$$p_k = x_k p_{k,0} \tag{2.100}$$

例如盐的水溶液中，水所占的摩尔分数是 x_k，则此溶液的蒸汽压是

$$e_w = x_w e_{w,0} \tag{2.101}$$

$e_{w,0}$ 是纯液态水上的蒸汽压，显然因为溶液中有盐的存在，而使得其上的水蒸汽压降低为 e_w，其数值与水在此中的百分比成正比。(2.100)式即为 Raoult 定律，在这个溶液中的溶质也可以适用这个式子，在此种情况下，水及盐的化学势分别是

$$\mu_w(p,T,x_w) = \mu_{w,0}(p,T) + RT\ln x_w \tag{2.102}$$

$$\mu_s(p,T,x_s)=\mu_s^+(p,T)+RT\ln x_s \tag{2.103}$$

μ_s^+ 是纯盐的化学势。

当然有许多溶液与理想状态偏离太远。对于这些非理想溶液，我们须用活性 a 来取代摩尔分数 x，因此(2.102)及(2.103)式就变成

$$\mu_w(p,T,a_w)=\mu_{w,0}(p,T)+RT\ln a_w;a_w=f_w x_w \tag{2.104}$$

$$\mu_s(p,T,a_s)=\mu_s^+(p,T)+RT\ln a_s;a_s=f_s x_s \tag{2.105}$$

式中 f 是有理活性系数(Rational activity coefficient)，其值通常在 0.5～1.4 之间。

2.4.5　溶液滴表面相态平衡

现在来看一个由水溶液滴与湿空气相平衡的系统，情况仍然和图 2.5 的情形一样，只不过相态 2 变为水溶液滴。因此我们可利用活性 a 从(2.88)式开始：

$$-\frac{2v_w}{T}\mathrm{d}\left(\frac{\sigma}{a}\right)+R\mathrm{d}\ln\left(\frac{a_v}{a_w}\right)=0 \tag{2.106}$$

这里气态的活性仍然可写成 $a_v=e/P$，液态的 a_w 保留。把(2.106)式积分，得到

$$-\frac{2v_w}{T}\int_\infty^a \mathrm{d}\left(\frac{\sigma}{a}\right)+R\int_{e_{s,0}}^{e_{s,a}}\mathrm{d}\ln\left(\frac{e}{p}\right)-R\int_1^{a_w}\mathrm{d}\ln a_w=0 \tag{2.107}$$

$$-\frac{2v_w\sigma}{aT}+R\ln\left(\frac{e_{s,a}}{e_{s,\infty}}\right)=R\ln a_w \tag{2.108}$$

$$\frac{e_{s,a}}{e_{s,\infty}}=a_w\exp\left(\frac{2v_w\sigma}{RTa}\right)=a_w\exp\left(\frac{2M_w\sigma}{RT\rho_w a}\right) \tag{2.109}$$

其中，水的密度 $\rho_w=M_w/v_w$，M_w 是水的分子量。

(2.109)式即是包含了溶液作用的广义 Kelvin 方程，这里除了原有几项外，在指数函数之前，又多了一个活性项。由于 a_w 的值有可能小于 1，因此，$e_{s,a}$ 也有可能比 $e_{s,\infty}$ 要小，具体要看 a_w 的值来决定。

由于在这种情况之下，$e_{s,a}$ 有可能比 $e_{s,\infty}$ 小，所以即使在 $f<100\%$ 的情形下，水溶液滴也有可能会稳定存在，而不会完全蒸发。

(2.109)式在溶液很稀薄的时候，可以简化成下式：

$$\frac{e_{s,a}}{e_{s,\infty}}=1+\frac{A}{a}-\frac{B}{a^3} \tag{2.110}$$

其中

$$A=\frac{2M_w\sigma}{RT\rho_w}\approx\frac{3.3\times10^{-5}}{T} \tag{2.111}$$

$$B=\frac{3\gamma m_s M_w}{4\pi M_s\rho_w}\approx\frac{4.3\gamma m_s}{M_s} \tag{2.112}$$

γ 是一个溶质分子在溶解之后所形成的离子数(像 $NaCl\rightarrow Na^+ + Cl^-$，因此 $\gamma=2$)，m_s

是溶质之总质量，M_s 是溶质的分子量。(2.111)式及(2.112)式采用的是 cgs 单位制，其中温度单位为 K。(2.110)式即是 Köhler 方程，其在云物理学中的具体应用将在第 6 章讨论。

习　题

(1)试解释下列问题：

1)纯水小滴即使在相对湿度为 100%的空气中，也会蒸发。

2)碗柜中放一盘盐，就能使柜内保持干燥。

3)假定含有水汽的空气中有一纯水微滴，该水汽对于微滴刚好处于饱和状态，即系统处于平衡状态。试问这种平衡状态是稳定的还是不稳定的？并解释。

(2)下图表示在一金属丝架上的液体薄膜(例如肥皂膜)，通过移动金属丝框架右侧的无摩擦金属丝来改变液膜的面积。液体表面张力如图中粗黑箭头所示。试证明液体表面张力与表面能数值上相等。

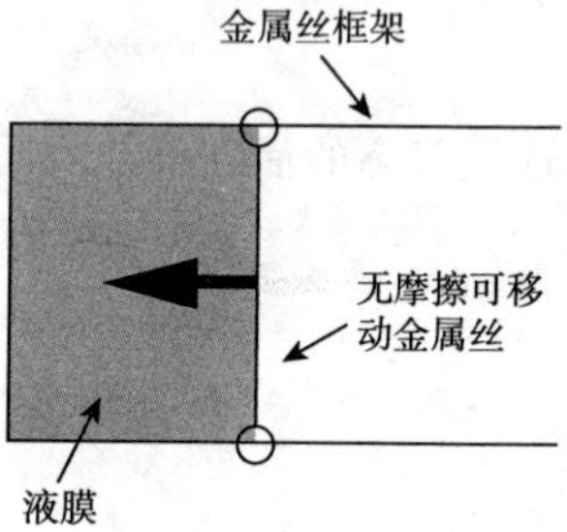

(3)若温度为 0℃，试计算半径 0.2 μm 的纯水滴附近的空气相对湿度(0℃时，液水表面能为 0.076 J·m^{-2}，分子数密度为 3.3×10^{28} m^{-3})。(参考答案：100.6%)

(4)直径为 4×10^{-4} mm 的纯水滴在 273 K 时的平衡水汽压是多少？如在其中加入 10^{-15} g 氯化钠，问平衡水汽压和相对湿度是多少？

参考文献

王宝贯. 1997. 云物理学. 渤海堂文化事业有限公司，382pp.

Bernal J D, and Fowler R H. 1933. A theory of water and ionic solution, with particular reference to hydrogen and hydroxyl ions. *The Journal of Chemical Physics*, **1**: 515-548.

Pruppacher H, and Klett J. 2004. *Microphysics of Clouds and Precipitation*. Atmospheric and Oceanographic Sciences Library. Vol. **18**: Kluwer Academic Publishers, 954pp.

Stillinger F H, and Rahman A. 1972. Molecular dynamics study of temperature effects on water structure and kinetics. *The Journal of Chemical Physics*, **57**: 1281-1292.

Stockmayer W H. 1941. Second virial coefficients of polar gases. *The Journal of Chemical Physics*, **9**: 398-402.

第 3 章　云雾形成的宏观条件

云是由空气和水凝物构成的悬浮在大气中的可见聚合体，是自由大气中热力过程和动力过程的外观表现。各种云、雾都是大气中空气湿度相对冰面或水面变得过饱和时才形成的，我们首先讨论使空气达到饱和的基本条件。

对相对湿度 $f=e/e_s$ 取对数微分得

$$\frac{\mathrm{d}f}{f}=\frac{\mathrm{d}e}{e}-\frac{\mathrm{d}e_s}{e_s} \tag{3.1}$$

式中饱和水汽压的相对变化率用平纯水面的 Clausius-Clapeyron 方程代入，可得：

$$\frac{\mathrm{d}f}{f}=\frac{\mathrm{d}e}{e}-\frac{L_v\mathrm{d}T}{R_vT^2}=\frac{\mathrm{d}e}{e}-\frac{L_v}{R_vT}\frac{\mathrm{d}T}{T} \tag{3.2}$$

式中 e_s 表示饱和水汽压，T 为绝对温度，L_v 为水汽相变潜热，R_v 为水汽比气体常数。若取 $T=273.15$ K，有 $\frac{L_v}{R_vT}\approx 19.8$，将其代入(3.2)式得

$$\frac{\mathrm{d}f}{f}\approx\frac{\mathrm{d}e}{e}-19.8\frac{\mathrm{d}T}{T} \tag{3.3}$$

由上式可知，相对湿度的相对变化率由实际水汽压的相对变化率和温度的相对变化率决定，为使空气的相对湿度增大($\mathrm{d}f>0$)达饱和状态，可以有增加水汽($\mathrm{d}e>0$)和降低温度($\mathrm{d}T<0$)两种途径，通常实际大气中两种因子在同时起作用。这两种途径都可以从宏观过程和微观过程两方面来研究，表 4.1 按过程尺度、过程本质、过程原因、具体过程及形成的云雾举例列出了大气中云雾形成的一般宏微观机制。

一般情况下，空气中 $\mathrm{d}e$ 的增加量不会很大，而空气降温冷却可以很大。例如，空气绝热上升冷却的速率往往较大，故在实际大气中降温作用比增湿作用大10～20倍，所以大气中的降温冷却过程有利于云、雾的形成。当然局地增加水汽含量的作用也不能忽略，尤其是维持某地区上空的连续降水，必须有水汽不断输入补充。

表 3.1　云雾形成的主要宏微观条件(王鹏飞,1980)

尺度	本质	原因	途径		举例
宏观过程	降温	上升膨胀冷却	对流	孤立对流	Cu、Cb、Ac 等
				镶嵌对流,即细胞对流	Ac、Cc 等
			斜升	锋面斜升	暖锋、缓行冷锋、静止锋上的 Ci、Cs、As、Ac、Ns 等
				地形斜升	上坡雾、Sc 等
			波动	风切变	荚状、波状、涡条状 Ci、As、Sc 等
				气流过山	
		平流冷却	暖湿空气流经冷地面		暖区雾、海上及陆上平流雾及 Sc 等
		辐射冷却	夜间辐射冷却		地面、逆温层顶、尘埃或云层顶部形成的辐射雾及层状云
宏观过程	增湿	平流增湿	冷空气流经暖水面		蒸汽雾
			湿空气流入冷地面		雾、有时地面附有淞附物
		水汽运载辐合	继之以上升膨胀冷却		为形成云创造重要条件
	湍流混合(温湿均变)	湿空气垂直混合	湍流层顶降温增湿而致		St、Sc 等
		湿空气水平混合	冷湿空气被混合后增温增湿(增湿为主)		锋际云雾
			暖湿空气被混合后降温降湿(降温为主)		
微观过程	降低水汽饱和标准	冰相出现	云顶或高云的冰晶自然播撒		雪幡
			冻结核	新冻结核增入	
				降温达冻结核活化温度	
		大滴出现	雪花下降融为大滴		产生雷达回波
			吸湿性巨核核化形成大滴		
			混合核表面吸湿成大滴		
			碰并成大滴		
		溶液出现	盐粒或 SO_2、CO_2、NH_3 等溶入水滴		工业雾
		降温	高温水滴被气流带入低温区		产生雷达回波
			高温区有低温气流进入		
			局地膨胀降温		飞行尾迹
		水滴带电	离子附于水滴		不重要
微观过程	增湿	水汽垂直扩散	饱和空气接受外界扩散来的水汽		碎雨云、秋晨水面雾、夏季雨后雾、极烟等
	降温增湿	蒸发	(本身只能使空气饱和)增湿造成水汽密度效应,可促进扩散增湿		为形成云雾创造条件

3.1 大气中的水分收支

3.1.1 大气水分循环

海洋、大气和陆地的水，随时随地通过蒸发、水汽输送、降水、下渗和地表与地下径流等水文过程，进行着连续的大规模交换，称为水分循环。自海洋表面蒸发的水分，上升凝结后直接降落海洋中，或自陆地表面蒸发的水分，上升凝结后也有一部分直接降落陆地上，这种水分循环就叫水分内循环，或称小循环。当海洋上蒸发的水分，被气流带到陆地上空以雨雪形式降落到地面时，一部分通过蒸发(和蒸腾)返回大气，一部分渗入地下形成土壤水或地下水，另一部分形成径流汇入河流，最终仍注入海洋，这叫做水分的海陆循环，或称外循环。降水、蒸发和径流在整个水分循环中，是最主要的环节。在全球水量平衡中，它们同样是最主要的因素。水分循环的陆面过程是发生在陆地上的水文过程的总和。

水分循环的大气过程，即大气水循环，是指海洋和陆地上空的水汽输送和陆地不同区域上空的水分交换，主要包括水汽输送、水汽辐合与辐散、水汽收支与水分平衡。水汽在大气中所占的比例很小，仅 0.1%～3%，却是大气中最活跃的成分。水对于地球上生命的意义以及水在地球大气条件下存在的三相变化，使水汽不同于其他微量气体而更具有重要性。

水汽的来源主要是海洋表面的蒸发。副热带洋面的蒸发提供了大量水汽，并经大气环流向赤道和高纬地区上空输送。我国处于欧亚大陆东南部，水汽主要来源于南海和印度洋；其次可能是北冰洋或极地大西洋以及太平洋西南洋面。

水汽上升凝结形成水云或冰云以后，又以降水的形式降到陆地和海洋上(图 3.1)。降到陆地上的水量一部分供给河流、湖泊，一部分渗入地下，补充地下水。

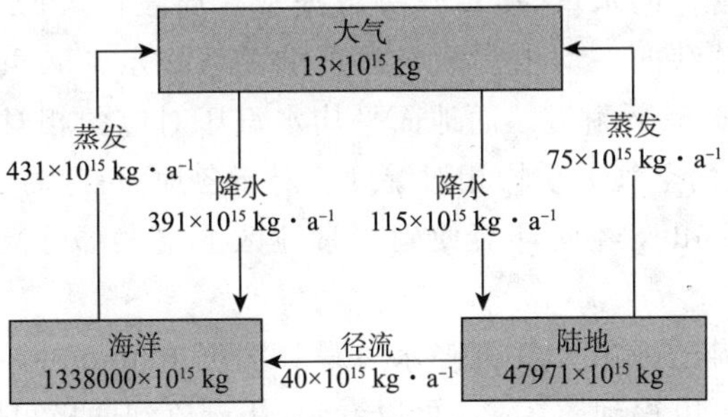

图 3.1　陆地、海洋和大气中的水量及年交换量(数据引自 Oki，2005)

海洋上的蒸发量大于降水量，蒸发的水汽被气流带到大陆上形成降水，然后又被河流和地下径流带入海洋。地球上的水分就是这样在大气、陆地和海洋之间循环的。

关于地球上水分的分配状况，不同的资料稍有差异，综合较新的资料列于表3.2中。可见，绝大部分水分储存在海洋、极冰及河流、湖泊、地下水中。在陆地水中，极冰量最大，地下水次之，河湖的水量比较少。大气中的水汽仅占地球上总水量的0.001%，即十万分之一，相当于覆盖全球表面的厚度为2.5 cm的水层。

表3.2　全球水分分配估计

	覆盖面积/10^6 km^2	水量/10^{15} t	占总水量百分比/%
全球海洋	360	1338	96.5
极冰	16	25	1.81
陆地上的水	134	23	1.70
大气中的水汽	510	0.013	0.001
冰云和水云	≈230	0.00008	

对流层里水的柱含量很大程度上取决于水汽的垂直分布。液态水和冰晶仅仅占大气总水量的很小部分。即使在深厚的云系里，以气态形式存在的水质量也远比凝结态的多。当然，云通过降水起到了把水从大气中移除的作用。

水汽在空气中所能容纳的最大值取决于局地饱和水汽压。而实际大气中，饱和水汽压随着温度的改变具有很大的变化范围。一个气块从地面上升经历了温度的降低，同时对应着饱和水汽压的下降，一旦达到饱和则产生凝结。从凝结高度继续向上则气块越发干燥，越来越多的水汽凝结然后下落。相反，下沉干空气必然会通过与大气低层的湿空气混合而得到水汽。对于含有水滴和冰晶的空气块，由于下降时温度上升，促使水凝物蒸发、升华。这种受水物质平衡制约的对流输送机制需要达到饱和空气层以上的高度，这里的水汽压调整到大约接近饱和水汽压的一半，或者是50%的相对湿度。

无线电探空资料可以用来证实这种预测想法。一般的仪器不适合测量高层对流层和平流层中较低含量的水汽，所以这种数据常常局限在7 km以下的高度。由探空资料得到的北半球纬向平均水汽压与温度的关系显示，850 hPa以上的水汽压很好地分布在相对湿度50%附近。而地面平均水汽压对应的相对湿度大致在75%～80%，代表了海洋表面空气的平均相对湿度。对于各地而言，需要更多地考虑所在区域的具体情况，如Hadley经向环流使副热带地区上空大部分高度均明显比赤道上空大气更干燥。

无线电探空资料还提供大气可降水总量。根据Bannon等(1960)和Newell等(1972)提供的数据可以得到图3.2。可以看到，从赤道到两极可降水量逐渐减少，这是由于对流层温度向极地逐渐降低。

水通过海洋表面、河湖、植物以及最顶层土壤蒸发进入大气。大陆表面水分平衡决定于蒸发、降水和径流，海洋表面也存在相似的平衡，二者的差异仅在于径流对大陆和海洋分别为水物质的支出和收入。海洋的蒸发量大于降水量，这部分差额即由径流补充，从而达到全球尺度海陆的水物质平衡（图 3.1）。

降水率峰值出现在赤道和中纬度地区。第一个峰值是由于 Hadley（哈得来）环流造成的湿空气辐合上升，第二峰值则是西风带强气旋活动的结果。在 Hadley 环流中下沉气流的作用下，副热带地区在气压较高的同时，也相对较为干燥。此外，其他纬度地区也有相反的情况存在，即蒸发率超过降水率。纬向的水分平衡需要副热带水分源地分别向更高和更低的纬度输送水汽，在向高纬平流的作用下可降水量表示出纬度梯度。在赤道地区，水汽沿着 Hadley 环流的方向输送。从高度上来看，对流层底层的水汽输送最为有效，因为这里的水汽混合比最高。

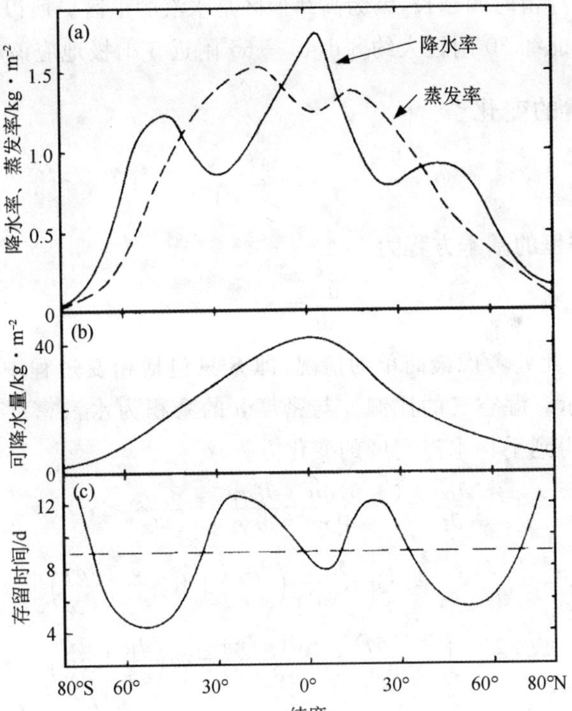

图 3.2　全球纬向平均、年平均蒸发率和降水率(a)、可降水量(b)、水汽平均存留时间(c；断线为全球平均)随纬度的分布(Warneck，2000)

最新的全球水分收支研究结果表明，南半球的蒸发率高于北半球，然而两半球的降水率却相当。这种收支上的差异被越赤道水汽平流所平衡（～1.4×10^4 Pg · a^{-1}，根据 Newell,1972),大约等于半球年降水率(～2.2×10^5 Pg · a^{-1})的 6%。南北半球蒸发率不同是因为,一方面,南半球的海陆面积比大于北半球,另一方面,北半球有更大面积的副热带沙漠地区,这些地区的蒸发率极低。越赤道水汽输送并不是单向的,输送方向由 Hadley 环流和赤道辐合带的位置决定。越赤道水汽输送在 4～11 月期间最强,这时 Hadley 环流位置偏北,其南支在低层将大量南半球水汽向北半球输送。而在一年中剩下的月份则是由北向南输送,但是强度很小,因此造成向北半球的净水汽输送。

对流层水汽的纬向平均存留时间约为 8 d,一般在 4.5～12.5 d,这一结果忽略了水汽从净源区到净汇区的经向传输。例如,从图 3.2c 看起来好像水汽存留时间在干燥的副热带地区出现最大值,这里大约 50%的降水被输送到相邻纬度。但是,如果考虑到经向环流,该地区的水汽实际存留时间很短,图 3.2c 中在纬度 25°附近的最大值将消失。越往两极水汽存留时间越长,因为高纬地区是水汽的汇区。所以,对流层的水汽存留时间应该是在南北纬 30°附近大约 8 d,45°—65°附近 5 d,极地应该超过 12 d。

3.1.2　水汽含量的变化

3.1.2.1　水汽密度

大气中物质守恒的基本方程为

$$\frac{\mathrm{d}A}{\mathrm{d}t}=S_A \tag{3.4}$$

其中 S 为源汇项。此处考虑最简单的情况,即 S 只包括相变过程中水汽的产生或消耗,转化率用 b 表示。湿空气的比湿 q 与密度 ρ 的乘积为水汽密度,即绝对湿度,因此由(3.4)式可以得到平均水汽密度的变化方程

$$\frac{\partial\rho q}{\partial t}=\left[-\frac{\partial\rho qu}{\partial x}-\frac{\partial\rho qv}{\partial y}\right]-\frac{\partial\rho qw}{\partial z}$$

$$+\left[K_x\frac{\partial}{\partial x}\left(\frac{\partial\rho q}{\partial x}\right)+K_y\frac{\partial}{\partial y}\left(\frac{\partial\rho q}{\partial y}\right)\right]+K_z\frac{\partial}{\partial z}\left(\frac{\partial\rho q}{\partial z}\right)+\rho b$$

$$\frac{\partial\rho q}{\partial t}=\underset{(1)}{-\left[u\frac{\partial(\rho q)}{\partial x}+v\frac{\partial(\rho q)}{\partial y}\right]}\underset{(2)}{-\rho q\left(\frac{\partial u}{\partial x}+\frac{\partial v}{\partial y}\right)}$$

$$\underset{(3)}{-w\frac{\partial(\rho q)}{\partial z}}\underset{(4)}{-\rho q\frac{\partial w}{\partial z}}\underset{(5)}{+K_z\frac{\partial^2(\rho q)}{\partial z^2}}\underset{(6)}{+\rho b} \tag{3.5}$$

其中 K 为湍流交换系数,单位为 $m^2\cdot s^{-1}$。由于水平输入≫水平扩散,所以(3.5)式中没有考虑水平方向的湍流扩散。该式说明水汽密度随时间的变化率由以下几个方

面的因素决定：

(1)平流项：当水平速度与水汽密度梯度的夹角小于 90°时，水汽密度增大，反之减小；

(2)水平辐合项：当水汽辐合$\left(\frac{\partial u}{\partial x}+\frac{\partial v}{\partial y}\right)<0$，水汽密度增加，反之减小；

(3)对流项：水汽密度一般由地面向上递减，如 $w>0$(向上为正)，则对流项>0，即上升气流可使一定高度处水汽密度加大；

(4)垂直辐合项：若 w 随高度增大而减小，必导致该项大于 0，即某高度处水汽垂直辐合，水汽密度增大；

(5)水汽垂直湍流扩散项：通过湍流运动输送水汽；

(6)水物质相变：过饱和条件下，凝结过程使水汽减小，$b<0$；未饱和条件下，蒸发使水汽增加，$b>0$。由于垂直运动使气块温度下降，从而改变水成物的温度，进而影响饱和水汽压，最终影响相变的进行，所以 ρb 对垂直运动十分敏感。

总的看来，引起水汽密度变化的原因可归纳如下：

输送	增多
平流(快速输运)	水平辐合≫水平扩散
密度对流	垂直辐合
湍流垂直扩散	蒸发(相变，增多)

其中最主要的原因是：(1)空气运动在水平和垂直方向上的输送(包括湍流输送)；(2)水物质的相变。

3.1.2.2　比湿

由水汽密度方程(3.5)式移项得：

$$\frac{\partial\rho q}{\partial t}+u\frac{\partial(\rho q)}{\partial x}+v\frac{\partial(\rho q)}{\partial y}+w\frac{\partial(\rho q)}{\partial z}$$
$$=-\rho q\left(\frac{\partial u}{\partial x}+\frac{\partial v}{\partial y}+\frac{\partial w}{\partial z}\right)+K_z\frac{\partial^2(\rho q)}{\partial z^2}+\rho b \tag{3.6}$$

或

$$\frac{\mathrm{d}\rho q}{\mathrm{d}t}=-\rho q\nabla\cdot\vec{V}+K_z\frac{\partial^2(\rho q)}{\partial z^2}+\rho b \tag{3.7}$$

两边除以 ρ，得

$$\frac{\mathrm{d}q}{\mathrm{d}t}+q\left(\frac{1}{\rho}\frac{\mathrm{d}\rho}{\mathrm{d}t}\right)=-q\nabla\cdot\vec{V}+\frac{K_z}{\rho}\frac{\partial^2(\rho q)}{\partial z^2}+b$$

由连续方程：

$$\frac{1}{\rho}\frac{\mathrm{d}\rho}{\mathrm{d}t}=-\nabla\cdot\vec{V} \tag{3.8}$$

得

$$\frac{\mathrm{d}q}{\mathrm{d}t}=\frac{K_z}{\rho}\frac{\partial^2(\rho q)}{\partial z^2}+b$$

在高度变化不大时，ρ 的变化可以略去，所以有

$$\frac{\mathrm{d}q}{\mathrm{d}t}=K_z\frac{\partial^2 q}{\partial z^2}+b \tag{3.9}$$

上式即是比湿变化方程。可以看出，比湿的变化主要是由湍流扩散随高度变化以及空中水成物的相变率所控制，空气的辐合不改变比湿。

应该指出，要形成云雾，必须使水汽密度有较大增加，因为它与饱和水汽压直接相关。而辐合过程正好影响水汽密度，所以辐合过程，虽然不能使比湿增加，但对云雾的形成仍有十分重要的意义。另一方面，比湿变化方程虽未反映辐合过程对云雾降水的影响，但如果比湿增大，也是有利于成云致雨的。但它在成云中是次要因子，一般对形成碎云起作用。

3.2 大气降温机制

降温是使空气达到饱和形成云雾的主要途径，下面介绍大气中的主要降温机制。

3.2.1 绝热上升膨胀冷却

由于地球重力作用，大气对地面产生压力，并形成气压随高度增加而递减的大气质量分布。当空气在大气中产生垂直运动时，空气将产生膨胀或压缩。对上升的气块来说，它将因膨胀作功而冷却。

3.2.1.1 未饱和空气的绝热上升

在绝热过程中，若讨论的是未饱和湿空气（无相变），这样的过程称为干绝热过程。干绝热过程是可逆过程。绝热过程中温度的改变完全由环境气压的改变决定：

$$\mathrm{d}T=\frac{RT}{c_p}\frac{\mathrm{d}p}{p} \tag{3.10}$$

式中 R 和 c_p 分别是湿空气的比气体常数和定压比热容。令 $\kappa=\frac{R}{c_p}$，对上式由初态 (p_0, T_0) 到终态 (p, T) 积分，得

$$\frac{T}{T_0}=\left(\frac{p}{p_0}\right)^{\kappa} \tag{3.11}$$

(3.11)式就是反映理想气体在干绝热过程中温度和压强关系的 Poisson（泊松）方程。对于未饱和湿空气，可以计算其 κ 值为

$$\kappa=\frac{R_d}{c_{pd}}\frac{1+0.608q}{1+0.86q}=\kappa_d\frac{1+0.608q}{1+0.86q}$$

式中 κ_d 是干空气时的值。由于大气中比湿总是小于 0.04 的，因此 $\kappa/\kappa_d>0.99$ 而接近于 1，可以认为

$$\kappa\approx\kappa_d=0.286 \tag{3.12}$$

于是(3.11)式就成为

$$\frac{T}{T_0}=\left(\frac{p}{p_0}\right)^{\kappa_d}=\left(\frac{p}{p_0}\right)^{0.286} \tag{3.13}$$

由于空气的水汽混合比较小，用(3.13)式计算大气的干绝热过程已经足够精确。

3.2.1.2　干绝热减温率

假设环境大气处于静力平衡状态，气块干绝热上升时将因体积膨胀而降温，下降时将因被压缩而增温。令未饱和湿空气块温度随高度变化率的负值为干绝热减温率：

$$\gamma_v=-\frac{\mathrm{d}T}{\mathrm{d}z}$$

假设大气处于流体静力平衡状态，由准静力条件将气块内外气压相联系，根据湿空气状态方程和静力学方程，(3.10)式可写成

$$c_p\mathrm{d}T-\frac{1}{\rho}\mathrm{d}p=c_p\mathrm{d}T+\frac{\rho_e}{\rho}g\,\mathrm{d}z$$

式中 ρ_e 是环境空气的密度，于是有

$$\gamma_v=-\frac{\mathrm{d}T}{\mathrm{d}z}=\frac{\rho_e}{\rho}\frac{g}{c_p}=\frac{T_v}{T_{ve}}\frac{g}{c_p} \tag{3.14}$$

T_v 和 T_{ve} 分别是气块和环境空气的虚温，此处可认为 $T_v/T_{ve}\approx1$，因此未饱和湿空气的干绝热减温率为

$$\gamma_v=\frac{g}{c_p}=\frac{g}{c_{pd}(1+0.86q)} \tag{3.15}$$

对于干洁大气，干绝热减温率 γ_d 为

$$\gamma_d=\frac{g}{c_{pd}}=9.76\ \mathrm{K\cdot km^{-1}}\approx 9.8\ \mathrm{K\cdot km^{-1}} \tag{3.16}$$

比较以上两式，可知 $\gamma_d\geqslant\gamma_v$。由于比湿 q 很小，在处理未饱和湿空气时，常采用 γ_d 作为绝热减温率。

3.2.1.3　抬升凝结高度

未饱和湿空气块被外力强迫抬升时，因为上升速度快，可以认为是绝热的。此时气块内的水汽压随着环境气压的减小而减小，与此对应，露点也降低。下面将证明，

气块上升时的露点递减率远小于它的干绝热减温率，气块的温度和露点将逐渐接近，在某一高度达到饱和并发生凝结。这个湿空气块因绝热抬升而达到饱和的高度称为抬升凝结高度（简称 LCL；图 3.3）。

因水汽压 e 是露点 T_d 所对应的饱和水汽压，两者有函数关系，因此气块绝热上升时露点的变化可写为

$$\frac{dT_d}{dz}=\frac{dT_d}{de}\frac{de}{dz} \tag{3.17}$$

同时，以 e 和 T_d 代替 Clausius-Clapeyron 方程中的 e_s 和 T 得

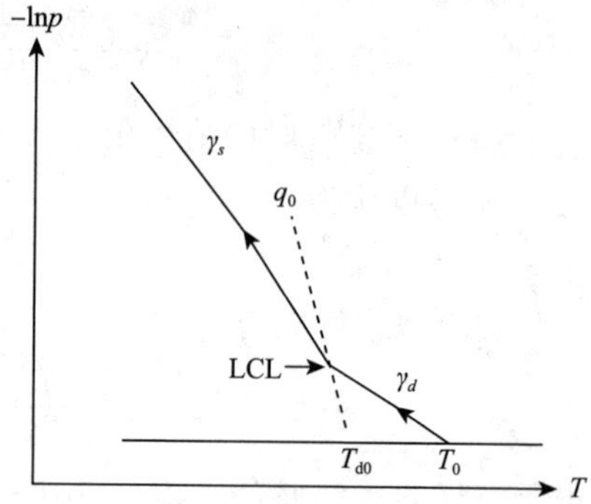

图 3.3　空气块绝热上升的状态曲线（γ_d、γ_s 为干、湿绝热减温率（参见 3.2.1.5 节），q_0 为干绝热上升过程中的比湿）

$$\frac{de}{dT_d}=\frac{L_v}{R_v}\frac{e}{T_d{}^2} \tag{3.18}$$

此外，由水汽压定义可知气块内水汽压可表示为 $e=x_vp$，其中水汽摩尔分数 x_v 在干绝热过程中保持不变，压强服从准静力条件，随着环境气压变化。将该式取对数，再对高度求导，得

$$\frac{1}{e}\frac{de}{dz}=\frac{1}{p}\frac{dp}{dz} \tag{3.19}$$

故干绝热过程中湿空气块内水汽压的变化是由压强变化引起的。

将(3.18)和(3.19)式代入(3.17)式后，得

$$\frac{dT_d}{dz}=\frac{\frac{e}{p}\frac{dp}{dz}}{\frac{de}{dT_d}}=-\frac{gR_v}{L_vR_d}\frac{T_d{}^2}{T_v}\approx-6.3\times10^{-6}\frac{T_d{}^2}{T_v} \tag{3.20}$$

例如，取 $T_v=288$ K，$T_d=280$ K，则有 $\frac{dT_d}{dz}=-0.0017\ \text{K}\cdot\text{m}^{-1}$。此结果说明，在所给条件下干绝热过程中露点以 1.7 K · km^{-1} 的变化率向上递减。但气块温度下降得更快，递减率为 9.8 K · km^{-1} 变化。在温度和露点相等的高度就会达到凝结。令 T_0 和 T_{d0} 分别为地面的气温和露点，根据

$$T(z)=T_0-0.98\times10^{-2}(z-z_0) \tag{3.21}$$

和

$$T_d(z)=T_{d0}-0.17\times10^{-2}(z-z_0) \tag{3.22}$$

可得抬升凝结高度 z_c 的估算公式是

$$z_c\approx123(T_0-T_{d0}) \tag{3.23}$$

上式可用来估算对流云底高度。但由于地面的温度露点差(T_0-T_{d0})对 z_c 值的影响很大,而它在一天中可变化几度,不易选择恰当的数值;再加上对气块垂直运动所作的绝热假定与实际情况有一定差距,因此推算的云底高度与实测的云底高度有时相差很大。

3.2.1.4　饱和空气的绝热上升

未饱和湿空气干绝热上升达到凝结高度以后,水汽就开始凝结并放出潜热。如果此饱和气块继续上升,则由于释放的潜热能加热气块,气块的温度递减率将小于 γ_d。

假设在上升过程中是绝热的,全部凝结水都保留在气块内,当气块下沉时凝结的水分又会蒸发,仍然沿着绝热过程回到原来的状态,这个过程就是可逆的,称为可逆的饱和绝热过程或可逆的湿绝热过程,又简称湿绝热过程(图 3.4)。"湿"即指过程中存在水的相变。由于绝热和可逆,则此过程是等熵的。因此,可逆饱和绝热过程可用含液态水饱和气块的等熵过程表达式进行讨论

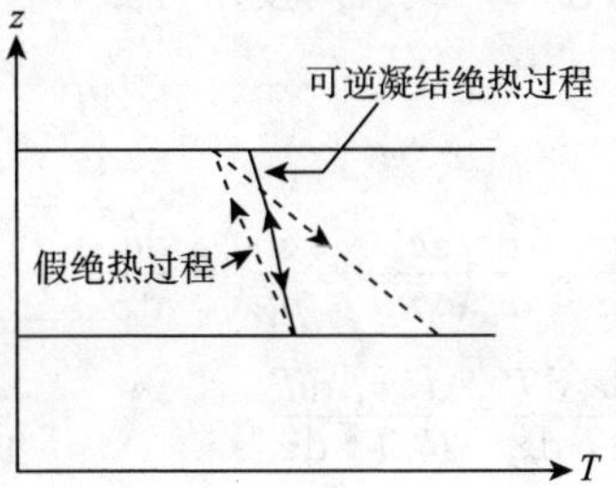

图 3.4　可逆饱和绝热过程与假绝热过程

$$(c_{pd}+r_t c_w)\mathrm{d}\ln T-R_d\mathrm{d}\ln p_d+\mathrm{d}\left(\frac{r_s L_v}{T}\right)=0 \tag{3.24}$$

与上述情况相反,如果在饱和气块上升过程中,凝结物一旦形成便全部从气块中降落,并带走一些热量(不过此热量极少),在气块下沉时必然会沿着干绝热过程变化,无法再回到原来的状态。这是一个开放系的不可逆过程,严格来说也不是绝热的,所以称为假绝热过程。气块按假绝热过程上升膨胀时,虽然凝结的液态水立即降落,但释放的潜热仍留在气块中,因此可以认为是近似的绝热过程,熵近似不变。由于 $r_w=0$,故将上式中水物质混合比 r_t 换成饱和水汽混合比 r_s,即可得到假绝热方程为

$$(c_{pd}+r_s c_w)\mathrm{d}\ln T-R_d\mathrm{d}\ln p_d+\mathrm{d}\left(\frac{r_s L_v}{T}\right)\approx 0 \tag{3.25}$$

一般情况下 $r_s c_w \ll c_{pd}$,所以可得近似的假绝热方程

$$c_{pd}\mathrm{d}\ln T-R_d\mathrm{d}\ln p_d+\mathrm{d}\left(\frac{r_s L_v}{T}\right)\approx 0 \tag{3.26}$$

若将式中 L_v 作为常数处理,略去高阶小量 $\frac{r_s L_v}{T^2}\mathrm{d}T$,上式可进一步简化为

$$c_{pd}\mathrm{d}T-R_d T\mathrm{d}\ln p_d+L_v\mathrm{d}r_s\approx 0 \tag{3.27}$$

此式即是常用的讨论饱和气块上升运动时的热量方程，这三项可认为分别代表了显热、膨胀功和潜热。

3.2.1.5 湿绝热减温率

可逆的湿绝热过程和假绝热过程是设想的两个极端情况，实际过程往往是处于两者之间。由于可逆的湿绝热上升过程和假绝热上升过程差别很小，所以常统称为湿绝热上升过程，并用简化的假绝热方程(3.27)式计算气块在上升阶段的减温率——湿绝热减温率。

由(3.27)式对高度求导数，并假设$\frac{\mathrm{d}p_d}{p_d}\approx\frac{\mathrm{d}p}{p}$，有

$$\frac{\mathrm{d}T}{\mathrm{d}z}=\frac{1}{c_{pd}}\left(\frac{R_dT}{p}\frac{\mathrm{d}p}{\mathrm{d}z}-L_v\frac{\mathrm{d}r_s}{\mathrm{d}z}\right) \tag{3.28}$$

其中$\frac{\mathrm{d}r_s}{\mathrm{d}z}\approx\frac{\mathrm{d}}{\mathrm{d}z}\left(\frac{\varepsilon e_s}{p}\right)=\frac{\varepsilon}{p^2}\left(P\frac{\mathrm{d}e_s}{\mathrm{d}z}-e_s\frac{\mathrm{d}p}{\mathrm{d}z}\right)$，$\varepsilon=0.622$ 为水汽和干空气的摩尔质量比，而$\frac{\mathrm{d}e_s}{\mathrm{d}z}=\frac{\mathrm{d}e_s}{\mathrm{d}T}\frac{\mathrm{d}T}{\mathrm{d}z}=\frac{L_ve_s}{R_vT^2}\frac{\mathrm{d}T}{\mathrm{d}z}$。

假定饱和气块满足准静力条件，根据静力学方程有

$$\frac{\mathrm{d}p}{\mathrm{d}z}=-\rho_e g=-\frac{p}{RT_e}g$$

上式中 ρ_e 和 T_e 是环境大气的密度和温度。将$\frac{\mathrm{d}r_s}{\mathrm{d}z}$、$\frac{\mathrm{d}e_s}{\mathrm{d}z}$和$\frac{\mathrm{d}p}{\mathrm{d}z}$的表达式代入(3.28)式，并令$\frac{T}{T_e}\approx1$、$R\approx R_d$ 以及 $R_v=\frac{1}{\varepsilon}R_d$，有

$$\begin{aligned}\frac{\mathrm{d}T}{\mathrm{d}z}&=\frac{1}{c_{pd}}\left[-g-\frac{L_v\varepsilon}{p}\left(\frac{L_ve_s}{R_vT^2}\frac{\mathrm{d}T}{\mathrm{d}z}+\frac{e_sg}{R_dT}\right)\right]\\&=-\frac{g}{c_{pd}}-\frac{\varepsilon L_v^2}{c_{pd}R_dT^2}\frac{\varepsilon e_s}{p}\frac{\mathrm{d}T}{\mathrm{d}z}-\frac{L_vg}{c_{pd}R_dT}\frac{\varepsilon e_s}{p}\\&=-\frac{g}{c_{pd}}-\frac{\varepsilon L_v^2r_s}{c_{pd}R_dT^2}\frac{\mathrm{d}T}{\mathrm{d}z}-\frac{g}{c_{pd}}\frac{L_vr_s}{R_dT}\end{aligned}$$

对上式进行整理，令 $\gamma_d=\frac{g}{c_{pd}}$，得假绝热过程的垂直减温率为

$$\gamma_s=-\frac{\mathrm{d}T}{\mathrm{d}z}=\gamma_d\frac{1+L_vr_s/R_dT}{1+\varepsilon L_v^2r_s/c_{pd}R_dT^2} \tag{3.29}$$

γ_s 是饱和湿空气的压强和温度的函数。由(3.29)式中的$\frac{L_vr_s}{R_dT}<\frac{\varepsilon L_v^2r_s}{c_{pd}R_dT^2}$，所以有

$$\gamma_s\leqslant\gamma_d$$

实际上，由(3.28)式就可得到湿绝热减温率与干绝热减温率及饱和比湿垂直分

布的关系：

$$\gamma_s = -\frac{dT}{dz} = \gamma_d + \frac{L_v}{c_{pd}}\frac{dr_s}{dz} \tag{3.30}$$

因饱和比湿通常随高度减少，$\frac{dr_s}{dz} \leqslant 0$，所以可知 $\gamma_s \leqslant \gamma_d$。在对流层下部的暖湿气层中，饱和气块温度下降较慢，γ_s 值平均约为 4 ℃・km^{-1}；对流层中部的代表性数值是 6～7 ℃・km^{-1}；在干冷的对流层上部，γ_s 与 γ_d 的差别很小，接近于干绝热过程。

上升膨胀降温成云的例子主要有：热对流、沿锋面爬升、气流沿地形抬升、辐合上升等。

3.2.1.6　绝热含水量

云物理学中含水量的"水"，泛指固态水及液态水，对于纯水云或纯冰云中，则分别指液水含量及含冰量。含水量，也称体积含水量，指单位体积湿空气中所含固态或液态水的质量，常用单位为 g・m^{-3}，类似于水汽含量中的绝对湿度。与之对应，比含水量，也称质量含水量，指单位质量湿空气中所含固态或液态水的质量，常用单位为 g・kg^{-1}，类似于水汽含量中的比湿。

空气团绝热上升达到饱和（云底）之前，云中无液态或固态水，因此云底含水量和比含水量均为零。若继续上升，则超过饱和部分的水汽凝结、凝华出来，含水量和比含水量开始时都是增加的。

对于比含水量，凝结出来的液水始终保持在气块内，那么气块（云）的比含水量就会随着高度的增大而增大，直到其中水汽全部凝结出来时，比含水量达最大值，气块再上升，比含水量就保持不变了。对于气块不能达到使水汽全部凝结出来的高度，那么气块所能达到的最大高度也便是比液水含量的最大值高度。在此可逆过程中，气块下沉到一定高度处，其含水量与上升时该高度的含水量一致。因此，可逆湿绝热过程中，空气因绝热膨胀冷却所凝结出的比含水量，称为（湿）绝热比含水量，或饱和比含水量，其值（q_{lz}）应正好等于云底饱和比湿（q_{sb}）与各高度饱和比湿（q_{sz}）之差：

$$q_{lz} = q_{sb} - q_{sz} \tag{3.31}$$

用 p_0、T_0、$T_{d,0}$ 表示地面气压、温度、露点。如果 $T_{d,0}$ 不变，地面温度愈高，则 q_{sz} 值愈大，因此绝热比含水量 q_{lz} 就愈小。又如 T_0 不变，地面湿度愈大，则 q_{sb} 值愈大，q_{sz} 也愈大，但一般 q_{sb} 的变化比 q_{sz} 大，因此 q_{lz} 就愈大。

下面讨论可逆湿绝热过程中含水量的变化情况。由于比湿与绝对湿度之间的关系为 $r=\rho q$，所以绝热含水量 W_{az} 与绝热比含水量 q_{lz} 之间的关系为

$$W_{az} = \rho_z q_{lz} \tag{3.32}$$

$$W_{az} = \frac{p_z(q_{sb} - q_{sz})}{R_d T_z(1+0.61q_{sz})} \tag{3.33}$$

可得上升空气块的绝热含水量随高度的变化规律为

$$\frac{\mathrm{d}W_{az}}{\mathrm{d}z}=\rho_z\frac{\mathrm{d}q_{lz}}{\mathrm{d}z}+q_{lz}\frac{\mathrm{d}\rho_z}{\mathrm{d}z} \tag{3.34}$$

由于：$\frac{\mathrm{d}q_{lz}}{\mathrm{d}z}>0$，$\frac{\mathrm{d}\rho_z}{\mathrm{d}z}<0$，即绝热上升过程中绝热比含水量增加和密度减小的作用相反。所以 W_{az} 随高度的变化决定于上式右端两项绝对值的大小。根据大气中的实际情况有，在云底以上较低高度，(3.34)式右端第一项绝对值大于第二项绝对值，所以 W_{az} 随高度增加。而在较高高度，(3.34)式右端第一项绝对值小于第二项绝对值，W_{az} 随高度减小。因此，在气块上升过程中，存在一个绝热含水量的极大值高度，在此高度，(3.34)式右端两项绝对值相等。通常随着云底温度的降低，W_{az} 最大值出现的高度降低。如云底在 900 hPa，云底温度为 20℃，W_{az} 最大值出现在 8 km 高度，而当云底温度为 −5℃时，W_{az} 最大值出现在 4.5 km 高度。

一般情况下，云内实际含水量≤可逆湿绝热过程中的理论含水量 W_{az}，并受多种因素影响。如：

在云的上升气流区中心，含水量可能接近 W_{az}，愈远离上升气流区，含水量愈小，而在云的边缘，由于云内外湍流扩散或夹卷作用，含水量可远比 W_{az} 小。

云中的下沉气流区，以及与干空气混合的区域，由于固液粒子的蒸发，使含水量减小。

在有降水的地方，当雨雪粒子下降速度随高度降低而减小时，出现降水质量的垂直辐合，含水量会大于 W_{az}；反之降水质量辐散的区域，含水量会较小。

云厚、云底温度也与云内含水量有关，大体上云层愈厚、云底温度愈高，则其平均含水量及最大含水量都愈大。

3.2.2　绝热混合降温

3.2.2.1　水平混合降温

这里讨论两个温度和湿度各不相同的空气块绝热等压混合的情况。等压混合相当于大气中的水平混合。因为假设气块是绝热等压混合，且没有发生凝结，故等压绝热过程就是等焓过程，可以采用态函数焓 H 来计算。

以下标 1 和 2 分别表示两个气块，有

$$\Delta H=m_1\Delta h_1+m_2\Delta h_2=0 \tag{3.35}$$

Δh_1 和 Δh_2 表示混合前后两气块比焓的变化，

$$\Delta h_1=c_{p1}(T-T_1)=c_{pd}(1+0.86q_1)(T-T_1) \tag{3.36}$$

$$\Delta h_2=c_{p2}(T-T_2)=c_{pd}(1+0.86q_2)(T-T_2) \tag{3.37}$$

式中 T 是混合后的温度。由上面两式可得

$$T=\frac{m_1c_{p1}T_1+m_2c_{p2}T_2}{m_1c_{p1}+m_2c_{p2}}=\frac{m_1T_1+m_2T_2+0.86(m_1q_1T_1+m_2q_2T_2)}{(m_1+m_2)+0.86(m_1q_1+m_2q_2)} \tag{3.38}$$

考虑到$(m_1+m_2)=m$是混合空气的总质量；$(m_1q_1+m_2q_2)=mq$是总水汽量，则有

$$T=\frac{m_1T_1+m_2T_2+0.86(m_1q_1T_1+m_2q_2T_2)}{m(1+0.86q)} \tag{3.39}$$

和

$$q=\frac{m_1q_1+m_2q_2}{m} \tag{3.40}$$

若忽略水汽影响，可得等压绝热混合温度的简化计算式：

$$T\approx\frac{m_1T_1+m_2T_2}{m} \tag{3.41}$$

根据水汽压和比湿的关系式$q\approx\frac{\varepsilon e}{p}$以及位温定义，(3.40)和(3.41)式可以转化为

$$e\approx\frac{m_1e_1+m_2e_2}{m} \tag{3.42}$$

$$\theta\approx\frac{m_1\theta_1+m_2\theta_2}{m} \tag{3.43}$$

可见，混合后的q、T、e和θ都可由初值的质量加权平均得到。(3.43)式说明空气块绝热混合的效果是：位温高的气块混合时位温下降，即它放出热量；位温低的气块混合时吸收热量，位温上升；若两空气块位温相等，则达到热量平衡。

湿度较大的未饱和空气块混合后，有可能发生凝结。图 3.5 是示意图，具体计算比较复杂。设混合后的空气状态是(T_3, e_3)，但因$e_3>e_s(T_3)$，气块将处于过饱和状态且有凝结。凝结放出潜热并加热气块，使饱和水汽压升高，凝结量减少，最终达到平衡$(T_4, e_s(T_4))$，成为含液态水的饱和气块。例如，飞机在空中所排出的高温废气与低温环境空气水平等压混合所形成的飞机凝结尾迹。但这一过程要求两气块有很高的湿度和很大的温差。例如两气块的温度分别为 263 K 和283 K，相差达 20 K，相对湿度高过 97%，混合后只能凝结出 0.02 g · m^{-3}的水，这样的温湿条件在自由大气中是不可能出现的。

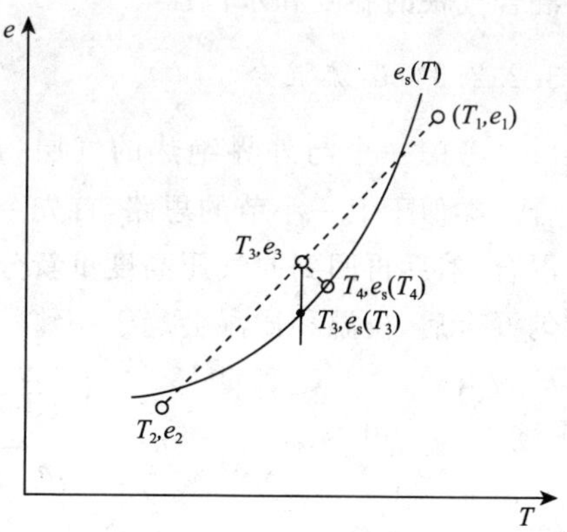

图 3.5　有凝结时的水平混合

3.2.2.2 垂直混合

大气中对流或湍流过程时时存在，因此大气有垂直方向的混合。由于气块垂直移动时气压、温度和湿度都发生了连续变化，问题变得复杂起来。为使讨论简化，首先考虑不同高度两空气块沿垂直方向的绝热混合过程，然后再讨论气层内的空气充分均匀混合后温度和湿度的垂直分布。

令两空气块原来的气压、温度、比湿和位温的初值分别是 p_1、T_1、q_1 和 θ_1 及 p_2、T_2、q_2 和 θ_2，设想此过程分三个阶段：

(1)两气块分别通过绝热膨胀或压缩移至某一参考高度（气压 p）处，比湿不变，位温不变，温度按干绝热变化。

(2)在 p 处作等压绝热混合，混合后的位温及比湿是

$$\theta \approx \frac{m_1\theta_1 + m_2\theta_2}{m}, q = \frac{m_1 q_1 + m_2 q_2}{m} \tag{3.44}$$

(3)两气块分别通过绝热压缩或膨胀退回到原来的高度，位温及比湿仍是 θ 和 q，气块温度则分别变为

$$T(p_1) = \theta\left(\frac{p_1}{1000}\right)^{\kappa}, T(p_2) = \theta\left(\frac{p_2}{1000}\right)^{\kappa} \tag{3.45}$$

上述两式表明，混合气块最后的温度与参考气压 p 的大小无关。

由上面的结果可见，无论是水平绝热混合还是垂直绝热混合，(3.40)和(3.43)式都是比湿和位温的普遍计算式。但应注意，不能用(3.41)和(3.42)式直接计算垂直混合气块的温度和水汽压。

3.2.2.3 湍流混合

考虑一个与外界绝热的气层（$p_1 \sim p_2$），假设气层内因湍流或对流产生垂直混合。类似于上一小节的思路，首先令气层内的空气都移到同一气压 p 处作等压绝热混合，然后再回到原气压高度重新分布，垂直移动过程是绝热的。当整层空气充分均匀混合后，位温和比湿会趋于一致。由(3.43)式，最终气层的平均位温应为

$$\bar{\theta} \approx \frac{\int_0^m \theta \mathrm{d}m}{m} = \frac{\int_0^z \theta\rho \mathrm{d}z}{\int_0^z \rho \mathrm{d}z} = -\frac{\int_{p_1}^{p_2} \theta \mathrm{d}p}{p_1 - p_2} \tag{3.46}$$

当 $\frac{\partial\theta}{\partial z} = 0$ 时，$\gamma = \gamma_d$，所以该气层的垂直减温率将趋于干绝热减温率，温度 T 随压强的分布可表示为

$$T(p) = \bar{\theta}\left(\frac{p}{1000}\right)^{\kappa_d} \tag{3.47}$$

气层内的比湿和混合比的终值 $\bar{q}$、$\bar{r}$ 可由类似(3.46)的公式计算。

图 3.6 是上述整层空气充分均匀混合的示意图。假设其初始温度递减率 $\gamma<\gamma_d$，则初始位温垂直分布必然是 $\frac{\partial\theta}{\partial z}>0$，气层内部湍流混合的结果是上层热量向下输送，使混合层内温度垂直分布趋于 γ_d（中性）。混合层以上温度分布保持不变，故其间形成一个湍流逆温层（$\gamma<0$）。逆温层是绝对稳定的，它对上下空气的对流起着削弱抑制作用，空气中的尘埃和污染物难以穿过它向上空扩散。由于地面水汽经湍流运动不断向上输送，聚集在逆温层下形成高湿气层，这种过程有利于云雾在逆温层底（湍流层顶）形成。与此相反，气层的下部将变得暖而干。

晴热的夏天或砂壤地区，由于太阳辐射加热，地面温度逐渐升高（图 3.7），地表温度有时能比几米高处的气温高出 2～3℃，因此贴地面气层能达到超绝热（$\gamma>\gamma_d$）。但这个超绝热层是不稳定的，由于下部位温高，上部位温低，湍流交换将下层热量往上输送，使这个被加热气层逐渐向上扩展。当午后地面达到热平衡不再增温时，湍流混合的结果将导致上下位温一致，温度分布最终趋于干绝热减温率 γ_d。对流层的中、高层温度变化缓慢，可近似看成是不变的。

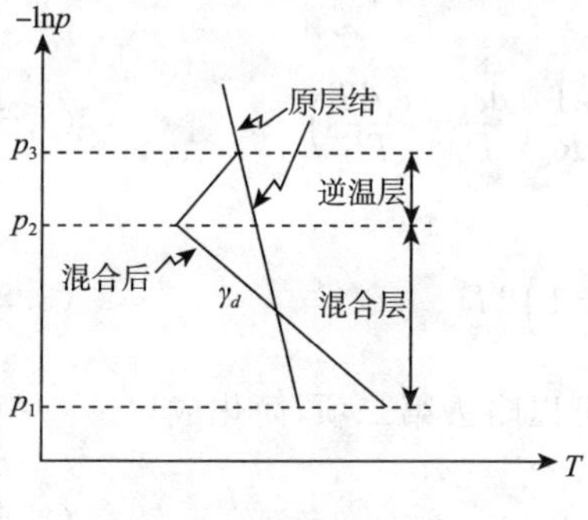

图 3.6　湍流混合层示意图

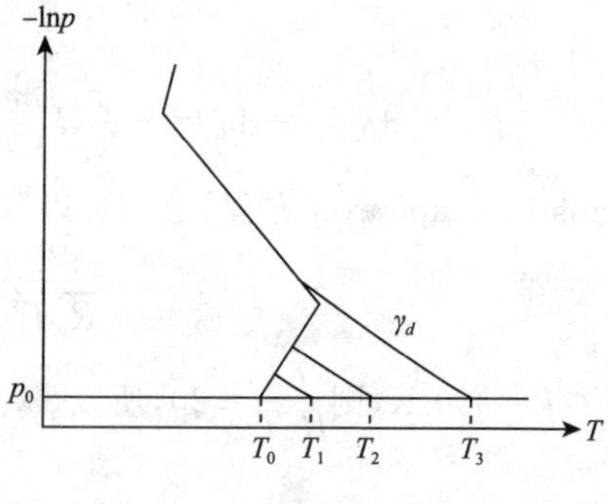

图 3.7　近地面气层的湍流混合（非绝热变化）

3.2.3　等压降温

在有些大气过程中气压变化往往比温度的变化缓慢，幅度也比较小，可以近似地看成是等压过程。等压冷却达到饱和能导致凝结。例如，夜间由于辐射冷却，一些固体表面上会发生凝结和凝华而出现露和霜；低层大气中暖湿气流移过较冷的下垫面时，逐渐冷却而形成平流雾；清晨常能见到的辐射雾等，都是空气等压冷却凝结的产物。

在这种等压冷却凝结过程中，封闭系内空气因失去热量而降温，但凝结放出的潜热又加热了空气，使冷却过程减缓。若等压过程的热量收支以焓的增量表示，则得到

$$dQ=dh\approx c_p dT+L_v dq_s \tag{3.48}$$

式中 dq_s 为凝结后的饱和比湿与开始凝结时的饱和比湿(即原来的比湿)之差

$$dq_s = q_s(T_0 + dT) - q_s(T_0) < 0$$

T_0 是开始凝结的温度,即露点。$-dq_s$ 则是单位质量空气的凝结的水量。利用 Clausius-Clapeyron 方程可以得到

$$dq_s \approx d\left(\frac{\varepsilon e_s}{p}\right) = \frac{\varepsilon}{p} de_s = \frac{\varepsilon}{P}\frac{L_v e_s}{R_v T^2} dT \tag{3.49}$$

将(3.49)式代入(3.48)式,就有

$$\delta Q = \left(c_p + \frac{\varepsilon L_v^2 e_s}{p R_v T^2}\right) dT \tag{3.50}$$

或

$$\delta Q = \left(\frac{c_p R_v T^2}{L_v e_s} + \frac{\varepsilon L_v}{p}\right) de_s \tag{3.51}$$

如果测得等压冷却过程中气压和温度的变化(例如昼夜温差),就可估算单位质量空气释放的热量;反之,如果能够估计等压冷却过程中的热量损失(例如辐射损失),也可以利用以上两式计算此过程中的温度变化 dT 和饱和水汽压的变化 de_s。计算中要用有限差分代替微分。

单位体积空气中凝结的水量 $d\rho_w$,可根据凝结过程中终、初两态的饱和水汽密度差得到,即

$$d\rho_w = -d\rho_v = -\frac{1}{R_v} d\left(\frac{e_s}{T}\right) = -\frac{1}{R_v}\left(\frac{de_s}{T} - \frac{e_s dT}{T^2}\right) \tag{3.52}$$

利用 Clausius-Clapeyron 方程,上式可以写成

$$d\rho_w = -\frac{1}{R_v}\frac{e_s}{T^2}\left(\frac{L_v}{R_v T} - 1\right) dT \tag{3.53}$$

假设 $T = 300$ K,则$\frac{L_v}{R_v T} \approx 20$,所以(3.52)式可以略去第二项,简化成

$$d\rho_w \approx -\frac{de_s}{R_v T} \tag{3.54}$$

代入(3.51)式得到

$$\delta Q = -\left(\frac{c_p R_v^2 T^3}{L_v e_s} + \frac{\varepsilon L_v R_v T}{p}\right) d\rho_w \tag{3.55}$$

以上两个表达式可以用来估计等压冷却过程中凝结的液态水含量及释放的热量。

有雾时,大气能见度与雾的液态水含量有关。根据饱和水汽压随温度变化的特点,由(3.54)式可知,在不同的气温下,若降低同样的温度 ΔT,则温度高的比温度低的空气凝结出的水量多。所以,能见度差的浓雾多出现在暖湿的天气。

3.2.4 夹卷降温

夹卷过程是指气块上升过程中,由侧向卷入环境空气(由于湍流混合作用也会流

出一些空气)并与之混合的过程。而前面使用的气块法则是假设气块孤立上升,不与周围空气相混合,与实际情况存在差异。观测事实表明,云内温度递减率远大于湿绝热递减率,云内含水量小于湿绝热凝结水量,这说明夹卷过程确实存在。

夹卷作用会影响上升气流的温度和湿度变化,即影响气块的状态曲线,从而影响层结稳定度。下面以饱和湿空气块上升过程中的夹卷为例进行讨论。

根据夹卷过程(上升、夹卷、混合)中系统的热量收支,利用热力学第一定律、准静力条件和状态方程,可以推导出考虑夹卷影响后,上升(饱和)气块的温度递减率为

$$\begin{aligned}\gamma_c &= -\frac{\mathrm{d}T}{\mathrm{d}z} = \frac{g}{c_p}\frac{T_v}{T_{ve}} + \frac{L_v}{c_p}\frac{\mathrm{d}r_s}{\mathrm{d}z} + \frac{L_v(r_s - r_e)}{Mc_p}\frac{\mathrm{d}M}{\mathrm{d}z} + (T - T_e)\frac{\mathrm{d}M}{M\mathrm{d}z} \\ &= \gamma_m + \frac{L_v(r_s - r_e)}{Mc_p}\frac{\mathrm{d}M}{\mathrm{d}z} + (T - T_e)\frac{\mathrm{d}M}{M\mathrm{d}z} \end{aligned} \tag{3.56}$$

(1)对上升的饱和湿空气来说,卷入的环境空气一般为冷而干的空气,所以,考虑夹卷作用后,饱和湿空气垂直上升的温度递减率将大于湿绝热递减率。因此,当温度层结不变时,夹卷作用使气层的不稳定度减小,从而影响对流及积云的发展。例如,预测热对流时,若考虑夹卷作用,对流凝结高度以上的湿绝热状态曲线将向层结曲线靠拢,使不稳定能量面积缩小,对流上限降低,对流强度因此而减弱。

(2)对未饱和空气而言,上式等号右侧只有第一和第四项,于是

$$\gamma_c = \gamma_d + (T - T_e)\frac{\mathrm{d}M}{M\mathrm{d}z} > \gamma_d \tag{3.57}$$

(3)夹卷过程对上升气块温度变化率的影响还与夹卷率 $I = \frac{1}{M}\frac{\mathrm{d}M}{\mathrm{d}z}$ 有关,I 越大,对 $\mathrm{d}T/\mathrm{d}z$ 的影响也越大。

3.2.5　其他降温机制

3.2.5.1　平流降温

气流把空气输送至温度较低的区域产生平流冷却,它决定于风矢量和水平温度梯度的夹角($\vec{V} \cdot \nabla T$)。

3.2.5.2　辐射降温

空气中的水汽、CO_2、和 O_3 等主要辐射体产生长波辐射冷却,自由大气中长波辐射冷却率可达 $1 \sim 3\ \mathrm{K \cdot d^{-1}}$,而吸收太阳辐射的加热率仅约为 $0.6\ \mathrm{K \cdot d^{-1}}$,所以即使白天,含有较多水汽的空气仍为净辐射冷却,如辐射雾的形成。辐射冷却虽然在成云中不起主要作用,但会改变云的结构。云体是良好的辐射体和吸收体,其顶部因辐射冷却而降温,云底则吸收云下逆辐射而增温,结果使云内层结趋向不稳定,利于对流

运动的发生。

3.2.5.3 相变降温

当未饱和空气等压地移经散布云雾滴或雪花的空间，或流经水面、雪面时，一方面吸收从那里蒸发（或升华）的水汽，增大自己的湿度；另一方面由于水或冰的汽化，使本身一部分热量转化为潜热而消耗，使温度下降。这种因相变而消耗热量从而降温的现象，称为相变降温。如极地海烟（雾）和秋冬大陆湖泊上的蒸汽雾都是这样形成的，此外雾顶逆温也是由相变降温和辐射降温造成的。

以上各种降温机制在实际大气过程中，往往是几种降温机制同时起作用。例如，上升膨胀冷却时，常伴随夹卷降温；空气平流降温时，常伴有湍流降温；辐射降温中也常伴有相变降温。在不同的云雾物理过程中，都有某种降温机制起着主要作用。但总的来说，自由大气中云的形成主要是空气上升膨胀冷却的结果。空气的上升运动不仅能降低温度，而且能使低层水分、气溶胶粒子源源不断地向空中输送。即对于云雾的形成，降温的作用大于增加水汽，大气云降水过程中最主要的上升膨胀降温。

习 题

(1)一气块从 800 hPa、温度为 5℃的云底，被抬升到 700 hPa。试用热力学图解求上升过程中凝结出的液水总量，即绝热含水量。

(2)两个质量相等的未饱和气块，混合比分别为 7.5 和 4.0 g · kg^{-1}，在气压为 1000 hPa 时混合，如果混合比大的气块温度为 10℃，试用热力学图解求当混合空气中有雾形成时，另一气块具有的最高温度。（参考答案：2℃）

(3)未饱和湿空气块的绝对温度为 T_0、水汽压为 e_0，绝热上升到凝结高度的绝对温度为 T_c，饱和水汽压为 e_s，证明下式成立

$$\frac{T_c}{T_0}=\left(\frac{e_s}{e_0}\right)^{\frac{R_d}{C_{pd}}}$$

(4)在 500 hPa 高度，相对湿度为 20%、温度为－20℃的空气被夹卷进云内，并保持在 500 hPa 高度，云滴在其中蒸发。此过程能够使空气温度冷却多少度？假设相同的空气块在被下沉气流带到 1000 hPa 高度，如果该空气块始终保持饱和状态，其温度将是多少？如果当它到达地面时其相对湿度为 50%，其温度又是多少？（提示：利用热力学图解；参考答案：－22.5℃；12℃；19℃）

(5)一个云内空气团的质量为 m、位温为 θ'、温度为 T'、压强为 p'、体积为 V'，环境空气的温度为 T、混合比为 r。云内空气团由于卷入了质量为 dm 的未饱和空气，其位温发生变化。试导出一个来描述位温相对变化率的成数 $d\theta'/\theta'$ 的表达式。（参

考答案：$\frac{d\theta'}{\theta'}=-\frac{L_v}{c_pT'}dr_s-\left[\frac{T'-T}{T'}+\frac{L_v}{c_pT'}(r_s-r)\right]\frac{dm}{m}$）

(6) 1)对无凝结和夹卷的情况，即干绝热过程，试证明上题结果可简化为$d\theta'=0$。2)对有凝结但无夹卷的情况，试证明上题结果可简化为相当于$-\frac{L_vr_s}{c_pT}\approx\ln\theta+$常数。3) 从上题结果出发，试证明含有云水的上升空气块在有夹卷存在时要比没有夹卷时温度下降更快。

(7)考虑一个被绝热抬升的饱和空气块，其饱和比为 $S=e/e_s$，e 为空气实际水汽压，e_s 为饱和水汽压，S 的变化率可表示为

$$\frac{dS}{dt}=Q_1\frac{dz}{dt}-Q_2\frac{dW}{dt}$$

其中 dz/dt 和 W 分别为空气块的垂直速度和液水含量。

1) 设 S 接近于 1，并忽略空气实际温度与虚温的差异，证明

$$Q_1\approx\frac{g}{TR_d}\left(\frac{\varepsilon L_v}{Tc_p}-1\right)$$

其中 T 为空气块温度(K)，L_v 为凝结潜热，g 为重力加速度，R_d 和 R_v 分别为干空气和水汽的比气体常数，$\varepsilon=R_d/R_v$，c_p 为饱和空气的定压比热容。（提示：考虑没有凝结的上升过程。引入空气的饱和混合比 $r_s=\frac{\rho'_{vs}}{\rho'_d}=\frac{e_s}{(R_vT)}\bigg/\frac{(p-e_s)}{(R_dT)}$ 与 e 相联系）

2) 写出用 R_d、T、e、e_s、L_v、p、c_p 和湿空气密度 ρ 表示的 Q_2。假设 $e/e_s\approx1$，$T\approx T_v$ 及$\varepsilon\gg r$(空气混合比)。（参考答案：$Q_2=\rho\left[\frac{R_dT}{\varepsilon e_s}+\frac{rL_v^2}{pTc_p}\right]$）

参考文献

盛裴轩，毛节泰，李建国，张霭琛，桑建国，潘乃先. 2003. 大气物理学. 北京：北京大学出版社，522pp.

王鹏飞. 1980. 云雾降水物理学——宏观部分(讲义). 南京气象学院大气物理系，196pp.

Bannon J K and Steele L P. 1960. Average water-vapour content of the air. H. M. Stationery Office, Meteorological Office, Great Britain, 38pp.

Newell R E. 1972. *The general circulation of the tropical atmosphere and interactions with extratropical latitudes*. Vol. 1, MIT Press, 320pp.

Oki T. 2005. The Hydrologic Cycles and Global Circulation. *Encyclopedia of Hydrological Sciences*, Anderson M G, Ed., John Wiley and Sons, 13-22.

Oort A H, and Rasmusson E M. 1971. Atmospheric circulation statistics. U. S. Dept. of Commerce, National Oceanic and Atmospheric Administration, 323 pp.

Warneck P. 2000. *Chemistry of the Natural Atmosphere*. 2nd ed. Academic, 927 pp.

第 4 章　云雾的宏观特征

在云的自然形成过程中，使空气达饱和的主要途径是降温，而降温过程又以上升膨胀冷却为主。大气上升运动的形成和发展原因可以分为热力和动力两类因子。热力因子的作用主要表现在两个方面：(1)由于热力扰动导致对流运动，这种运动的水平范围往往属于中小尺度运动的范畴。例如，由于大气局部受热增温所导致的上升运动；(2)层结不稳定气层对上升运动(热力扰动或动力扰动上升)产生促进作用。例如，气层上部冷却或下部增温等过程有利于出现不稳定的大气层结，将有利于对流运动的发展。与热力因子相联系的云包括积云、积雨云、嵌入状云、堡状云、密卷云等；动力因子主要是稳定气层被迫抬升，如沿锋面、高压楔、山坡抬升以及辐合上升，形成锋面云系、上坡雾、背风坡云等。热力因子对应的多为积状云，动力因子对应的多为层状云。两类云可以互相转化或共存，如积状云可因上空稳定层的阻挡而平衍为层状云，层状云因潜热释放而激发出积状云。

在自然雾的形成过程中，使空气达饱和的蒸发过程有时也起重要作用，此外，等压降温和绝热混合降温这两种降温机制有时也很重要。

云雾的形成过程是复杂的，由此引起了云雾宏观特征的多样性。云雾的宏观特征是指形态、水平伸展、垂直伸展、时间尺度、垂直速度、含水量、温度、湍流等特征。其中，时间尺度、垂直速度、含水量、温度、湍流是表征云雾降水和非绝热过程的重要宏观参量(Cotton 等，2011)。

时间尺度是重要的，因为降水过程随时间变化。因此，如果云的生命期对于形成降水所需的时间来说太短，那么即使达到了其他条件，譬如云的液态含水量足以维持降水，但此云也不会降水。有两个时间尺度非常重要：一个是云的生命期，我们用符号 T_c 表示；另一个是气块从入云到从云顶或云边出云的时间，这一时间尺度我们用符号 T_p 表示。

云的垂直速度也是重要的，因为上升气流控制了时间尺度 T_p，也决定了云能悬浮多大降水粒子的能力。垂直速度的值也提供了湿绝热冷却速率的一种估计。例如，对流层湿绝热递减率 γ_m 近似为 0.5 ℃·(100 m)$^{-1}$，因而湿绝热冷却率为

$$CR_r \approx (0.5℃/100\ \text{m}) \times w \tag{4.1}$$

式中 w 是云中垂直速度,单位 $m \cdot s^{-1}$。

降水形成和云的冷却速率都依赖于云中的液态含水量(LWC)。理由有二:第一,LWC 决定了一块云产生降水的最大潜力。一般来讲,除非一块云产生的液态含水量超过 $0.5\ g \cdot m^{-3}$,否则它是不大会降水的。当然,别的因素,诸如气团是否是大陆性的以及云是否过冷却等也会决定云中产生降水的临界 LWC。第二,LWC 决定了云中短波辐射加热和长波辐射冷却的速率。

云的温度是代表降水潜力的一个重要参量。云底温度决定了云产生液态水的潜力。例如,云底温度 20℃的云其云底饱和混合比大约为 $15\ g \cdot kg^{-1}$,而一块云底温度为 4℃的云其云底饱和混合比只有 $5\ g \cdot kg^{-1}$。因此,假如这两种云厚度相同,那么暖云底的云产生降水的潜力就要大得多。基于类似的理由,云顶温度也是重要的,因为云底温度与云顶温度差越大,降水的潜力也就越大。此外,假如云顶温度低于 -10℃,就极可能出现冰晶,它极大地影响了云的降水过程和辐射过程。

最后,云的宏观参量中的湍流之所以重要是因为它与云的各种性质联系在一起,而且湍流与云的其他参量之间的相互作用十分强烈。当我们说"特征性的"时间尺度、垂直速度、液态含水量和温度时,湍流强度决定了这些特征参量的具体范围。例如,在某些对流云中平均上升气流速度可以是 $1\ m \cdot s^{-1}$,而垂直速度的标准差却可以大至 $3\ m \cdot s^{-1}$。湍流强度也会影响降水过程,因为湍流会影响云中最大过饱和度,并增强云中不同类型和大小的云粒子之间的相互作用。湍流还会影响云的辐射性质。对于一块湍流性的云,其顶部高低不平,LWC 出现较大的脉动,结果使云顶吸收和发射辐射的特性与结构均匀的云有很大不同。

积状云和层状云的形成过程与特性有很大的差别。为此,后面将分别讨论它们具体的形成过程和宏观特征。考虑到卷云和雾具有特殊的气候和环境效应,本章也将对它们的形成过程和宏观特征进行单独讨论。

4.1　全球云和降水的分布

人类在陆地和海洋上对云量的观测有着很长的记录,包括所有云占天空的份数和低、中、高云的类型。对于某一给定地点,从晴天到阴天甚至到降水的转变在几小时内就可发生,所以云和降水空间分布的日变化很大。对云和降水的分布进行一个月或更长时间的平均后,就得到了云和降水的时、空分布特征。云和降水的地区差异是由大尺度大气环流造成的,而大气环流是由太阳辐射的纬度差异、海陆的热力差异、水汽相变时潜热的释放、温室气体和气溶胶的直接辐射强迫、气溶胶的间接辐射强迫联合驱动的结果。

4.1.1　全球云的分布

图 4.1—图 4.3 是 Hartmann 等(1992)利用 ISCCP(The International Satellite Cloud Climatology Project)的云量、云顶高度和云类型数据集(Rossow 等,1991)得到的全球云量分布。

高云顶出现在热带和中纬度风暴轴上的大尺度上升区,而这些风暴轴与斜压波相联系。光学厚度大的高云出现在对流最活跃区域,在全球范围内的覆盖范围略小于光学厚度小的高云。低云主要出现在海洋上,而且出现最频繁的区域是在亚热带海洋东部边缘和中高纬海洋。亚热带海洋东部边缘上空的低云与大尺度下沉(Hadley 环流的下沉支)运动相联系,产生层积云。中纬度海洋上空的低云通常是层云(Norris,1998)。

图 4.3 表明,在南北半球上,总云量的最大值都是出现在中纬度海洋上。总云量的最小值出现在亚热带沙漠区域上空,次小的云量出现在加勒比海和太平洋、大西洋、印度洋的南半球亚热带区域上空。云量的最大值出现在热带强对流区域,其位置具有季节差异,例如,在夏季出现在孟加拉湾上空(图 4.1),冬季出现在亚马逊河和印度尼西亚上空(图 4.2)。

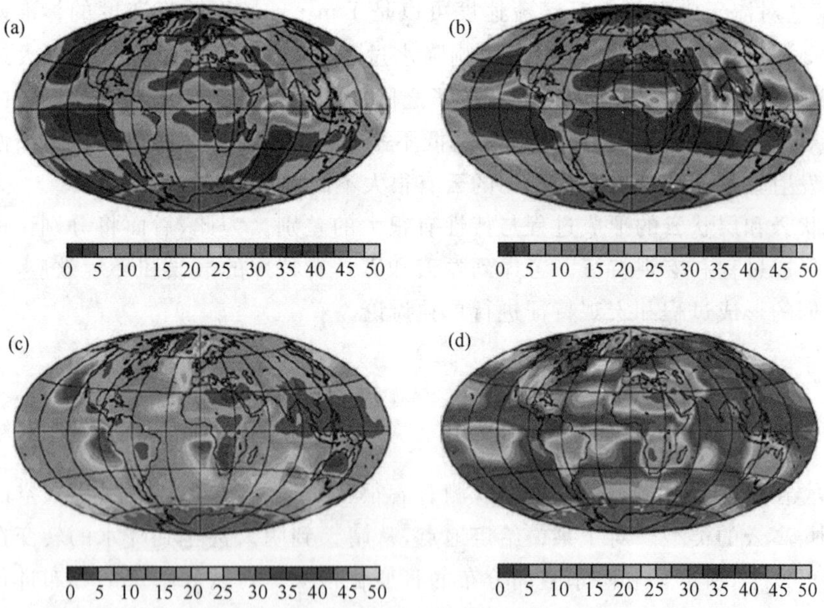

图 4.1　1983—1990 年夏季(6—8 月)全球云量(%)分布

(a. 薄的高云,云顶高度＞440 hPa,光学厚度＜9.38;b. 厚的高云,云顶高度＞440 hPa,光学厚度＞9.38;c. 低云,云顶高度＜440 hPa;d. 总云量;南北极地区冬季无资料;Hartmann 等,1992)

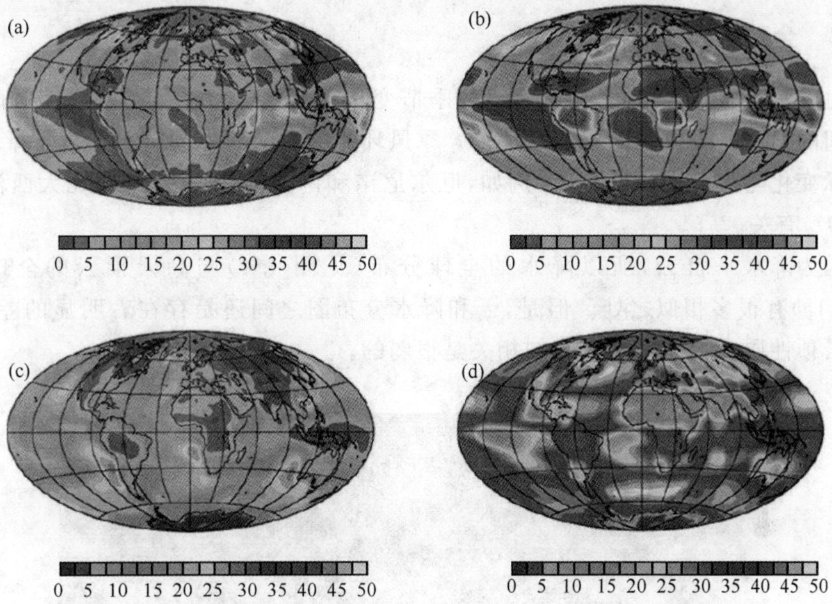

图 4.2　同图 4.1,季节为冬季(12 月—次年 2 月)(Hartmann 等,1992)

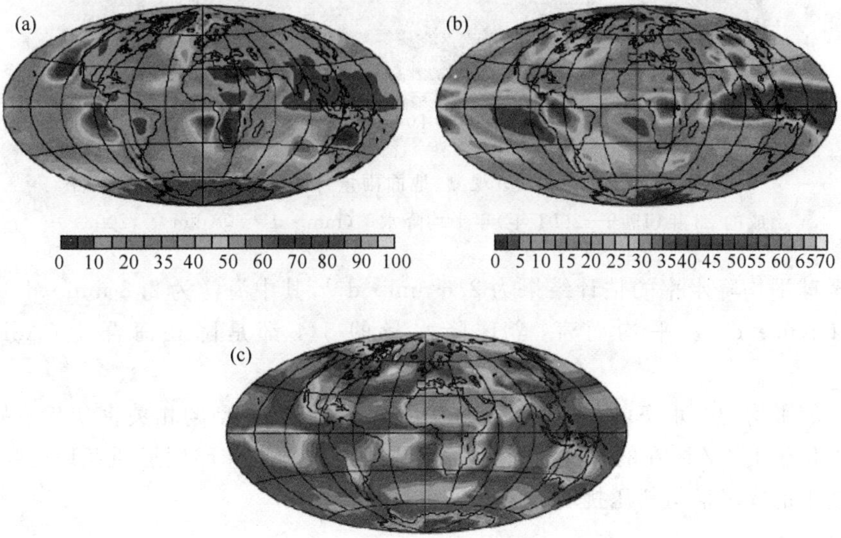

图 4.3　由 ISCCP 资料估计的年平均云量(%)

(a. 云顶高度＜680 hPa;b. 云顶高度＜440 hPa;c. 所有的云;Hartmann 等,1992)

4.1.2 全球降水分布

对于某给定地区，通常云和降水的季节变化十分明显。季风是由海表和陆地表面之间的温度差异驱动的季节性环流。季风环流的风向随季节逆转。全球降水分布的年际变化与大尺度大气振荡(例如，厄尔尼诺和南方涛动(ENSO)，北大西洋涛动(NAO))有关。

因为降水来自云，所以降水的全球分布(见图 4.4)与高云顶云的全球分布(图 4.1a)有很多相似之处。但是，云和降水分布图之间还是存在着明显的差异，原因是云顶性质和地面降水之间的相关是很弱的。

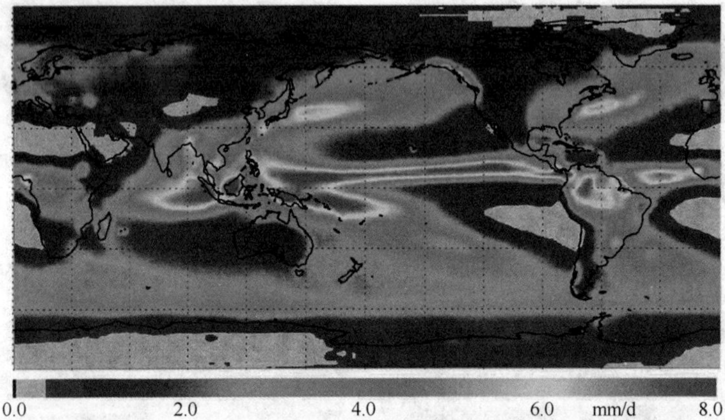

图 4.4 基于全球卫星观测、地面雨量计和数值模式输出结果合成的 23 年(1979—2001 年)年平均降水率($mm \cdot d^{-1}$)(Adler 等，2003)

全球平均降水率的估计结果为 2.6 $mm \cdot d^{-1}$，其中海洋为 2.8 $mm \cdot d^{-1}$，大陆为 2.1 $mm \cdot d^{-1}$。平均而言，全球降水量的 3/4 都是降在海洋上(Adler 等，2003)。

区域平均的降水率(图 4.5)与全球大气环流型、云类型的相关密切。主峰值在海洋上位于 ITCZ 所在的纬度上，在大陆上与亚马逊地区和印度尼西亚地区相联系，中纬度上的次峰值与斜压扰动的风暴轴相联系。

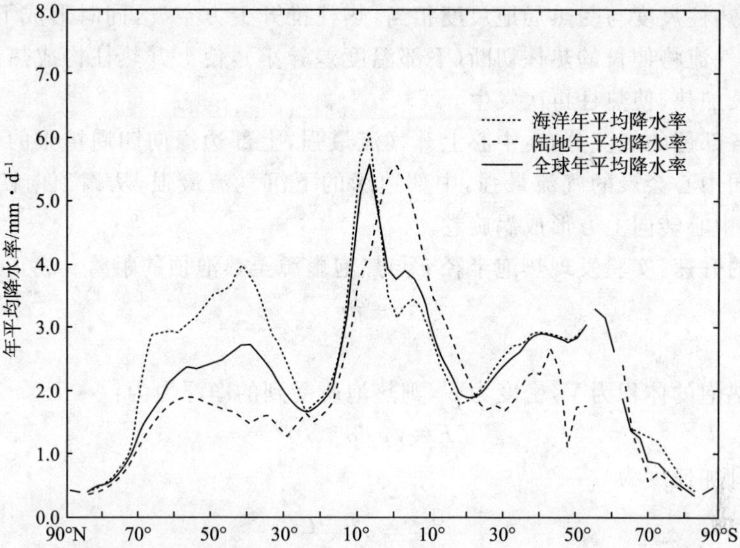

图 4.5　利用 2.5°×2.5°网格资料计算的区域年平均降水率(mm · d^{-1})
(空缺部分无有效资料;Adler 等,2003)

4.2　积状云

在云物理学研究中,为了通过云的外形特征(与生成过程有关)揭示云的物理本质,通常将云划分为积状云(即对流云)和层状云。

积状云是大气对流运动的产物,故又称对流云。包括淡积云、浓积云和积雨云,它们是孤立、分散而又垂直发展的云体。发展旺盛的积状云常伴随雷暴、暴雨、冰雹、龙卷等灾害性天气。

4.2.1　形成过程

不稳定层结的大气有利于浓积云和积雨云的形成,而要形成浓积云和积雨云,首先得形成积状云胚胎。积状云胚胎是由湿空气热力或动力扰动上升,通过复杂的过程而形成。这里主要介绍由热力扰动形成的过程。

4.2.1.1　热泡的形成

浓积云顶花椰菜状凸起,启发人们设想初生的积云就是由较高温度的热气泡浮升造成的。地面局部升温的原因大致由下垫面的热力性质、反射率、坡度、方向等的差异,通过辐射、湍流、蒸发等过程的作用产生。热泡形成的四个阶段是:1)局地增温；2）浮升热柱尺度与受热局地尺度相当，热柱推开上方空气，同时形成下沉补偿气流；3）下沉气流将伸长的热柱切断（下部温度差异小），使上升热柱构成热力湍流泡；4）地面持续加热，使热柱再次发生。

热泡各部位的气流分布：中心上升气流最强，上部边缘向四周扩张的气流最强，下部边缘向中心会聚的气流最强，中部边缘的下沉气流最强，从帽顶向四周帽沿下弯，在帽底中心转向上方形成涡旋卷。

热泡的升速：实验发现热泡半径 r 与热泡虚源至热泡顶的距离 z 成正比

$$z=nr \tag{4.2}$$

其中，$n=2.7\sim4$。

假设热泡的体积为 V，密度为 ρ'，则热泡所受到的净浮力为：

$$F=Vg(\rho-\rho') \tag{4.3}$$

则热泡上升加速度为

$$\frac{\mathrm{d}^2 z}{\mathrm{d}t^2}=g\frac{\rho-\rho'}{\rho'} \tag{4.4}$$

把热泡空气平均密度小于环境空气平均密度百分率记为 B，用 B 可衡量热泡净浮力的大小，故称 B 为平均净浮力系数。

利用状态方程和静力平衡假设，得

$$B=\frac{\rho-\rho'}{\rho'}=\frac{T'-T}{T} \tag{4.5}$$

即热泡内外温差可引起垂直升降的加速度，具体地说，由于热泡内的温度高于环境温度，所以造成向上的加速度。利用平均净浮力系数 B 的定义，可得热泡加速度为

$$\frac{\mathrm{d}^2 z}{\mathrm{d}t^2}=\frac{\mathrm{d}w}{\mathrm{d}t}=g\frac{\rho-\rho'}{\rho'}=gB \tag{4.6}$$

在净浮力的作用下，热泡从原点上升至 z，它所消耗的环境大气位能为$Vg(\rho-\rho')z$，该能量转变成热泡的动能$\frac{1}{2}\rho' Vw^2$，从而可得

$$w=\sqrt{2(gBz)}=\sqrt{2n(gBr)} \tag{4.7}$$

平均净浮力系数 B 因上升膨胀和夹卷混合而随高度减小，而热泡的体积越来越大。假设：$VB=V_0B_0$，取 $V=lr^3$，l 为无量纲系数，对球形，$l=4\pi/3$，则

$$B=\frac{r_0^3}{r^3}B_0 \tag{4.8}$$

上式中，下标 0 代表某一参考时刻。把（4.8）式代入（4.7）式中，热泡升速公式变为

$$w=\frac{\sqrt{2n^3 gB_0 r_0^3}}{z} \tag{4.9}$$

由(4.9)式可知,热泡升速与上升高度成反比。相应热泡顶高和半径随时间的变化为

$$z^2=(2n)^{3/2}t\sqrt{gB_0r_0^3} \tag{4.10}$$

$$r^2=(2)^{3/2}n^{-1/2}t\sqrt{gB_0r_0^3} \tag{4.11}$$

(4.10)和(4.11)式表明,热泡顶距离虚源的高度的平方以及热泡半径的平方均与时间成正比,即随着时间增大,热泡的高度及尺度均增大。

4.2.1.2　热气柱的形成

热泡上升后速度愈来愈慢,体积愈来愈大,此时前一个热泡底部可被后一热泡顶部赶上,并融合在一起,这属于同源热泡并合。若地面增暖迅速,有可能使分离的单个热泡合并形成圆锥形的热气柱,使上升速度增大。此时可把上升气流作为一股连续的射流处理。由于射流质点与周围空气质点的相互作用,就可以带动周围静止空气一起向上运动,造成上升气流把四周空气卷吸进来的动力夹卷。

热气柱中升速、平均净浮力系数与高度的关系分别为

$$\begin{cases}w\propto z^{-\frac{1}{3}}\\ B\propto z^{-\frac{5}{3}}\end{cases} \tag{4.12}$$

说明气柱中的升速和净浮力在上升中均减小,而净浮力减小的速率比升速减小的速率快,但不如热泡中净浮力的减小速率。

热泡可发展为热气柱,相应的热气柱也可再次转化为热泡,如上空存在风切变,使热气柱上部不断吹离而形成上空的热泡。

上述讨论未涉及凝结潜热和凝结物的作用,一般凝结现象既影响云内气层的温度层结,又使净浮力减弱,这在动力学研究中必须考虑。

4.2.1.3　积云、气团雷暴的形成

热泡升达凝结高度,即可产生云体。由于夹卷、湍流和蒸发作用,先形成边缘破碎的碎积云(Fc),当碎积云飘移蒸发致使凝结区的空气湿润,云体就稳定出现,形成淡积云(Cu hum)。

淡积云上部往往只有一二个圆拱凸起,即由单个或少数热泡组成。除原有热泡继续上升以外,还叠加了凝结潜热的作用,影响到原先气层的稳定度。在下沉气流的作用下,积云云体边缘明晰,对流集中,下沉气流抑制了云侧其他对流泡的发展,并使之推向云底,并入积云上升气流中。

热气柱持续发展及旁侧其他对流泡的共同作用,使气柱维持一定的高温,致使对流维持,如果大气层结促使云体垂直厚度不断增大,达到可与水平尺度比拟时,发展为浓积云(Cu cong),表现为多个云泡突起,可以是多个虚源或同一虚源。当浓积云内含水量大,垂直气流较弱时,可产生小阵雨,温度较高时主要通过碰并增长形成降

水粒子，属液相降水机制。浓积云发展可伴生云幞、云绡，实际即云泡上升推动上方近于饱和的稳定气层作微量上升凝结所致，上方空气因云顶蒸发和辐射冷却而趋于饱和。

4.2.1.4 特殊地形产生的对流

(1)山脉诱导的对流云系

山脉或地形障碍物对云的分布有特殊的作用：

1)当具有一定湿度的气流遇到山脉时，山地的抬升就会产生上升气流，如果到达凝结高度便形成云，另一方面云随气流平流到山脉地区时，云系产生堆积，因此在山脉迎风坡一侧云系十分稠密。而在山脉的背风侧出现强烈的下沉运动，抑制云系发展，时常产生晴空区或少云区。

2)在山脉的背风一侧产生波状云。当气流越过山脉以后，在一定的大气风场和层结条件下，山脉背风坡一侧的下风向形成驻波，在波动的上升区域出现一条条平行于山脉且间距相等的云线。产生这种云线需要的条件包括：在一层深厚的空气中，风向与山脉正交或有较大正交分量；在山顶高度上，风速至少为 $10\ m \cdot s^{-1}$；风速必须随高度增大；大气层结是稳定的。

3)夏季山脉向阳坡上因太阳局地加热，有利于对流云发展。在夏季，地表温度差异主要是白天太阳对地表加热引起的，陆地上特别是在山脉的向阳坡、干燥的沙漠等地区，受到太阳加热后，低层升温快，使大气不稳定，能引起对流云系快速发展。在山谷地区，因白天加热和特殊地形，气流在山谷地区辐合上升，产生比周围更强的上坡气流，或更早地出现对流云系的发展。

4)山脉地区的局地加热和地形特点可导致地面中尺度辐合带和中尺度对流的生成，并形成中尺度涡旋，并借助山脉地区的摩擦作用，使辐合对流加强。山脉改变局地的大气环流，当气流从山脊或山脉的侧面通过时，局地地形高度的改变，或山脉侧面的摩擦作用，可使涡旋发展起来。

地形对积云的影响有动力作用也有热力作用，究竟哪种作用更为重要，一般认为，对移动的积云来说，动力作用是决定性的，热力作用不大，这是由于地形(所讨论的地形区域不大)的加热影响范围局限于山坡和山顶附近的小范围内，积云移过时受到影响的时间很短，对整个积云发展影响不大；而如果是在山地上空的积云，由于积云一直在山坡或山顶上，不移动，这样积云的形成发展主要是热力因素起作用。

(2)岛屿和海岸地带的对流云系

岛屿和海岸对对流云形成的作用：

1)在夏季由于太阳加热，岛屿四周海洋面的温度较岛屿低，所以在岛屿上布满了积云、浓积云，而四周洋面为一片晴空区。冬季中高纬度地区洋面上的岛屿温度较水面温度低，当以积云浓积云组成的对流云线经过岛屿时云系将减弱。

2)海陆风是由于海陆间温度差异造成的，对云系的分布起重要作用。在夏季陆地温度较海洋高，气流从海洋吹向陆地，形成海风，如果在陆地上盛行风的方向与海风方向相反，而且若海风的势力大于盛行风，克服陆地吹向海洋的盛行风，则在沿海岸的陆地区域内出现一条平行于海岸线的狭窄的辐合线，在这条辐合线内有很强的上升运动，会形成一条狭长的积云带或雷暴云带。如果海风势力很强，在沿海岸地区先是一片晴空区，云系离海岸线有一定距离。

3)在沿海岸地区，海岸线常常表现为曲折凹凸，某些地方向海洋凸起，一些地方向陆地凹进，造成局地的辐合和辐散。在海岸线凸起的地方(如半岛)，海风气流从几个方向在凸起处汇合，造成辐合上升运动，对流云系十分稠密，出现强对流天气等灾害天气。在海岸线凹进的地方，海风吹向陆地时形成辐散，云系稀薄。

(3)湿地和植被与对流云系

在湿地和干地之间或不同植被地区，太阳加热使湿地或植被地区相对干地温度较低，由此地表产生的温度差异导致局地中尺度温度梯度加大，由此产生局地环流而诱发对流云系的发生发展，同时潮湿地表的蒸散引起大气湿度增加，为中尺度对流提供水汽。

4.2.2　宏观特征

Yang 等(2001)的研究发现，一般来说大气对流运动，尤其是深对流运动的一个重要特点是与白天的太阳辐射日变化密切相关。通常在热带海洋上降水峰值大多出现在清晨几个小时，这是由于夜间对流层强烈的辐射冷却造成的，但是导致这个峰值的确切机制还在争论中。当海面风弱时，海水上部的混合也弱，这种情况下存在对流的弱次峰出现在下午晚些时候，这与海表温度(SST)出现弱峰值的时间是一致的。在夏季和热带大陆上，下垫面吸收太阳辐射能的强日周期变化导致下垫面温度和释放热量的强日周期，因此，对流也具有强日周期变化。典型情况是，在上午，随着日出后地表向上的感热和潜热通量的增加，混合充分的对流边界层发展，而随着对流边界层的加深，浅对流云发展，之后伴随着浅对流向深对流降水的突变。深对流通常发展为有组织的较大系统，导致在午后或晚上出现地面降水的最大值。随着夜晚稳定边界层的发展，对流消失。但是，海陆交界处、山地、较大尺度的对流(例如，中尺度对流系统)经常不符合这个经典模型。例如，在美国东西部夏季后半夜到早晨出现的最大对流强度，就是传播性中尺度系统造成的，该东传系统发展于落基山脉东部(如科罗拉多州东部)的斜压带状气流的中等垂直切变大气中(Heintzenberg 等，2009)。

4.2.2.1　外形特征和空间尺度

对流云是孤立、分散而又垂直发展的云块。对流云底部水平，顶部隆起，云体边界分明，这种外在形状反映了它的内部结构。包括下列几种：

淡积云：扁平，垂直发展不强盛，厚云块中部有淡影，晴天常见；

碎积云：破碎不规则的积云块，形状多变；

浓积云：浓厚，顶部呈重叠的圆弧形隆起，像花椰菜，个体臃肿高耸；

积雨云：云体浓厚庞大，垂直发展极盛，云顶由冰晶组成，有白色毛丝般光泽的丝缕结构，顶部呈砧状，云底阴沉混乱、起伏明显，有时呈悬球状结构。

层结不稳定的气层促进对流的垂直发展，因此积云的垂直尺度决定于不稳定层的厚度和不稳定程度，其尺度大小可与其水平尺度相当。积云多由较小的热泡中水汽凝结后不断发展而成，一般而言，淡积云的水平尺度为数百米到数千米，气团性浓积云或积雨云单体为几千米至十几千米。发展旺盛的积雨云在垂直方向上可伸展到对流层顶，甚至伸入平流层数千米。

4.2.2.2　对流云中的垂直气流

对流云中气流的分布随对流云发展阶段而不同。在形成阶段，即对流云发展到浓积云时，云中全部为有组织的上升气流，平均垂直速度一般为几米/秒。但在锋面性积云中最大的上升气流曾观测到有 $20\sim30\ \mathrm{m\cdot s^{-1}}$ 的。积雨云中的最大垂直速度也可达 $30\sim40\ \mathrm{m\cdot s^{-1}}$。最大的上升气流一般发生在云的中部，在积云发展的早期最大上升气流所出现的位置可以稍偏下。随着积云的发展，这个位置将向积云的中上部移动。在成熟阶段，垂直气流速度比其发展初期要大，更重要的是这时云中还出现了与上升气流有着相同数量级的下沉气流。对流云发展末期，云中几乎都是下沉气流，同时在云的下半部及云底以下有大量的辐散气流。

4.2.2.3　时间尺度、液水含量和湍流

(1)积云(淡积云和中积云)

垂直厚度 1500 m 左右的积云生命期(T_c)为 10～30 min，如果考虑一块平均垂直速度为 $3\ \mathrm{m\cdot s^{-1}}$ 的积云，一气块进入云底到离开云顶的时间尺度量级为

$$T_p=1500\ \mathrm{m}/3\ \mathrm{m\cdot s^{-1}}=500\ \mathrm{s}\approx10\ \mathrm{min} \tag{4.13}$$

小积云的液态含水量很少超过 $1.0\ \mathrm{g\cdot m^{-3}}$，典型值大约为 $0.3\ \mathrm{g\cdot m^{-3}}$。因此，对于这么短的时间尺度和这么低的液态含水量，对于最潮湿的海洋性积云也几乎不会形成降水。

为了比较湿绝热冷却率与云项辐射冷却，我们估计

$$CR_r\approx(0.5\ ℃/100\ \mathrm{m})\times3\ \mathrm{m\cdot s^{-1}}=1.5\times10^{-2}\ ℃\cdot\mathrm{s^{-1}}\approx50\ ℃\cdot\mathrm{h^{-1}} \tag{4.14}$$

其值远大于具有这种液态含水量的云的云顶辐射冷却率($CR_r\approx4\ ℃\cdot\mathrm{h^{-1}}$)，因此，在这类云中湿绝热冷却效应比辐射冷却效应占优势。

小积云中的湍流强度中等，均方根速度介于 1～3 m·s^{-1}。因此，在这类云中湍流起着重要的作用。

(2)浓积云

浓积云的生命期比积云长，介于 20～40 min 之间。然而，一上升速度为 10 m·s^{-1} 的气块从进入云底到离开云顶的时间 T_p 却与小积云类似，因为

$$T_p = 5000\ \text{m}/10\ \text{m}\cdot\text{s}^{-1} = 500\ \text{s} \approx 10\ \text{min} \tag{4.15}$$

这就是说在确定 T_p 时，浓积云中较高的上升气流速度抵偿了较大的云厚度。由于 T_p 较小，如果浓积云的液态含水量不太大，就不大会产生降水。浓积云中的液态含水量介于 0.5～2.5 g·m^{-3}之间。由于这类云中湍流强度常常很强，进入云中的气块在云中停留的时间就有可能比 T_p 值长得多。

如同在较小的积云中那样，浓积云的能量过程中辐射效应相对湿绝热过程来说是次要的。

(3)积雨云

积雨云是最长寿的对流云，生命期可达 45 min 至数小时。但是，一气块从进入云底到出云顶前开始形成降水的时间尺度仍是比较短的。例如，设一块积雨云厚度为 12000 m，平均上升气流速度为 30 m·s^{-1}，则其 Lagrange(拉格朗日)时间尺度只有

$$T_p = 12000\ \text{m}/30\ \text{m}\cdot\text{s}^{-1} = 400\ \text{s} \tag{4.16}$$

比小积云中还短。由于气块上升通过深厚云层引起巨大的冷却，积雨云中典型的液态含水量值达 1.5～4.5 g·m^{-3}或更大。这种高液态含水量在一定程度上补偿了短时间尺度的不足。这种短的时间尺度有时会抑制降水的形成，这就是雷达常常观测到的弱回波区(WER)形成的原因。应该注意到 WER 中存在的这么强的上升气流并不是整个对流风暴的特征。由于湍流强度很大，气块常常可以在云中经历比主上升气流上升时间长得多的生命期。

除了云砧外流区，积雨云中湿绝热过程与辐射冷却相比是占支配地位的。但辐射冷却对积雨云上升气流弱的云砧区的维持和不稳定化能起显著的作用。

4.2.2.4　对流云中的温度

积状云是大气中的对流现象，发生对流运动的物理本质是 Archimedes(阿基米德)浮力，由大气热力学可知空气团内外的温差决定了浮力的大小。一般来说，温度的正距平和上升运动配置在一起，负距平则和下沉运动相联系。正距平随对流发展阶段的演变情况为：1～2℃→4℃(甚至 6～10℃)→0～1℃；而在下沉区中温度负距平在云的最下部也可达到－4℃。

积状云内温度的垂直递减率比湿绝热递减率要大，它与云外的空气温度递减率相近。

4.3　层状云

层状云是水平范围很广阔的云，广义地说，它包括对流云以外的所有云，例如卷云(Ci)、卷层云(Cs)、高层云(As)、高积云(Ac)、层积云(Sc)、层云(St)、雨层云(Ns)。

层状云在水平方向可伸展数百千米，较薄时可能不产生降水，很厚时(如气旋层状云系)可能产生大范围的降雨或降雪。层状云是稳定气层受大、中尺度的辐合、锋面抬升、地形抬升等造成的大范围的上升运动形成的。稳定气层中如果出现大气的波动可形成波状云，也属于广义上的层状云。如果斜升空气层不稳定，便可能形成对流云。

4.3.1　形成过程

层状云的形成途径主要有下列几种：

(1)暖锋及缓行冷锋上的缓慢斜升运动

由于斜升空气几乎是整层抬升，不同高度空气的抬升凝结高度并不一致，所以有时在这种云层中可能夹有几个相对干燥无云的层次。

当高层的云沿锋面上升特别高时，一方面由于降水而使云中水分减少，另一方面由于已抬升到冻结高度以上，云滴开始发生冻结，水汽大多也凝华为冰晶，因此形成卷层云，它在强高空风作用下展开，并在阳光照耀下呈丝缕结构。它们很薄，能透过阳光，可出现各种晕象。有时伪卷云或密卷云平衍变薄，也可形成卷层云。

(2)高空槽前脊后的抬升运动

这些区域往往有大规模的空气辐合抬升，能够出现雨层云、高层云和卷层云。

(3)地形的作用

地形有时也有助于雨层云、高层云的形成。例如在冬半年，冷空气南下，受西南山地阻挡，在云贵高原边缘冷锋呈静止状态，高原上空有暖空气沿锋面抬升、冷却，从而成云致雨。

(4)湍流

湍流有时有助于层积云的形成，其形成过程包括下列几种情况：(a)暖区层积云。由动力湍流或雨后天晴造成热力湍流产生；(b)气团在山地被迫抬升形成层云，在山地湍流作用下形成山地层积云；(c)层云在湍流加强时形成层积云。

(5)对流云衍生

对流云(Cu、Cb)受到稳定层的阻挡而延展，也可形成层积云。

4.3.2 宏观特征

层状云具有以下宏观特征。

外形：云层范围宽广，均匀幕状，是无明显起伏的连续云层。水平方向上结构较均匀，层积云均匀性不及层云，因为有湍流，故厚度也大一些。

水平尺度：$10^1 \sim 10^3$ km。

垂直尺度：$10^{-1} \sim 10^0$ km，水平尺度比垂直尺度大几个量级。较薄时可能不产生降水，很厚时（如气旋层状云系）可能产生大范围的降雨或降雪。

垂直速度大小与分布：一般在 $10^{-1} \sim 10^2$ cm · s^{-1}；对于大范围槽前的斜升运动，常常不超过几个厘米/秒；但在气旋辐合上升运动时，上升速度可达 5～30 cm · s^{-1}。利用探空资料，对层状云的 Richardson 数（N_{Ri}）的计算结果表明，云底湍流最强，云顶湍流最弱。

温度递减率：观测表明，层状云中垂直温度梯度接近湿绝热递减率，最小可为 0.43 ℃ ·（100 m）$^{-1}$，最大可能值也不超过 0.75～0.79 ℃ ·（100 m）$^{-1}$。云顶以下常伴随 1～2 个逆温层，多数情况下在云顶以下 0.1～0.2 km 内有逆温，垂直增温率可达 2.0～3.5 ℃ ·（100 m）$^{-1}$。

层云和层积云生命期有 6～12 h。一气块进入平均垂直速度为 0.1 m · s^{-1}的层云，并上升通过譬如说 1000 m 厚度，大约需要 3 h。层云中典型的液态含水量为 0.05～0.25 g · m^{-3}，观测到的极值超过 0.69 g · m^{-3}。时间尺度和液态含水量的这种组合会在最厚最湿的层云和层积云中产生毛毛雨那样的降水。

如果假定垂直速度为 0.1 m · s^{-1}，湿绝热冷却率则为 2 ℃ · h^{-1}量级。因此，辐射和湿绝热冷却对层云和层积云的不稳定化的贡献是差不多相同的。

层云中湍流强度绝对值小。但是，由于平均垂直速度也小，湍流对层云中的垂直输送、能量过程和云物理过程仍起着重要的作用。

4.4 卷云

卷云是指那些由冰晶组成的层状、钩状、带状或纤维状的高云。它们是在全球范围内最经常出现的云型之一。探测指出，全球平均卷云覆盖量在 20%～50%之间，与季节和地理位置有关。卷云通过其辐射效应而影响大气的热力结构，从而显著地影响全球能量平衡和气候（Liou，1986）。此外，在卫星和航天飞机进入大气层、天文观测、商业飞行以及通信系统等方面也都需要认识卷云的形成和特征。

这里主要介绍关于云砧卷云的形成和维持机制的研究成果。一些研究者认为，云砧中 60%～75%的水凝物来自对流云主体，另一部分来源于卷云中的局地核化过程。均质冻结核化似乎是主要机制，但异质冻结过程也应该被考虑在内。热带云砧卷云在对流云主体消亡后，往往还能持续相当长的时间。Pfister 等(2001)认为，大气波动是延长云砧卷云生命期的主要机制，这是因为波动使得局地冷却从而使水汽达过饱和，导致核化形成新粒子。Pfister 等还认为，上对流层中的气流切变是有效的波动源。

卷云的宏观特征包括厚度、云中心高度、水平范围等。现在已有许多技术可用来确定卷云的高度和厚度，但就某一固定地点而言，激光雷达测量最为精确。综合其他测量技术的观测结果，人们倾向于认为卷云的典型厚度为 1.5 km。卷云高度受对流层顶高度的限制，可以认为典型的卷云中心高度约为当地对流层顶高度的 3/4 左右。卷云高度随纬度而变，纬度较高时，其高度较低。

卷云的水平伸展范围通常要比其垂直尺度大得多，比如急流卷云可以横贯整个大陆而几乎不崩溃，但其最大厚度也不过几千米。卷云的冰水含量已有许多人进行过测量，数值很分散，范围从 $10^{-4}\sim1.2\ g\cdot m^{-3}$，典型值为 $0.025\ g\cdot m^{-3}$(Dowling 等，1990)。一些观测表明，钩卷云的冰水含量为 $0.15\sim0.3\ g\cdot m^{-3}$，卷层云为 $0.01\sim0.2\ g\cdot m^{-3}$，卷积云为 $0.4\sim0.5\ g\cdot m^{-3}$。

4.5 雾

雾是水汽凝结(华)物悬浮于大气边界层内，使水平能见度降至 1 km 以下时的天气现象。

雾对人类生活、生产和军事活动的影响很大，所以很早就成为研究对象。19 世纪末到 20 世纪初，人们对雾的地理分布和形成机制已有初步认识，20 世纪 20 年代，已出现较为完善的雾的发生学分类法，但限于当时的科学水平还不可能对雾的形成机制有比较深入和合理的了解。20 世纪 70 年代，当大气边界层物理学、大气辐射学和计算机技术等相关学科有了很大发展之后，人们对雾的形成和结构的认识才清楚了许多。

因实用的需要，常从不同角度对雾进行分类。例如，天气学分类法、发生学分类法、温度分类法、相态分类法、地域分类法。

- 天气学：气团雾和锋面雾(锋前、锋区和锋后三类)；
- 发生学：辐射雾、平流雾、蒸发雾；
- 温度：暖雾(温度高于 0℃)和冷雾(温度低于 0℃)；
- 相态：水雾、冰雾和(冰、水)混合雾三类；
- 地域：海雾、陆雾、海岸雾、湖泊雾、山谷雾、极烟和都市雾等。

上述分类法，在不同的情况下各有其用途。发生学分类法用得较多，下面将按这一分类法介绍各类雾的形成过程和特性。

4.5.1　形成过程和特征

4.5.1.1　辐射雾

陆地上最为多见，大都出现于后半夜，日出后消散，强度大的可持续到午后。辐射雾由地面和大气辐射冷却而形成。地面和贴地层空气的辐射降温率可达10 ℃ · h^{-1}左右，如果空气湿度大，就会有雾形成。雾形成之后，降温中心将逐渐抬升而位于雾的上部，地面则因雾层覆盖增强了向下辐射而使有效辐射减小，不再降温，甚至因土壤层向上传热而增高其温度，并出现超绝热温度层结。在辐射雾形成过程中，大气湍流促使冷却层和雾层扩大其范围，因此对雾的发展是有利的，但是其强度不能过大，否则因冷却层过厚、降温不大而不利于雾的形成。

既然辐射冷却是形成辐射雾的主要原因，因此凡是有利于辐射冷却的季节、天气系统和地域，都有利于辐射雾的形成。从季节来说，秋冬二季，昼短夜长，地面和近地层空气净辐射处于负值的时间长，因此有利于辐射雾的形成。从天气系统来说，高压系统内天空晴朗，地面有效辐射强，且因风速不大而可以发展适度的湍流，因此有利于辐射雾的形成。综上所述，大陆上秋冬二季的高压天气系统内最有利于辐射雾的形成。据上海 1956—1979 年期间的观测资料统计，该地区辐射雾集中于 11—12 月间，其中出现于高压脊中的占 66%，高压中心的占 18%，其余 16%出现于入海高压后部。就地域来说，山谷和盆地是辐射雾的多发区，例如云南南部坝子区是我国的多雾区，年雾日景洪为 141.5 d，勐腊为 178 d。随着国民经济和城市的发展及热带雨林的减少，雾日逐年减少。1990—1995 年景洪平均年雾日仅 58 d。而且在有雾日，起雾时间推迟，雾消时间提前，雾水含量减小。重庆的观测也有类似现象，20 世纪 40—80 年代，每 10 年平均雾日分别为 145.0、103.1、53.6、51.3 和 47.6 d，而与此同时，北碚、泸州、涪陵等地雾日却明显增多。说明城市发展、植被减少、大气污染物增加是城市雾减少的直接原因。山谷雾和盆地雾的形成与山风直接有关，而山风则是山坡和毗邻气层辐射冷却的结果。当冷空气顺着山坡下沉（即山风）而聚积于谷底时，其上部与暖湿空气混合形成低云（层云）。后由于云层顶部的辐射冷却而使云内部变得不稳定，冷却作用将向下传播，云底随之下降，这种过程如果得到充分发展，云底将最终到达地面而成为雾。

辐射雾的厚度一般为几十米，薄的不到 1 m，厚的则达好几百米。

4.5.1.2　平流雾

当暖湿空气移行于冷下垫面时，空气因湍流将热量输送给下垫面而降温，温度低于露点时就有雾形成。这种由平流冷却而形成的雾称为平流雾。平流雾既发生于海上也发生于陆上。我国冬季沿海是平流雾的多发区。此时期，陆地冷而海洋暖，当气流自海洋向陆地运动时，就形成了产生平流雾的良好条件。此外，春夏之交，我国东部海域沿岸海流的温度较低，当活跃的偏南暖湿气流流经这里时，也常产生平流雾。

空气平流冷却的速度决定于气流与下垫面之间的温度差及湍流的强度。温差愈大，湍流愈强则平流冷却愈强。但湍流过强反而不利于近地层的冷却，因为这时候参与冷却的气层增厚，气温的降低就不显著了，因此平流雾产生时，风速要大小适中，据我国一些台站的统计，以 $2\sim7\ m\cdot s^{-1}$ 居多。

与陆上辐射雾相比，海雾的含水量、雾滴尺度都较大，但浓度较小。此外，海雾的厚度也较辐射雾为大。

4.5.1.3　蒸发雾

蒸发雾又称蒸汽雾，在极地称极烟，当冷空气移行在暖水面上时形成。

秋季陆上小水域（池塘、湖、河和沼泽地等）上的晨雾是夜间陆地上空气辐射冷却后移到暖水面（水体热容大，不易冷却）上形成的蒸发雾，又称湖泊雾，河谷地区，夜间坡地上辐射冷却形成的冷空气流至河面生成的河谷雾，沿海陆地或岛屿夜间辐射冷却生成的冷空气以陆风形式移至暖海面上形成的岸滨雾，皆为蒸发雾。尺度更大的蒸发雾是由冬季大陆流出的冷空气到达暖洋面或者海洋极地空气流向中纬暖洋面时产生，其水平范围可达上千千米。蒸发雾在北半球发生于极地以南到热带的广大区域内，海洋西部比东部要多。低纬度雾区局限于沿岸海域，高纬度地带则可远离海岸，例如 60°N，离岸几百千米的地方，尚可发现蒸发雾的踪迹。

蒸发雾的厚度，薄的不到 1 m，厚的可达 1500 m，较常见到的约 100 m 左右。

蒸发雾的含水量约为 $10^{-2}\sim10^{-1}\ g\cdot m^{-3}$，一般不超过 $0.5\ g\cdot m^{-3}$，它随气温与水温差值增大而增大。

雾的物态与大气气溶胶性质有关。工业污染区，气温低于 −10℃左右时，很少有纯水雾，−20℃以下全属冰雾，但在空气洁净的地方，虽气温低至 −20℃左右，还可观测到水雾。

观测发现，空气湿度和水—气温差是影响蒸发雾形成的两个主要因素。当湿度一定时，水—气温差必须达到一定值才有雾生成，这个温差值称为温差阈值，其值与空气湿度成负相关。理论上，在一定的边值条件下解水汽扩散方程和热量方程所得结果能说明上述观测情况，并且发现：温差阈值随水温增高而增加，还随海水含盐度增加而增加，这是因为含盐越多，其饱和水汽压越小的缘故。

事实上，一次雾的形成，往往不是一个而是二个或多个因素共同作用的结果。例如平流雾形成过程中，辐射和平流是同时起作用的，不过它们的相对重要性是不同的，并以起主要作用的因素确定雾的性质，所以，平流辐射雾可理解为雾的形成过程中，平流冷却与辐射冷却起了相同的作用。

4.5.2 辐射雾的物理机制

辐射雾过程是从地面的辐射冷却开始的。Taylor(1917)指出，夜间晴空、微风和高相对湿度有利于辐射雾生成。经过近一个世纪以来人们对辐射雾不断深入的研究，从雾体本身的变化扩展到雾层以上大气和下垫面的宏微观性质对于雾生消发展过程的作用，Cotton 等(2011)从以下八个方面总结了辐射雾过程的物理机制。

4.5.2.1 辐射冷却的作用

长波辐射冷却地面，然后地面通过传导冷却与其邻接的空气。Brown 等(1976)指出，近地层空气的辐射冷却对考虑雾在几个小时的观测时间尺度上的形成是必要的。

一旦雾形成，则雾顶部的辐射通量辐散会增大雾顶部及其上方的稳定度，而雾内部和其下方的稳定度减小，结果造成冷的雾气和其下方接近饱和的湿空气垂直混合，从而使雾向下扩展；在雾顶部的辐射冷却也使液态水含量增大，并使雾区能见度降低，这常常也使雾向上扩展。

辐射对雾滴的大小也具有重要作用。Roach(1976)在球形水滴的热量和水质量收支方程中考虑了辐射传输项。结果指出，水滴增长能发生在稍微次饱和的环境中。该过程容许因辐射诱发改变整个云层稳定度情形下有雾形成，即使其环境没有出现过饱和。Brown(1980)和 Mason(1982)得到的结论是，辐射项在水滴增长方程中的重要性随云凝结核的浓度而变。当具有高的云凝结核浓度时，辐射项几乎不影响水滴的平均大小或液态水含量。他们指出，这是由于下述事实造成的，即产生的雾滴越多，其对辐射的吸收效率就越低。他们的结论是，雾滴与其环境之间的辐射交换，在洁净雾中和海洋层云中最大，在严重污染的空气中最小。

4.5.2.2 露的作用

许多研究者都曾强调露对雾形成的作用。露的出现对近地面水汽向下输送和夜间逆湿层结的形成都起着极重要的作用，观测到露点温度随高度增加而升高的范围可伸展到地面以上 40 m 和 200 m 之间。

形成露所需要的部分水汽可以来自下垫面土壤，然而，大多数则来自上方的空气。因此，Brown 等(1976)把露看作雾形成的“控制器”。对于给定的、促使空气趋向饱和的辐射冷却率，如果露凝结率较大以及伴随的向下水汽输送较强，那么，雾的形成可能受到抑制。如果露在地面的凝结率略小，则辐射冷却可能足以引发雾的形成。

Pilie 等(1975)也把观测到的雾先在空中形成归因于露的出现引起逆湿层结发

展所致。然而，Jiusto(1981)指出，许多内陆辐射雾首先在地面发展，然后再向上扩展。目前，雾首先在地面还是在空中形成的原因还不十分清楚。

从雾形成直至日出，露除了维持近地层空气饱和之外，并不起任何重要作用(Pilie 等，1975)。然而，在日出后，地而温度开始升高，露开始蒸发。由于雾层变暖，为了维持其饱和，则需供给水汽。Pilie 等(1975)计算指出，露的蒸发足以使雾比地面无露时多持续几个小时，最终，由于太阳加热造成饱和水汽压增高并超过实际水汽压，尽管有露的蒸发伴随也是如此，这就导致雾消散。雾的消散首先从地面开始，然后雾底不断升高。

4.5.2.3 湍流的作用

热量和水汽的湍流输送，在雾的演变中起着重要的作用。然而，湍流的作用究竟是有利的、贡献于雾的形成，还是破坏性的、促使雾消散，还没有一致的看法。Brown 等(1976)根据一个雾模式，其中，湍流是用涡动黏滞闭合模拟的，结果认为湍流抑制辐射雾的形成。他们得出这个结论是因为静风与最大冷却伴随，并且，主要的静风时段与雾的主要发展期相伴。相反，风增大(至少$>2\ m \cdot s^{-1}$)伴随雾消散。因此推断，当风速减小时，水汽向地面的湍流输送使露的形成中止。其结果，水汽在大气中维持，并且，当辐射冷却空气时，又形成雾。对另一种情形，风速较大，较干空气的垂直混合可抑制雾的形成。

Jiusto 等(1980)从观测推断，如果辐射冷却和较高湿度区域伸展到更大的高度，那么，垂直湍流混合在有辐射冷却出现时，会对雾的增长有正的贡献。用不同的近地层湍流交换公式，Welch 等(1986)得到的结论是，湍流增强和稳定度减小将有助于雾的形成。他们还指出，雾在日出后变浓，是由于湍流增强，并因此使雾上部的液态水向下混合造成的。Lala 等(1982)指出，湍流在傍晚前，可能抑制雾；而在傍晚后，湍流混合能使雾浓密。

Lala 等(1975)、Brown 等(1976)以及 Welch 等(1986)都一致认为，雾的结构和雾的出现与不出现，都强烈地依赖于特定的湍流黏滞率廓线或所使用的湍流模式。而且，Brown 等(1976)指出更真实地处理湍流是必需的，特别是在雾顶部之下那个区域。他们指出，深厚雾的顶部表现出有点像地面，这不仅对辐射过程，而且对湍流输送也如此。更复杂的湍流模式同观测的雾结构比较表明，雾演变的逼真模拟是能够获得的(Musson-Genon，1987)，该工作进一步强调了湍流输送对雾演变的重要性。

4.5.2.4 水滴沉降的作用

在云的模拟中，通常把云中水滴划分为有明显末速的雨滴和假设可略去其下落速度的云滴。在云模式和中尺度模式中，云滴半径可以大到 40～50 μm。然而，在雾中仅有少数水滴半径超过 20 μm。不过，Brown 等(1976)得到这样的结论，即水滴沉降在雾结构的演变过程中能起重要的作用。这反映了这样的事实，即雾中的垂直速度是十分小的，特别是远小于积云。

Brown 等在模式中引入了云滴沉降过程，否则液态水含量就会被预报得高到不真实。他们用如下反馈过程解释模式对水滴沉降的敏感性：液态水由于水滴沉降而直接消除，使水滴群引起的辐射冷却有所减少；较低的辐射冷却就导致了凝结率和液态水含量的减少。Brown(1980)在更详细的微物理模拟中发现，模拟的雾中液态含水量对云凝结核浓度是敏感的。具有较低云凝结核浓度的云的液态含水量要比具有较高的云凝结核浓度的小约20%，这种差异被认为是由于高的云凝结核浓度的雾中水滴沉降作用减弱造成的。

4.5.2.5　植被覆盖的作用

Brown 等(1976)还研究了地面植被对地面冷却率的作用。他们认为，草地将比裸露地面有更低的地面温度，这是因为其热容小；而且，草将部分地阻挡土壤的辐射损失；因此，空气流过由草覆盖的地面时，向较冷地面输送的净辐射将比向裸露土壤输送的多，从而空气将变得更冷。有模拟表明，植被覆盖增加能使雾层厚度和含水量明显增加。

4.5.2.6　云层的平流

如果在雾层上方存在一个移动的云层，则能够改变雾层顶部长波辐射的净损失，因而导致雾层结构的改变，甚至使雾结构破坏。Saunders(1957)指出，部分个例显示雾在云层移来之后出现，他同时还观测到温度在地面附近升高。其后，Saunders(1961)观测到雾层顶部的向外净辐射与晴空相比有显著减小，这依赖于覆盖云层的高度和温度。覆盖云层的高度较低，则向外净长波辐射的减小越多。Saunders 还得到如下结论：叠加在雾上空的云层平流过后，在地面附近观测到温度升高是雾层顶部向外辐射减少的结果。温度升高还部分地由于来自地面的持续的向上热通量，来自地面的向上热通量在雾消散过程中是重要的。而另一重要的控制因子是土壤和空气之间的温度梯度。如果土壤、空气间温度梯度很小，那么，雾未必能消散；如果其梯度大，那么，当云层移过雾的上方时，雾的消散就会加强。Brown 等(1976)将模式上边界的向下长波辐射通量从30 $W \cdot m^{-2}$增加到95 $W \cdot m^{-2}$，模拟了云层在雾上空平流的效应。他们认为上述数值对大气中云底在700 m处和厚度为600 m的层积云是适合的，这与他们所观测到的例子类似。在2 h模拟期间，雾层变暖，并且除雾顶附近以外的所有各个高度的液态含水量都减小了。同时，他们把模式未能使雾完全消散归因于他们的湍流模式较差。他们的模式十分清楚地表明，此时空中的云层把雾顶部的净辐射冷却减小到这样一种程度，以致来自地面的热量湍流输送将驱动地面以上层次达到饱和。

4.5.2.7 夜间雾的可变性

当夜间雾发展到成熟阶段,其特性可能不一定稳定维持。Choularton 等(1981)描述了在德国的 Meppen(梅彭)观测到雾中液态含水量的周期性脉动。他们指出,这种液态水脉动在 15 min 至 20 min 观测时间内分别具有 51、31 和 96 s 的周期。他们推测,这种周期性是由于 Rayleigh-Bénard 对流(即细胞状对流)通过观测点所致。

雾的液态含水量还具有 45 min 至 1 h 量级的较大周期振荡,是由 Lala 等(1982)在美国纽约州的 Albany(奥尔巴尼)的观测中发现的。然而,产生周期性的原因是不确定的。Welch 等(1986)在他们 Albany 雾例子的模拟中,模拟了一系列雾中参数的显著振荡,包括液态含水量。模拟发现,虽然振荡周期随其湍流闭合方案的不同有很大变化,便模拟得到了 30～40 min 振荡周期。这种振荡与一种湍流混合的扰动联系在一起,这种扰动促使逆温层顶的暖、干空气卷入雾层,并使地面附近的湿空气向上混合。结果是,在较低的 20 m 内的液态含水量迅速地减小。这种较长周期的振荡,可能类似于层积云中所观测和模拟出的振荡现象,Chen 等(1987)将其归因于辐射、湍流及水滴沉降之间的相互作用。

4.5.2.8 雾因日射引起的消散

Brown 等(1976)用数值模式研究了雾因太阳加热引起的消散。他们引入了一个简单的短波辐射传输模式,其中,略去了雾内的太阳辐射吸收。他们认为雾的光学厚度如此之薄,以致太阳辐射加热率相对于长波辐射冷却和热量的湍流热交换来说是不重要的。对于入射到近地层的太阳辐射,其中 30%被雾层反射,20%由地面反射,其余被地面吸收。因此,日出后短时间内长波辐射冷却还是大于太阳辐射加热,因此雾的液态水含量在日出后继续增加。模拟结果显示日出后 3.5 h,由地面加热驱动的热通量占主导,模拟的雾除 22 m 以上的一些高度外完全消失。但是,实际观测到该个例中雾的消散是自上层开始的,他们认为模拟的雾消散过程与观测事实相反的原因是湍流过程模式不够好,同时也可能是因为模式中略去了雾层对太阳辐射的吸收。Welch 等(1986)推论,由于地面加热增强了湍流输送,雾在日出后加强是由于高层液态水向地面混合增强造成的,同时露和土壤水分的蒸发也提供了水汽的补充。当地面热通量对相对湿度的影响超过了来自地面的水汽供给或来自雾顶的向下混合的影响时,雾最终消散。Forkel 等(1987)利用二维模式模拟的结果表明,雾在污染大气中消散的更快,这是由于较大的气溶胶浓度造成雾内更大的太阳辐射加热率。

习　题

(1)试回答或解释下列问题：

1)为什么说云雾的时间尺度、垂直速度、含水量、温度、湍流都很重要？

2)热泡的形成包括哪几个阶段？

3)积状云在垂直发展过程中，其云顶通常随着云的发展从花椰菜状变为砧状。

4)为什么云中的实际液水含量常常小于绝热含水量？云内是否存在比绝热含水量更加大的实际液水含量？并举例说明。

5)山脉或地形障碍物对云分布的特殊作用有哪些？

6)简述深对流运动的日变化特征。

7)简述层状云的宏观特征。

8)雾是如何分类的？

(2)热泡在浮升过程中，假定总浮力(体积×平均净浮力系数)为常数。热泡半径在上升过程中随高度呈线性变化。证明上升速度 $w \propto z^{-1}$，上升高度 $z \propto t^{1/2}$。

(3)假设一上升热泡的半径与其距地高度成正比。试证明夹卷率(定义为 $\mathrm{d}m/m\mathrm{d}t$，其中 m 为 t 时刻热泡的质量)与热泡半径成反比，而与热泡上升速度成正比。

(4)假设一块浓积云的厚度为 6000 m，求一上升速度为 10 m · s^{-1}的气块从进入云底到出离云顶的进行时间 T_p，并回答该值的大小是否有利于降水。比较湿绝热冷却率与云顶辐射冷却率之间的大小关系。

参考文献

Adler R F, Susskind J, Huffman G J, Bolvin D, Nelkin E, Chang A, Ferraro R, Gruber A, Xie P P, Janowiak J, Rudolf B, Schneider U, Curtis S, and Arkin P. 2003. The version-2 Global Precipitation Climatology Project (GPCP) monthly precipitation analysis, (1979-present). *Journal of Hydrometeorology*, **4**: 1147-1167.

Brown R, and Roach W T. 1976. The physics of radiation fog: Ⅱ—A numerical study. *Quarterly Journal of the Royal Meteorological Society*, **102**: 335-354.

Brown R. 1980. A numerical study of radiation fog with an explicit formulation of the microphysics. *Quarterly Journal of the Royal Meteorological Society*, **106**: 781-802.

Chen C, and Cotton W R. 1987. Physics of the marine stratocumulus-capped mixed layer. *Journal of the Atmospheric Sciences*, **44**: 2951-2977.

Choularton T W, Fullarton G, Latham J, Mill C S, Smith M H, and Stromberg I M. 1981. A field study of radiation fog in Meppen, West Germany. *Quarterly Journal of the Royal Meteorological Society*, **107**: 381-394.

Cotton W R, Bryan G H, and Van den Heever S C. 2011. *Storm and Cloud Dynamics: The dynamics of clouds and precipitating mesoscale systems*. 2nd ed. Academic Press, 809 pp.

Dowling D R, and Radke L F. 1990. A summary of the physical properties of cirrus clouds. *Journal of Applied Meteorology*, **29**:970-978.

Forkel R, Sievers U, and Zdunkowski W. 1987. Fog modelling with a new treatment of the chemical equilibrium condition. *Contributions to Atmospheric Physics*, **60**: 340-360.

Hartmann D L, Ockert-Bell M E, and Michelson M L. 1992. The effect of cloud type on the earth's energy balance: Global analysis. *Journal of Climate*, **5**: 1281-1304.

Houze R A. 2004. Mesoscale convective system. *Reviews of Geophysics*, **42**: RG4003.

Heintzenberg J, and Charlson R J. 2009. *Clouds in the Perturbed Climate System : Their relationship to energy balance, atmospheric dynamics, and precipitation*. MIT Press, 597pp.

Jiusto J E. 1981. Fog structure. *Clouds, their formation, optical properties, and effects*, Hobbs P V and Deepak A, Eds., Academic Press, 187-239.

Jiusto J E, and Lala G G. 1980. Thermodynamics of radiation fog formation and dissipation: A case study. 8th Int. Cloud Phys. Conf., 333-335.

Lala G G, Jiusto J E, Meyer M B, and Kornfein M. 1982. Mechanisms of Radiation Fog Formation on Four Consecutive Nights. *Proc. of Conf. on Cloud Physics*, Chicago, IL, AMS, 9-11.

Liou K.-N. 1986. Influence of cirrus clouds on weather and climate processes: A global perspective. *Monthly Weather Review*, **114**: 1167-1199.

Mason J. 1982. The physics of radiation fog. *Journal of the Meteorological Society of Japan*, **60**: 486-498.

Musson-Genon L. 1987. Numerical Simulation of a Fog Event with a One-Dimensional Boundary Layer Model. *Monthly Weather Review*, **115**: 592-607.

Norris J R. 1998. Low cloud type over the ocean from surface observations. Part II: Geographical and seasonal variations. *Journal of Climate*, **11**: 383-403.

Pilie R J, Mack E J, Kocmond W C, Rogers C W, and Eadie W J. 1975. The Life Cycle of Valley Fog. Part I: Micrometeorological Characteristics. *Journal of Applied Meteorology*, **14**: 347-363.

Pfister L, and Coauthors. 2001. Aircraft observations of thin cirrus clouds near the tropical tropopause. *Journal of Geophysical Research*, **106**: 9765-9786.

Roach W T. 1976. On the effect of radiative exchange on the growth by condensation of a cloud or fog droplet. *Quarterly Journal of the Royal Meteorological Society*, **102**: 361-372.

Rossow W B, Walker A W, and Gardner L C. 1993. Comparisons of ISCCP and other cloud amounts, *Journal of Climate*, **6**: 2394-2418.

Rossow W B, and Schiffer R A. 1991. ISCCP cloud data products. *Bulletin of the American Meteorological Society*, **72**: 2-20.

Saunders P M. 1957. The thermodynamics of saturated air: A contribution to the classical theory. *Quarterly Journal of the Royal Meteorological Society*, **83**: 342-350.

Saunders P M. 1961. An observational study of cumulus. *Journal of Meteorology*, **18**: 451-467.

Taylor G I. 1917. The formation of fog and mist. *Quarterly Journal of the Royal Meteorological Society*, **43**: 241-268.

Welch R M, Ravichandran M G, and Cox S K. 1986. Prediction of quasi-periodic oscillations in radiation fogs, Pt. 1, Comparison of simple similarity approaches. *Journal of the Atmospheric Sciences*, **43**: 633-651.

Yang G Y, and Slingo J. 2001. The diurnal cycle in the tropics. *Monthly Weather Review*, **129**: 784-801.

第5章　云降水微观特征

云是由大气中水汽凝结或凝华形成的足够数量的微小水滴、过冷水滴、冰晶、雪晶等水凝物粒子单一或混合组成,形状各异飘浮在天空中的可见聚合体(中国气象局,2004;WMO,1975)。由于现代探测技术的进步,所谓"可见"不仅包括人的肉眼可看见的部分,还包括肉眼无法看到,但通过云雷达、卫星等探测设备能够识别的部分。雾在微观构成上与云相同,差别仅是雾粒子在大气中悬浮高度低,并部分与地球下表面相接,因此雾中的大气成分、气溶胶粒子和气压、绝对湿度等大气要素与高空有所不同,在一定程度上会影响到雾的性质和演变。在云雾中,足够的水汽是云、雾存在的先决条件,水滴、冰晶是云雾存在的基本形式,空气则是云雾粒子在大气中悬浮的环境。由于云和雾是大气气溶胶的一种形式,有关大气气溶胶的原理和规律可直接作为讨论云雾微物理特征的基础。

组成云体的单个云滴或冰晶通过凝结或凝华等过程形成,通过蒸发或降水等过程消失,单个云滴的存在时间通常不超过数小时,短的仅数分钟,它们的运动速度是由环境空气流速和其自身的下落速度共同决定的。云体或云系的持续存在是由新的云粒子不断生成维持的。这一过程在宏观上表现为云体向着新粒子生成的区域传播,如果新粒子生成的方向与风向不一致,则云的传播方向也就与风向不一致。

云雾是一种微小水凝物粒子(Hydrometeor)的群体,尺度大一些的大气水凝物粒子,包括雨滴、雪花、霰、冰雹等,称为降水粒子。与云雾粒子相比,降水粒子由于体积、质量较大,能较快地在大气中下落,从而在到达地球表面时没有完全蒸发或升华。气象观测中定义的降水现象明确要求这些水凝物粒子到达地面,而云降水物理学侧重讨论这些粒子到达地面之前的特征及其形成、发展物理过程。

云降水微观特征通常指大气中大量离散水凝物粒子的大小分布,由于大气中不同相态的水凝物粒子的大小分布具有不同特点,加之粒子的大小分布与含水(冰)量、下落速度、消光系数等群体物理特性联系在一起,所以讨论云降水微观特征时通常也将相态和含水量一并讨论。

5.1　空中水凝物粒子的相态分布

普通气象学有时根据温度对云进行分类，云顶温度（通常即云内最低温度）高于0℃的云称为暖云，云顶温度低于0℃的云则称为冷云。但从微观云物理学的角度来看，云粒子的相态与云的理化性质和演变机理之间的关系更为直接，因此常根据云内粒子相态对云进行分类，即将云分为水云、冰云和混态云。表 5.1 给出了云雾粒子相态与温度的大致对应关系。

冰在温度达到0℃时开始融化，温度高于0℃的云粒子以液态存在，与暖云对应。当温度低于0℃时，水（特别是纯水小滴）在没有固态界面时不易冻结而处于过冷却状态，大气中的云雾粒子仍以液态存在，通常称为过冷却。因此在0～－10℃的温度范围内云粒子以液态为主，冰晶很少。当温度更低时，云内存在冰晶的概率随着温度下降而升高，过冷却水滴与冰晶常常同时存在，即混态云。当温度低于－40℃，则云内主要以冰晶为主，即冰云。

表 5.1　云雾粒子的相态与温度的基本关系

温度/℃	＞0	0～－10	－10～－40	＜－40
相态	液滴	过冷水	过冷水与冰晶共存	冰晶
温度分类	暖云	冷云	冷云	冷云
相态分类	水云	水云	混态云	冰云

国际云图划分的十种云属与云粒子相态有一定的对应关系。卷层云和卷云为冰云，积雨云为混态云，卷积云可能是冰云也可能是混态云，高层云多数情况为混态云，但也存在水云的情形。对于其他云属（高积云、积云、层云、雨层云和层积云）则主要为水云，但也有少数情况包含冰晶从而处于混态云状态。

上述云粒子相态与温度的关系是在大量观测事实的基础上得到的统计规律，对于具体的云体，同一相态分布的温度范围和同一温度范围内冰粒子所占比例均可能表现出一定差异。如在－20℃时，仍然可能有10％左右的云完全由液态水滴组成。图 5.1 给出了大陆和海洋上空云中粒子相态与云顶温度的关系，其中以冰粒子浓度大于每升 1 个作为存在冰粒子的判断标准。可以看到，对于云顶温度低于大约－13℃的云中，冰存在的概率基本达到100％。在更高的温度条件下，冰存在的概率迅速下降，但当云中含有雨滴时，冰存在的概率要更大些。云顶温度在0～－8℃之间的云中通常含有大量过冷水滴，在这类云中，过冷云滴与飞机碰撞时会冻结，易造成飞机积冰。

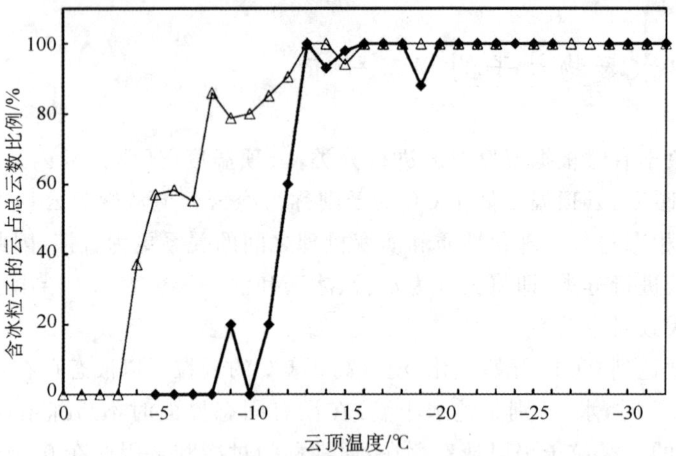

图 5.1　云中含有冰粒子浓度大于每升 1 个的百分率随云顶温度的变化

（◆:大陆性积云，冰粒子出现前无雨滴；△:清洁的海洋性积云和北冰洋层状云，冰粒子形成前存在雨滴。Wallace 等，2006）

5.2　微观特征的描述

液态云降水粒子在尺度较小时形状接近于球形，但固态云降水粒子的形状却明显是不规则的。对于非专门讨论云降水粒子形状对理化特性的作用时，为使问题简化，通常假设云降水粒子为球形。部分粒子尺度测量仪器设备也是在球形粒子假设的前题下测量粒子的等效尺度。实际上，这一假设从统计学的角度来看是合理的，即大量不规则粒子表现出来的各种特性的统计平均和整体效果，可近似认为与大量球形粒子的效果等价。

5.2.1　尺度谱分布

以云滴为例，表 5.2 给出了不同半径（或直径）范围内粒子个数 N_i 的观测样例，仪器测量的云滴半径范围为 4～24 μm，半径间隔 Δr 为 2 μm 的等间隔。考虑到云降水粒子通常在某一尺度范围内数量较大，因此很多仪器也采用不等间隔，在粒子数量较大的尺度范围采用较小的尺度间隔。表中 N_i 为一个采样周期内测得的半径在 $r_i \sim r_i+\Delta r$ 之间的粒子数目，根据采样流量 c 和采样频率 f 可得本例云滴的采样体积 $V=c/f$，N_i/V 表示半径在 $r_i \sim r_i+\Delta r$ 之间的云滴数浓度（或数密度）。由下式进一步可得各尺度间隔内云滴的数浓度半径分布函数 n_i（$cm^{-3}\cdot\mu m^{-1}$），即单位空间体积、单位云滴尺度间隔（1 μm）内云滴的数目：

$$n_i=\frac{N_i}{V\Delta r} \tag{5.1}$$

然后以云滴半径为横坐标，数浓度半径分布函数为纵坐标，将($r_i+\Delta r/2, n_i$)序列标于坐标图中并连接成一条曲线，用以表示不同尺度云滴数量的多少，该曲线即为云滴数浓度尺度谱分布曲线(图 5.2)。

表 5.2　云滴数浓度尺度谱分布样例(采样流量:3 $cm^3 \cdot s^{-1}$;采样频率:1 Hz)

$r_i \sim r_i+\Delta r/\mu m$	4～6	6～8	8～10	10～12	12～14	14～16	16～18	18～20	20～22	22～24
N_i/个	144	498	726	690	480	246	75	24	15	6
$n_i/cm^{-3} \cdot \mu m^{-1}$	24.0	83.0	121.0	115.0	80.0	41.0	12.5	4.0	2.5	1.0

通常大气粒子半径和尺度分布函数可能存在几个数量级的变化，一般在小粒径段数浓度较大，因此尺度谱分布的坐标也常采用单对数坐标(图 5.2b)或双对数坐标(图 5.2c)。

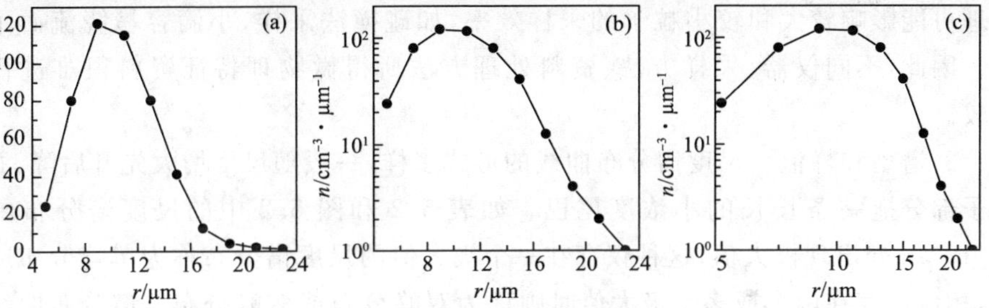

图 5.2　云滴数浓度谱分布曲线

(数据：表 5.2；a：线性坐标；b：单对数坐标；c：双对数坐标)

如果(5.1)式的分子为表面积、截面积和体积等参数，则相应得到表面积尺度谱分布、截面积尺度谱分布和体积尺度谱分布等。

为了便于理论分析和不同观测结果的特征对比，通常还用经验公式

$$n(r)=f(r) \tag{5.2}$$

表示尺度谱分布，一般通过对滴谱观测资料进行曲线拟合得到。所选用的经验公式一般要求：1)形式上简单，一方面待定系数尽可能少，另一方面能够表示出粒子谱的特征。待定参数越多，能够表示的谱形越多，但计算量增加，且系数的物理意义可能越不明确；2)待定系数与粒子群的特征量有确定的关系；3)公式能够解析积分，便于粒子群的各种积分特征量的计算，因为云降水理论研究中，常常需要计算云降水粒子大小分布的各阶矩。例如将在 5.2.2 节中介绍的降水强度、降水含水量、雷达反射率等都直接与 $n(d)$ 的某些矩有关。(5.2)式的 k 阶矩可以表示为：

$$M|_{n(r)}^{k} = \int_{0}^{\infty} r^k n(r)\mathrm{d}r \approx \int_{r_{\min}}^{r_{\max}} r^k n(r)\mathrm{d}r \tag{5.3}$$

由于大气粒子的尺度分布函数通常在小粒径和大粒径端数值较小，少数很小和很大的粒子对积分的贡献较小，因此(5.3)式的无穷积分结果通常与具有有限半径上、下限的实际谱分布积分的结果十分接近。在实际谱分布资料处理时，$r_{\max}$通常取到最大测量值，因为随着矩的阶数增加，大粒子对积分的贡献增大。

5.2.2　微物理特征量

根据具体的云雾降水粒子尺度谱资料，可以得到很多表征粒子群体特征的物理量。

1)尺度谱资料给出被测粒子的最小和最大尺度，常用这两者的差值表示谱宽。由于最小尺度有时受限于仪器测量下限，而且最小尺度与最大尺度一般具有数量级的差异，所以也可单用最大尺度表示谱宽。同时还需要注意所用仪器的性能和取样原理可能影响较大和较小粒子的采样效率，如碰撞法采样，小滴容易绕流而不易取得。因此，不同仪器、采样方法、资料处理方法所得微物理特征资料很难进行直接比较。

2)谱型和峰值。尺度谱分布曲线的形式多样，一般随尺度增大先升后降，并在大粒子部分拖一条长长的小浓度尾巴。如表5.2和图5.2中的尺度谱分布函数在8～10 μm处出现极大值，这种仅存在一个极大值的尺度谱分布称为单峰分布或单峰型，相应地存在两个或多个极大值时则称为双峰分布或多峰分布。谱分布曲线上的极大值称为峰值浓度，如样例中8～10 μm处的121.0 $\mathrm{cm^{-3}\cdot\mu m^{-1}}$，对应地取该尺度范围的中点9 μm为峰值半径或众数半径。对于多峰谱型，按半径从小到大顺序出现的极大值依次称为第一峰值、第二峰值等。

对于个别的资料样本而言，往往由于取样粒子个数少，不同尺度范围粒子个数起伏很大，代表性较低。因此采样和分析时必须根据统计学原理考虑样本的代表性。

3)尺度谱分布是云雾降水粒子群体最基本的微物理属性，可通过它得到粒子群的很多物理特征量。常用的粒子群总体量和尺度平均量有以下几种：

总数浓度：
$$N = \int_{r_{\min}}^{r_{\max}} n(r)\mathrm{d}r \tag{5.4}$$

算术平均半径：
$$\bar{r} = \frac{1}{N}\int_{r_{\min}}^{r_{\max}} rn(r)\mathrm{d}r \tag{5.5}$$

均方根半径：
$$r' = \left(\frac{\int_{r_{\min}}^{r_{\max}} r^2 n(r)\mathrm{d}r}{N}\right)^{\frac{1}{2}} \tag{5.6}$$

均立方根半径：
$$r''=\left(\frac{\int_{r_{\min}}^{r_{\max}}r^3n(r)\mathrm{d}r}{N}\right)^{\frac{1}{3}} \tag{5.7}$$

峰值半径：
$$\left.\frac{\mathrm{d}n(r)}{\mathrm{d}r}\right|_{r=r_p}=0 \tag{5.8}$$

中值半径：
$$\int_{r_{\min}}^{r_m}n(r)\mathrm{d}r=\int_{r_m}^{r_{\max}}n(r)\mathrm{d}r \tag{5.9}$$

有效半径：
$$r_{eff}=\frac{\int_{r_{\min}}^{r_{\max}}r^3n(r)\mathrm{d}r}{\int_{r_{\min}}^{r_{\max}}r^2n(r)\mathrm{d}r} \tag{5.10}$$

其中算术平均半径表示粒子群的平均线性尺度；均方根半径即面积加权平均半径，表示粒子群平均表面积或截面积的大小，用于与粒子表面积和截面积有关的讨论，如大气光学；均立方根半径即体积加权平均半径，表示粒子的平均体积或质量的大小；有效半径则同时具有均方根半径和均立方根半径的特点，常用来讨论粒子群总体积或质量及其与光学特性的关系。

常用的由尺度谱分布决定的粒子群体物理量有：

体积含水(冰)量：
$$q_{w(i)}=\int_{r_{\min}}^{r_{\max}}\frac{4}{3}\pi r^3\rho_{w(i)}n(r)\mathrm{d}r \tag{5.11}$$

消光系数：
$$\beta_e=\int_{r_{\min}}^{r_{\max}}Q_e(m,\lambda,r)\pi r^2n(r)\mathrm{d}r \tag{5.12}$$

雷达反射率因子：
$$Z=\int_{r_{\min}}^{r_{\max}}(2r)^6n(r)\mathrm{d}r \tag{5.13}$$

其中 Q_e 为单个粒子的消光效率，由波长 λ、粒子半径 r 和与化学成分对应的复折射指数 m 决定。

为了从普通统计学角度定量表征尺度谱分布状况，还可采用几种特征量：

离散度：所有粒子的尺度偏离平均半径的程度或粒子尺度集中的程度，可用方差 σ 和离散度 C_d 分别表示：

$$\sigma=\sqrt{\frac{\int_{r_{\min}}^{r_{\max}}(r-\bar{r})^2n(r)\mathrm{d}r}{N}} \tag{5.14}$$

$$C_d=\frac{\sigma}{\bar{r}} \tag{5.15}$$

偏度：表示偏向小于或大于平均半径的程度：

$$C_s=\frac{\int_{r_{\min}}^{r_{\max}}(r-\bar{r})^3n(r)\mathrm{d}r}{\sigma^3N} \tag{5.16}$$

$C_s<0$ 表示左偏，即谱型偏向小粒子，在大粒子端呈一拖长的尾巴，$C_s>0$ 则谱型偏向大粒子端。

峰度：表示粒子谱峰向上突出的程度：

$$C_k = \frac{\int_{r_{\min}}^{r_{\max}} (r-\bar{r})^4 n(r)\mathrm{d}r}{\sigma^4 N} \tag{5.17}$$

C_k 值越大，表示谱分布越向上突出。由于正态分布的峰度为 3，也将 C_k 称为绝对峰度，C_k-3 称为相对峰度。

在实际工作中，对于给定的谱分布便可得到以上这一系列的特征量，常用它们来分析云的微物理特征。而在同一云体的不同部位、不同时间或不同云体观测获得的这些量可能存在明显差异。

5.3 云滴和雾滴

云降水过程中，不同大小水滴的尺度谱分布几乎是连续的，因此通过水滴尺度定量确定云滴和雨滴的界限，同如何精确地通过数浓度定量确定云的边界一样困难。考虑到水滴、冰粒到达地面是降水的必要条件，微观上通常根据水滴的下落规律，将半径小于 100 μm 的水滴称为云滴，习惯上又将其中半径在 50～100 μm 之间的云滴称为大云滴，半径大于 100 μm 时则称为雨滴。图 5.3 给出了云和降水粒子尺度、数密度和下落末速度的一般概量，关于云降水粒子的下落末速度将在 5.5 节具体讨论。

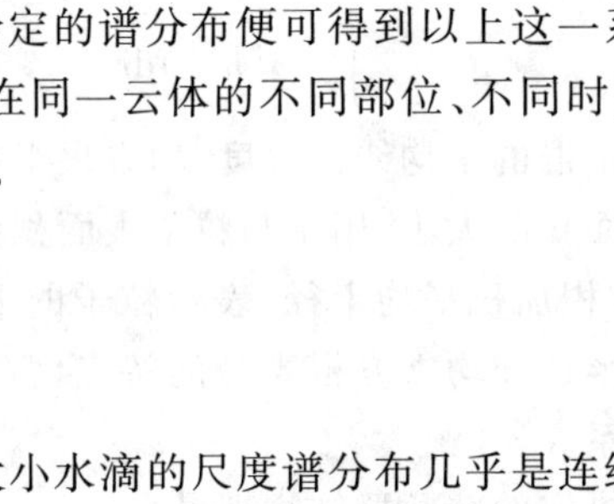

图 5.3 雨、云滴的典型半径 r(μm)、数密度 n(L^{-1})及下落末速度 v($\mathrm{cm\cdot s^{-1}}$)(Mc Donald,1958)

5.3.1 一般特征

云粒子的存在需要相对云粒子表面饱和的湿度条件，一般情况下云内相对湿度约为 100%，但也存在与此差异较大的情况。大量观测显示雾中相对湿度范围可从

100%一直低到 80%左右。云内相对湿度变化范围通常比雾中要小，图 5.4 给出了 Warner(1968)通过垂直速度和云滴尺度观测结果计算得到的中、小尺度积云内相对湿度的累积频率随相对湿度的分布。可以看出相对湿度总体上在 98%～102%之间，而且过饱和频率多于不饱和，中值相对湿度约为 100.1%。也有人在云的边缘观测到因云外干空气进入云体后在湍流混合的作用下造成相对湿度低到 70%，而在对流云体的中心部位可高达 107%。

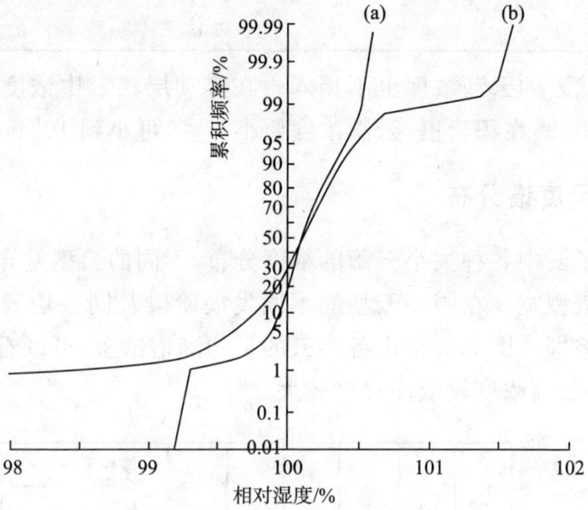

图 5.4　中、小尺度积云内相对湿度的累积频率随相对湿度的分布
(a：云内距云底 300 m 处观测结果；b：全部观测结果。Pruppacher 等，2004)

不同云雾过程或同一云雾过程的不同发展阶段，微物理特征参量可有很大的差别(表 5.3)。一般说来，雾滴要比云滴小，平均半径通常不到 10 μm，含水量在 0.01～0.5 $g \cdot m^{-3}$，在雾形成或消散时期更小。在比较稳定、维持时间较长的地面雾中，雾滴半径要大一些。层状云的云滴一般只有 5～6 μm，积状云中云滴较大，发展强盛时在 10～20 μm 左右，甚至数十微米，但晴天积云中云滴大小与层状云接近。与雾滴相似，云滴大小也随着云的发展有很大的变化，例如曾观测到积状云发展时平均云滴半径在 10 min 内由几微米增大到 10 μm 左右的情况。

表 5.3　云雾典型微物理特征(数据来源：Heintzenberg 等，2009；Brimblecombe，2009)

类别	(典型)半径/μm	数浓度/cm^{-3}	含水(冰)量/$mg \cdot m^{-3}$
霾	＜1		0.00001～0.0001
雾	0.5～30	1～100	10～500
层云	0.5～30	10～1000	350(100～500)
积云		10～1000	100～1000

续表

类别	(典型)半径/μm	数浓度/cm^{-3}	含水(冰)量/$mg \cdot m^{-3}$
大陆性积云	6(2～30)		450
浓积云	10(2～40)	200	1000
积雨云	20(2～100)	100～1000	2000(1000～10000)
卷云		0.01～10	1～10
极地平流层云		1～10	0.001～0.01
夜光云		25～500	0.00001～0.0001

层状云和积状云的云滴浓度也不相同。在雾和层状云中浓度大一些，平均可以达到 $10^2 \sim 10^3\ cm^{-3}$。在积云里，云滴浓度要小一些，可小到 $10^1\ cm^{-3}$。

5.3.2 云雾滴尺度谱分布

云滴谱反映了云中各种大小云滴的浓度分布，不同的云型差异较大。一般地，积状云比层状云的谱型宽。在同一云型的不同发展阶段及同一块云的不同高度，其谱型和谱宽也都有差别。图 5.5 给出各类云的平均滴谱谱型，可以看出，对流强的浓积云的云滴谱较宽，云滴浓度较低而尺度较大。

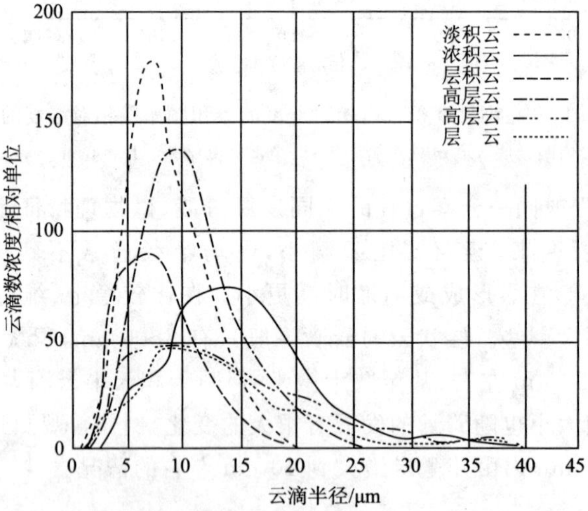

图 5.5　不同类型云中平均云滴尺度谱分布(梅森,1978)

大陆性云和海洋性云在微观上存在明显差异，图 5.6 给出了在海洋性和大陆性气团内积云滴谱尺度分布的观测结果。一般而言，大多数的海洋性积云中的云滴数浓度低于 100 cm^{-3}，基本不超过 200 cm^{-3}。与此相反，一些大陆性积云中的云滴数浓度可超过 900 cm^{-3}。图 5.6 中大陆性积云的云滴谱远比海洋性积云中的窄，平均云滴半径也要小得多。这是因为海洋性积云的液水含量与大陆性积云的相差不大，大陆性积云中较高的云滴数浓度必定会导致在这类云中的平均云滴大小小于海洋性积云中的值。从气溶胶系统的稳定性来看，大陆性云中粒子尺度较海洋性云集中，谱宽较窄，稳定性大于海洋性云。

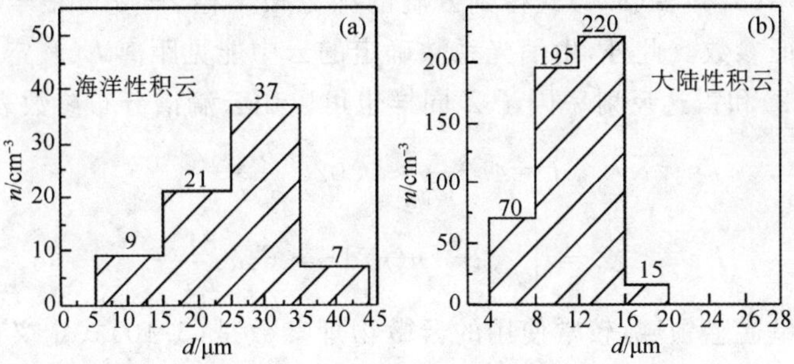

图 5.6　海洋性积云(a)和大陆性积云(b)内云滴的尺度分布(Rogers 等，1989)

云雾滴谱分布函数 $n(r)$ 的具体数学表达式，来自于对实测资料的数学拟合。通过对大量实测资料的分析可知，当尺度取线性坐标时，谱形大多是随着尺度的增大而很快上升，达到极大值后，再随着尺度的增加而缓慢下降。这种谱形可以用修正的 Γ-分布函数或对数正态分布函数来拟合。

(1) Khrgian-Mazin 分布

云物理学中广泛使用 Khrgian-Mazin 公式表示云雾滴的数浓度尺度谱分布，简称“K-M”分布：

$$n(r)=ar^2 e^{-br} \tag{5.18}$$

它实际上是修正 Γ 函数分布

$$n(r)=ar^c e^{-br^\gamma} \tag{5.19}$$

中取 $c=2,\gamma=1$ 的形式。(5.18)式与(5.19)式相比减少了两个待定系数，余下的两个待定系数依然具有明确的物理意义。在(5.18)式的基础上，利用(5.4)和(5.5)式可得云滴总数浓度和平均半径

$$N=\frac{2a}{b^3} \tag{5.20}$$

$$\bar{r}=\frac{3}{b} \tag{5.21}$$

单位体积中云的液水含量由(5.11)式得

$$q_w=10^{-6}\left(\frac{4}{3}\pi\right)\rho_w\int_0^{\infty} r^3 n(r)\,\mathrm{d}r=\frac{160}{b^6}\pi\rho_w a \tag{5.22}$$

这里 ρ_w 为水的质量密度($\mathrm{g\cdot m^{-3}}$)，q_w 以 $\mathrm{g\cdot m^{-3}}$ 为单位，$\bar{r}$ 以 cm 为单位。由上面三

式中的任意二式联立均可确定参数 a 和 b,例如由(5.21)和(5.22)式得到

$$a\approx1.45\times10^{-6}\left(\frac{q_w}{\rho_w\bar{r}^6}\right),b=\frac{3}{\bar{r}} \tag{5.23}$$

则由实测量 q_w 和 $\bar{r}$ 可确定云滴谱的谱形。

还可以利用(5.6)～(5.9)式得到云滴的均方根半径、均立方根半径、峰值半径、中值半径等特征参数。此外,由消光系数确定的云中能见距离 L(假定水的无量纲散射效率因子为 2)和雷达反射率因子 Z 同样也可以用云滴谱分布参数表示为:

$$L=4.3\frac{\bar{r}}{q_w}\approx0.026\frac{b^5}{\rho_w a} \tag{5.24}$$

$$Z=\int_0^\infty(2r)^6 n(r)\mathrm{d}r=64a\frac{8!}{b^9} \tag{5.25}$$

在云的卫星遥感领域,较常使用的云微物理参数是(5.10)式定义的云滴有效半径,它与云的液水含量和光学厚度 τ_c 具有以下关系:

$$r_{eff}=\frac{3}{2}\frac{q_w}{\rho_w\tau_c} \tag{5.26}$$

(2)对数正态分布函数

当尺度取对数坐标时,原来在线性坐标中的偏态分布可能变成为正态分布,称为对数正态分布。对数正态分布不仅能显示小粒子端的分布细节,同时也压缩了大尺度端的长尾巴。

按高斯分布,不难给出对数正态分布函数 $n(r)$ 为

$$n(r)=\frac{N}{\sqrt{2\pi}r\ln\sigma_g}\exp\left[-\frac{(\ln r-\ln r_g)^2}{2\ln^2\sigma_g}\right] \tag{5.27}$$

描述对数正态分布的两个控制参量 r_g 和 σ_g 分别称为几何平均半径和几何标准差,它们的取值确定了云滴谱的形状,其离散表达式分别为

$$\ln r_g=\frac{\sum_i n_i\ln r_i}{\sum n_i} \tag{5.28}$$

$$\ln\sigma_g=\left[\frac{\sum n_i(\ln r_i-\ln r_g)^2}{\sum n_i-1}\right]^{1/2} \tag{5.29}$$

式中的脚标"i"表示第 i 个尺度间隔,n_i 则表示第 i 个尺度间隔内的云滴浓度,r_i 表示第 i 个尺度间隔的平均云滴半径。

需说明的是,分布函数较适用于大量资料的平均结果,用于拟合单次观测资料或某一个观测样本往往有较大的偏差。因为滴谱分布随时间、地点、云型、云中不同部位以及云的不同发展阶段而不同,所以一次个别取样很可能会偏离这种分布。同时,通常采用的经验公式只能表示单峰分布,对于多峰的情况可以由几个经验公式进行

叠加。比如，锋面过境时或云发展旺盛阶段，常可以观测到滴谱是双峰甚至多峰分布，这时需要使用上述函数做分段拟合，不同谱段也可用不同的分布函数拟合。此外，基于经验公式待定系数与粒子群特征量的对应关系，可由实测谱分布资料直接计算的特征值确定经验公式的待定系数。但由于观测资料并非完全符合由某种拟合技术得到的经验公式，所以由观测资料特征量导出的待定系数与拟合公式的待定系数可能差异较大。

5.4　雨滴

降水不管最初是如何形成的，在地球上大多数地区当它到达地面时多表现为雨。最常用的降水宏观特征量是地面上的降雨率，或称为降水强度。降水微观特征常用雨滴的尺度分布函数表示，宏观量与微观量之间具有对应关系。

5.4.1　雨滴形状

雨滴在空气中降落时，其形状随大小变化。半径小于 140 μm 的雨滴可认为是球形，随着尺度的增加，雨滴逐渐变成椭球体和平底椭球体(图 5.7)，当半径大于 5 mm时，雨滴甚至会破碎。

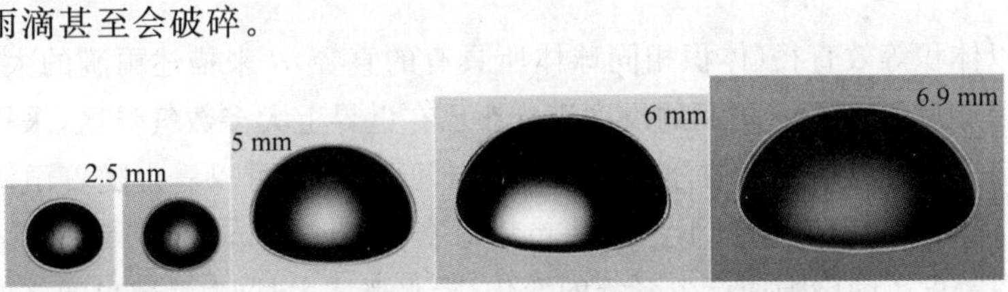

图 5.7　风洞中不同球形等效直径水滴在平衡时的形状

(Thurai 等，2009；线条表示经验公式计算结果)

需要注意的是，图 5.7 中给出的水滴处于上升气流与重力作用下的平衡状态，实际大气中存在的各种扰动、碰撞使下落过程中雨滴形状变得十分复杂，甚至会出现个别雨滴下落时长轴垂直向下的情况。

若分别用 v 和 h 表示雨滴垂直和水平方向的轴长，则其形状可用轴比

$$\alpha=\frac{v}{h} \tag{5.30}$$

表示(Jones 等，2009)。实际降水过程中，特别是降水强度较大时，轴比的变化范围较大，图 5.8 给出了典型降水过程中雨滴轴比的观测和理论结果。从图 5.7 和图 5.8可以看到，总体上轴比随着雨滴体积等效直径的增大而减小。

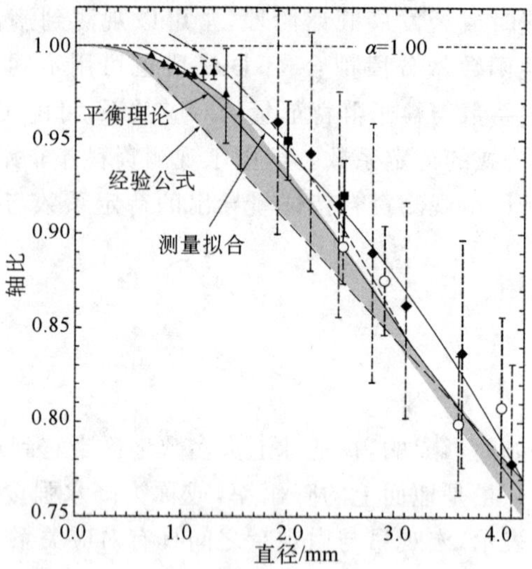

图 5.8 雨滴轴比与体积等效直径的关系

（符号：不同方法的轴比测量值；阴影：水滴与上升气流平衡的轴比范围；Andsager 等，1999）

5.4.2 雨滴尺度谱分布

通常以体积等效直径（体积相同球体所具有的直径）d 来描述雨滴的大小，其尺度分布函数则可写为 $n(d)$。雨滴的尺度谱分布已在世界上大多数气候区，采用各种方法进行了测定。尽管雨滴大小的分布随时间和空间而变，但可以看出随着雨滴尺度的增大，相应的雨滴数密度迅速减小。这种趋势对直径超过 1 mm 的雨滴表现更为明显。通常雨滴数密度也随雨强而产生系统的变化，降水率增大时，大滴数也随之增加。

Marshall 和 Palmer(1948)根据在加拿大渥太华夏季的观测资料，分析认为雨滴大小的分布非常接近于一个负指数函数的形式，特别是在非常稳定的降雨中，这一特征表现得更为明显。因此，除很小的雨滴外，雨滴大小的分布可以用以下的近似式来表示：

$$n(d)=\frac{\mathrm{d}N}{\mathrm{d}d}=N_0 e^{-\lambda d} \tag{5.31}$$

该分布曲线在半对数坐标上，表现为直线，称为 Marshall-Palmer 分布或简称为 M-P 分布。

将(5.4)～(5.17)式用直径表示，可以得雨滴群的总数密度、平均直径、均方根直径、均立方根直径、峰值直径、中值直径、雨水含水量、能见度、雷达反射率因子等微物理参数，通常情况下雨滴数浓度约为 10^3～10^5 m^{-3}。对于尺度谱分布为 $n(d)$的降水粒子群，降水强度可表示为：

$$I=\frac{\pi}{6}\int_0^\infty d^3 n(d)u(d)\mathrm{d}d \tag{5.32}$$

降水强度也称为降水率(Precipitation rate),指水平面上的降水体积通量,即通过一水平面上的降水通量密度,SI 单位制中其单位为 $m^3\cdot m^{-2}\cdot s^{-1}=m\cdot s^{-1}$,为了方便起见,通常用 $mm\cdot h^{-1}$ 作为降水强度的单位。在地面上,I 值的变化很大,可以从微量一直到 $10^2\ mm\cdot h^{-1}$,中纬度的典型降水率约为 $10\ mm\cdot h^{-1}$,超过 $25\ mm\cdot h^{-1}$ 的降雨强度通常出现在对流云降水过程中。在大多数地区中,降雪时比降雨时的降水强度至少小一个量级。

(5.32)式既可用于雨,也可用于雪,其中 $u(d)$ 是雨滴的下落末速度,以 $m\cdot s^{-1}$ 为单位。如有上升气流 w,则上式中的 $u(d)$ 应代之以 $u(d)-w$。

同时,Marshall 和 Palmer(1948)还给出了斜率 λ 和 I 的关系

$$\lambda(I)=41I^{-0.21}\ \mathrm{cm}^{-1} \tag{5.33}$$

$$N_0=0.08\ \mathrm{cm}^{-4} \tag{5.34}$$

即 Marshall-Palmer 分布中的斜率 λ 只决定于降水强度,截距参数 N_0 为常数(图 5.9)。因此,该分布模式中斜率因子 λ 是唯一的参数,故称为单参数模式,由一个宏观量就可确定 λ,从而确定谱分布,使用上比较简单。当截距参数 N_0 不为常数时,雨滴谱就需要由 λ 和 N_0 两个参数确定,称为双参数模式,也已在云降水数值模拟中广泛使用。

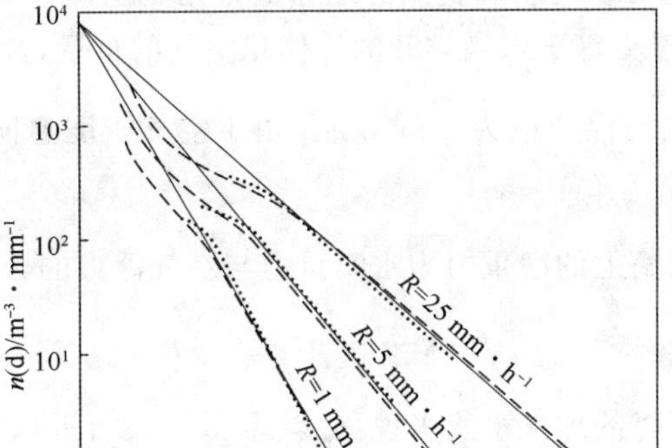

图 5.9　雨滴谱观测结果(断线和点线)、M-P 分布(实线)与降水率 R((5.32)式中表示为 I)的关系(Marshall 等,1948)

虽然并不是所有的雨滴分布都具有简单的指数函数形式,特别是对于直径小于 1 mm 的雨滴使用修正 Γ 函数分布能得到更佳的拟合曲线。但是从许多不同地区的观测结果来看,指数分布形式仍然可以作为各个雨滴样本平均情况的极限形式。此

外，对中纬度大陆的稳定性降水来说，采用 Marshall-Palmer 的 λ 和 N_0 的值一般可以得到接近实况的结果。

我国长江中下游地区的梅雨锋降水，其平均谱基本符合 M-P 分布，但小滴数密度偏少，大滴略偏多。对于具体的样本，梅雨滴谱有三种谱型：无峰型、单峰型和多峰型。1)雨强小于 1 mm · h^{-1} 时，无峰型谱出现最多，但随着雨强增大，无峰型所占比例迅速减小；2)当雨强在 1～5 mm · h^{-1} 之间时，单峰型出现较多；3)当雨强大于 5 mm · h^{-1} 时，多峰型出现的几率迅速增大。就平均情况来看，梅雨锋降雨以多峰型谱为最多。

5.5 液滴的下落末速度

水凝物粒子在重力作用下的降落，是大气粒子最基本的沉降过程之一。微滴的下落速度受三种力的作用决定，即地球重力、空气浮力和空气阻力。

(1)重力。假设水滴的半径为 r，则地球重力为 $\frac{4}{3}\pi r^3\rho_w g$，其中地球重力加速度 g 可看作常数，ρ_w 为液水密度。假定水滴在下降过程中，无蒸发、凝结、碰撞现象，从而 r 也可看作常数，因此可认为水滴受到的地球重力无变化。

(2)浮力。空气浮力等于水滴排开的等体积空气的重量，按 Archimedes 原理，空气(密度为 ρ_a)对水滴的浮力应为 $\frac{4}{3}\pi r^3\rho_a g$。由于空气密度愈向下愈大，所以浮力也就相应愈向下愈大。

作用于空气中水滴上的净重力为水滴重力与空气浮力的合力，为

$$F_G=\frac{4}{3}\pi r^3 g(\rho_w-\rho_a) \tag{5.35}$$

对于通过空气下降的球形水滴来说，$\rho_w \gg \rho_a$，故上式可近似为

$$F_G=\frac{4}{3}\pi r^3 g\rho_w \tag{5.36}$$

(3)空气阻力。由动量守恒原理，在黏性流体中，作用于半径为 r 的球体上的阻力为

$$F_R=\frac{\pi}{2}r^2u^2\rho_a C_D \tag{5.37}$$

此式称为 Newton(牛顿)阻力公式，其中 u 是水滴相对于空气的速度，C_D 是表示液体特征的阻曳系数，$C_D/2$ 即为空气动量传递给水滴表现为阻力的比例。利用以流体的动力黏性系数 μ 表示的 Reynolds(雷诺)数 $N_{Re}=2\rho_a ur/\mu$，则(5.37)式可以写成

$$F_R = 6\pi\mu r u\left(\frac{C_D N_{\mathrm{Re}}}{24}\right) \tag{5.38}$$

降水粒子在受重力的作用下降时，重力和阻力很快达到平衡，使粒子按匀速下降，此时的下降速度称为“下降末速”。即末速出现在 $F_G = F_R$ 的情况下，必有

$$u = \frac{2}{9}\frac{r^2 g\rho_w}{\mu\left(\frac{C_D N_{\mathrm{Re}}}{24}\right)} \tag{5.39}$$

现在的问题就转移到求阻曳力系数 C_D 的表达式。当 Reynolds 数非常小时（粒子半径小）：

$$C_D = \frac{24}{N_{\mathrm{Re}}} \tag{5.40}$$

在这种情况下，(5.39)式可简化为

$$u = \frac{2}{9}\frac{r^2 g\rho_w}{\mu} = K_1 r^2 \tag{5.41}$$

其中 $K_1 \approx 1.19\times10^6\ \mathrm{cm}^{-1}\cdot\mathrm{s}^{-1}$。这种下降末速度决定于尺度的平方，此关系式称为 Stokes（斯托克斯）定律（图 5.10），它适用于半径大约为 0.5～50 μm 的云滴。Stokes 定律亦可通过运动方程

$$m\frac{\mathrm{d}u}{\mathrm{d}t} = F_G - F_R \tag{5.42}$$

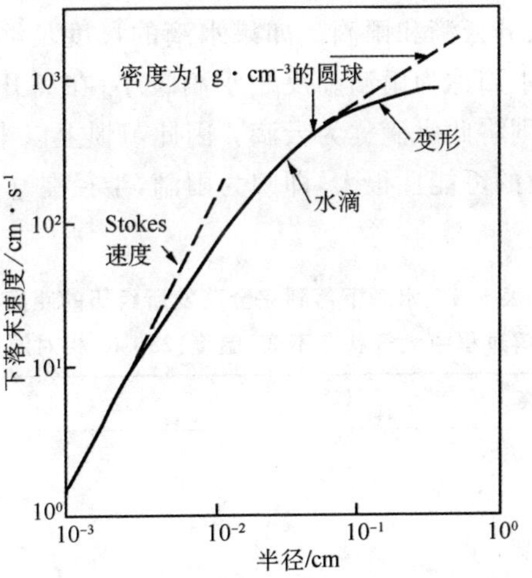

图 5.10　水滴下落速度与尺度的关系

积分得出，同时可得到粒子从静止到速度达到末速度 u 的 $(1-1/e)\%\approx63\%$ 所经历的时间：

$$\tau = \frac{2}{9}\frac{\rho_w - \rho_a}{\mu}r^2 \approx \frac{2\rho_w}{9\mu}r^2 \tag{5.43}$$

τ 称为弛豫时间，粒子尺度越小，弛豫时间 τ 也越小，粒子下落时很快就会达到稳态。

球形粒子实验表明，对于相当大的 Reynolds 数（大粒子）来说，C_D 与 N_{Re} 无关，而且值为 0.45，将其代入(5.39)式可以得到

$$u=K_2 r^{1/2} \tag{5.44}$$

其中

$$K_2=2.2\times10^3\left(\frac{\rho_0}{\rho_a}\right)^{1/2}\ \mathrm{cm^{1/2}s^{-1}}$$

式中 ρ_0 是 1013 hPa 和 20℃时的干空气参考密度，其值为 $1.2\times10^{-3}\ \mathrm{g\cdot cm^{-3}}$。

雨滴的 Reynolds 数很大，但它并不是理想的球体。因此，尽管在描述大雨滴下落末速度时常常采用(5.44)式，但这个式子也只适用于 $500\ \mu\mathrm{m}<r<5000\ \mu\mathrm{m}$ 的尺度范围，相应末速为 $4\sim9\ \mathrm{m\cdot s^{-1}}$。

对于 $50\ \mu\mathrm{m}<r<500\ \mu\mathrm{m}$ 中间尺度范围的水滴，即处于 Stokes 定律和平方根定律适用范围之间的水滴来说，下落末速度的近似公式（g·cm·s 单位制）为

$$u=K_3 r \tag{5.45}$$

其中 $K_3=8\times10^3\ \mathrm{s^{-1}}$。

如果环境空气处于不饱和状态，云滴和雨滴在下落过程中则会蒸发逐渐变小，下落速度减小，表 5.4 给出了不同半径水滴在状态均匀的大气中下落到完全蒸发所经过的距离。可以看到，水滴下落到完全蒸发所经历的距离随半径增加而迅速增大，在此基础上可以合理地区分云滴和雨滴。如果水滴的尺度足够大，能够在完全蒸发之前到达地面时，则将此水滴称为雨滴。反之水滴较小，在离开云底后，在还没到达地面之前便已完全蒸发，则将此水滴称为云滴。因此习惯上以半径 0.1 mm 为界，大于该尺度的水滴到达地面的可能性很大，即归为雨滴，半径在 0.1 mm 附近的水滴一般称为毛毛雨滴。

表 5.4 水滴下落到完全蒸发所经历的距离

（假设下落过程中大气状态不变，温度：280 K，相对温度：80%）

初始半径	下落距离
1 μm	2 μm
3 μm	0.17 mm
10 μm	2.1 cm
30 μm	1.69 m
0.1 mm	208 m
0.15 mm	1.05 km

5.6　冰晶和雪晶

习惯上以线性尺度 300 μm 作为冰晶和雪晶的分界线，线性尺度小于 300 μm 称为冰晶，大于 300 μm 称为雪晶。雪晶或雪晶与冰晶的聚集体常称为雪花。

5.6.1　冰晶的形状

自然界中，可以发现许多美丽的冰雪晶，它们都存在一个共同特征，那就是其基本晶形都相同，这是由冰的晶体结构决定的。在地球大气温压范围内，冰的晶格基本形状是对称的六棱柱状，即有两个底面和六个侧面(图 5.11)。当水汽分子到达冰面时，将在晶面上扩散，并选取优良的位置加入到晶格中。当这个过程进行到一层晶层已排列完成后，水分子再开始在新的晶层上排列。冰晶增长的这种成层推进，称为晶阶的传播。

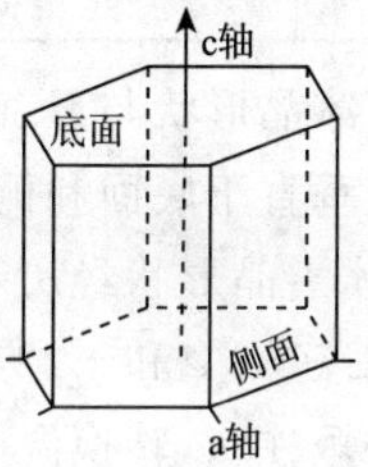

图 5.11　冰晶晶格结构

在冰晶生长过程中，底面、侧面或棱边具有生长优势时将分别形成柱状、片状或辐枝状这三种最基本的冰晶形状。随着环境温度、湿度的不同及其在生长过程中的变化，造成冰晶不同部位生长速率的差异，从而产生各种形状的冰雪晶。如果冰晶先在一定温湿条件下形成，进入新的环境中或生长过程中环境发生变化，则形成具有新的特征的冰晶，并叠加到原来的冰晶表面上。如片状冰晶发展到边缘呈辐枝状结构时，就形成扇形辐枝状冰晶；当柱状冰晶在两端发展呈片状结构时，就形成类似于木线轴的帽柱状冰晶。1951 年，国际冰雪委员会(International Commission on Snow and Ice)根据形态提出了固态降水物的国际分类，将冰雪晶分为片状、辐枝状、柱状、针状、空间辐枝状、帽柱状及不规则晶 7 种类型(表 5.5)，与霰、冰粒和冰雹一同构成 10 种固态降水粒子类型。

结晶学上，若每一晶格的 c 轴及 a 轴取向在整个晶体中一致，这样的冰晶称为单晶体，否则称为多晶体，多晶体冰雪晶主要由过冷水滴冻结形成。

表 5.5　冰雪晶主要形状(Wallace 等，2006)

名称	典型形状	名称	典型形状
片状		空间辐枝状	

续表

名称	典型形状	名称	典型形状
辐枝状		帽柱状	
柱状		不规则晶	
针状			

冰晶形状与温、湿条件的具体关系已通过实验得到。在不同的温、湿条件下，冰晶沿垂直于底面和侧面的生长率不同。在大的冰面过饱和度条件下，随着温度的下降，冰雪晶形状经历着片状→柱状→片状→柱状的周期变化，形状转换温度分别是－4℃、－9℃和－22℃。在较小的冰面过饱和度条件下，形状的周期变化为短柱→厚片→短柱状，转换温度分别为－9℃和－22℃。在接近和等于冰面饱和时，冰晶形状不再随温度而变化，呈厚的六角片状，厚度与直径比为0.81。图5.12给出了冰晶形状随温度和过饱和度变化的实验结果，同时实际云中冰晶形状随温度、湿度变化的观测结果在图5.13中给出。比较图5.12与图5.13，可以看到实验结果与云中实际观测基本一致。

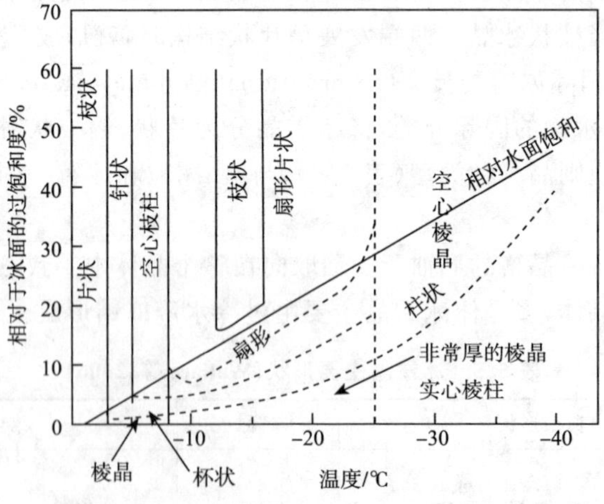

图5.12　冰雪晶形状随温度和过饱和度变化的实验结果(梅森,1978)

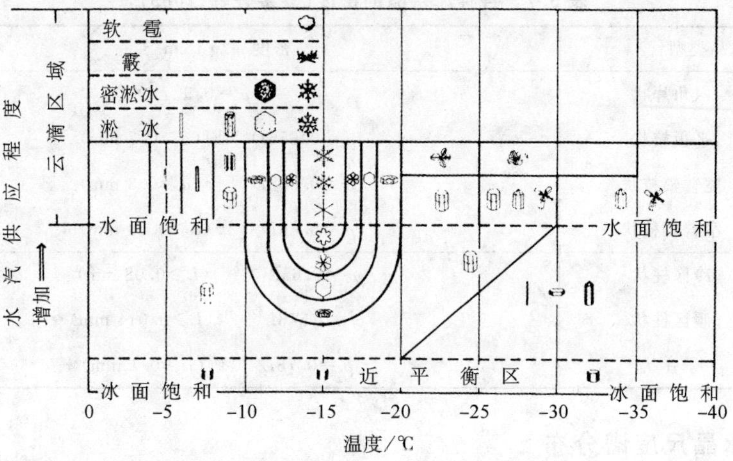

图 5.13　观测到的冰雪晶形状随云中温、湿条件的变化(Magono 等)

5.6.2　冰晶的尺度和密度

由于冰晶是非球形粒子,故在实际测量时人们常用一些特定的尺度来描述,例如,对片状冰雪晶,以 D 表示直径和 h 表示厚度;对柱状冰晶,则以 D 表示宽度和 L 表示长度。柱状冰晶的长度和片状冰晶的直径范围在 10 μm 和 1 mm 之间,最大可达几毫米。进一步的观测表明,仅由水汽扩散增长的(未因碰撞而破碎或并合)冰雪晶形状存在一定的几何关系,如表 5.6 所示。

表 5.6　不同冰晶类型的尺度关系(盛裴轩等,2003)

冰晶类型		尺度关系/cm
片状	六角片状	$h=1.41\times10^{-2}D^{0.474}$
	扇瓣冰晶	$h=1.05\times10^{-2}D^{0.423}$
	实心厚片	$h=0.138D^{0.778}$
柱状	单体冰针	$D=3.0487\times10^{-2}L^{0.61078}$
	长实心柱	$D=3.527\times10^{-2}L^{0.437}$
	实心子弹状	$D=0.1526L^{0.7856}$ ($L\leqslant0.3$ mm)
	空心子弹状	$D=0.0630L^{0.532}$ ($L\geqslant0.3$ mm)

冰晶中常含有少量空气,甚至有些冰晶是空心的,因此大部分冰晶的密度小于纯冰的密度。表 5.7 给出了关于各种冰雪晶密度与尺度的关系。

表 5.7 各种冰雪晶的密度(盛裴轩等,2003)

冰晶类型		密度 ρ_i/g · cm^{-3}
片状	六角片状	$\rho_i=0.9$
	平板枝状	$\rho_i=0.656D^{-0.627}(d\geqslant 0.7\ \text{mm})$
	宽臂辐枝状	$\rho_i=0.588D^{-0.377}(d\geqslant 0.3\ \text{mm})$
	窄臂辐枝状	$\rho_i=0.46D^{-0.482}(d\geqslant 0.24\ \text{mm})$
柱状	冷区柱状	$\rho_i=0.65L^{-0.0915}(L\geqslant 0.08\ \text{mm})$
	暖区柱状	$\rho_i=0.848L^{-0.014}(L\geqslant 0.014\ \text{mm})$
	子弹状	$\rho_i=0.78L^{-0.0038}(L\geqslant 0.1\ \text{mm})$

5.6.3 冰晶尺度谱分布

观测表明,云中冰晶浓度通常为 10～50 L^{-1},云顶温度越低云内冰晶浓度越大。一般来说云中冰晶浓度大于冰核浓度,在成熟的对流云中,特别是在海洋性积云中,冰晶浓度可以很高,达到 10^2 L^{-1},这与 9.3 节中将讨论的冰晶繁生过程有关。表 5.8 给出一些冰云中冰晶浓度的观测值。

表 5.8 冰云中的冰晶浓度(盛裴轩等,2003)

云类	钩状卷云	卷层云	浓积云	密卷云	极地层云	薄卷云	砧状积雨云
浓度/L^{-1}	25～500	200	0.005～0.1	0.5	0.004～0.3	100～1000	200

冰晶的尺度谱分布已有大量研究结果。Heymsfield 等(1984)对云底温度低于 −20℃的卷云进行了飞机探测,在 −20～−60℃范围内以 5℃为温度增量,得到了 8 组平均粒子谱(图 5.14),可以看到冰晶尺度谱的形状与温度之间关系的一般特点。对于 20～200 μm 尺度的冰晶,在温度 −20～−40℃范围内,冰晶数浓度分布谱形较为相似。而在温度更低时,浓度分布曲线虽然也类似,但冰晶浓度却低得多。图中曲线基本服从幂函数规律:

$$n(D_{\max})=AD_{\max}^{B} \tag{5.46}$$

这里 $n(D_{\max})$为数密度分布函数,单位为 m^{-3} · μm^{-1},A 和 B 分别是截距和斜率,$D_{\max}$取冰晶的最大尺度,单位为 μm。

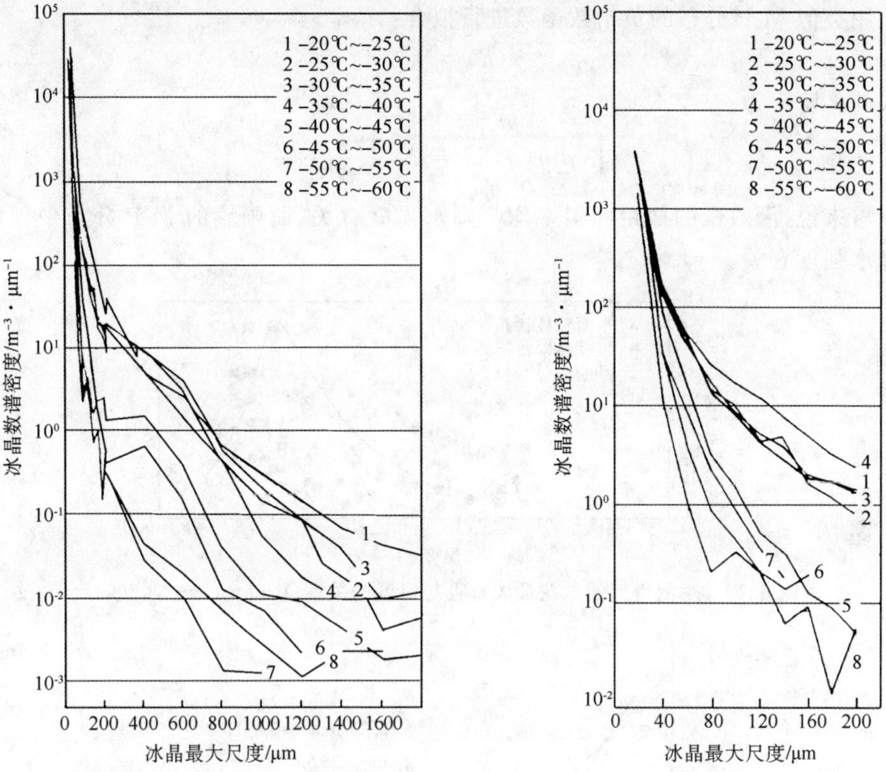

图 5.14　卷云的谱分布与温度和最大尺度的关系(Heymsfield 等,1984)

5.6.4　雪花尺度谱分布

以雪的形式到达地面的降水,大多是雪花而不是一个个的冰晶。雪花是水汽凝华而成的固态降水,多呈白色不透明六出分枝的辐枝状、六角形片状,互相攀连的雪花可黏附成雪片,温度较高时多成团降落。半融化的雪或雪与雨同时降落称为湿雪或雨夹雪。雪常缓缓飘落,强度变化较缓慢。但阵雪和阵性雨夹雪的强度变化较大,降落和停止比较突然。

由于雪花是冰晶或较小雪花的不规则形状的碰连体,要测定其线性尺度很不容易,所以雪花大小的资料通常用质粒的质量或雪花融化后的水滴直径来表示。

最大雪花的体积等效水滴直径可达 15 mm,但大多数雪花直径在 2～3 mm 之间。最大尺度的雪花多出现接近 0℃的负温区。随气温下降,大雪花出现机会减少。但当气温降到－12～－15℃时,大雪花出现的机会达到第二极大值(图 5.15),其原因将在第 9 章中讨论。

Gunn 等(1958)测定了雪花碰连体的大小分布,如图 5.16 所示。并将这些观测结果用类似 M-P 分布的负指数函数进行拟合：

$$n(d)=N_0 e^{-\lambda d} \tag{5.47}$$

该式的 k 阶矩为：

$$\int_0^\infty d^k n(d)\mathrm{d}d = N_0 \frac{\Gamma(k+1)}{\lambda^{k+1}} \tag{5.48}$$

对降雪来说，函数中的截距和斜率均与降水强度有关，而雨滴的 M-P 分布中仅斜率与降水强度有关。

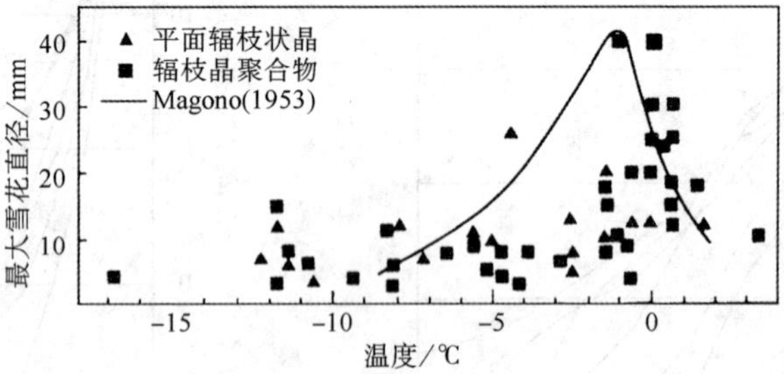

图 5.15 观测得到的雪花最大直径与温度的关系(Pruppacher 等，2004)

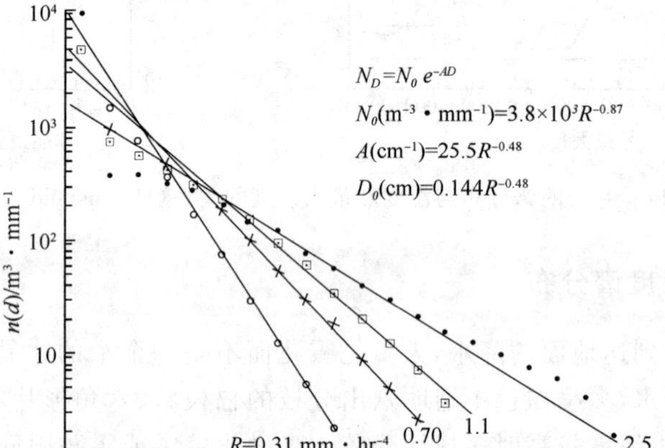

图 5.16 液水等效直径表示的雪花尺度谱分布(Gunn 等，1958)

Sekhon 等(1970)对 Gunn 等的资料重新进行了分析，指出负指数函数形式对各种观测资料均能很好拟合，建议(5.47)式中的截距和斜率根据降水强度按下面两式取值，则 $n(d)$各阶矩的结果与实际情况比较一致。

$$N_0(\mathrm{cm}^{-4})=2.5\times10^{-2} I^{-0.94} \tag{5.49}$$

$$\lambda(\mathrm{cm}^{-1})=22.9 I^{-0.45} \tag{5.50}$$

(5.49)和(5.50)式中 I 为液水等效降水率(mm · h^{-1})。由于雪花群观测的困难和实际结构的多变性，因而 $n(d)$依赖于降水率的关系也是多变的。

5.6.5　冰雪晶的下落末速度

冰晶下落末速不仅与形状有关，而且与冰晶的密度、表面状态（是否有云滴碰冻其上，即凇附）等有关。由于冰雪晶的各种复杂结构和形状影响到它的流体动力学特性，因而讨论冰雪晶的下降比水滴困难。

理论上，可以先假定不同冰雪晶的形状，然后采用类似 5.5 节的流体动力学方法计算冰雪晶下落末速度。另一方面，则采用实验测定的方法，对不同形状冰雪晶的下落末速度测量值进行拟合得到经验公式。根据实验结果，Langleben(1954)得到的被公认的雪花末速度经验公式是

$$u=kD^n \tag{5.51}$$

其中 D 为融化后的水滴直径。若采用 g · cm · s 单位制，对于辐枝状冰晶，$k\approx160$，$n\approx0.3$；对柱状和片状冰晶来说，$k\approx234$，$n\approx0.3$。

图 5.17a 给出了 Nakaya 等(1935)早期观测得到的冰雪粒子下落末速度与尺度的关系，图 5.17b 是 Locatelli 等(1974)后来观测得到的结果，图 5.17b 中的粒子尺度为最大截积面积等效直径。可以看到，整体上各类冰雪晶粒子的下落末速度随直径的增大而增大，雪花的末速度约在 1.0～1.5 m · s^{-1} 的范围内，有凇附的雪花末速度大于无凇附的同类雪花。但从两图中也发现，图 5.17a 中的平面辐枝状（平板枝状）、立体枝状（空间辐枝状）和雪粒与图 5.17b 中的密凇空间辐枝晶的末速度几乎与

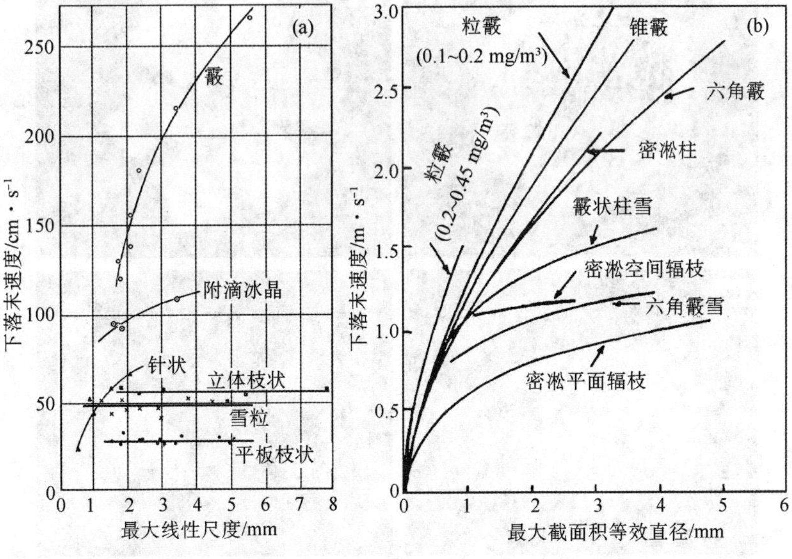

图 5.17　冰雪粒子下落末速度与尺度的关系

(a:Nakaya 等,1935;b:Locatelli 等,1974)

它们的大小无关，这是因为轴比很小的冰晶垂直于气流的截面较大，下落时空气阻力较大并与重力抵消，从而造成下落速度随尺度增大而少变。

5.7　霰和冰雹

5.7.1　霰的微物理特征

过冷水滴与冰晶相碰并且冻结在冰晶上的过程称为凇附或碰冻。凇附程度大体可分三个等级，即稀凇附、密凇附及霰。“稀凇附”指冻附的冰质粒稀疏地附于雪晶上(图 5.18a)。“密凇附”指冻附的冰质粒已掩蔽雪晶表面，但未改变雪晶原来的形状

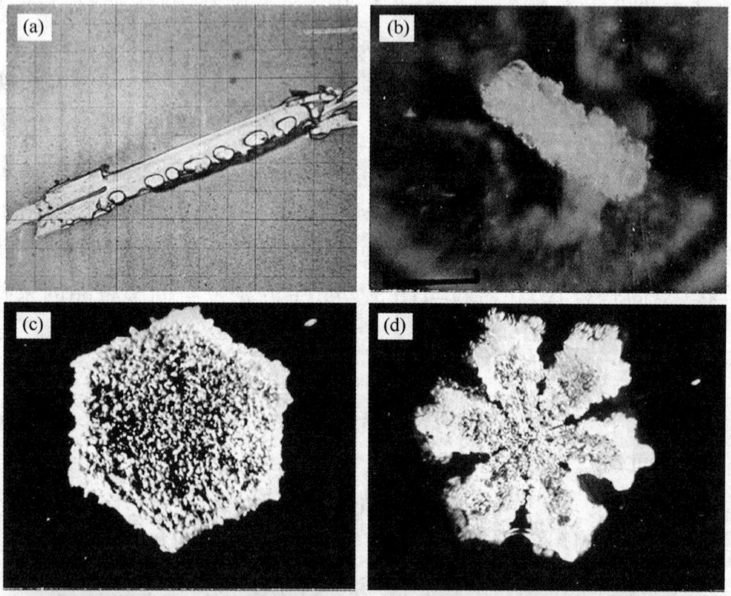

图 5.18　凇附增长的不同生成物

(a:稀凇针;b:结凇柱;c:结凇片;d:结凇星;e:球状霰;f:锥状霰。Wallace 等,2006)

(图 5.18b—d)。前两者的形成物称为"凇晶"。"霰"(或称为软雹)是指大量冻附的冰质粒包围积集于雪晶四周,掩蔽了雪晶的本来形状(图 5.18e—f)。当霰粒进一步进行凇附过程,可以发展为雹块。

霰常降于雪前或与雪同降,下降时常呈阵性,松脆易碎,下落到硬地面时反跳。直径在 0.5～5 mm 之间,密度为 100～900 $kg \cdot m^{-3}$,有时尺度较大的霰粒的密度相对较小。

霰的形状多呈球形、圆锥形或不规则形,轴比可大于或小于 1。球形、圆锥形霰在趋势上是直径小于 1 mm 的霰以球形居多,直径在 1～4 mm 的霰轴比在 0.5 左右,直径在 4～9 mm 的霰轴比约为 0.75。不规则形状则基本与粒子大小无关,大小霰均有可能出现。霰的下落方向较难确定,有些沿长轴下落,有些沿短轴下落。一般假设大霰下落时易翻滚,圆锥形霰则存在倾向性下落取向,即圆底朝下,尖顶朝上(Zikmunda 等,1972)。霰下落到温度高于零度的低层大气中易融化形成地面液态降水,在夏季尤其如此。

霰的数密度通常在 10^0～10^1 m^{-3},有时每立方米也能达到上百个。数浓度尺度谱分布常用负指数函数和修正 Γ 函数表示。

5.7.2　冰雹的形状与结构

冰雹是在强对流云中生成的坚硬球状、锥状或形状不规则的固态降水,常伴随雷暴出现。它常出现在夏季中纬度内陆地区,特别是多山地区,如我国从青藏高原到内蒙古东北一带的雷雨中出现冰雹的可能性很大,特别是青藏高原、川西高原是世界上降雹最多的地区之一,年雹日数最多可达 20～30 d。冰雹的尺度可以很大,常对农作物、人畜、房屋建筑等造成损害,是主要的自然灾害之一。

冰雹的形状多种多样,有球形、椭球形、锥形、扁圆形和无规则的形状等,其中最常见的是圆球、圆锥和椭球三种。冰雹形状与尺度之间的关系较弱,直径 5～10 mm 小冰雹多为球形和圆锥形,少数为圆盘形;10～20 mm 的多为椭球形和圆锥形;10～50 mm 的多为椭球形并在短轴一侧有冰瘤和突起;40～100 mm 的多为球形并有不同大小的冰瘤和突起。其中突起的数目和大小与冰雹尺度基本没有关系,而且冰雹越大,形状越不规则(List,1986)。

冰雹的尺度一般在 5 mm 以上,但存在很大差异,最大的可超过 10 cm,其中小冰雹较为多见。据新疆观测,直径在 5～20 mm 间的冰雹占总数的 92%,大于20 mm 的仅占 8%。

如果通过冰雹中心作一剖面,可以看到明显的分层结构(图 5.19)。最中心的部分称为雹胚(或雹核),环绕雹胚是一层又一层透明度及密度各不相同的冰层,像树木年轮一样,每一层的厚度从几毫米到 1 cm 不等,包括层次的多少均由冰雹在云中的形成过程决定。从尺度上看，直径 1～3 cm 的冰雹一般是 2～5 层，直径为 3～5 cm 的大冰雹一般是 4～6 层，直径大于 5 cm 的特大冰雹中有 30% 其层次多达 10～20 层。

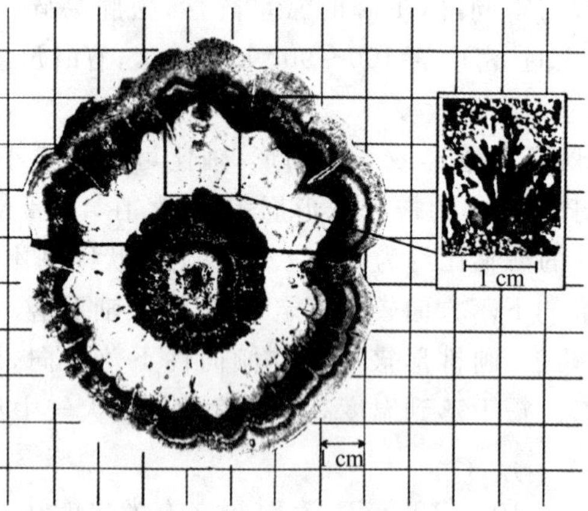

图 5.19　自然雹块剖面(Wallace 等，2006)

冰雹不透明和透明层次取决于冰雹中的不同冰结构，主要分为海绵冰和固实冰。

1)海绵冰(松软冰)。当雹块的热量难以很快被环境空气传走时，只有一部分捕获的水可以立即冻结而形成冰的框架，未冻的一部分水就在由辐枝状冰晶组成的网格或骨架内被保留起来，从而形成海绵状冰结构，温度约为 0℃。海绵冰的密度在 0.9～1.0 $g \cdot cm^{-3}$ 之间，因内部气泡少常很透明，但有时含有很多小气泡而呈乳白色。

2)固实冰。当过冷却水滴碰在雹块上，如果因冻结而释放的热量很容易传到环境空气中去，整个雹块就可降温而很快固结，形成固实冰结构。固实冰又可分为两类，一类是密实冰，另一类是多孔冰或疏松冰。密实冰是温度较高的过冷却水滴在碰撞时，在雹面上先散布形成一层薄膜，而后再冷却并冻结成冰。这种冰通常较为透明，其密度接近 0.9 $g \cdot cm^{-3}$。若过冷却水滴的过冷却程度很厉害，它碰到雹面后，每个小水滴迅速冻结，使雹面形成多孔冰结构，这种冰因所含的大量小气泡对光的散射作用造成看起来是不透明的，其密度比较低，有时候低至 0.2 $g \cdot cm^{-3}$。

冰雹中心的雹胚以霰或冻滴为主。同一地区大致在同一时间收集的雹块中，霰胚和冻滴胚兼而有之。图 5.20 给出了雹胚类别频数随云底平均温度的分布。可以看到，冻滴胚的频数随云底平均温度上升而增大，霰胚反之。这主要是霰形成于低温而含水量小的云中，冻滴则由大过冷滴冻结而成。同时由于霰落速比冻滴小，霰胚冰雹的平均增长时间比冻滴胚冰雹长，所以大冰雹多以霰为胚。

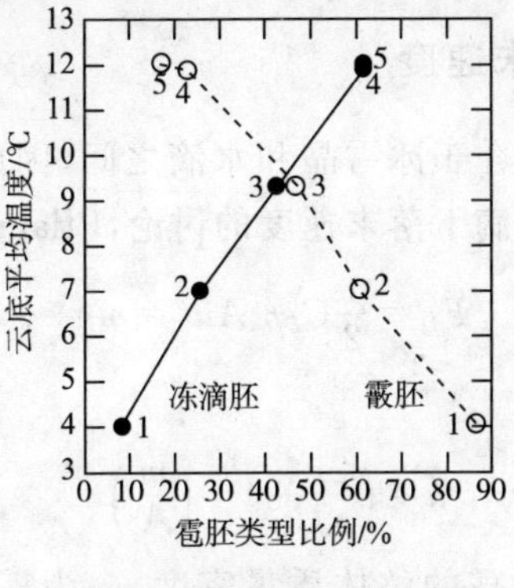

图 5.20　雹胚类别频数随云底平均温度的分布

(1:美国冰雹研究试验 NHRE;2:美国艾伯塔;3:瑞士;4:南非低草原;5:美国俄克拉荷马。Knight,1981)

5.7.3　冰雹的尺度谱分布

直径 5～25 mm 的小冰雹数浓度约在 10^{-2}～10^{1} m^{-3}之间或更大一些,尺度越大数浓度越小,直径在 25～80 mm 的冰雹数浓度约为 10^{-6}～10^{-2} m^{-3}(Pruppacher 等,2004)。

冰雹数浓度的尺度谱分布可以用(5.31)式的负指数函数或(5.19)式的修正 Γ 函数表示,具体采用何种形式能得到较好的拟合效果,与所观测的个例直接相关。图 5.21 给出了不同研究者对不同观测数据的拟合结果。可以看到,图 5.21 中(a)和(b)分别采用修正 Γ 函数和负指数函数得到了各自个例的最佳拟合谱分布曲线。

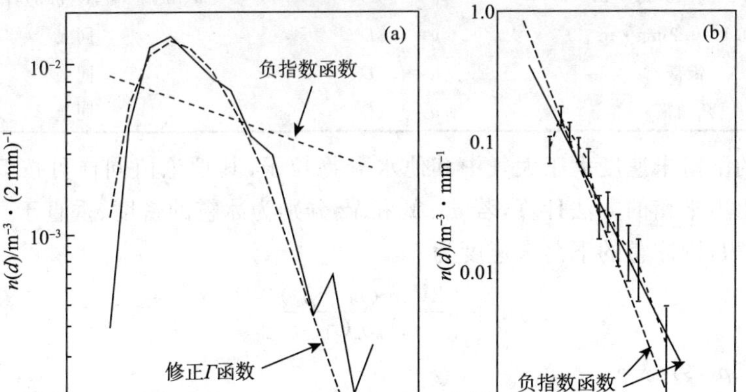

图 5.21　实测冰雹尺度谱分布拟合

(a:Ziegler 等,1983;b:Cheng 等,1983)

5.7.4 霰和冰雹的下落末速度

霰和冰雹的形状复杂度介于冰雪晶和水滴之间，因此其下落末速度理论结果和实际情况较为一致。类似水滴下落末速度的讨论，Pflaum 等(1978)由

$$F_D=\frac{1}{2}C_D\rho_a Au^2=mg^* \tag{5.52}$$

得到霰的下落末速公式：

$$u=\left(\frac{2g^*}{\rho_a C_D}\right)^{1/2}\left(\frac{m}{A}\right)^{1/2} \tag{5.53}$$

其中 $g^*=g(1-\rho_a/\rho_g)$，ρ_g为霰的整体质量密度，m 为霰的质量，A 为垂直于气流方向的霰的截面积。研究认为，当 Reynolds 数在 10^3 与 10^5之间(相当于半径为数毫米到数厘米的球形霰)时，阻力系数 C_D 为一几乎不随 Reynolds 数而变的常数，因此(5.53)式右边第一个括号可近似为常数。则霰的下降末速主要受$(m/A)^{1/2}$这一因子的影响。当碰冻的凇附物十分疏松时，虽然 m 及 A 均有增大，但(m/A)值有减少的可能，从而霰的下降末速 u 也会减小。

从图 5.17 中可以看到，霰的下落末速度一般大于雪花，基于测量结果，可同样拟合得到形如(5.51)式的霰下落末速度经验公式(表 5.9)。

表 5.9 霰下落末速度经验公式

粒子	拟合公式	备注
霰	$u=343D^{0.6}$	$u(\mathrm{cm\cdot s^{-1}})$，$D(\mathrm{cm})$，图 5.17
粒霰(0.2～0.45 $\mathrm{mg\cdot m^{-3}}$)	$u=1.5D^{0.37}$	$u(\mathrm{m\cdot s^{-1}})$，$D(\mathrm{mm})$，图 5.17
粒霰(0.1～0.2 $\mathrm{mg\cdot m^{-3}}$)	$u=1.3D^{0.66}$	同上
锥霰	$u=1.2D^{0.65}$	同上
六角霰	$u=1.1D^{0.57}$	同上

冰雹的下落末速度大于大气中其他水凝物粒子，其理论值同样可按 5.5 节中重力与空气阻力平衡的方法计算，若 ρ_h、A_h和 V_h分别为冰雹的密度、垂直于气流方向的截面积、体积，则冰雹的下落末速度为

$$u_h=\left[\frac{2V_h g(\rho_h-\rho_a)}{A_h\rho_a C_D}\right]^{1/2} \tag{5.54}$$

由于 $\rho_h<<\rho_a$，可得

$$u_h=\left(2\frac{V_h}{A_h}\cdot\frac{\rho_h}{\rho_a}\cdot\frac{g}{C_D}\right)^{1/2} \tag{5.55}$$

(5.55)式计算的结果(图 5.22)与实验和观测值具有较好的一致性。

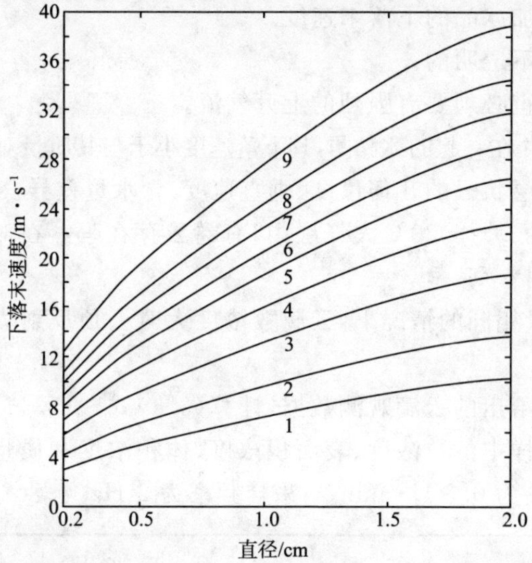

图 5.22　不同密度（单位：$kg \cdot m^{-3}$；1:50；2:100；3:200；4:300；5:400；6:500；7:600；8:700；9:900）球形冰雹和霰的下落末速度与尺度的关系（Pflaum，1980）

表 5.10 给出了不同研究者通过测量结果得到的冰雹下落末速度经验公式。可以看到，大冰雹的末速度可大于 40 $m \cdot s^{-1}$，说明产生冰雹的云内的上升气流速度也应达到该量级，才能够托住大尺度冰雹使其有充足的时间增长。冰雹降落到零度层以下开始融化，平均而言能够到达地面的冰雹在零度层时直径不小于 1 cm。

表 5.10　冰雹下落末速度经验公式（Pruppacher 等，2004）

拟合公式	备注	文献
$u_h=9d^{0.8}$	$0.1\leqslant d\leqslant 8$；$u_h(m \cdot s^{-1})$，$d(cm)$	Auer，1972
$u_h=12.43d_{max}^{0.5}$	$u_h(m \cdot s^{-1})$，$d(cm)$	Lozowski 等，1979
$u_h=8.445d^{0.553}$	同上	Knight 等，1983

习　题

(1)试回答或解释下列问题：

1)通过测量云滴谱的办法计算云中液水含量，必须注意对大水滴作精确测量。

2)对流云内部总存在未饱和空气块。

3)对流云内某些部位的液水含量可能远远高于云底的水汽混合比。

4)飞机有时能通过爬高的方法使表面的积冰程度减轻。

5)结凇能增加冰晶的下落末速度。

6)霰通常是不透明的。

7)形成大冰雹必须要有强烈的上升气流。

8)碰撞后合并在一起的冰晶团,其下落速度小于与其质量对应的理论下落速度。

9)积状云和层状云的几何尺度、垂直速度、含水量差异。

10)在温度为 0～－30℃大气层中,有卷云存在吗? 在对流层顶的 1～2 km 内会存在水云吗?

11)液水含量相同的情况下,云滴数浓度大时云顶反射太阳光的能力相对大一些。

(2)试根据下表给出的云滴观测数据,计算(5.4)式～(5.17)式给出的各微物理参数,并绘出该云滴样本的数浓度、表面积浓度、体积浓度和质量浓度的尺度谱分布曲线。已知采样流量为 0.3 L · min^{-1};采样频率为 2 Hz。

$r \sim r+\Delta r$/μm	3～5	5～7	7～9	9～11	11～13	13～15	15～17	17～19	19～21	21～23
N_i/个	48	160	242	230	160	82	25	8	5	3

(3)利用相关知识推导(5.24)式。

(4)根据图 5.6 中观测到的云滴尺度谱分布,计算两种情况下的云中液水含量,并讨论两种云从外观来看其颜色的深浅。(参考答案:图 5.6a:0.85 g · m^{-3};图 5.6b:0.47 g · m^{-3})

(5)在 500 hPa 高度的积雨云内温度为 0℃,液水含量为 3 g · m^{-3}。(a)假定云滴以其下落末速度下降,计算云滴施加在单位质量空气上的向下摩擦拖曳力。(b)将此向下的力用(负)虚温订正表示(即找出不含有液水的空气要达到与所讨论空气相同的密度所必须经历的温度下降值)。[提示:0℃时空气中水汽引起的虚温订正可忽略]

(6)对于云滴远大于可见光波长,且滴谱足够窄(因而其有效滴半径 r_{eff} 近似等于云滴平均半径)的云,其光学厚度 τ_c 可近似表达为

$$\tau_c = 2\pi h r_{eff}^2 N$$

其中 h 为云厚,N 为云滴数浓度(m^{-3})。推导下列近似表达式:(a)以 r_{eff}、N 和液水密度 ρ_w 表示云中液水含量 LWC(kg · m^{-3});(b)以 r_{eff} 和 τ_c 表示 LWC;(c)以 r_{eff}、τ_c 和 ρ_w 表示液水路径 LWP(kg · m^{-2})。

(7) 若云滴群的数浓度尺度谱分布可用 Khrgian-Mazin 分布表示:$n(r)=\frac{\mathrm{d}N}{\mathrm{d}r}=Ar^2e^{-Br}$,试求云的含水量 W 和云的雷达反射率因子 Z,并讨论二者之间的关系$\left(\int_0^\infty r^n e^{-Br}\mathrm{d}r = n!/B^{n+1}\right)$。

(8)过冷却圆形云柱的截面积为 10 km^2,高为 3 km,液水含量为 2 g · m^{-3}。如果云

中液水全部转移到浓度为 1 L^{-1} 的冰核上生成冰晶。试计算云中总冰晶数和每个冰晶的质量。如所有冰晶都降落下来，并且在到达地面之前都已融化，则总降水量是多少？

(9)云体由干空气、水汽和云滴组成，在一特定云体中，云滴的数密度为200 cm^{-3}，假设云粒子大小一致，半径为 10 μm。当温度和气压分别为 10℃和800 hPa时，确定云体的以下特征参数：

1)单位体积云中的云水(云滴)质量；

2)单位体积云中的水汽质量；

3)单位体积云中的干空气质量；

4)云滴间的平均距离。

(参考答案：0.84 g · m^{-3}；9.40 g · m^{-3}；984.45 g · m^{-3}；0.21 cm)

(10)设雨滴谱服从 Marshall-Palmer 分布，降水强度为 5 mm · h^{-1}。求：

1)直径在 1～2 mm 之间的雨滴数浓度；

2)雨滴总数浓度；

3)液水含量。

(参考答案：4.3×10^{-4} cm^{-3}；2.7×10^{-3} cm^{-3}；0.34 g · m^{-3})

(11)证明(5.43)式和云滴的弛豫时间与其下落末速的关系，并讨论云滴响应环境流场变化的快慢程度。

参考文献

梅森(Mason B J)，中国科学院大气物理研究所译，1978. 云物理学. 北京：科学出版社，677pp.

盛裴轩，毛节泰，李建国，张霭琛，桑建国，潘乃先. 2003. 大气物理学. 北京：北京大学出版社，522pp.

中国气象局. 2004. 中国云图. 北京：气象出版社，302pp.

Andsager K, Beard K V, and Laird N F. 1999. Laboratory measurements of axis ratios for large raindrops. *Journal of the Atmospheric Sciences*, **56**: 2673-2683.

Brimblecombe P. 2009. Cloud formation and chemistry. *Atmospheric science for environmental scientists*, C. N. Hewitt, and A. V. Jackson, Eds., Wiley-Blackwell, 146-167.

Cheng L, and English M. 1983. A relationship between hailstone concentration and size. *Journal of the Atmospheric Sciences*, **40**: 204-213.

Gunn K L S, and Marshall J S. 1958. The distribution with size of aggregate snowflakes. *Journal of the Atmospheric Sciences*, **15**: 452-461.

Heintzenberg J, and Charlson R J. 2009. *Clouds in the perturbed climate system: Their relationship to energy balance, atmospheric dynamics, and precipitation*. MIT Press, 597pp.

Heymsfield A J, and Platt C M R. 1984. A parameterization of the particle size spectrum of ice clouds in terms of the ambient temperature and the ice water content. *Journal of the Atmos-*

pheric Sciences, **41**: 846-855.

Jones B K, and Saylor J R. 2009. Axis ratios of water drops levitated in a vertical wind tunnel. *Journal of Atmospheric and Oceanic Technology*, **26**: 2413-2419.

Knight N C. 1981. The climatology of hailstone embryos. *Journal of Applied Meteorology*, **20**: 750-755.

Langleben M P. 1954. The terminal velocity of snowflakes. *Quarterly Journal of the Royal Meteorological Society*, **80**: 174-181.

List R. 1986. Properties and growth of hailstones. *Thunderstorm Morphology and Dynamics*, 2nd ed., E. Kessler, Ed., University of Oklahoma Press, 259-276.

Locatelli J D, and Hobbs P V. 1974. Fall speeds and masses of solid precipitation particles. *Journal of Geophysical Research*, **79**: 2185-2197.

Marshall J S, and Palmer W M. 1948. The distribution of raindrops with size. *Journal of the Atmospheric Sciences*, **5**: 165-166.

McDonald J E. 1958. The physics of cloud modification. *Advances in Geophysics*, **5**: 223-303.

Nakaya U, and Terada T J. 1935. Simultaneous observations of the mass, falling velocity and form of individual snow crystals. *Journal of the Faculty of Science, Hokkaido Imperial University*, *Ser.* 2, Physics, **1**: 191-200.

Pflaum J C, Martin J J, and Pruppacher H R. 1978. A wind tunnel investigation of the hydrodynamic behaviour of growing, freely falling graupel. *Quarterly Journal of the Royal Meteorological Society*, **104**: 179-187.

Pflaum J C. 1980. Hail formation via microphysical recycling. *Journal of the Atmospheric Sciences*, **37**: 160-173.

Pruppacher H, and Klett J. 2004. *Microphysics of Clouds and Precipitation*. Atmospheric and Oceanographic Sciences Library Vol. 18, Kluwer Academic Publishers, 954pp.

Rogers R R, and Yau M K. 1989. *A Short Course in Cloud Physics*. 3rd ed. Pergamon Press, 293pp.

Sekhon R S, and Srivastava R C. 1970. Snow size spectra and radar reflectivity. *Journal of the Atmospheric Sciences*, **27**: 299-307.

Thurai M, Bringi V N, Szakáll M, Mitra S K, Beard K V, and Borrmann S. 2009. Drop shapes and axis ratio distributions: Comparison between 2D video disdrometer and wind-tunnel measurements. *Journal of Atmospheric and Oceanic Technology*, **26**: 1427-1432.

Wallace J M, and Hobbs P V. 2006. *Atmospheric Science: An Introductory Survey*. 2nd ed. International geophysics series, Elsevier Academic Press, 483pp.

WMO. 1975. Manual on the Observation of Clouds and Other Meteors. *International Cloud Atlas* Vol. 1, WMO, 155pp.

Ziegler C L, Ray P S, and Knight N C. 1983. Hail growth in an Oklahoma multicell storm. *Journal of the Atmospheric Sciences*, **40**: 1768-1791.

Zikmunda J, and Vali G. 1972. Fall patterns and fall velocities of rimed ice crystals. *Journal of the Atmospheric Sciences*, **29**: 1334-1347.

第 6 章　云的核化理论

从水汽中产生新的水滴或者冰晶，或者从液态水滴中产生新的冰晶胚胎，除了水汽和温度条件外，新的相态不可能由原来单一相态连续变化得到，总要先产生新相态的初始胚胎。这种新相态初始胚胎的产生是物质状态的一种突变，叫做核化过程。

大气中形成云雾粒子的相变过程，称为云的核化过程。在纯净的水汽和液水中，以一定数量水分子构成的集合体为中心可以集聚成液滴或冰晶，此类核化都属于无异质核存在时的核化现象。为区别有异质核与无异质核的核化现象，将前者称为异质核化，后者称为同质核化(或均质核化、自发核化)。

大气中存在着的各种气溶胶微粒中，有一些与云雾的形成有关。根据相变过程大体上可分为三类，即：凝结核、凝华核、冻结核。凝结核是指能使空中水汽依附而成为液态水滴的微粒。凝华核是指能使空气中水汽依附而成为冰晶的微粒。冻结核是指能使空中过冷却水滴冻结的微粒。冻结核又可分为有三种，一是浸润冻结核，核原来位于过冷却水滴之中，成为过冷却水滴冻结的核心；二是接触冻结核，它在空中与过冷却水滴相碰并，并以相碰处核表面为起点，逐渐使过冷却水滴全部发生冻结；三是凝结—冻结核，水汽先在核上凝结，其后再发生冻结。凝华核、冻结核是形成冰晶的微粒，统称为冰核(或成冰核)。有些核兼起不同核化作用，称为混合核，如凝结核随后可转变为浸润冻结核。

6.1　同质核化

6.1.1　同质凝结核化

6.1.1.1　相变热力学

从第 2 章的讨论我们已经知道，如果空气非常纯净、没有杂质，液态云滴胚胎只能由水汽分子相互结合才能形成。从能量最低原理知道，水汽分子若能够形成新核，必须在成核后使体系能量降低，只有这样新核才能稳定。

假设有一个体积为 V，表面积为 A 的小胚滴，由纯过饱和水汽形成。由热力学第一、第二定律和自由能的定义(2.16)式可以得到：

$$\Delta G = -S\mathrm{d}T + V\mathrm{d}p + \delta W' \tag{6.1}$$

式中 G、S、T、V、p 和 W' 分别为 Gibbs 自由能、熵、绝对温度、体积、压强和非膨胀功。(6.1)式适用于封闭体系，无相变的可逆过程。

当大气中水汽较丰沛时，水汽分子结合成的胚滴大小超过某个临界值，它就能稳定存在，此时的胚滴已可称为微水滴。此过程中 Gibbs 自由能的变化 ΔG 可通过下面的过程求出：

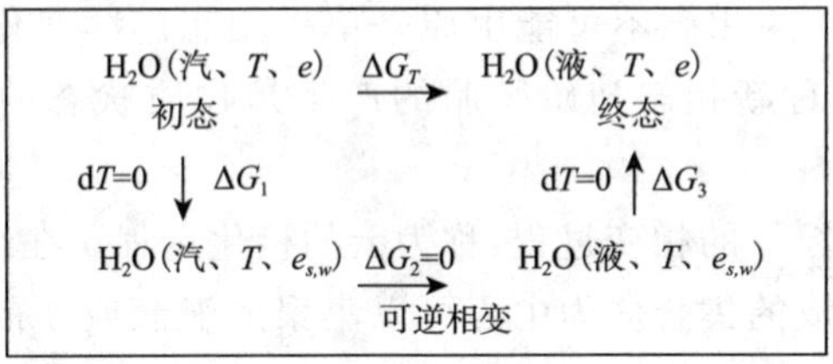

其中 e 和 $e_{s,w}$ 分别是水汽压和系统温度为 T 时的相对平水面的饱和水汽压。根据 Gibbs 自由能的状态函数性质，有：

$$\Delta G_T = \Delta G_1 + \Delta G_2 + \Delta G_3 \tag{6.2}$$

ΔG_2 是等温等压可逆相变过程的 Gibbs 自由能的变化，所以 $\Delta G_2 = 0$。(6.2)式中的 ΔG_1 是水汽在等温条件下，水汽压由 e 变为 $e_{s,w}$ 时 Gibbs 自由能的变化。设水汽是理想气体，液相和汽相水分子所含的 Gibbs 自由能分别为 μ_w 和 μ_v，n 为单位体积液水中的水分子数，因此由凝结导致系统 Gibbs 自由能的减少为 $nV(\mu_v - \mu_w)$，结合(6.1)式和(2.69)式有：

$$\begin{aligned}\Delta G_1 &= -nV(\mu_v - \mu_w) = -n\kappa T\ln\frac{e}{e_{s,w}} \\ &= -\left(\frac{4}{3}\pi\rho_w r^3 N_A/M_w\right)\kappa T\ln\frac{e}{e_{s,w}} = -\frac{4}{3M_w}\pi\rho_w RTr^3\ln\frac{e}{e_{s,w}}\end{aligned} \tag{6.3}$$

式中 n、κ、N_A、ρ_w 和 M_w 分别为一个胚滴中的水分子数、Boltzmann 常数、Avogadro(阿伏伽德罗)常数、水的密度和水的摩尔质量，R 为普适气体常数。

ΔG_3 是液态水在等温条件下，由饱和水汽压 $e_{s,w}$ 变到水汽压 e 时 Gibbs 自由能的变化。由(6.1)式可以得到：

$$\Delta G_3 = V\mathrm{d}p + \delta W'$$

当水汽分子形成一个小胚滴后，胚滴表面上的水分子受到向内的拉力。在无外来作用力的情况下，液态水滴都有缩小其表面积的趋势，在各种形状的物体中，以球形的表面积与体积比最小，所以小水滴通常呈球形。由此可见，表面上的分子比内部的分子具有更高的能量，即更不稳定。这样在等温、等压条件下，水滴要扩展其表面所接受的功 $\delta W'$ 与水滴表面增加的面积成正比，利用(2.7)式，并考虑液态水的 G 随 p 改变引起的变化较小，可以忽略不计，有：

$$\Delta G_3 = \delta W' = 4\pi r^2 \sigma_{w,v} \tag{6.4}$$

综合(6.2)、(6.3)和(6.4)式，对半径为 r 的小胚滴来说，其在等温等压条件下形成导致 Gibbs 自由能的变化公式的最后形式为：

$$\Delta G_T = -\frac{4}{3M_w}\pi\rho_w RTr^3 \ln\frac{e}{e_{s,w}} + 4\pi r^2 \sigma_{w,v} \tag{6.5}$$

6.1.1.2　胚滴的形成

在系统中，空气未饱和条件下，$e < e_{s,w}$。此时，$\ln(e/e_{s,w})$ 为负值，而 ΔG_T 总为正值，且随 r 的增加而增加(图 6.1)。换言之，在未饱和的空气中形成的水胚滴越大，系统所需要增加的 Gibbs 自由能越大。由于一个系统总是以减少能量的方式使之趋于平衡状态，故空气处于未饱和状态，显然不利于小水滴的形成。在这种情况下，即使由于水分子碰撞形成了胚滴，这种胚滴仍会由于蒸发而难以稳定存在。

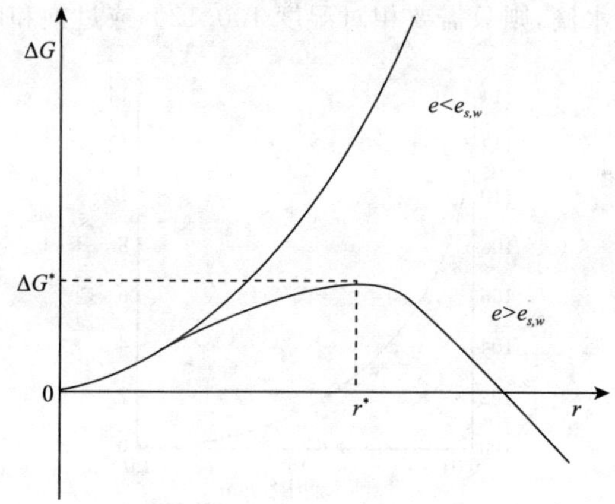

图 6.1　水汽压为 e 的空气中，形成一个半径为 r^* 的小水滴时系统增加的 Gibbs 自由能 ΔG^* (Wallace 等，2006)

在系统空气处于过饱和条件下，$e > e_{s,w}$。此时，$\ln(e/e_{s,w})$ 为正值，ΔG_T 值随 r 变化。首先随 r 的增加，ΔG_T 增大，当 $r = r^*$ 时，ΔG_T 达到极大值，之后 ΔG_T 随 r 的增加而减小。因此在空气过饱和情况下，$r < r^*$ 的小胚滴有趋于蒸发的趋势，因为这样可以减少系统的能量，而使系统趋于稳定。但是如果由于水分子的随机碰撞，使水滴半径等于或者略大于 r^* 时，此水滴将自发地因水汽凝结而增长，因为此过程会使系统的

能量减少。图中的 r^* 称为临界半径，可由(6.5)式对半径 r 求导，并令 $\mathrm{d}(\Delta G_T)/\mathrm{d}r=0$ 得到：

$$r^*=\frac{2\sigma_{w,v}}{n\kappa T\ln\frac{e}{e_{s,w}}}=\frac{2\sigma_{w,v}}{\rho_w R_v T\ln\frac{e}{e_{s,w}}}\text{或}\ln\frac{e}{e_{s,w}}=\ln\frac{e_r}{e_{s,w}}=\frac{2\sigma_{w,v}}{\rho_w R_v T r^*} \tag{6.6}$$

上式即为经典的 Kelvin 公式，即(2.93)式。(6.6)式中的$\frac{e}{e_{s,w}}\times100\%$即为相对湿度，$\frac{e}{e_{s,w}}$为饱和比，$\Delta s=\left(\frac{e}{e_{s,w}}-1\right)\times100\%$为过饱和度，其中半径为 r 的水滴表面的平衡水汽压也常用 e_r 表示。

将 r^* 的表达式(6.6)代入(6.5)式，可以求得形成一个临界半径 r^* 的水滴需要越过的自由能壁垒 $\Delta G^*_{\text{water}}$：

$$\Delta G^*_{\text{water}}=\frac{16\pi\sigma^3_{w,v}M^2_w}{3\left(\rho_w RT\ln\frac{e}{e_{s,w}}\right)^2} \tag{6.7}$$

图 6.2 给出了 r^* 与过饱和度和相对湿度的关系。可以看出，半径为 0.01 μm 的小水滴要与环境空气达到不稳定平衡时，要求 112%的相对湿度或 12%的过饱和度，而半径为 1 μm 的小水滴，则只需要相对湿度 100.12%或过饱和度 0.12%。

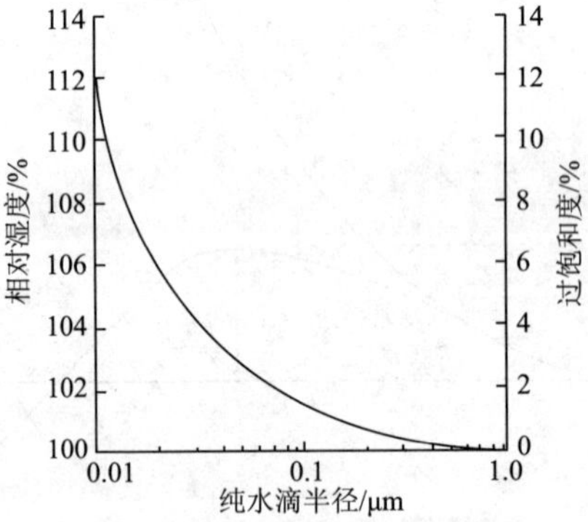

图 6.2　5℃时纯水滴大小与相对湿度或过饱和度的关系分布图(Wallace 等，2006)

但是，自然云中由于空气绝热上升产生的云内过饱和度很少超过几个百分点。因此根据上面的讨论可知，即使由于水分子随机碰撞而形成的水胚滴的半径达到 0.01 μm，仍然远小于实际环境过饱和度下存活所要求达到的临界半径。因此，自然云中的小水滴不是由单纯的水汽同质凝结核化过程形成的。

单位时间单位体积中形成活化核(能够稳定存在并增长的水滴胚胎)的数目称为核化率、活化率或成核率。如果核化率很低，就不会形成宏观上的云雾。

根据 Boltzmann 定律，单位体积中由 g' 个水分子组成、临界半径为 r^* 的水滴胚胎数为：

$$n_{g'}=n_{s,w}\exp(-\Delta G^*_{\text{water}}/\kappa T) \tag{6.8}$$

式中，$n_{s,w}=\dfrac{e_{s,w}}{\kappa T}$是水汽饱和条件下单位体积中水汽的分子数，$\Delta G^*_{\text{water}}$由(6.7)式给出。

具有临界半径 r^* 的水分子团只要再捕获一个水汽分子就可以核化，因此核化率 J 与水分子团表面积 Ω_g 和单位面积上的水汽分子碰撞率 w 成正比，因此有：

$$J=n_g w\Omega_g \tag{6.9}$$

式中 $\Omega_g=4\pi r^{*2}$，$w=e/\sqrt{2\pi m_w\kappa T}$，$m_w$ 为一个水汽分子的质量。

(6.9)式的核化率仅在水分子团包含的水分子数不是很大时成立，因此需采用动力学方法对 $n_{g'}$ 修正为 $n_g=Zn_{g'}$，此时核化率表示为：

$$J=Zn_{s,w}w\Omega_g\exp(-\Delta G^*_{\text{water}}/\kappa T) \tag{6.10}$$

Z 代表水汽分子撞击水分子团表面的有效碰撞频率，通常将其称为 Zeldovich 非平衡因子，可表示为

$$Z=\frac{2\upsilon_w}{\Omega_g}\left(\frac{\sigma_{w,v}}{\kappa T}\right)^{1/2}$$

其中 $\upsilon_w=M_w/N_A\rho_w$ 是一个水分子的体积，N_A 为 Avogadro 常数。因此核化率可进一步表示为：

$$J=\frac{\alpha_c}{\rho_w}\left(\frac{2N_A^3M_w\sigma_{w,v}}{\pi}\right)^{1/2}\left(\frac{e_{s,w}}{RT}\right)^2S_{v,w}\exp(-\Delta G^*_{\text{water}}/\kappa T) \tag{6.11}$$

式中 $S_{v,w}$为相对于平水面的水汽饱和比。由于撞击到分子团表面的水分子有一些被反弹回大气中，温度越高，这种效应越明显。因此式(6.11)中实际凝结于分子团表面的水汽分子数要小于 w，应在 w 的表达式中乘以 α_c，称为凝结系数，数值在 0.01～1.0 之间变化。

表 6.1 是水滴核化率的计算结果，当饱和比 S 从 5 增大到 6 时，成核率可增大 5 个量级。对应于核化率 $J=1\ \text{cm}^{-3}\cdot\text{s}^{-1}$时的饱和比常被称为临界饱和比或阈湿，认为一旦达到这个临界饱和比，水滴会以不连续的方式大量出现。由此表可以看到，在 －12℃条件下，需临界饱和比 5～6，而实际大气中的饱和比很少超过 1.10，甚至小于 1.01，所以实际大气中的云滴胚胎不是靠同质核化过程形成的，必须有其他的气—粒转化方式。

表 6.1　水滴成核率与饱和比的关系(－12℃)

S	2	3	4	5	6
$J/\text{cm}^{-3}\cdot\text{s}^{-1}$	1.9×10^{-112}	7.0×10^{-31}	1.1×10^{-10}	7.1×10^{-2}	6.0×10^{3}
r_c/cm	1.9×10^{-7}	1.2×10^{-7}	9.3×10^{-8}	8.0×10^{-8}	7.2×10^{-8}

6.1.2 冰相同质核化

水温降到0℃以下会结冰，这是一般常识。然而云中当温度低到－30～－40℃以前还能观测到未冻结的过冷水滴。飞机观测资料指出：温度在－12～－16℃的云层中，云滴经常以过冷水滴状态出现，并未冻结。因此说明云中冰晶的生成，只达到低于0℃的温度是不够的。一般说来，云中冰晶通过两种过程生成：由水汽直接凝华生成冰晶或由过冷水滴冻结成冰晶，并且也分为同质和异质两种核化过程。这里首先阐述同质凝华核化。

6.1.2.1 同质凝华核化

过冷却、过饱和水汽同质凝华形成冰晶的理论与同质凝结核化的情形相仿。由于冰晶形状不一定为球形，为了方便可以讨论一个半径为 r 并内切于冰晶的球形粒子。于是冰晶的体积为 $(3/4)\pi r^3\alpha$、表面积为 $4\pi r^2\beta$，这里 α、β 均大于等于1。令 $\xi=\beta^3/\alpha^2$，则临界自由能的表达式与公式(6.7)类似，为：

$$\Delta G_{ice}^{*}=\frac{16\pi\sigma_{i,v}^{3}M_{w}^{2}\xi}{3\left(\rho_i RT\ln\dfrac{e}{e_{s,i}}\right)^{2}} \tag{6.12}$$

其中 $\sigma_{i,v}$ 为冰与水汽界面处的表面自由能，$e_{s,i}$ 为冰面饱和水汽压。

由(6.11)式，同质凝华核化的核化率的表达式为：

$$J=\frac{\alpha_d}{\rho_i}\left(\frac{2N_A^3M_w\sigma_{i,v}}{\pi}\right)^{1/2}\left(\frac{e_{s,i}}{RT}\right)^{2}S_{v,i}\exp\left[-\Delta G_{ice}^{*}/\kappa T\right] \tag{6.13}$$

式中，ρ_i 为冰的密度，α_d 为水汽的凝华系数，$S_{v,i}$ 为冰面饱和比。

从(6.13)式可以看出，J 对 $S_{v,i}$ 很敏感。根据该公式可得到水汽同质凝华核化时的核化率(表6.2)。

表6.2 水汽同质凝华核化成核率与饱和比的关系(－12℃)

$S_{v,i}$	2.249	3.374	4.499	5.623	6.748
$J/\text{cm}^{-3}\cdot\text{s}^{-1}$	9.2×10^{-394}	2.7×10^{-163}	1.2×10^{-98}	4.4×10^{-69}	3.4×10^{-52}

从表6.2可以看出，在所有可以存在的过饱和情况下，同质凝华核化的核化率均接近于0，原因是 $\Delta G^{*}\propto\sigma^3$，而 $\sigma_{i,v}>\sigma_{w,v}$，所以 $\Delta G_{ice}^{*}>\Delta G_{water}^{*}$，因此在同一水面过饱和情况下，同质凝华核化率远小于同质凝结核化率，该特征在温度降低到－100℃时仍然存在。说明同质凝华核化比同质凝结核化困难得多。

Krastanow 假定冰晶为六方体，计算了由水汽直接生成冰晶要求温度低到－65℃，饱和比要高达14，其他人实验的结果：温度在－63～－64℃，所要求的冰面饱和比为15，但后来其他研究者指出了 Krastanow 等所得结果存在错误。现在认为，至少在温度高于−100℃范围内，自发凝华核化不会违反 Ostwald 的等级规律，即一个水汽饱和相并不直接转变为最稳态（冰），而是先转变为亚稳态（过冷水）。研究表明，同温度下自发凝华核化形成冰胚的临界饱和比远高于同质凝结核化形成水胚的值，即水汽形成冰胚远比形成水胚困难。因此 Ostwald 的等级规律一般还是符合的，即冰胚的产生总是在过冷水滴形成后才生成的。

6.1.2.2　同质冻结核化

在过冷纯水滴中形成冰晶，也是一种同质核化过程，这种同质核化称为同质冻结核化。自发冻结时，水分子早已聚在一起。只是它们是按液水的结构排列，并非按冰的六边形晶体结构存在，因此要形成冰胚，①首先必须破坏其原有结构，改变水分子位置及方向，使过冷水分子间的排列逐渐变得与冰结构类似；②其次必须在水中形成新相（冰相），并同时建立冰与水之间的界面，局部生成若干个由水分子聚合而成的具有冰结构的分子团，这种分子团时生时灭，当温度降低到一定程度时，分子团达到某一临界尺度的概率增大，最后超过临界尺度而得以稳定存在，并迅速增大，从而使整个过冷水滴变成冰晶。

令 r_i 为冰晶胚胎内切球的半径，可得到冰晶的临界半径及临界自由能分别为：

$$r_i^* \approx \frac{2\sigma_{i,w}T}{\rho_i L_f(T_0-T)} \tag{6.14}$$

$$\Delta G^* = \frac{16\pi\sigma_{i,w}T^2}{3[\rho_i L_f(T_0-T)]^2} \tag{6.15}$$

其中 $\sigma_{i,w}$ 是冰与水界面的表面张力系数，L_f 为冻结潜热，冷却度 $\Delta T = T_0 - T$，此处 $T_0 = 273$ K。进而给出过冷水滴中冰晶的核化率为：

$$J \approx Z\frac{N_1\kappa T}{h}\exp(-\Delta G^* + \Delta G_a/\kappa T) \tag{6.16}$$

式中，h 为 Planck（普朗克）常数，ΔG_a 为冰－水界面上扩散的活化能。计算得到的过冷却水滴内冰晶的核化率列于表 6.3。由该表可以看出，纯净的过冷水滴存在的最低温度约在−40～−35℃之间，低于此温度的过冷水滴趋于冻结。应指出，理论计算中有许多困难带来了结果的不确定性，例如冰晶形状的影响、表面张力的取值等。而不同研究者的实验表明，自发冻结核化是随机过程，相同大小水滴的冻结温度呈概率分布，所谓冻结温度常用“中值冻结温度”表示，即水滴群中半数水滴冻结时对应的温度。实验结果表明：过冷水滴冻结的温度随尺度和冷却速率变化，都要求一定的过冷却度。过冷水滴尺度越小、冷却速率越快，所要求的过冷却度越高，如图 6.3 所示。早期的实验中，不同人的结果出入较大，原因是水的净化比较困难，过冷水滴中混入杂质会使冻结温度升高。Fletcher(1962)的计算结果（图 6.3 中虚线）与图中温度低的一批实验数据比较一致，可认为这些数据可代表纯净水滴的冻结温度。由图 6.3 可见，纯净水滴的冻结温度随尺度变化，然而大致都需要冷却到－30℃以下直至－40℃左右。

一般将－40℃作为同质冻结核化的阈温值，理论值与实验结果大致相符，低于阈温值的情形可能在对流层顶附近出现，对流层内一般情况下，温度高于同质冻结核化的阈温值，所以大气中不易通过同质冻结核化过程形成冰晶，但一些高的卷云可以通过此过程形成。

表 6.3　各种过冷却度条件下过冷却水滴内冰晶的核化率分布表

ΔT/℃	－30	－35	－40	－45
J/cm^{-3} · s^{-1}	4.6×10^{-112}	5.1	5.8×10^{6}	4.4×10^{9}
r^*/cm	1.4×10^{-7}	1.2×10^{-7}	9.6×10^{-8}	8.2×10^{-8}

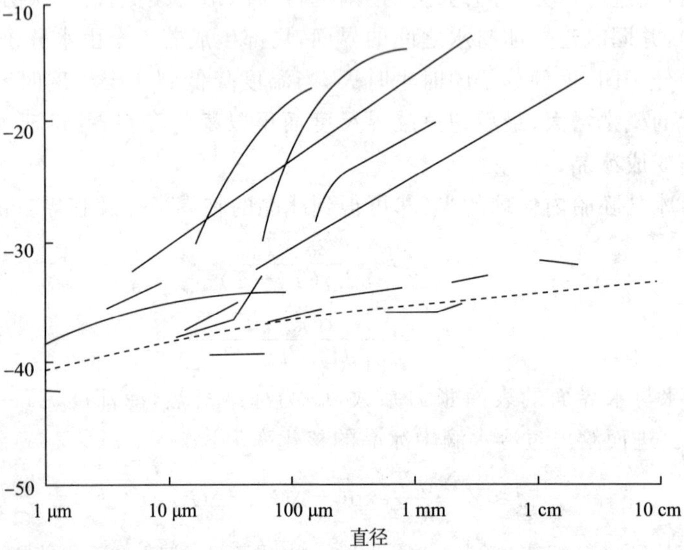

图 6.3　不同尺度的纯水滴的最大冷却度及发生同质冻结核化的阈温分布(Fletcher,1962)

6.2　异质核化

6.2.1　异质凝结核化

由前面的介绍可知，自发凝华核化问题目前尚有争论，即使有凝华核化，其阈温也是十分低的。自发凝结核化必须有很大的饱和比(至少需要在 5～6 之间)；自发冻结核化，对于 1 μm 直径的水滴，必须温度低于－45℃才能有半数的水滴实现。因此实际大气中自发核化十分困难。自然界中由水汽形成水滴、冰晶，或由过冷却水滴形成冰晶，主要还是依靠凝结核、凝华核及冻结核。实际悬浮在大气中的气溶胶粒子提供了一个汽—粒转化的基底，大气离子则提供了一个有利于水汽凝聚的中心。因此称水汽在气溶胶粒子和大气离子上的汽一粒转化为异质核化。为了讨论方便，通常将大气气溶胶粒子分为可溶性、不可溶性和两者混合三类。下面将分别介绍它们的核化理论。

6.2.1.1　离子的凝结核化

大气中存在含量稳定的大气离子。离子能够依附在水滴上使水滴带电，使核化中胚滴在带电粒子或者分子的离子周围形成。荷电水滴的平衡水汽压公式为：

$$\ln S=\ln\frac{E_{r,q}}{E_{\infty}}=\frac{2\sigma}{n\kappa Tr}-\frac{q^2}{8\pi n\kappa Tr^4} \tag{6.17}$$

其中，n 为分子个数，κ 为 Boltzmann 常数，q 为离子所带电荷量（以一个电子所带电荷为单位）。式中右端第一项表示曲率效应，第二项表示电荷的影响。将此式与 Kelvin 公式(6.6)式相比较，可以看出其饱和比 S，由于带了电荷，就要小一些。将其化简，可得

$$\ln S=\frac{C_r}{r}-\frac{C_q\gamma^2}{r^4} \tag{6.18}$$

其中，两个 C 值可近似看作为常数，γ 为总电量 q 与单位电子电量 e 的比值。

离子凝结核化已被许多云室实验所证实，Wilson 于 1899 年在云室中发现，当饱和比为 4 时用 X 射线照射，可在某些负离子上产生小水滴，同时发现正离子诱导核化所需的饱和比要高些，此结果被许多实验研究所证实。其原因在于微水滴负氧端指向外，正 H 端向内，负离子表面分布有负电荷，正好和正 H 端相接，造成异号相吸的形势。这就使负离子上水汽凝结为水较为容易些。而从经典能量学的角度分析其原因是：当离子存在时，分子团形成后静电场能量趋于减小，因而使得整个系统自由能减小，因此，离子的存在有利于分子团的形成。大体上，半径 $r<0.6$ nm 时，电荷的影响十分显著，而当 $r>0.6$ nm 时，曲率的影响显著。当 $r>1.4$ nm 时，电荷的影响已经可以忽略了。

但是，由于离子诱导核化需要很高的饱和比，所以在实际对流层大气中离子诱导核化不是云滴的主要形成过程。

6.2.1.2　不可溶粒子的核化

下面介绍在电中性不可溶表面的凝结核化，但是表面与水汽或液水间没有分子交换。

首先给出在不可溶平表面的成核作用。平表面相当于半径无穷大的球形粒子。

在经典的核化理论中，胚滴可看作是球形的一部分，并且胚滴与下表面的相互接触用接触角（浸润角）θ 来表示。θ 定义为下表面（或者其切线）与胚滴表面的切线相接处的夹角，当 $\theta=0°$ 时的不可溶面为亲水性的，当 $\theta=180°$ 时则为憎水性面。具体如图 6.4和图 6.5 所示。接触角与液固界面表面张力 $\sigma_{w,sol}$，水汽和液态水间的表面张力 $\sigma_{v,w}$，以及水汽与固体间的表面张力 $\sigma_{v,sol}$ 间的关系为：

$$m=\cos\theta=\frac{\sigma_{v,sol}-\sigma_{w,sol}}{\sigma_{v,w}} \tag{6.19}$$

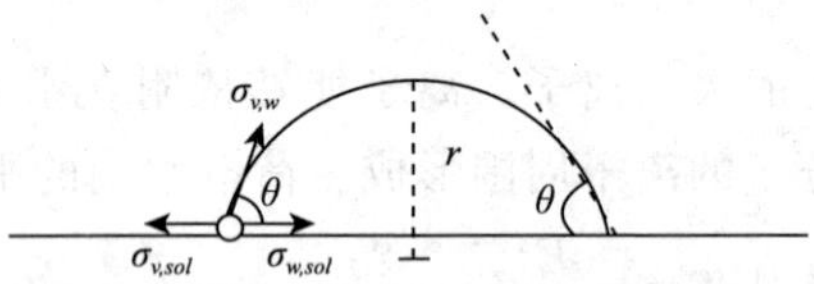

图 6.4　平表面上的水胚滴示意图（θ：接触角；r：胚滴半径）

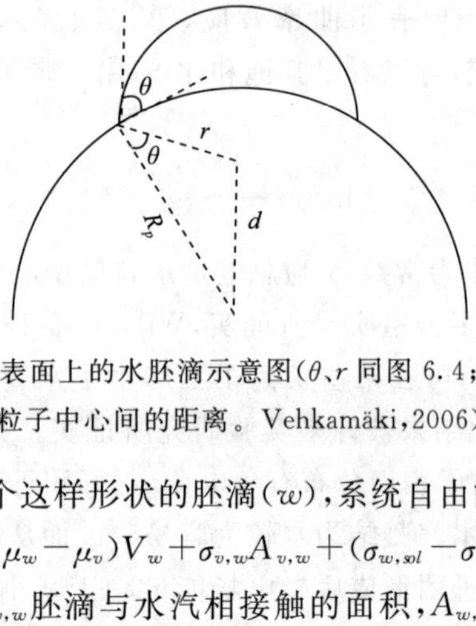

图 6.5　球形表面上的水胚滴示意图（θ、r 同图 6.4；R_p：不可溶粒子半径；d：胚滴中心与粒子中心间的距离。Vehkamäki，2006）

在水汽（v）中形成一个这样形状的胚滴（w），系统自由能变化为：

$$\Delta G=n_w(\mu_w-\mu_v)V_w+\sigma_{v,w}A_{v,w}+(\sigma_{w,sol}-\sigma_{v,sol})A_{w,sol} \tag{6.20}$$

式中 V_w 为球缺的体积，$A_{v,w}$ 胚滴与水汽相接触的面积，$A_{w,sol}$ 为胚滴与核相接触的面积。若用胚滴表面曲率半径 r 和 m 表示则有如下关系式：

$$\begin{cases} A_{v,w}=2\pi r^2(1-m) \\ A_{w,sol}=\pi r^2(1-m^2) \\ V_w=\dfrac{\pi r^2}{3}(2+m)(1-m)^2 \end{cases} \tag{6.21}$$

将(6.21)式代入(6.20)式，然后令 $\dfrac{\partial\Delta G}{\partial r}=0$，即可求出临界胚滴的活化半径 r^* 值：

$$r^*=\frac{2\sigma_{v,w}}{n_w\kappa T\ln\left(\dfrac{e}{e_s}\right)}=\frac{2M_w\sigma_{v,w}}{\rho_w RT\ln\left(\dfrac{e}{e_s}\right)} \tag{6.22}$$

将 r^* 如上的表达式代入(6.20)式，有：

$$\Delta G^* = \frac{16\pi M_w^2 \sigma_{v,w}^3}{3\left[\rho_w RT\ln\left(\frac{e}{e_s}\right)\right]^2} f(m) \tag{6.23}$$

式中 $f(m)=\frac{(2+m)(1-m)^2}{4}$。

因为 $|m|<1$，由上式可知 $0\leqslant f(m)\leqslant 1$，除去核完全憎水($\theta=180°$)这种特殊情况外，不可溶核的存在使形成临界胚滴所需的自由能减少。ΔG^* 与同质核化时的临界自由能式相比多出了因子 $f(m)$。此因子表明：当接触角较小时，临界 Gibbs 自由能可以大大减小，也就是说，对亲水性不可溶平面，不需要克服较大的自由能障碍即可成核。但是在大气实际过饱和度条件下，成核所要求的接触角仍比水在普通不可溶平面上的接触角小得多，也就是说不管不可溶的粒子有多大，大多数不可溶粒子仍不大可能成为自然云的凝结核。

由于不可溶粒子的尺度有限，后来 Fletcher 将上述理论进一步发展，考虑了不可溶核尺度的影响。设核化粒子为半径 r 的球，进一步考虑了核化质点的大小。按上述同样方法可以得出临界自由能大小，只是几何学上更复杂些，故这里只介绍结果。这种情形下的临界自由能为：

$$\Delta G^* = \frac{16\pi M_w^2 \sigma_{v,w}^3}{3\left[\rho_w RT\ln\left(\frac{e}{e_s}\right)\right]^2} f(m,x) \tag{6.24}$$

式中

$$x=\frac{r}{r^*}=\frac{r\rho_w RT\ln\left(\frac{e}{e_s}\right)}{2M_w\sigma_{v,w}}$$

$$f(m,x)=\frac{1}{2}\left\{1+\frac{(1-mx)^3}{g^3}+x^3\left[2-3\left(\frac{x-m}{g}\right)+\left(\frac{x-m}{g}\right)^3+3mx^2\left(\frac{x-m}{g}-1\right)\right]\right\}$$

其中 $g=(1+x^2-2mx)^{\frac{1}{2}}$。

研究证明，临界 Gibbs 自由能的附加因子 $f(m,x)\geqslant f(m,\infty)$，所以具有凸表面的不可溶核成核比平表面成核更困难。

不同半径大小核上每秒钟核化生成一个小滴所需临界过饱和度见图 6.6。可以看出，对于各种 m 值，当不可溶性核的半径 $r<0.01\ \mu$m 时，随着粒子的减小，临界饱和比迅速上升。对于相同尺度的不可溶性核，随着 m 值的减小(即接触角变大)，临界饱和比增大。因此，在各种不可溶粒子中只有那些尺度较大、接触角较小的粒子才有可能核化成为云滴。但是，实际观测发现云的凝结核尺度很小，并且一般不可溶性粒子都具有较大的接触角，因此说大多数不可溶粒子不大可能成为自然云的凝结核。

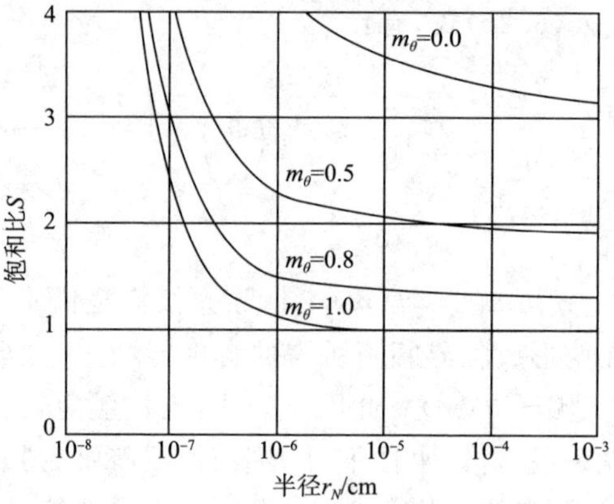

图 6.6　不同参数 m 时凝结核化所需的临界饱和比随半径的变化图(Fletcher,1962)

6.2.1.3　可溶性核上的凝结

由上节内容知道,大气气溶胶中不溶性核并不是很理想的凝结核。大气中有些可溶性核,可以在相对湿度低于100%时发生凝结。事实上云雾滴往往是以这些可溶性核为核心形成的。

可溶性气溶胶粒子由可溶性无机盐或者有机物组成,这些粒子具有吸湿性。可溶性粒子的质量会随着环境相对湿度的增加而增加,但仍维持固体粒子状态,一旦环境相对湿度达到潮解相对湿度时,可溶性粒子就会自发吸收水汽变为溶液滴,这些溶液滴能否继续长大,取决于溶液滴平衡水汽压。溶液滴的平衡水汽压可以用2.4节中介绍的Raoult定律来描述。

在给出描述球形溶液滴的平衡水汽压的Raoult定律前,先给出描述一般溶液的平衡水汽压的Raoult定律。即在一定温度下,与溶液保持平衡的水汽中,溶液的饱和水汽压 E_n,与溶液中水所占的克分子分数(摩尔比)成正比。

对于理想溶液,Raoult定律可表示成:

$$\frac{e_n}{e_s(T)}=\frac{N}{N+n} \tag{6.25}$$

式中 N 和 n 分别为溶液中水和可溶性盐的摩尔数,$e_s(T)$为平水面饱和水汽压。

对于非理想溶液,Raoult定律不再严格成立,$e_n/e_s(T)$将与可溶性盐的离解程度有关,引入Van't Hoff(范托夫)因子 i,有

$$\frac{e_n}{e_s(T)}=\frac{N}{N+in} \tag{6.26}$$

对于稀溶液 i 为一个溶质分子离解时产生的离子数,如$(NH_4)_2SO_4$为3,而浓溶液 i 小于一个溶质分子离解的离子数。对于稀溶液Raoult定律可以进一步简化为:

$$\frac{e_n}{e_s(T)} \approx 1-\frac{in}{N} \tag{6.27}$$

对于具有一定半径 r 的球形溶液滴，上式中的 e_n 为溶液滴的平衡水汽压，e_s 为纯水滴的平衡水汽压 e_r，设溶液滴所含溶质和水的质量分别为 m_1 和 m_2，摩尔质量为 M_1 和 M_w，则 $n=\frac{m_1}{M_1}$，$N=\frac{m_2}{M_w}$，$m_2=\frac{4}{3}\pi\rho_w r^3$，考虑 $m_2 \gg m_1$ 的情形，则有

$$\frac{e_n}{e_r}=1-\frac{3im_1 M_w}{4\pi\rho_w M_1 r^3}=1-\frac{C_n}{r^3} \tag{6.28}$$

从公式中可以看出 $C_n=\frac{3im_1 M_w}{4\pi\rho_w M_1}$，它随着可溶性核的尺度的增加和溶质分子量的减小而增加，并正比于 Van't Hoff 因子 i。

同时(6.28)式中的 e_r 满足 Kelvin 方程，因此(6.28)式进一步改写为

$$e_n=e_s(T)\left(1+\frac{C_r}{r}\right)\left(1-\frac{C_n}{r^3}\right)\approx e_s(T)\left(1+\frac{C_r}{r}-\frac{C_n}{r^3}\right) \tag{6.29}$$

进一步变形为：

$$s=\frac{e_n}{e_s(T)}=1+\frac{C_r}{r}-\frac{C_n}{r^3} \tag{6.30}$$

或

$$\Delta S=\frac{C_r}{r}-\frac{C_n}{r^3} \tag{6.31}$$

(6.29)式可以用来计算半径为 r 的溶液滴附近的平衡水汽压 e_n(或相对湿度、饱和比、过饱和度)。公式(6.29)或(6.30)、(6.31)式称为 Köhler 方程，即(2.110)式。该方程是云物理学中最常用的公式，也是云物理学中的基本方程。从公式(6.31)可以看出，方程右边第一项为曲率项，主要体现 Kelvin 效应，第二项为浓度项，主要体现 Raoult 效应。曲率的影响是要求增加过饱和度，而浓度效应是降低对过饱和度的要求。

把溶液滴附近的相对湿度或过饱和度与它的半径 r 的关系点绘在一张图上可以得到所谓的 Köhler 曲线，具体如图 6.7 所示。图中的每一条 Köhler 曲线表示的是具有一定尺度的 $(NH_4)_2SO_4$ 干粒子在吸收水汽凝结长大过程中，不同半径的 $(NH_4)_2SO_4$ 溶液滴与环境过饱和度的关系。当过饱和度 $\Delta S=0$ 时对应的液滴半径 $r_0=\sqrt{C_n/C_r}$，在 $r<r_0$ 时，ΔS 为负值，因此公式(6.31)右边第二项一浓度项是主要的，这时可溶性核将以溶液滴的形式存在，且可与环境空气达到相平衡；而当 $r>r_0$ 时，曲率影响是主要的，随着 r 的不断增大，溶液越来越稀，以至于趋近于纯水滴情况。同时可以看出，公式(6.31)的第一项为正，第二项为负，过饱和度必然存在一极值，称为临界过饱和度 ΔS^*(或用临界相对湿度表示)，与临界过饱和度相对应的溶液滴的半径称为临界半径 r^*，其中通过对公式(6.31)求极值，可以得到

$$\Delta S^*=\frac{2}{3}\sqrt{C_r^3/3C_n} \tag{6.32}$$

$$\Delta r^* = \sqrt{3C_n/C_r} \tag{6.33}$$

从图 6.7 中单条 Köhler 曲线还可以看出：

当环境过饱和度 $\Delta S < \Delta S_A$ 时，盐核吸湿增大是有局限性的。在某一环境过饱和度 ΔS_B 下，盐核吸湿增大仅能达到与该环境过饱和度对应的 Köhler 曲线对应的半径 r_B，相应于曲线上 B 处。在这个半径上，水滴如果增大，它就会因环境空气湿度小于增大后所需的平衡相对湿度，从而蒸发变小到原半径 r_B。如果水滴继续蒸发到小于 r_B，它就会因环境空气湿度大于半径变小后所需的平衡相对湿度，从而凝结增大而使半径恢复到 r_B。可见 r_B 是环境过饱和度 ΔS_B 时的稳定半径。为此，将任一条 Köhler 线上过饱和度最大点左边的平衡曲线上点称为“霾点”。溶液滴处于霾点状态时，就称为“霾粒”或“霾滴”。如果环境过饱和度不变，则处于霾点的水滴是不会增大或减小的。

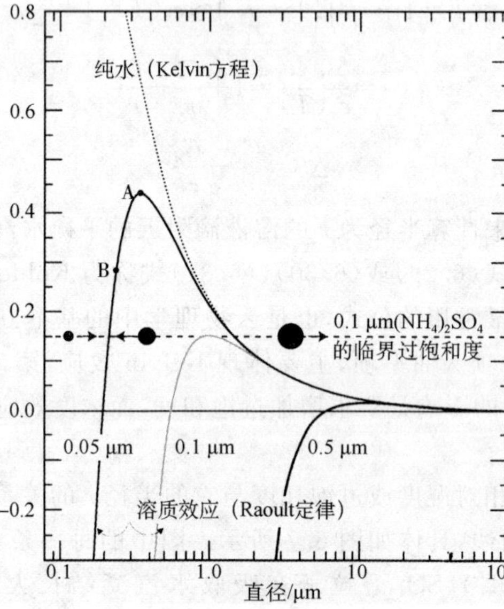

图 6.7　不同尺度(0.05 μm、0.1 μm、0.5 μm)的干硫酸铵气溶胶粒子对应的 Köhler 曲线(温度为 293 K；Andreae 等，2008)

当 $\Delta S = \Delta S_A$ 时，盐滴就会增大到 r_A。但 r_A 与前面所谈的 r_B 不同，r_A 是处于亚稳态。这时如水滴半径蒸发减小，则其平衡过饱和度就小于环境过饱和度，于是就有水汽要凝结上去，使半径恢复到 r_A。但如水滴半径因偶然的原因增到大于 r_A，它那时所需的平衡过饱和度就小于环境过饱和度，于是就有水汽在它上面凝结，使它继续增大甚至成为云滴，而不会因蒸发恢复到原有半径 r_A。

当 $\Delta S > \Delta S_A$ 时，盐核将由小而大地不断增大到超过 r_A，最后能继续增大成云滴，该过程称为可溶性核的活化。例如图 6.7 中环境过饱和度为 0.15%（虚线所示）时，该环境过饱和度数值超过了尺度大于 0.1 μm 的硫酸铵气溶胶的临界过饱和度值，这些气溶胶粒子会活化形成云滴，而小于该尺度的气溶胶粒子保持未活化的霾粒子。从一组 Köhler 曲线（图 6.8）可以看出，对应相同化学成分的可溶性盐核（如硫酸铵），较大尺度的干盐粒子具有较低的临界过饱和度，容易活化成为云滴。不同化学成分的可溶性盐粒子的临界过饱和度是不同的，以氯化钠和硫酸铵为例，其中对于相同尺度的干盐粒子来说，氯化钠的临界过饱和度低于硫酸铵的临界过饱和度（图 6.8）。

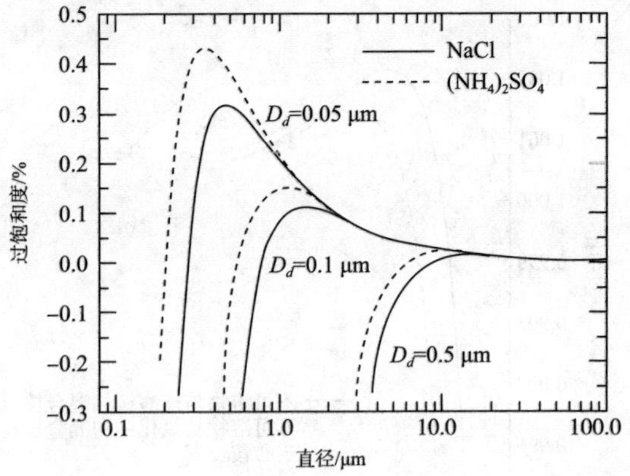

图 6.8　温度为 293 K，直径为 0.05、0.1 和 0.5 μm 的 NaCl 和 $(NH_4)_2SO_4$ 干粒子的 Köhler 曲线

6.2.1.4　复合核的凝结核化

实际大气中的气溶胶粒子不是单纯由一种化学成分构成，其化学成分十分复杂，既含有硫酸盐、硝酸盐、海盐等可溶性无机盐类，还包含复杂多样的有机成分，同时有的气溶胶粒子还会含有不可溶核。不同化学成分的气溶胶粒子吸湿特性和存在的粒径范围不同，从而导致气溶胶粒子凝结核化过程的差异。混合气溶胶粒子的凝结核化仍旧满足 Köhler 方程，但公式的形式和公式（6.30）不同，是在公式（6.30）的基础上进一步拓展得到的（Nenes 等，2002；Ervens 等，2005）。将无限稀溶液近似为理想溶液时，其具体形式为：

$$S = 1 + \frac{2\sigma_s M_w}{RT\rho_w r} - \frac{3M_w}{4\pi\rho_w (r^3 - r_N^3)}\left(\sum_{inorg}\frac{v_j m_j}{M_j} + \sum_{org}\frac{v_k m_k}{M_k}\right) \tag{6.34}$$

式中右边第二项为 Kelvin 项，反映表面曲率的作用；右边第三项为改进后的浓度项，反映溶质的作用，考虑了可溶性无机和有机物质的作用及不可溶物质的影响。v_j、m_j、M_j（v_k、m_k、M_k）分别表示第 $j(k)$ 种可溶性无机（有机）溶质离解的总离子数、溶质质量及分子量，σ_s 为液滴表面张力，r_N 为不可溶核的半径。该方程包括了三个假设：(1)浓度效应的可加性；(2)液滴水活性不受不可溶核的影响；(3)液滴体积近似为溶液体积和不可溶核体积之和。

不溶物外面包裹可溶性盐的 Köhler 曲线如图 6.9 所示。对于尺度相同的干核，可溶性盐内部含有一不可溶核的复合核，其临界饱和比比纯可溶性盐的临界饱和比高，当环境饱和比一定时，此类粒子比单纯可溶性盐粒子难活化为云滴。原因是不可溶核减少了气溶胶粒子中溶质的质量，通过 Raoult 项的减小使临界饱和比增加。

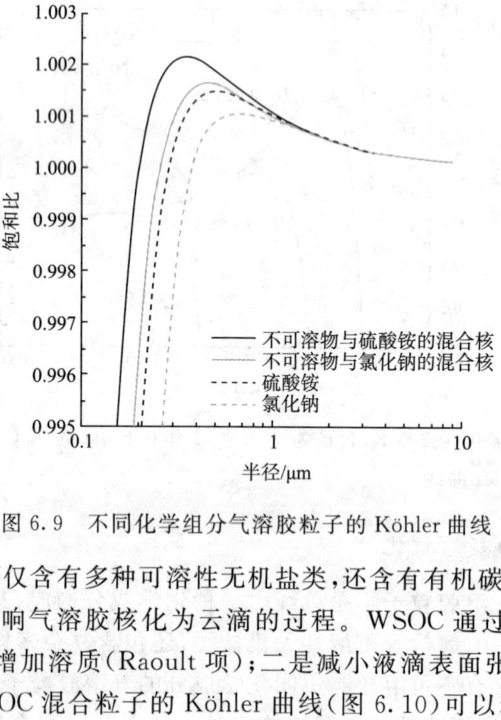

图 6.9　不同化学组分气溶胶粒子的 Köhler 曲线

大气气溶胶中不仅含有多种可溶性无机盐类，还含有有机碳，而有机碳中可溶性有机碳(WSOC)会影响气溶胶核化为云滴的过程。WSOC 通过两个方面来影响临界饱和比：一是直接增加溶质(Raoult 项)；二是减小液滴表面张力(Kelvin 项)。从可溶性无机盐与 WSOC 混合粒子的 Köhler 曲线(图 6.10)可以看出，此类核对应的临界饱和比比单纯可溶性无机盐粒子对应的临界饱和比值低很多，即 WSOC 能够明显促进混合粒子更加容易成为云滴，且该促进作用主要是通过 WSOC 减小表面张力作用来实现的。其中云滴表面张力与可溶解的有机碳浓度有如下关系(Shulman 等，1996)：

$$\sigma_s = \sigma_w - 0.0187T\ln(1 + 628.14m_c) \tag{6.35}$$

其中 m_c 表示每升水中溶解的碳的摩尔数。

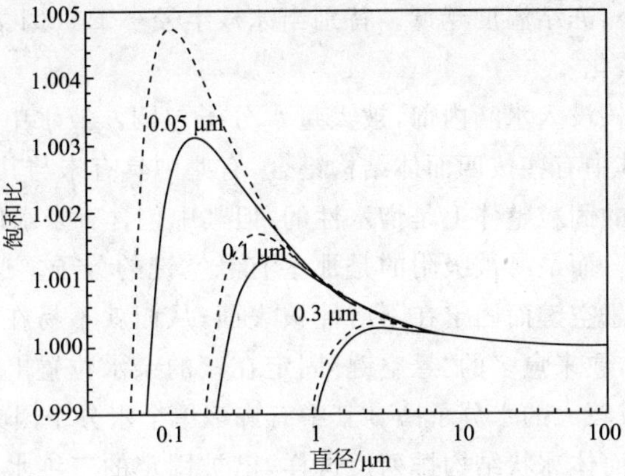

图 6.10　半径为 0.05、0.1 和 0.3 μm，化学组分为 50%的干可溶性无机盐与 20%可溶性有机碳混合气溶胶粒子形成的 Köhlcr 曲线

（点线：没有考虑表面张力影响；实线：考虑表面张力影响；Mircea 等，2002）

6.2.2　冰相异质核化

6.2.2.1　异质凝华核化

实际大气中不存在同质凝华核化过程，但异质凝华核化却是经常发生的。一般来说，按照 Ostwald 的等级规律，水汽在无核时，温度降低到 0℃以下的过饱和情况后，往往不是直接变为冰晶，而是先变为过冷却水滴。但是对于冰核存在的情况来说，在温度降到某一临界温度以下后，虽然当时还仅在冰面过饱和而末达到水面过饱和，仍可以有凝华核化发生。

异质凝华核化的理论处理与异质凝结核化相似。其核化率主要由接触角 θ、核大小和温度决定：(1)同一冰核半径条件下，θ 越大，则凝华温度越低（即凝华越难）；(2)接触角一定，随着冰核半径的增大，凝华核化温度越高（即越易核化）。只是这种趋势在冰核半径大于 0.1 μm 时没有半径小于 0.1 μm 时显著。

6.2.2.2　异质冻结核化

如果一个水滴内或表面包含有某种冻结核，那么这个水滴可能会通过异质冻结核化过程冻结。在这种情况下，水滴中的水分子在此质粒的表面集中，形成类似冰晶的结构，这些冰状结构体的大小可能会增加，并促使整个水滴冻结。由于这种冰状结构是受到水滴内冻结核的促进而形成的，而且冰胚是从冻结核的尺度开始增长的，因此异质核化冻结可在远高于同质核化冻结的温度下出现。对于异质冻结核化，基本结论与异质凝华核化类似：1)接触角越小，亲水性越强，则冻结温度越高，即越容易冻结;2)冰核半径越小,冻结温度越低。特别当冰核半径小于 0.01 μm 时,很难冻结。

(1)浸润冻结核化

当一个不溶性核没入水滴内部,被大量水分子包围。液水中的水分子随机地组成大量小分子团,其中有些按四面体结构键合,有些则具有未与其他分子键合的悬空的键。若没入水内的固粒整体上是憎水性的,但其中包含有亲水位置,则亲水位置就有利于吸附水分子。而最易被吸附的是那些有悬空键的分子。这样,一部分水分子团依靠亲水位置及悬空键而固定在不溶性核表面,从而就不易在水中因热运动而脱离。当水温降低时,愈来愈多的“悬空键”固定在核的亲水位置上,因此,小的水分子团就组合起来,形成较大的水分子团。其中有许多单个水分子因具有较大的自由度,其取向可逐渐按四面体冰状结构排列。这样,已被固定的三维水分子团就渐渐增大到冰胚的尺度。

但是,当不溶性核上具有一些水合性强的离子、极性集团、羟基离子(OH^-)或氧原子的离子(O^{2-}),而显现出强烈的均匀亲水性。于是水分子就将被排成同一走向的核表面分子所吸附,而形成很密的排列,这种情况就不利于成冰。因为这时水分子的方向被过分控制,难以转化为冰的结构。这时除非再有几个水分子层重叠,使其外层的水分子有较大的改变其排列方向的自由度,这样外吸附层的水分子才能改变为冰的结构。

图 6.11 同时给出了水滴同质冻结和异质浸润冻结核化成冰的实验结果。实验所用的水为蒸馏水,其中的大多数外来杂质均已从水中移去。图中各种尺度的大量

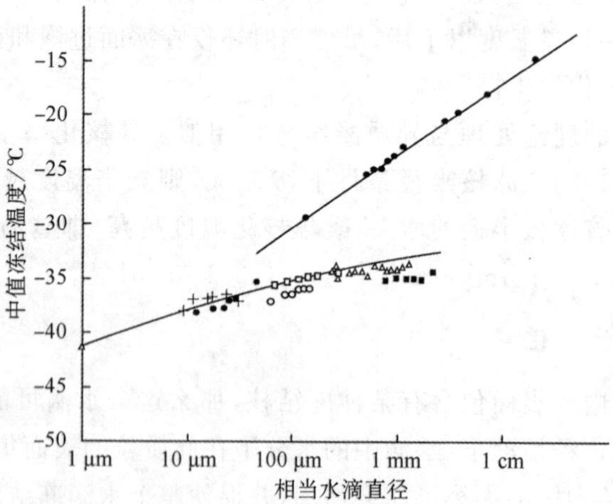

图 6.11 中值冻结温度随相当水滴直径的变化

(不同符号表示来自于不同工作者的结果;上面的曲线表示异质浸润冻结核化,下面的曲线表示同质冻结核化;Wallace 等,2006)

小水滴被冷却，并记录小水滴中一半水滴发生冻结时的温度。可以看出，这种中值冻结温度是随小水滴尺度的增大而升高的。冻结温度决定于尺度的关系反映了这样的事实，即当水滴体积增大时，水滴内包含一个能够在一定温度下发生异质冻结核化过程的冻结核的几率，也会有所增大。

(2)接触冻结核化

如果在空气中有一个合适的接触冻结核与过冷却水滴的表面相接触，则会发生接触冻结核化过程。实验室试验证实，通过接触核化的方式，某些质粒能使水滴在温度比当这些质粒浸没在水滴中时冻结温度高好几度的情况下冻结。

人们对于接触冻结核化的机制了解相对较少。观测显示有些干质粒例如土壤、沙粒、CuS、有机化合物等作为接触冻结核是很好的，但作为“凝华核”或“浸润冻结核”则不很有效。根据分析，接触冻结核的作用可归纳为下面两点：

1)破坏或减少过冷却水滴的表面张力能。由于表面张力的存在，表面水分子受到水滴内部分子的约束，其水滴能自由运动的条件比水滴内部分子为差。所以在一般情况下，水滴内部在降温时组成四面体类冰结构较易，而表面水分子要组成类冰结构就困难些，只有破坏或减小过冷却水滴的表面张力能，才有利于使水滴表面先发生冻结。为达到这一目的，有两种方法，一是激起水滴表面震荡，二是在水滴表面外，增加向外吸引水滴表面分子的作用，以抵消水滴内部约束水滴表面分子运动的力。而在水滴表面上用接触核与之相碰，就起到了这两种作用。

2)接触核表面分布有利于冻结的活化点。当核与过冷水滴接触时，就便于过冷水滴表面的水分子按四面体类冰结构排列，并在其上固定形成冰胚。

上面两点中，第一点是任何吸湿性不溶核都具有的性质，第二点却是作为一个接触核必需的，且能表征接触核有效程度的特有性质。

凡是接触核与过冷却水滴接触后，其起始冻结点应在水滴表面接触点附近，然后从该处向水滴内部发展。这与浸润冻结时起始冻结点位于水滴内部，然后向四周发展有所不同。可以利用这个特点来判断一个核是“接触冻结核”还是“浸润冻结核”。

(3)凝结—冻结核化

除了以上讨论的异质凝华核化和异质冻结核化外，如果空气处于水面过饱和，当存在一个合适的凝结冻结核，水汽首先在核上发生异质凝结核化过程，其后再发生冻结成冰过程，此即为凝结—冻结核化过程。

图 6.12 给出了凝结—冻结核化的实验室观测结果，同时作为对比也给出了异质凝华核化的结果。该图说明，对各种各样的物质，在相对于水面过饱和的条件下(因而凝结—冻结也是有可能的)，冰晶核化发生的温度要比相对于水面未饱和条件下(当只可能有冰晶凝华核化时)发生核化的温度要高。例如，在相对于水面饱和的条

件下，高岭土在－10.5℃时成为冰核，但在相对于冰面过饱和度为17%时(相对于水面未饱和)，温度必须达到大约－20℃，高岭土才能成为冰核。

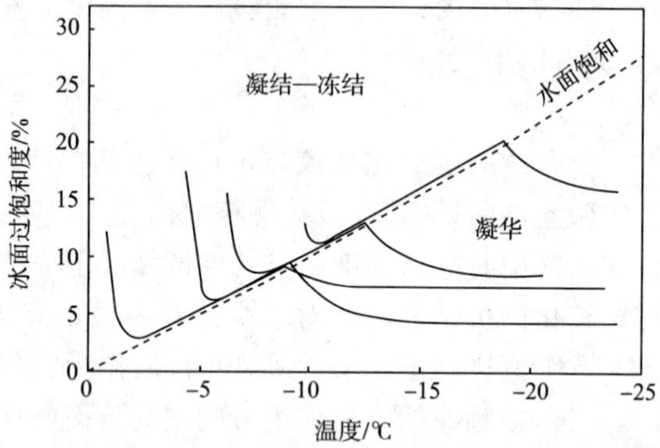

图6.12 异质凝结—冻结和异质凝华核化过程随温度和各种成分过饱和度的变化
(核化过程从过程曲线的上方开始。左上区域各条曲线表示的物质从左向右依次是：四聚乙醛、碘化银、碘化铅和高岭土；Wallace等，2006)

6.3 云凝结核与冰核

6.3.1 云凝结核

大气气溶胶中的一小部分可以作为水汽凝结形成水滴的质粒，而这些小水滴在云中实际过饱和度条件下能够活化和凝结增长形成云滴。这些气溶胶质粒称为云凝结核(简称CCN)。

6.3.1.1 一般特征

CCN浓度总是与特定的过饱和度相联系，例如CCN(1%)、CCN(0.5%)等，因此在不同过饱和度条件下大气中CCN的浓度就构成了CCN过饱和度谱。在大量观测基础上提出了许多关于CCN过饱和度谱的经验关系式，其中最常用的是Twomey公式(Twomey，1959)：

$$N_{CCN}(\Delta S)=c\Delta S^{b} \tag{6.36}$$

式中ΔS为过饱和度，N_{CCN}的单位为cm^{-3}，c和b为常数，其中c值相当于$\Delta S=1\%$时的CCN浓度，气溶胶粒子群的尺度或化学成分的信息隐含在参数c和b中。不同地区c和b值是不同的，即不同背景下CCN的过饱和度谱是不同的(表6.4)。

表 6.4　CCN 过饱和度谱 Twomey 关系式中的参数(Twomey,1977)

c/cm^{-3}	b	地点
125	0.3	海上(澳大利亚)
53～105	0.5～0.6	Maui(夏威夷)
100	0.5	大西洋,太平洋
190	0.8	太平洋
250	1.3～1.4	北大西洋
145～370	0.4～0.9	北大西洋
100～1000	—	北极
140	0.4	Cape Grim(澳大利亚)
250	0.5	北大西洋
25～128	0.4～0.6	北太平洋
27～111	1.0	北太平洋
400	0.3	受污染的北太平洋
100	0.4	赤道太平洋
600	0.5	陆地
2000	0.4	陆地(澳大利亚)
3500	0.9	陆地(布法罗,纽约)

在世界各地进行的 CCN 浓度的观测显示,CCN 浓度无系统性的纬度和季节变化。但是在近地面附近,CCN 浓度表现为大陆气团中 CCN 浓度比海洋性气团中的高,如图 6.13。例如,在过饱和度为 1%条件下,亚速尔群岛附近大陆性气团中的

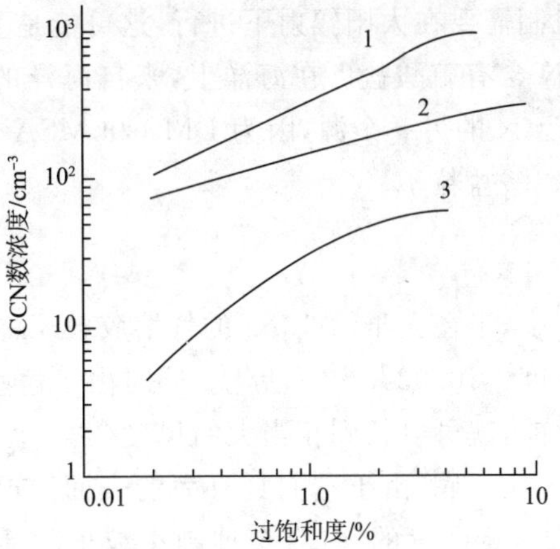

图 6.13　不同地区边界层内测量得到的云凝结核过饱和度谱

(曲线 1:亚速尔群岛附近遭污染的大陆性气团;曲线 2:佛罗里达地区的海洋性气团;曲线 3:北极地区的清洁空气;Wallace 等,2006)

CCN 浓度大约为 300 cm^{-3}，而在佛罗里达海洋性气团中约为 100 cm^{-3}；污染背景的气团中 CCN 浓度比清洁背景中的高，如在过饱和度为 1%条件下，清洁北极地区无云时气团中 CCN 浓度为 30 cm^{-3}，而污染的北京城市背景下气团中 CCN 浓度为 8000 cm^{-3}；海洋背景气溶胶中 CCN 约占 20%～60%，而大陆背景气团中大约有 0.1%～1%的气溶胶粒子能够成为 CCN，即大陆背景气溶胶成为 CCN 的能力较差，原因是大陆背景的高浓度气溶胶粒子尺度小，在低过饱和度条件下不能被活化。

CCN 浓度的垂直分布特征在大陆和海洋背景是不同的。其中，陆地上，从地面到 5 km 上空 CCN 浓度减少约 5 倍；而海洋上，在相同高度范围内 CCN 浓度基本保持不变，甚至可能随高度增加，并在云的平均高度上方达到极大值。地面观测到的 CCN 浓度存在日变化特征，上午 6 时最小，下午 18 时最大。

CCN 的来源。首先，由于陆地上 CCN 浓度较大，且 CCN 浓度随高度减少，说明陆地是 CCN 源地之一。有些进入大气中的土壤质粒和尘埃可成为 CCN，但不是 CCN 的主要来源。植物燃烧产生的 CCN 可以达到每千克燃料 10^{12}～10^{15} 个。因此，森林火灾是 CCN 的来源之一。空转柴油发动机排放的质粒大约有 80%可以作为 CCN(1%过饱和度下)。1991 年科威特油井大火所排放的气溶胶中约有 70%可以充当 CCN(在 1%过饱和度下)。海盐由海面进入大气，可以成为 CCN，但是海盐粒子似乎不是 CCN 的主要来源，即使在海面上也是如此。

看来在海洋和陆地上都存在一个广泛并且有可能是均匀的 CCN 源地，但是对这类源的性质迄今为止还不是很了解。一个可能机制是气—粒转换，这种机制能够产生直径达零点几微米的质粒，因而能够成为 CCN，如果这些粒子是可溶或者吸湿的。由于气—粒转化机制需要在太阳辐射下进行，这可能是下午 6 时左右 CCN 出现峰值的原因。很多 CCN 含有硫酸盐。在海洋上，来自海洋的有机硫化物(二甲基硫和 MSA 气体)提供了 CCN 的另一个源，因为 DMS 和 MSA 在大气中可转化为硫酸盐，云滴蒸发也释放出硫酸盐粒子。

6.3.1.2　巨凝结核

在云降水物理过程中，半径大于约 3 μm 的气溶胶粒子称作巨核(GCCN)。这些粒子可以在很低过饱和度(＜0.02%))下活化。同时由于这些粒子有相当大的直径，因此它们即使在没活化前，就可以长到相当大的尺度(≥10 μm)，具有相当大的下落末速度，可充当收集滴。在云底，由于它们具有大的表面，首先活化，并开始生长，所以 GCCN 能够减小云内过饱和度的峰值，会抑制小粒子的活化，因此虽然其数浓度较低，却能够显著影响云微物理特征。在污染背景下，高浓度 CCN 会抑制暖性降水产生，此时，如果存在 GCCN，GCCN 的迅速生长能够促进降水的形成(Yin 等，2000)。

GCCN 通常主要来源于海洋上的海水飞沫。在海洋上空，GCCN 对总 CCN 浓度的贡献为几个百分数。GCCN 的陆地源为生物质燃烧产生的大量烟灰粒子、盐湖盆地蒸发形成的盐粒子和外面包裹硫酸盐、硝酸盐的矿尘粒子。GCCN 经常以海盐、沙尘、硫酸盐的内混合形式出现，具体的内混合形式会影响沙尘粒子的云微物理行为。未被包裹的沙尘粒子仅仅适合于充当冰核，而那些含有可溶性物质的沙尘粒子则能够充当 GCCN，因此它们在冰晶核化发生前就已经被清除了。与外面包裹可溶性化合物能够充当 GCCN 的沙尘粒子相比，外面包裹憎水性化合物的沙尘粒子，其亲水性减弱，充当 GCCN 的能力被削弱甚至被消除。这种憎水性包裹物来自于海洋表面或者人为污染产生的有机物质。生物质燃烧产生的大量烟灰粒子作为 GCCN 的重要来源之一，含有大量的可溶性物质，密度小，尺度可从几微米到几厘米，能够较长时间（几小时～几分钟）停留在空中。

6.3.2　大气冰核

在没有外来粒子时，纯水滴中通过同质冻结核化形成冰晶需要很低的温度（－40℃以下）。而存在冰核（IN）时，可以在较高的温度下形成冰晶。土壤、砂粒等尘埃以及一部分矿物质颗粒都有比较高的成冰温度。

6.3.2.1　一般特征

大气中的气溶胶粒子中仅有一小部分能够成为冰核，由雪晶样品的电子显微镜分析发现，它们大都含有土壤物质构成的核心。从云室实验结果来看，土壤、砂粒等尘埃以及一部分矿物质颗粒都有较高的成冰温度，是有效的 IN。黏土（包含有 SiO_2、Al_2O_3、Fe_2O_3、MgO 等）大约在－12℃可作为成冰核。高岭土和我国黄土高原的黄土，成冰温度可高达－9℃，火山灰的活化温度在－23～－9℃，成冰温度均高于同质核化温度。此外利用连续流扩散云室和 SEM－EDX（扫描电镜－能谱联合分析）技术也确认了冰核的主要贡献者之一为沙尘粒子。。飞尘和原生物粒子（如细菌、花粉和孢子），自然燃烧以及城市和工业区人为排放的某些颗粒物和来自陨石或生产产生的金属粒子也被认为是 IN 的主要贡献者。近年来的研究显示，相对较纯的烟灰粒子能够导致冰晶的异质核化，但是所要求的过饱和度比沙尘粒子高，异质核化能力会由于有机物和硫酸的出现而减弱，并且烟灰粒子通常与可溶性有机碳以及硫酸盐和硝酸盐前体物是同源排放的，因此烟灰粒子充当冰核可能只局限于有效沙尘冰核非常少时的卷云形成。冰核通常是不可溶的，其结晶结构类似于冰，而且尺度越大越有效。同时这些粒子的数浓度非常低，一般少于 0.001～1 cm^{-3}，仅在沙尘源区才能达到 1 cm^{-3}。

根据观测和实验研究，我国及世界各地测得的成冰核有下列的一些特点：①成冰核的数密度，平均说来地区之间差异不大，−20℃时的冰核数密度的量级为几个/升。②各种成冰核起始阈温（每升空气中有一个冰核活化时的温度，均为负温度）因成冰核的种类不同而异，差别很大。即使同一物质组成的成冰核，其成冰阈温也有不同，呈统计性。阈温也与冰核结晶情况及杂质等有关。但一般说来，温度愈低，则成冰核数密度愈大。③成冰核数密度存在显著的日际变化，甚至可以差上好几个数量级。好像有所谓"冰核暴"现象，能维持几天之久。④冰核数往往仅占大气气溶胶质粒数中很少一部分。在一个气溶胶质粒数密度为 $10^3\ cm^{-3}$ 的空间，往往冰核只占气溶胶质粒总量的百万分之一。⑤冻结核及接触核的核化，主要与温度有关，冰核数密度明显随平均温度下降而增多。但凝华核化与湿度也有关系，大体上冰核数密度是随冰面过饱和度的增大而呈指数律增加。

大气中冰核浓度有很大起伏。根据全球范围测量的冰核浓度随温度的变化指出，北半球冰核数浓度比南半球要高（图 6.14）。但是应该指出，冰核数浓度有时在几个小时内的变化可达几个数量级。IN 浓度的经验关系式通常根据图 6.4 表示为温度的函数，平均说来，在温度 T 时，每升空气中活跃的冰核数 N 大体符合下面的经验公式

$$\ln N = a(T_1 - T) \tag{6.37}$$

式中 T_1 为每升有一个冰核活跃时的温度（大体约为 −20℃），a 值变动于 0.3～0.8 之间。当 a=0.6 时，根据公式(6.37)可以推断，每当温度下降 4℃冰核数浓度将增加 10 倍，但云室实验中发现在 −32℃时，成冰核浓度会突然增大 1000 倍。所以(6.37)式的适用范围为 −30～−10℃，即在此温度范围内成冰核浓度随着过冷却度

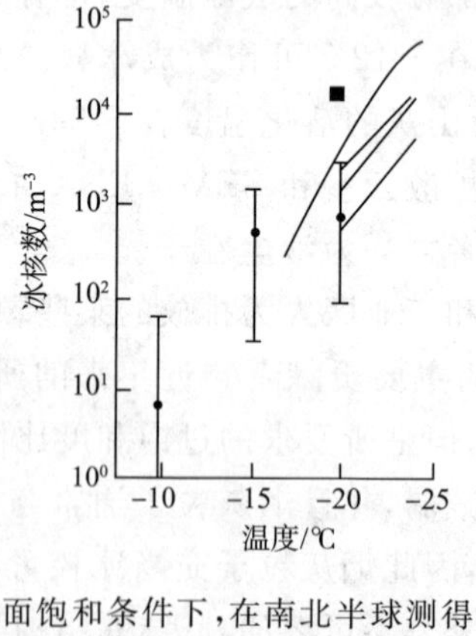

图 6.14 接近于水面饱和条件下，在南北半球测得的冰核平均数浓度

（曲线从上向下依次为：南极—混合云室，北半球—膨胀云室，南半球—混合云室，南半球—膨胀云室；■：北半球—混合云室；垂直线表示在全球若干地点用多孔滤膜测得的冰核数浓度的范围，• 表示平均数浓度；Wallace 等，2006）

成指数增加。在市区空气中,气溶胶粒子总浓度的数量级为 $10^8\ L^{-1}$,因此当温度为 −20℃时,每升中 10^8 个气溶胶粒子中仅有一个粒子能够成为冰核。a 随各地以及各种核来源不同而异。北京地区观测资料得到的 $a=0.42$。

一个气溶胶粒子能否起到冻结核或者凝华核的作用不仅决定于温度,也决定于环境空气的过饱和度。图 6.14 所示的许多早期观测实验中,对过饱合度的控制不是很好。图 6.15 为冰核浓度随过饱和度的变化,可以看出,在给定温度下,相对于冰面的过饱和度越大,越多的气溶胶粒子成为冰核。对这些观测值最佳拟合线的经验方程为

$$N=\exp\{a+b[100(S_i-1)]\} \tag{6.38}$$

式中 N 为每升空气中的冰核数浓度,S_i 是相对冰面的过饱和度,$a=-0.639$,$b=0.1296$。

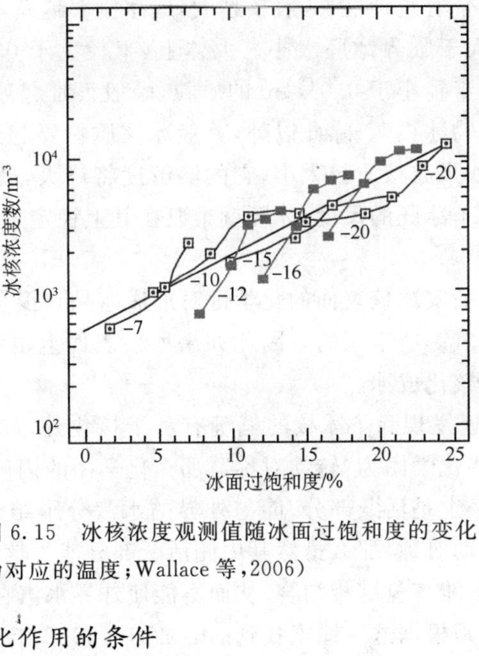

图 6.15　冰核浓度观测值随冰面过饱和度的变化(图中数字为对应的温度;Wallace 等,2006)

6.3.2.2　冰核起核化作用的条件

自然大气中,冰核数仅占气溶胶粒子数的百万分之一甚至更少,那么什么性质的气溶胶粒子能起到冰核的作用成为云降水物理和人工影响天气领域人们所关心的问题。下面仅就最重要的五个方面进行说明。

(1)亲水性与溶解度条件

作为冰核的气溶胶粒子应具有亲水性,接触角越小,水分子越易于在核面附着,成冰的阈温高,但通常是不可溶的。

因为成冰作用本身是一种将水分子的杂乱运动变得排列有序，所以冰核在无序水分子运动中应具有使水分子有序化排列的作用。为此，冰核本身应当排列有序。而溶解度恰恰是核物质在水中或丰沛水汽中使自己内部分子的有序排列受无序水分子运动的影响而变为无序化，则核不能起到使无序运动的水分子有序化排列的作用。虽然有些可溶性冰核在冰面过饱和时，能起凝华核的作用。但是一旦当空中湿度达水面饱和时，它们就失去作为冰核的作用。

实际大气中一些无机土壤质粒（主要为黏土），可以在相当高的温度（如高于－15℃）下核化成冰，可以在云中成冰核化过程中起重要作用。例如，有研究发现在地面收集到的各种雪花中，中心有黏土矿物质的占 87%，而且这些黏土矿物质中，一半以上为高岭土。

(2)质粒尺度条件

冰核的成冰性能带有统计性，一般核越大，成冰概率越高，核化温度也越高，作为冰核，其尺度一般应大于临界冰胚大小。大体上，半径大于 0.1 μm 的冰核，其核化温度较为稳定。而在半径小于 0.01 μm 的质粒，一般很难起冰核作用。只有一种情况是例外，那就是"生物冰核"。除此以外，一般冰核质粒要起到冰核作用，尺度必须较大。主要原因是，如果冰核质粒太小，它的溶解度将增大，就会破坏其作为冰核的作用。而且冰核若小于冰胚的尺度，冰胚就难以在其上稳定形成。

(3)化学键条件

许多实验研究均证实冰核表面的化学键对形成冰晶有很重要作用。冰的晶格是由一定强度及取向的氢键所维系的。因此如果冰核表面上也有氢键，必然有利于水汽或液水在冰核表面核化成冰。

1966 年 Fukuta 还发现除了冰核的氢键有利于核化外，如果其表面有能被氢键束缚的化学团，且这些化学团为"转动对称"，那么化学团的内侧活跃部分能为核所结合，其对称的外侧也必定是活跃部分，能与外界的水汽分子结合，起到核化作用。但如这些化学团不是转动对称，那么虽然其内侧活跃部分能为核所结合，而其外侧由于不对称且并不活跃，不能与氢键相结合，从而不能使外界水汽在其上核化成冰。

某些有机冰核就是根据这一线索找到的。1961—1962 年 Head 用实验方法发现能被氢键束缚的化学团（如－OH、$-NH_3$、＝O 等）在有机物表面的排列情况对发动成冰作用十分重要。此外人们还发现作为凝华核而言，介乙醛（CH_3CHO_4）的成冰阈温可高到－0.4℃，胆甾醇（$C_{27}H_{46}O \cdot H_2O$）的阈温为－1～－2℃，间苯三酚（$C_6H_3(OH)_3 \cdot 2H_2O$）的阈温在－2～－4℃。

(4)晶体结构条件

实验证明，要成为一个有效的冰核，不仅需要表面有化学键，而且这些化学键在核面有一定的几何排列。为了要使冰晶在异质核上的附着生长如同是在其他冰晶上生长一样,必然要求一个好的冰核,其附生接长面的原子、离子或分子所组成的晶体结构和几何排列,应尽可能与冰晶某一表面的水分子的晶格和几何排列相近。这样,冰和冰核界面两侧的原子就能很好配合,以实现成冰核化过程。

Vonnegut(1947)通过普查低可溶结晶物质的晶格参数,发现了优良人工冰核碘化银(AgI),从而证实了成冰的晶体结构条件,开创了以播撒人工冰核进行人工影响天气的新途径。

如果冰与冰核间的结晶结构有很小的差异。则冰的晶格或/和冰核的晶格会发生弹性形变,使它们仍能结合在一起。这时,固体冰核的表面应具有尽可能小的切变弹性模量,使只要很小的切变力就可造成所需的弹性切向形变。

如果冰和冰核的结晶结构差异较大,则在冰与冰核的附生界面上可能产生"位错"(Dislocation)。成冰界面上有些水分子不受核表面约束,这时冰胚与冰核间就出现了不同步的附着生长,成冰界面就显示为由一些位错位置间隔的良好配合的局部结合。

界面的晶格位错和弹性形变情况下,虽然都有可能成冰,但这两种情况都起到减弱气溶胶质粒作为冰核的作用。

(5)活化位置条件

实验指出,在冰核面上异质核化往往是从局部位置开始的。而这些成冰启动位置往往在容易接收水汽并形成液水的地方。许多作者曾研究水汽凝华于核上时的核面形状,发现凝华位置往往是在核面的裂缝、纹理、空穴及棱角处。

Gravenhorst 等(1972)指出,AgI 中如含有杂质粒子,其使水汽凝华的能力就大于纯 AgI。杂质的掺入使 AgI 的核化能力加强主要有以下原因:

a)因为 AgI 表面基本上是憎水性的,只带有少许亲水性位置。而化学杂质离子掺入 AgI 晶格后,增多了新的亲水位置。当水汽压较大时,水汽分子到了 AgI 表面,由于不受 AgI 表面所约束,于是就集中到这些亲水位置,形成三维水团,而不是形成一个广泛分布在 AgI 面的二维单层水膜。

b)实验表明,在 AgI 表面上强附水区周围的憎水区,具有较高的成冰效率。这是因为在那些地方,水分子束缚较弱,极性排列较为疏松,水团有改变其结构的较方便的条件,所以较易转变为冰的结构。

c)另外,杂质的掺入,有时能使原来核面晶格上吸附水的亲水点重新配置或改变亲水点对水分子的吸附能力。如果核面与冰晶的界面不配合度本来很大,渗入杂质使亲水点位置重新配置后能使不配合度减小,这就有利于核化。

6.3.2.3 冰核的预活化

一个冰核质粒的成冰阈温,通常既取决于核化成冰结构特征和具体成冰机制,也取决于这个质粒的成冰的先期历史。

有些冰核原来的核化阈温较低，经过一次活化在其上形成冰晶后，如果温度升高使所有的可见冰消失，然后再度冷却，则活化的温度可比它初次活化时的温度高出几度。这一过程称之为冰核的预活化。通俗地说，第一次成冰称为冰核的"训练过程"，使它具有"记忆效应"，属于"预活化作用"。例如高岭土原需在－9℃时才能成冰，但预活化后，第二次成冰阈温只要－4℃。因此，从高层云中降落的冰晶，如果在到达地面以前升华或融化蒸发，有可能在空中留下了一些预活化的冰核。

研究认为，冰核的预活化与冰核表面的水层结构有关。当核的活化位置将水分子吸附后，即在活化位置附近形成薄水层。随着温度的下降，这些薄水层中的水分子排列为整齐结构(即类冰结构)的几率越来越大。在活化位置，当温度降到 T_c(类冰结构达到稳定的温度)时，水层中出现了稳定的类冰结构区。温度 T_c 是因核的性质不同而异的。当温度由 T_c 再下降时，类冰结构区内的水分子不可能再排列得更整齐了，只能促使类冰结构区向四周扩大，其扩大速率与核的性质有关。当温度降到 T_D(类冰结构扩展温度)时，薄水层中就全部具有类冰结构了。温度 T_D 可以高于也可以低于结晶成冰温度 T_f。而冰胚在薄水层之上形成，只能是在温度达到 T_f 时才可能。T_f 值是形成一个冰胚时的异质核化温度，它与核的性质也有关系。成冰核化只有在温度既达到 T_c 又达到 T_f 时才有可能，缺一不可。

当薄水层一旦形成冰晶后，冰晶就有使核面晶格就范，使之符合冰晶晶格核化的要求。而且一旦受范，即使核面温度升到原来的 T_D 及 T_c 以上，核面及薄水层的稳定类冰结构仍能有一定程度的保留。这相当于使类冰稳定温度及类冰扩展温度由 T_c 及 T_D 提高到 T'_c 及 T'_D，这种类冰稳定和扩展温度的提高，是冰核预活化的关键。

根据冰核的预活化性质，可将冰核分为三类：

(1)优良冰核

例如 AgI 及 CuS 等。在这种核上，$T_D > T_f$。当温度降到 T_D 时，虽然核面薄水层已有类冰结构，但因尚未达到水的冻结温度，仍不能成冰。但它已为冰胚在其上的形成创造了良好条件。当温度降到 T_f 时，就开始成冰核化。升温后虽然冰融化时稳定类冰结构仍可保持，但因 $T_f < T_D$，所以 T_c 及 T_D 的提高无助于预活化，故此类核无预活化现象。

(2)不良冰核

例如碘化汞等。这类冰核的 $T_c < T_f$，当温度降到 T_f 时，由于薄水层温度尚未降到 T_c，尚缺乏稳定的类冰结构区。故虽然水滴中可能有冰，但核面尚难以有冰的核化现象。一旦核面温度下降到 T_c 以下，核面水层有了类冰结构，才有出现冰晶核化的可能。以后如温度升高到 T_f 以上，冰晶融化，但核面曾因冰晶之影响而使分子结构规则化。所以，T_c 有可能提高为 T'_c。这就使下次冷却时，核面可在新的较高温度

T_c时出现冰晶核化现象。可见这种冰核是具有预活性的。

(3)中常性冰核

例如双水间苯三酚等。这类冰核是 $T_c > T_f > T_D$。当温度降到 T_c 以下时，虽然核面已有类冰结构的水层，但因未到 T_f 温度，核面仍无冰晶形成。必须温度降到 T_f，才开始出现冰晶。当冰胚形成时，冰胚区就随着类冰结构区的扩大而扩大，直到温度降到 T_D时，就全部形成冰胚。以后温度升高到 T_f以上，冰虽融化，但核化面已全面曾经受范，所以仍能保持冰晶晶格相似的结构。这等于使 T_D提高到 T'_D，此后如温度又降到 T_f时，冰晶将比前更快地扩展到整体。这就是说，这类预活化并不提高类冰稳定温度 T_c，而是使核在增长冰胚的能力上有所增长，因此在核化扩展速度方面有预活化作用。

习　题

(1)试回答或解释下列问题：

1)CCN 浓度的变化并不总与 Aitken 核浓度的变化一致。

2)大陆性空气中的 CCN 数远比海洋性空气中的多。

3)可溶性核在新相形成中起什么作用？在可润湿性核上形成临界新相胚胎是否核越大越好？

(2)用计算机在同一张图上绘出干粒子半径为 0.01、0.1 和 1 μm 的$(NH_4)_2SO_4$(ρ=1.8 g·cm^{-3})和 NaCl(ρ=2.2 g·cm^{-3})粒子吸收增长的的 Köhler 曲线，并叠加纯水滴的平衡曲线，并对所绘曲线加以讨论。

(3)溶液滴表面饱和水汽压与平水面饱和水汽压的比值可用 Köhler 方程(6.30)式表示，在 g·cm·s 单位制中：$C_r=\dfrac{3.3\times10^{-5}}{T}$(cm)；对于质量为 m g 的 NaCl 而言，C_n=0.147 m(cm^3)。由 Köhler 方程确定的相对湿度和溶滴半径的关系曲线上存在一极大值点，称为临界点。试求该临界点对应的临界相对湿度 f_c和临界半径 r_c的表达式。

(4)给定气溶胶谱的对数分布参数(N：数浓度；D_p：几何平均直径；lgσ：对数标准偏差)如下：

模态Ⅰ			模态Ⅱ			模态Ⅲ		
N/cm^{-3}	D_p/μm	lgσ	N/cm^{-3}	D_p/μm	lgσ	N/cm^{-3}	D_p/μm	lgσ
9.93×10^4	0.013	0.245	1.11×10^3	0.014	0.666	3.64×10^4	0.05	0.337

1)利用表中数据,绘出尺度在 0.002～5 μm 的气溶胶谱分布图。

2)并利用该气溶胶谱,假设粒子化学成分为$(NH_4)_2SO_4$,应用 Köhler 方程分别计算过饱和度在 0.001%、0.005%、0.01%、0.05%、0.1%、0.5%、1.0%、5.0%、10%的 CCN 数浓度。

(5)实验资料表明,在－20～20℃温度范围内,纯水表面张力与温度的关系可表示为:$\alpha=-AT+B$ 其中 $A=1.55\times10^{-4}$ N · m^{-2} · K^{-1},$B=0.118$ N · m^{-2},T 的单位为 K。将此关系用于 Kelvin 公式,求:

1)当水滴半径满足什么条件时,水滴表面饱和水汽压随温度的增加而增加?

2)在 273 K 时多大半径的微滴,可使温度每增加 1 K,其平衡水汽的变化正好等于半径每减小 1 μm 时平衡水汽压的变化。

(6)如果在温度为 T 的一个水滴中可活化的冻结核浓度可由(6.37)式表示,试证明群滴的中值冻结温度随其直径变化规律按照图 6.11 上方曲线所示的方式变化(如果一个滴中包含有 n 个活化冻结核,假定在给定的时间间隔内,该水滴的几率 p 可用随机事件的泊松分布表示,即 $p=1-\exp(-n)$)。

(7)许多体积均为 V 的水滴,同时以一稳定速率 $\beta=\mathrm{d}T/\mathrm{d}t$ 冷却。如 $p(V,t)$ 为时间间隔 t 内体积为 V 的水滴中核化发生的概率。

1) 试推导出 $p(V,t)$ 和 $\int_0^{T_t} J\mathrm{d}T$ 的关系式。其中 J 为每单位时间单位体积的冰核化率,T_t 为在时间 t 时的水滴温度。(参考答案:$\ln[1-p(V,t)]=-\dfrac{V}{\beta}\int_0^{T_t} J\mathrm{d}T$)

2)利用第(6)题推导时得到的水滴中活跃冰核数 n 的表达式,证明冷却速率增大 n 倍所产生的冻结温度升高与水滴体积减小 n 倍相当。

(8)1)证明图 6.1 中临界能障 ΔG^* 可表示为

$$\Delta G^*=\frac{16\pi\sigma^3}{3\left(n\kappa T\ln\dfrac{e}{e_s}\right)^2}$$

2)如果在纯水中加入十二烷基硫酸钠使表面张力 σ 减小了 10%,计算 ΔG^* 和 r 改变了多少(忽略十二烷基硫酸钠对 n 和 e 的影响)?(参考答案:－30%;－10%)

3)添加十二烷基硫酸钠对小水滴的同质核化有哪些影响?

参考文献

Andreae M O, and Rosenfeld D. 2008. Aerosol-cloud-precipitation interactions. Part 1. The nature and sources of cloud-active aerosols. *Earth-Science Reviews*, **89**: 13-41.

Ervens B, Feingold G, and Kreidenweis S M. 2005. Influence of water-soluble organic carbon on cloud drop number concentration. *Journal of Geophysical Research*, **110**: D18211, doi: 10.1029/2004JD005634.

Fletcher N H. 1962. *The Physics of Rainclouds*. University Press, 386pp.

Gravenhorst G, and Corrin M L. 1972. Ice nucleation and the adsorption of water on pure and doped silver iodide. *Journal de Recherches Atmospheriques*, **6**: 205-212.

Mircea M, Facchini M C, Decesari S, Fuzzi S, and Charlson R J. 2002. The influence of the organic aerosol component on CCN supersaturation spectra for different aerosol types. *Tellus* B, **54**, 74-81.

Nenes A, Charlson R J, Facchini M C, Kulmala M, Laaksonen A, and Seinfeld J H. 2002. Can chemical effects on cloud droplet number rival the first indirect effect? *Geophysical Research Letters*, **29**(17): 1848, doi:10.1029/2002GL015295.

Shulman M L, Jacobson M C, Carlson R J, Synovec R E, and Young T E. 1996. Dissolution behavior and surface tension effects of organic compounds in nucleating cloud droplets. *Geophysical Research Letters*, **23**: 277-280.

Twomey S. 1959. The nuclei of natural cloud formation part I: The chemical diffusion method and its application to atmospheric nuclei. *Pure and Applied Geophysics*, **43**: 227-242.

Twomey S. 1977. *Atmospheric Aerosols*. Elsevier Scientific Pub, 302pp.

Vehkamäki H. 2006. *Classical Nucleation Theory in Multicomponent Systems*. Springer, 176pp.

Vonnegut B. 1947. The nucleation of ice formation by silver iodide. *Journal of Applied Physics*, **18**: 593-595.

Wallace J M, and Hobbs P V. 2006. *Atmospheric Science: An Introductory Survey*. 2nd ed. Elsevier Academic Press, 483pp.

Yin Y, Levin Z, Reisin T G, and Tzivion S. 2000. The effects of giant cloud condensation nuclei on the development of precipitation in convective clouds—a numerical study. *Atmospheric Research*, **53**: 91-116.

第 7 章 水滴与冰晶的扩散增长

云滴通过异质核化形成以后，还要经过水汽扩散增长过程和碰并过程才能形成降水粒子。本章描述单个云粒子和云粒子群的水汽扩散凝结增长(和蒸发)。液相和固相碰并(和破碎)过程将分别在第 8 章和第 9 章讨论。

在凝结增长过程中，首先是最贴近水滴的气层中的水汽分子有一部分凝聚到水滴表面，使此层中的水汽分子浓度降低，周围高浓度区的水汽分子便向该层补充而继续凝结。显然，凝结过程是水汽分子的扩散和输送过程。同时，凝结潜热使水滴温度升高，会使逃逸分子增多而阻碍凝结；而热量通过分子热传导向周围介质输送，又会影响凝结。因此，研究水滴凝结增长需考虑分子扩散及热传导的作用，所以，让我们首先讨论水汽和热量在空气中的扩散规律。

7.1 水汽和热量的扩散规律

7.1.1 水汽的扩散

水汽向水滴和冰晶的扩散可以应用 Fick 第一定律来描述。如果用 $\vec{j}_v=\rho_v\vec{u}$ 表示水汽质量通量密度矢量，那么考虑相对于水滴或冰晶以速度 $\vec{u}$ 运动的湿空气，$\vec{j}_v$ 可由扩散和对流二项贡献的和来表示：

$$\vec{j}_v=-D_v\nabla\rho_v+\rho_v\vec{u} \tag{7.1}$$

其中 D_v 为水汽扩散系数或扩散率，即在水汽密度梯度为 1 时，垂直于空气流动方向单位面积所通过的水汽质量通量；ρ_v 为水汽密度。从连续性方程可知，$\frac{\partial\rho_v}{\partial t}=-\nabla\cdot\vec{j}_v$，并根据 $\nabla\cdot(\rho_v\vec{u})=\rho_v\nabla\cdot\vec{u}+\vec{u}\cdot\nabla\rho_v$，可得到水汽对流扩散方程：

$$\frac{\partial\rho_v}{\partial t}+\vec{u}\cdot\nabla\rho_v=D_v\nabla^2\rho_v \tag{7.2}$$

为得到(7.2)式，曾做了这样的假设，即 $\nabla\cdot\vec{u}=0$，并且在所研究的粒子尺度范围(水滴或冰晶大小)内 D_v 为常数，以及在水滴或冰晶周围空气总密度 ρ 为常数。关于水汽在空气中的扩散率 D_v，过去的实验只给出了温度在 0℃以上的值，并且即使在这个范围内实验结果也相差很大。基于前人实验数据，Hall 等(1976)通过外插方法得到了温度在－40～40℃之间水汽扩散率的最佳估计式为：

$$D_v = 0.211\left(\frac{T}{T_0}\right)^{1.94}\left(\frac{p_0}{p}\right) \tag{7.3}$$

其中，$T_0 = 273.15$ K，$p_0 = 1013.25$ hPa，D_v的单位为 $\mathrm{cm^2 \cdot s^{-1}}$。

现在我们来探讨简化(7.2)式的可能性。为此，考虑水汽从一个半径为 a 的静止水滴扩散，并且满足边界条件 $\rho_v(a,t)=\rho_{v,a}$＝常数，和初始条件 $\rho_v(r,0)=\rho_{v,\infty}$＝常数 $(r>a)$。这个径向对称初值问题的解为：

$$\rho_v(r,t) = \rho_{v,\infty} + (\rho_{v,a} - \rho_{v,\infty})\frac{a}{r}\left[1 - \mathrm{erf}\left(\frac{r-a}{2\sqrt{D_v t}}\right)\right] \tag{7.4}$$

从以上表达式，可得到水滴表面的水汽通量为

$$j_{v,r}\big|_{r=a} = -D_v\left(\frac{\partial \rho_v}{\partial r}\right)_{r=a} = \frac{D_v(\rho_{v,a} - \rho_{v,\infty})}{a}\left(1 + \frac{a}{\sqrt{\pi D_v t}}\right) \tag{7.5}$$

可以看出，当 $t \gg t_c = a^2/\pi D_v$时可得到稳定态的解。当 $T=0$℃，$p=1$ atm 时，对半径小于 100 μm 的水滴，$t_c < 1.7\times10^{-6}$ s。在自然大气条件下，由于水汽密度发生显著变化的时间尺度远大于 t_c，所以，可以认为水滴的扩散增长或蒸发满足稳定态条件。在稳定状态下，(7.4)和(7.5)式分别变为

$$\rho_v(r,t) = \rho_{v,\infty} + (\rho_{v,a} - \rho_{v,\infty})\frac{a}{r} \tag{7.6}$$

和

$$(j_{v,r})_{r=a} = -D_v\left(\frac{\partial \rho_v}{\partial r}\right)_{r=a} = \frac{D_v(\rho_{v,a} - \rho_{v,\infty})}{a} \tag{7.7}$$

上述二式也可以通过在满足边界条件 $\rho_v(a)=\rho_{v,a}$，和 $\rho_v=\rho_{v,\infty}$（当 $r\to\infty$）的情况下直接求解径向对称 Laplace 方程

$$\nabla^2 \rho_v = \frac{1}{r}\frac{\mathrm{d}^2}{\mathrm{d}r^2}(r\rho_v) = \frac{\mathrm{d}^2\rho_v}{\mathrm{d}r^2} + \frac{2}{r}\frac{\mathrm{d}\rho_v}{\mathrm{d}r} = 0 \tag{7.8}$$

而得到。

7.1.2　热量的扩散

在云滴凝结增长或蒸发过程中，除了水汽扩散输送，还涉及凝结潜热的释放或吸收。由此形成的粒子与其周围环境之间的温差将引起一个类似于热扩散或热量传导过程的感热流，其热量输送的通量密度矢量 $\vec{j}_h$ 可由傅立叶定律描述：

$$\vec{j}_h = -k\nabla T \tag{7.9}$$

其中，k 为湿空气的热传导率(thermal conductivity)，在 SI 单位制中，k 的单位为 $\mathrm{m^2 \cdot s^{-1}}$。

从(7.9)式出发,结合前面讨论过的云微物理学相关物理条件,我们不难导出类似于(7.2)式的热量扩散方程。根据 $\vec{j_h}$ 的物理意义可知,一个运动的空气体元 δV 在时间 dt 内的热传导交换为 $-\nabla\cdot\vec{j_h}\delta V dt$。由于云滴周围被加热或冷却的空气可以自由地膨胀或收缩,热量的交换可以假设是在等压条件下发生的。那么,所考虑体元内焓的变化为 $d(h\rho\delta V)=-\nabla\cdot\vec{j_h}\delta V dt$,其中 h 为单位质量空气的焓。另外,由 $dh=c_p dT$,考虑质量守恒 $d(\rho\delta V)=0$,可最终得到:

$$\frac{dT}{dt}=\frac{\partial T}{\partial t}+\vec{u}\cdot\nabla T=-\frac{\nabla\cdot\vec{j_h}}{\rho c_p}=\kappa\nabla^2 T \tag{7.10}$$

其中,热扩散系数(thermal diffusivity)$\kappa\equiv k/\rho c_p$,SI 单位为 $m^2\cdot s^{-1}$,ρ 和 c_p 分别为湿空气的密度和比热容。k 为热传导率(或导热率、热传导系数),表示单位温度梯度作用下,每单位时间通过垂直于温度梯度方向每单位面积的热量,在 SI 单位制中,k 的单位为 $J\cdot m^{-1}\cdot s^{-1}\cdot K^{-1}$。

Beard 等(1971)对前人得到的干空气和水汽热传导率 k_a 和 k_v 的实验和理论值进行了综合分析,并提出这两个参数随温度的变化可由如下两式表示:

$$k_a=0.023807+7.1128\times10^{-5}(T-273.15)$$

$$k_v=0.015606+8.3680\times10^{-5}(T-273.15)$$

其中 T 的单位是 K,k 的单位为 $J\cdot m^{-1}\cdot s^{-1}\cdot K^{-1}$。因此,利用 Mason-Saxena 公式(Bird 等,2001)可得到湿空气的热传导率:

$$k=k_a[1-(\gamma_1-\gamma_2 k_v/k_a)x_v] \tag{7.11}$$

这里 x_v 是湿空气中水汽的摩尔分数,$\gamma_1\approx1.17$,$\gamma_2\approx1.02$。由于在典型大气条件下 $x_v<<1$,所以有 $k\approx k_a$。

7.2 单个液滴的扩散增长

7.2.1 扩散增长基本方程

先假定有一个孤立云滴,在时间 t 时,半径为 r,并处于过饱和环境中,在远离云滴的地方,水汽密度为 $\rho_v(\infty)$,而在云滴附近空气中的水汽密度为 $\rho_v(r)$。假定系统处于平衡状态(即在水滴周围没有水汽聚集),则于时间 t,云滴质量 m 的增大率等于以该云滴为中心,半径为 x 的任一球面上通过的水汽通量,则云滴质量增大率可写为

$$\frac{dm}{dt}=4\pi x^2 D_v\frac{d\rho_v}{dx}$$

其中 ρ_v 为距云滴 $x(>r)$ 处的水汽密度。由于在稳定条件下,dm/dt 与 x 无关,所以上述方程可作如下积分

$$\frac{\mathrm{d}m}{\mathrm{d}t}\int_{x=r}^{x=\infty}\frac{\mathrm{d}x}{x^2}=4\pi D_v\int_{\rho_v(r)}^{\rho_v(\infty)}\mathrm{d}\rho_v$$

或者

$$\frac{\mathrm{d}m}{\mathrm{d}t}=4\pi rD_v[\rho_v(\infty)-\rho_v(r)] \tag{7.12}$$

把 $m=\frac{4}{3}\pi r^3\rho_w$ 代入，其中 ρ_w 为液水密度。则得

$$\frac{\mathrm{d}r}{\mathrm{d}t}=\frac{D_v}{r\rho_w}[\rho_v(\infty)-\rho_v(r)] \tag{7.13}$$

由于通常不直接测量水汽密度，利用水汽的理想气体方程，可得

$$\frac{\mathrm{d}r}{\mathrm{d}t}=\frac{1}{r}\frac{D_v\rho_v(\infty)}{\rho_w e(\infty)}[e(\infty)-e(r)] \tag{7.14}$$

其中 $e(\infty)$ 为远离云滴处环境空气的水汽压，而 $e(r)$ 为贴近云滴处的水汽压。$\frac{\mathrm{d}r}{\mathrm{d}t}$ 也被称为水滴生长率，而水汽密度差 $\rho_v(\infty)-\rho_v(r)$ 正是水滴生长的驱动力。

但是，在得到水滴凝结增长公式(7.12)—(7.14)时，并未考虑凝结潜热的影响。显然，凝结潜热的释放会影响 $\rho_v(r)$，因为它是温度的函数。

水滴释放的凝结潜热既升高了滴表面温度，又向外传导热量，热量平衡方程为

$$L_v\frac{\mathrm{d}m}{\mathrm{d}t}=\frac{4}{3}\pi r^3\rho_v c_w\frac{\mathrm{d}T(r)}{\mathrm{d}t}+Q \tag{7.15}$$

式中 $T(r)$ 为滴表面温度，c_w 为液水比热容，Q 为向外传导的热量。达到平衡时 $\frac{\mathrm{d}T(r)}{\mathrm{d}t}=0$，故有

$$Q=L_v\frac{\mathrm{d}m}{\mathrm{d}t} \tag{7.16}$$

由水滴表面向外传导的热量，其热传导方程与扩散方程为

$$Q=-4\pi R^2k_a\frac{\mathrm{d}T}{\mathrm{d}R} \tag{7.17}$$

对(7.17)式由滴表面到无穷远处积分后，得

$$Q=4\pi rk_a[T(\infty)-T(r)] \tag{7.18}$$

其中 $T(\infty)$ 为无穷远处温度。(7.16)和(7.18)二式联立，可得

$$L_v\frac{\mathrm{d}m}{\mathrm{d}t}=4\pi rk_a[T(r)-T(\infty)] \tag{7.19}$$

为求解方程(7.12)或(7.14)，需得到饱和水汽密度与温度的关系。现以 ρ_s 表示饱和水汽密度，根据水汽状态方程和 Clausius-Clapeyron 方程可得

$$\frac{\mathrm{d}\rho_s}{\rho_s}=\frac{L_v}{R_vT^2}\mathrm{d}T-\frac{1}{T}\mathrm{d}T \tag{7.20}$$

对上式由温度 $T(r)=T_r\to T$ 及饱和蒸汽密度由 $\rho_s(T_r)\to\rho_s(T)$ 求积分，得

$$\ln\frac{\rho_s(T_r)}{\rho_s(T)}=\frac{L_v-R_vT}{R_vT^2}(T_r-T)$$

考虑到

$$\ln\frac{\rho_s(T_r)}{\rho_s(T)}\approx\frac{\rho_s(T_r)}{\rho_s(T)}-1$$

最后得到饱和水汽密度与温度的关系：

$$\rho_s(T_r)-\rho_s(T)=\rho_s(T)\left(\frac{L_v}{R_vT}-1\right)\left(\frac{T_r-T}{T}\right) \tag{7.21}$$

对于半径大到可以忽略曲率影响（$r>1\ \mu$m）的纯水滴的凝结，可假设水滴表面平衡水汽密度 $\rho_{s,r}=\rho_s(T_r)$，则(7.12)、(7.15)和(7.21)式简化合并后得到描述水滴凝结增长的方程

$$\frac{\mathrm{d}m}{\mathrm{d}t}=\frac{4\pi r\left[\frac{\rho_v}{\rho_s(T)}-1\right]}{\frac{L_v}{k_aT}\left(\frac{L_v}{R_vT}-1\right)+\frac{1}{D_v\rho_s(T)}}=\frac{4\pi r[S-1]}{\frac{L_v}{k_aT}\left(\frac{L_v}{R_vT}-1\right)+\frac{1}{D_v\rho_s(T)}} \tag{7.22}$$

或

$$r\frac{\mathrm{d}r}{\mathrm{d}t}=\frac{S-1}{\frac{L_v\rho_w}{k_aT}\left(\frac{L_v}{R_vT}-1\right)+\frac{R_vT\rho_w}{D_ve_s(T)}} \tag{7.23}$$

其中 $S=\rho_v/\rho_s(T)=e/e_s(T)$ 为水汽饱和比，$S-1$ 为过饱和比。潜热项出现在上式分母中，说明因潜热的释放提高了水滴表面平衡水汽密度（或平衡水汽压），故不利于水滴长大。由(7.23)式可以看出，在一定的过饱和度条件下，生长率与小滴尺度成反比，即 $\frac{\mathrm{d}r}{\mathrm{d}t}\propto\frac{1}{r}$，也就是说，尺度较小的小滴增长较快。

对于微溶液滴，水滴表面平衡水汽密度 $\rho_{s,r}$ 决定于其温度、曲率及所含溶质，根据(6.29)式可推导出以下关系

$$\rho_{s,r}=\rho_s(T_r)\left(1+\frac{C_r}{r}-\frac{C_n}{r^3}\right)$$

最后可导得方程

$$r\frac{\mathrm{d}r}{\mathrm{d}t}=\frac{(S-1)-\frac{C_r}{r}+\frac{C_n}{r^3}}{\frac{L_v\rho_w}{k_aT}\left(\frac{L_v}{R_vT}-1\right)+\frac{R_vT\rho_w}{D_ve_s(T)}} \tag{7.24}$$

当微滴的性质（C_r 和 C_n）、过饱和度及温度等参量确定后，便可用(7.22)、(7.23)或(7.24)式计算一个云滴的凝结生长。同 Köhler 方程(6.30)式一样，它们也是云物理学中的基本方程。但应指出，由于推导过程中作了一些假定，例如水滴是静止的，

水汽场是定常的等等，并且没有考虑水滴表面附近水汽场和温度场的不连续性，因此这个方程是近似的。

7.2.2　对扩散增长方程的修正

在推导(7.24)式时，我们做了若干假定，例如，假定了云滴是不动的，事实上随着下落速度增大水滴会受通风效应的影响，而这种通风效应将影响水滴温度及流向水滴的水汽，使凝结或蒸发过程加快，因此，在使用公式(7.22)—(7.24)计算水滴凝结生长(蒸发)时，需考虑对通风作用进行订正。我们也假定所有落在云滴上的水分子，始终留在那里，而且贴近云滴的水汽温度与环境温度相等(由于放出凝结潜热，云滴表面附近的温度事实上应比远离云滴的空气温度为高)。

7.2.2.1　通风因子的作用

当云滴被夹卷出云外或雨滴从云底落出，进入了未饱和环境中就要发生蒸发。原则上，水滴的蒸发也可用上面的凝结增长方程处理，但那是在静稳条件下得到的，没有涉及水滴和大气间的相对运动。当水滴和环境大气间有一定的相对速度时，由于气流输送，蒸发会加快，水汽场和温度场也不再呈静止状态下的球形对称分布，需要用通风因子加以订正。

通风因子 f 的定义是

$$f=\frac{(\mathrm{d}m/\mathrm{d}t)_{动}}{(\mathrm{d}m/\mathrm{d}t)_{静}}$$

令 Reynolds 数 $N_{\mathrm{Re}}=\dfrac{2\rho vr}{\mu}$，其中 μ 为空气(动力)黏滞系数，v 是相对速度。根据实验，在 $10<N_{\mathrm{Re}}<100$ 时，通风因子一般取

$$f(N_{\mathrm{Re}})=1+0.23N_{\mathrm{Re}}{}^{1/2} \tag{7.25}$$

于是(7.12)式就应修正为

$$\frac{\mathrm{d}m}{\mathrm{d}t}=4\pi rD_v(\rho_v(\infty)-\rho_v(r))f(N_{\mathrm{Re}}) \tag{7.26}$$

因为云滴尺度很小，其下落速度很小，一般认为它们是随着气流一起运动的，故通风因子的数值接近于 1，因此在云滴半径 $r\leqslant50$ μm 时，无论凝结还是蒸发都不需要作订正。但雨滴从云底落出在大气中蒸发的情况就有所不同，若雨滴直径为 1 mm，$N_{\mathrm{Re}}=269$，通风因子为 4.8，比静止条件下的蒸发大 3.8 倍，因此需要对雨滴的蒸发进行订正。

7.2.2.2　动力学效应

上述增长方程是根据扩散方程导出的，并没有具体考虑液—汽交界面上的分子

交换过程。很多研究者曾作了不少努力,想依据动力学理论对增长方程进行修正。Fukuta 等(1970)研究中考虑了这种效应,并对过去的工作进行了综合评论。

这个问题用动力学来处理是较为复杂的,需要引入两个新的概念和参量:

(1)适应系数 α

用以描述到达和离开液—汽界面的分子所传送的热量

$$\alpha=\frac{T'_2-T_1}{T_2-T_1}$$

其中 T'_2 为离开液体表面的水汽分子的温度,T_2 为液体温度,T_1 为水汽的温度。

(2)凝结系数 β

其定义为撞击液面的分子中发生凝结的分子所占的份数。结果发现极性液体的蒸发速率比应用平衡水汽压预测的蒸发速率慢些,因此极性液体的 β 值必定比非极性液体小些。

在动力学处理中,假定了在离液面一个平均自由程的距离范围内,以一种流动状态为主,而在这个距离范围以外,又以另外一种不同的流动状态为主。即在上述距离范围以内流动受动力学效应控制,而在上述距离范围以外就受一般的扩散规律控制。在上述距离以内的区域成为对热量和质量交换的阻碍,这一阻碍的程度由系数 α 和 β 来决定。

由 Fukuta 等得到的增长方程(忽略了溶液效应和曲率效应)为

$$r\frac{\mathrm{d}r}{\mathrm{d}t}=\frac{S-1}{\left[\frac{L_v{}^2\rho_w}{k_aR_vT^2f(\alpha)}-\frac{R_vT\rho_w}{D_ve_s(T)g(\beta)}\right]} \tag{7.27}$$

这里函数 f 和 g 与动力学参量有关。他们利用这两个函数的最佳估计值,发现增长 20 s 后,按照修正理论计算的微滴质量约为原扩散理论计算值的一半。在(7.27)式中,$g(\beta)<f(\alpha)\leqslant1$,所以修正理论中的扩散项比热传导项更为重要。当连续增长超过 20 s 后,上述两理论计算出的质量差异可以忽略不计,因此动力学订正对于小滴是很敏感的。Fukuta 等认为:当研究的是长时间内水滴始终很小时,或因含有小的或新核化的微滴而滴谱很复杂时,或人为引入具有较小 β 值的微滴群时,则应用修正理论是合适的。

Fitzerald(1972)在研究微滴凝结增长中,考虑了适应系数和凝结系数。他指出,半径为 0.1、1 和 10 μm 的微滴的瞬时增长速率,比忽略这些订正后计算的增长速率分别减少 82%、33%和 4%。由于动力学因子促使小的微滴比大的微滴增长得慢,对于实际云滴谱随时间变宽的情况来说,这种因子所起的作用虽有助于解释上述的矛盾,但是与通风效应一样,动力学效应的作用还太小,以致不能说明许多实际观测到的滴谱分布。

7.3　云滴群的扩散增长

我们所关心的是云中上升气块内大量小云滴的增长。当气块上升时，它将膨胀和绝热冷却，并最终达到水面饱和状态。再上升时，就会产生过饱和度。过饱和度最初以正比于上升气流速度的速率而增大。在过饱和度增大时，就有 CCN 被活化。最先被活化的是最有效的那些核。随着过饱和度继续增大，有更多的 CCN 被活化，凝结所需的水分增多。当这些生长中的云滴每单位时间因增大所需的水分达到空气膨胀冷却每单位时间可以供应的水分时，云中的过饱和度达到最大值。此时云滴的数浓度就被确定了(这种情况通常出现于云底以上约 100 m 之内的高度上)，而且正好等于所能得到的最大过饱和度活化的 CCN 浓度。再向上，增长中的云滴所消耗的水汽比气块绝热冷却所提供的多余水汽为多，故过饱和度开始减小。于是霾滴就渐渐蒸发，而被活化的 CCN 形成的云滴却继续因凝结而增长。由于云滴凝结增长速率反比于其半径(见(7.23)式)，较小的云滴比较大的云滴增长得快。结果，在此简单模型中，云中水滴尺度就愈来愈趋于均匀化(即云滴趋近于单分散分布)。这一过程可由理论计算所得的图 7.1 表示之。

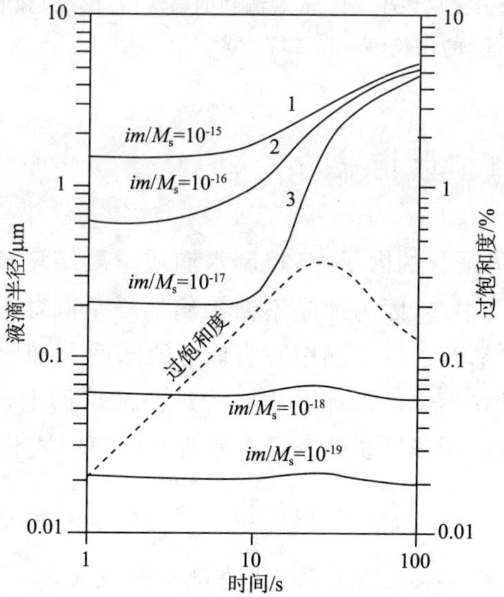

图 7.1　CCN 粒子群凝结增大的理论计算结果

(气块以 60 cm · s^{-1} 的速率上升，CCN 数浓度为 500 cm^{-3}，im/M_s 参见(6.28)式。被活化的小滴 1、2、3 在 100 s 之后趋于一个单分散分布，虚线为过饱和度随时间的变化；Wallace 等，2006)

把不降水的暖积云云底以上几百米处测得的云滴谱与计算所得的凝结增长约5 min的云滴谱相比较，发现十分一致（见图7.2）。注意，图中在此时期内凝结增长的云滴，其半径只伸展到约10 μm处。

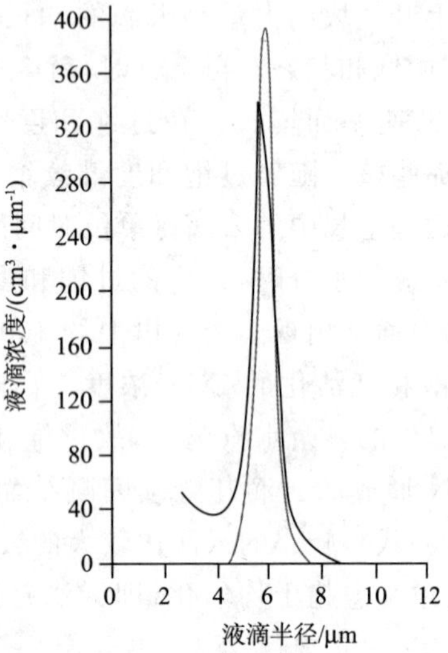

图7.2 在暖积云云底以上244 m观测到的云滴谱（黑线）和假定只有凝结增长而计算出的云滴谱（灰线）的比较（Wallace等，2006）

7.4 单个雪晶的扩散增长

控制冰晶质量凝华增长的因子，与控制水滴质量凝结增长的因子相似。但问题要比水滴凝结增长复杂很多，因为冰晶不像水滴那样呈圆球形状。对于球形水滴来说，等水汽密度的各点都位于以水滴中心为球心的球面上，但对于具有复杂形状的冰晶来说，等水汽密度点并不位于以冰晶中心为球心的球面上。对于半径为 r 的球形冰质粒这种特殊情况，其凝华增长速率可表示为与(7.12)式相类似的公式

$$\frac{\mathrm{d}M}{\mathrm{d}t}=4\pi rD_v[\rho_v(\infty)-\rho_{vc}]$$

其中 ρ_{vc} 是贴近冰晶表面的水汽密度，而其他符号的意义，与7.2节相同。通过利用环绕冰晶体周围的水汽场与环绕同样大小、同样形状的带电导体的静电电位场之间的相似性，可以给出一个对任何形状冰晶都适用的冰晶质量增长的表达式。导体漏电（这与流向冰晶或离开冰晶的水汽通量相类似）正比于导体的静电电容 C，而电容 C 又是完全由导体的大小和形状决定的。对于一个球形导体来说，则有

$$\frac{C}{\varepsilon_0}=4\pi r$$

其中 ε_0 为自由空间的电容率($8.85\times10^{-19}\ \mathrm{C\cdot N^{-1}\cdot m^{-2}}$)。把上面两个表达式相结合,球形冰晶的质量增长率可写为

$$\frac{\mathrm{d}M}{\mathrm{d}t}=\frac{D_vC}{\varepsilon_0}[\rho_v(\infty)-\rho_{vr}] \tag{7.28}$$

方程(7.28)具有普遍意义,可以适用于电容为 C 的任何形状的冰晶。

假定与 $\rho_v(\infty)$ 相对应的水汽压比平冰面的饱和水汽压 e_{si} 大不了多少,冰晶也不是非常小,则(7.28)式可写为

$$\frac{\mathrm{d}M}{\mathrm{d}t}=\frac{C}{\varepsilon_0}G_iS_i \tag{7.29}$$

其中 S_i 为冰面过饱和比,等于$[e(\infty)-e_{si}]/e_{si}$。而

$$G_i=D_v\rho_v(\infty) \tag{7.30}$$

考虑凝华潜热、能量平衡后,利用导出水汽凝结增长方程的方法,可得到与冰晶凝华质量增长方程

$$\frac{\mathrm{d}M}{\mathrm{d}t}=\frac{4\pi C(S_i-1)}{\dfrac{L_{vi}{}^2}{k_aR_vT^2}+\dfrac{R_vT}{D_ve_{si}(T)}} \tag{7.31}$$

7.5　冰水共存时冰晶的凝华生长

设平冰面和平水面的饱和水汽压 e_i 和 e_s 由 Clausius-Clapeyron 方程表示为

$$e_s(T)=e_{s0}\exp\left[\frac{L_v}{R_v}\left(\frac{1}{T}-\frac{1}{T_0}\right)\right] \tag{7.32}$$

$$e_i(T)=e_{s0}\exp\left[\frac{(L_v+L_f)}{R_v}\left(\frac{1}{T_0}-\frac{1}{T}\right)\right] \tag{7.33}$$

其中 L_v 为凝结潜热,L_f 为冻结潜热。将此两式相减,对其中的指数部分作级数展开,略去二阶项,再消去 e_i,得

$$\Delta e_s=e_s(T)-e_i(T)\approx e_{s0}\exp\left[\frac{L_v+L_f}{R_v}\left(\frac{1}{T_0}-\frac{1}{T}\right)\right]\left[-\frac{L_f}{R_v}\left(\frac{1}{T_0}-\frac{1}{T}\right)\right] \tag{7.34}$$

令(7.34)式的导数为 0,则可得出 Δe_s 极大值对应的温度为:

$$T=\frac{(L_v+L_f)T_0}{(L_v+L_f)+T_0R_v}\approx-11.5℃ \tag{7.35}$$

即平冰面和平水面的饱和水汽压之差 Δe_s 在 $-11.5℃$ 时为最大,达到 0.266 hPa。在 $-11.5℃$ 时,$e_i=2.283$ hPa,故如空气正好处于水面饱和状态,则相对于冰面的过饱和度为:

$$\Delta S=\frac{e_s-e_i}{e_i}=\frac{\Delta e_s}{e_i}=\frac{0.266}{2.283}=12\% \tag{7.36}$$

一般在自然云中，过饱度往往不超过0.1%。云滴单靠这么小的过饱和度，增长是十分慢的。但是由于过冷水中有冰晶存在，在−11.5℃时，如空气处于水面饱和状态，过饱和度相对于冰面来说可大到12%，即约大两个数量级。

因此，在冰晶、水滴和水汽三者共存的云中，如果实际水汽压介于冰晶和水滴二者的饱和水汽压之间时，大气中(指贴水及贴冰的气层之外)必有水汽从过冷却水滴向冰晶方向扩散，促使水滴蒸发、冰晶增长。这一过程称为Bergeron过程，或称冰晶效应(图7.3)。它在云雾降水物理过程中十分重要，因为云中单靠水汽凝华，冰晶要增大是十分困难的。如果有过冷却水滴共存，冰晶可以通过贝吉隆过程靠消耗过冷却水滴而增大，甚至达到雪晶尺度，促使降水产生。

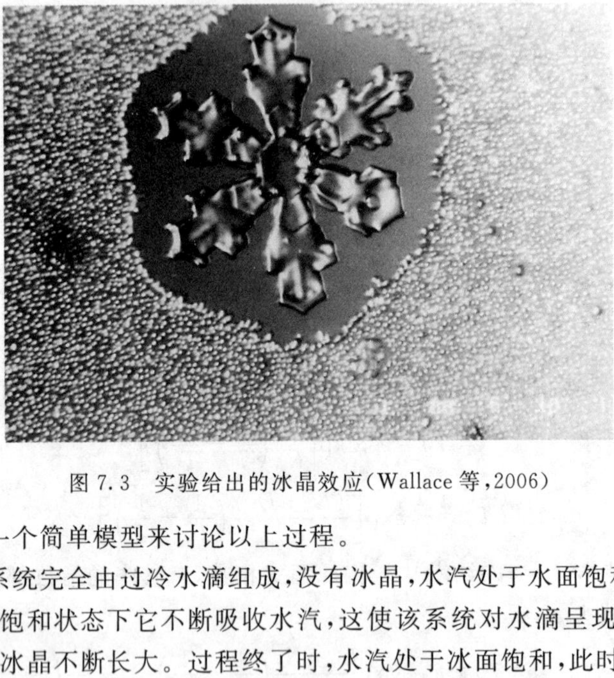

图7.3 实验给出的冰晶效应(Wallace等，2006)

下面利用一个简单模型来讨论以上过程。

初始时刻系统完全由过冷水滴组成，没有冰晶，水汽处于水面饱和状态。冰晶胚胎出现后，在过饱和状态下它不断吸收水汽，这使该系统对水滴呈现未饱和，于是水滴不断蒸发，而冰晶不断长大。过程终了时，水汽处于冰面饱和，此时冰晶长到最大，水滴消失。

假定冰晶是球形的，根据(7.13)式，水滴凝结和冰晶凝华的增长方程分别为

$$\rho_w r_w \frac{\mathrm{d}r_w}{\mathrm{d}t}=D_v(\rho_v-\rho_s) \tag{7.37}$$

$$\rho_i r_i \frac{\mathrm{d}r_i}{\mathrm{d}t}=D_v(\rho_v-\rho_{s,i}) \tag{7.38}$$

式中r_w和r_i分别为水滴和冰晶的半径，ρ_s和$\rho_{s,i}$分别为水面和冰面平衡水汽密度，为

简单计，此处忽略水滴和冰晶曲率的影响。假设水滴和冰晶的大小是均匀的，封闭系统内水分守恒方程为

$$\frac{\mathrm{d}}{\mathrm{d}t}\left[\rho_v(t)+\frac{4}{3}\pi r_w^3\rho_w n_w+\frac{4}{3}\pi r_i^3\rho_i n_i\right]=0 \tag{7.39}$$

其中 n_w 和 n_i 分别为水滴和冰晶的数密度。设边条件为

初始时刻 $t=0, r_w=r_w(0), r_i=0, \rho_v=\rho_s$

终了时刻 $t=t_m, r_w=0, r_i=r_{i,m}, \rho_v=\rho_{s,i}$

假定过程在等温、等压下进行，则由(7.39)式积分后得

$$\frac{3}{4}\frac{\rho_v(t)-\rho_s}{\pi n_w}=\rho_w r_w^3(0)-\rho_w r_w^3(t)-\frac{n_i}{n_w}\rho_i r_i^3(t) \tag{7.40}$$

由此得到终了时刻 $t=t_m$ 时冰晶的最大尺度

$$r_{i,m}=\left[\frac{n_w}{n_i\rho_i}\left(\rho_w r_w^3(0)+\frac{3}{4\pi}\frac{\rho_s-\rho_{s,i}}{n_w}\right)\right]^{1/3} \tag{7.41}$$

由(7.37)和(7.38)式积分，又有

$$\rho_i r_i^2(t)-\rho_w r_w^2(t)=2(\rho_s-\rho_{s,i})D_v t-\rho_w r_w^2(0) \tag{7.42}$$

由此可得过程终了时所需时间

$$t_m=\frac{\rho_w r_w^2(0)+\rho_i r_{i,m}^2}{2D_v(\rho_s-\rho_{s,i})} \tag{7.43}$$

若取初始云滴半径 $r_w(0)=10\ \mu\mathrm{m}$，浓度 $n_w=60\ \mathrm{cm}^{-3}$，云中温度为-20℃，则冰晶最终尺度 $r_{i,m}$、过程结束时间 t_m 与 n_i/n_w 的关系列于表7.1。由上述讨论及表7.1可有以下结论：

(1)云中含水量越大，冰水转化后得到的冰晶越大；

(2)冰晶和水滴的数密度比 n_i/n_w 越小，最终生成的冰晶越大。例如 $n_i/n_w=0.001$ 时，20 min后可生成半径约100 μm的冰晶。一般云中 n_i/n_w 约 10^{-3}，与这里的条件是一致的。

(3)冰水饱和水汽密度差大时，冰晶长得也大。显然，在-12℃时因饱和差最大，冰晶生长也就最迅速，长得也最大。

表7.1　封闭系统中的冰水转化(顾震潮,1980)

n_i/n_w	$r_{i,m}/\mu\mathrm{m}$	t_m/s
1	10.6	27.3
0.2	18.1	53.8
0.1	22.8	77.2
0.01	49.1	309
0.001	106	1390

自然云中的情况远比上述的计算模型复杂，但以上的结论还是很有意义的。下面讨论冰晶质量增长率随温度的变化。

考虑到冰晶的不同形状，假设 $C=\frac{1}{4\pi}$，这样对于不同形状冰晶的实际增长率，只要再乘以 $4\pi C$ 即可。这样便可求出不同气压、不同温度下的质量增长率，如图 7.4。

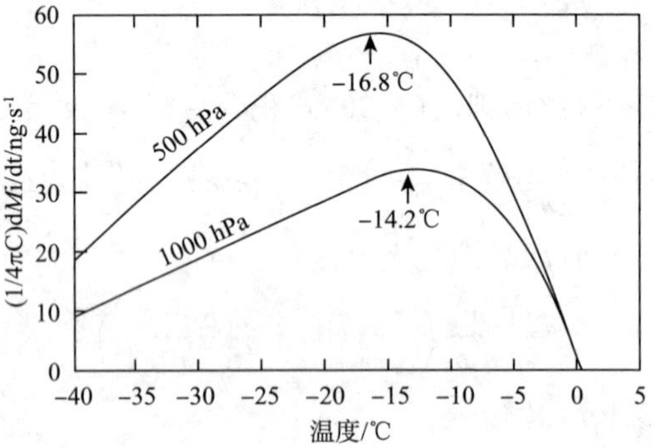

图 7.4 冰晶在水面饱和的过冷却云中的质量增长率随温度的变化(Byers, 1965)

由图可见，气压为 1000 hPa 时，冰晶最大生长率位于 −14.2℃；而气压为 500 hPa时，冰晶最大生长率位于 −16.75℃。它们都不等于(7.35)式得出的 −11.5℃。其原因是，(7.35)式的计算过程中没有考虑凝华潜热的作用，而图 7.4 是由增长公式(7.31)式得出的，其中考虑热量扩散和能量守恒过程。如果环境温度为 −11.5℃，潜热释放会使环境温度高于该值，从而使时 Δe_s 不为最大值，即此时所造成的环境水汽压差小于 −11.5℃时的最大水汽压差。为了达到 −11.5℃所对应的最大水汽压差，只有当环境温度向低温方向推移，该条件下凝华潜热释放使冰晶表面的局地温度正好处于为 −11.5℃，冰晶生长最快。此时环境温度必然是远小于 −11.5℃。

此外，500 hPa 生长极大值出现的温度低于 1000 hPa 极大值出现的温度。这是因为在气压较低时，同样的潜热供应密度较小的空气，将造成冰晶表面凝华区局部温度更高。因此必须对应更低的背景温度，才能使凝华区局部温度正好处于 −11.5℃。所以，理论计算的 −11.5℃是指冰晶表面凝华区局部温度，而图 7.4 中箭头所标为云内背景温度。

习 题

(1)为什么云中的冰晶能够通过凝华在几分钟内增大到毫米尺度？而微水滴却不能以同样的方式增大到 15 μm 以上？

(2)热扩散云室可以用于测量某一给定温度下活化 CCN 的浓度。它由相距 5 cm的两块表面饱和的平板构成(参见第 13 章)，上板表面温度维持在 30℃，下板表面温度为 20℃，两板之间温度从上向下线性变化。试求：

1)两板间能达到的相对于平水面的最大过饱和度(%)是多少？

2)此最大过饱和度所在位置距下板的距离是多少？

提示：为回答此问题，可利用理论公式或下表中给出的 e_s(相对于平水面的饱和水汽压)值，以从下板到上板的温度 T 为自变量绘出 e_s 的曲线，同时把两板间的实际水汽压 e 也作为 T 的函数绘在同一张图上。

T/℃	20	21	22	23	24	25	26	27	28	29	30
e_s/hPa	23.4	24.9	26.4	28.1	29.8	31.7	33.6	35.6	37.8	40.1	42.4

(3)云底高度为 500 m，云下温度为 283 K，相对湿度为 70%，试求半径为 0.05 mm和 0.5 mm 的水滴能否落到地面？若不能到达地面，则求其下落的距离(设 G_w 取 700，水滴半径单位为 μm 时，G_w 单位为 $\mu m^2 \cdot s^{-1}$)。

(4)一个雨滴由云中落到云下等温的未饱和空气中。设当水滴蒸发时，由蒸发损失热量的速率等于从暖空气由传导而得到热量的速率。试证明雨滴的温度近似地等于空气的湿球温度。

(5)证明在不考虑曲率效应和浓度效应时，(7.14)式可表示为

$$r\frac{\mathrm{d}r}{\mathrm{d}t}=G_w S$$

其中 S 为环境空气的过饱和比，$G_w=\dfrac{D_v\rho_v(\infty)}{\rho_w}$。

(6)一个云滴在上升气流速度为 w 及过饱和度为 S 的云中，仅通过凝结而增长。试利用上题的结果和水滴末速公式(5.41)式推导云滴相对云底以上的高度 h 与时间 t 的关系。(参考答案：$h=wt-\dfrac{2g\rho_w SG_w t^2}{9\mu}$)

(7)设在一水面饱和的环境中，温度为 −5℃。通过半小时的凝华增长，冰晶的半径及质量是多少？假定冰晶的形状近乎薄圆片形，其厚度为常数(10 μm)。(提示：先利用(7.29)式及图 7.5 估计 $G_i S_i$ 的值。半径为 r 的圆片的静电容 C 值为 $C=8r\varepsilon_0$。，其中 ε_0 为自由空间的电容率；参考答案：0.5 mm；7.2 μg)

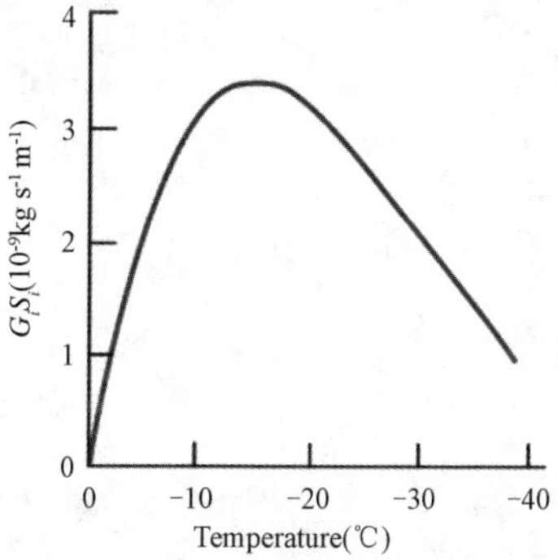

图 7.5

(8)在推导水滴或冰晶的扩散增长方程

时，已经考虑了水成物粒子与环境空气通过传导进行的热量交换现象，而忽略了它们之间的辐射热交换。假定有一云滴，通过水汽扩散而增长，试比较水滴因传导产生的热量损失率与辐射热损失率的差异。假定水滴和环境空气均近似为黑体，根据你的计算结果，是否可以认为在计算水滴扩散增长中可以忽略辐射热量交换？在计算冰晶扩散增长中是否可以忽略辐射效应？

参考文献

顾震潮.1980.云雾降水物理基础.北京：科学出版社，219pp.

Beard K V, and Pruppacher H R. 1971. A wind tunnel investigation of the rate of evaporation of small water drops falling at terminal velocity in air. *Journal of the Atmospheric Sciences*, **28**: 1455-1464.

Bird R B, Stewart W E, and Lightfoot E N. 2001. *Transport Phenomena*. 2nd ed. Wiley, 895pp.

Byers H R. 1965. *Elements of Cloud Physics*. University of Chicago Press, 191pp.

Fitzgerald J W. 1972. A study of the initial phase of cloud droplet growth by condensation: Comparison between theory and observation. Thesis, University of Chicago, 144pp.

Fukuta N, and Walter L A. 1970. Kinetics of hydrometeor growth from a vaper-spherical model. *Journal of the Atmospheric Sciences*, **27**: 1160-1172.

Hall W D, and Pruppacher H R. 1976. The Survival of ice particles falling from cirrus clouds in subsaturated air. *Journal of the Atmospheric Sciences*, **33**: 1995-2006.

Wallace J M, and Hobbs P V. 2006. *Atmospheric Science: An Introductory Survey*. 2nd ed. Elsevier Academic Press, 483pp.

第 8 章　液相降水形成理论

世界上的大部分降水是以雨的形式降落到地面上的，其中很多情况下雨的产生并不要求云内必须存在冰晶。从第 7 章我们已知云滴半径的凝结增长率随时间而减小，而且趋于形成单分散分布（图 7.2）。由典型云、雨滴尺度可知，一个半径 10 μm 的云滴，要增大为 1 mm 半径的雨滴，体积须增大 100 万倍。正如 Osborne Reynolds（1842—1912）于 1877 年首次所指出的那样，在液相云中，仅靠水汽凝结增长太缓慢了，不足以使云滴长大成几毫米半径的雨滴。

本章讨论通过液相过程由云滴发展到雨滴产生降水的机制，即不同大小云滴因下落末速不同导致的云滴碰并增长。碰并作用不仅在热带和中低纬地区夏季的降水形成过程中占有非常重要的地位，而且在云顶低于冻结温度的中纬度积云中也有一定的意义。这一机制很多时候不准确地称之为“暖云降水过程”，其实质是指冰相过程对降水的形成不起主要作用，在 0℃层以上高度的过冷水云区同样会发生云滴的碰并增长（Braham，1964）。

8.1　液滴碰撞模型

地球大气中，不同大小的云滴因下落末速不同会导致碰撞，但由于空气动力学作用（小粒子绕流），一个粒子并不能与其扫掠体积中的所有其他粒子相碰撞，即存在碰撞效率的问题；而且粒子间即使能发生碰撞，也不一定都并合在一起，故又存在一个并合效率问题。综合考虑这两方面的因素，便得到捕获效率或称碰并效率，即碰撞效率与并合效率的乘积。碰并效率是研究粒子碰并增长的基础。

8.1.1　碰撞效率

在自然云中，云滴间的碰撞效率决定于许多因子，如空气动力学作用、云滴所带电荷、外电场以及湍流等，但对各种云来说重力碰撞效应是最主要的。微滴碰撞所需的静电场和湍流场比通常云中的要强，即使雷暴中的强电场也只能引起局部空间中云滴的碰撞。下面在静止大气的假设下，考虑重力场中下落的一个大滴追赶上一个小滴的情形。一般碰撞问题应是多体问题,由于云滴的离散分布特性,可将碰撞问题作为二体问题处理。

如图 8.1 所示,当不同大小两个液滴在垂直方向上距离足够大时,小滴(半径为 r)将沿直线路径以二者末速度之差的速度接近大滴(常称为收集滴,半径为 R)。在两滴相互接近时,由于绕流,小滴将偏离原路径,但因为惯性,小滴也不会完全沿流线运动。也就是说,并不是大滴扫掠体积内的所有小滴都会与大滴相碰,只有那些中心位于以 y 为半径的柱体内的小滴才可以同大滴相碰。图中的曲线表示出了和大滴刚好相碰的小滴中心的轨迹(这里暂不考虑湍流的影响),与速度方向垂直的初始临界距离 y 在一般情况下小于 R。碰撞效率(E_1)定义为实际碰撞的小滴数 N 与大滴扫掠体积内总小滴数 N_0 之比,反映了大滴在其扫掠路径上与小滴的碰撞概率,因此通常小于 1。设小滴的数密度为 $n(r)$,则在单位时间内:

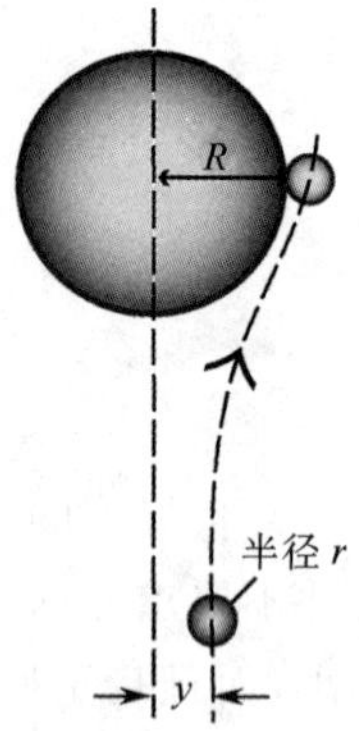

图 8.1 小滴相对于大滴运动的轨迹示意图

$$N=n(r)\pi y^2[u(R)-u(r)]$$

$$N_0=n(r)\pi(R+r)^2[u(R)-u(r)]$$

所以,对于球形大滴,其碰撞效率可转化为碰撞截面积与扫掠截面积之比,即

$$E_1=N/N_0=y^2/(R+r)^2 \tag{8.1}$$

精确地确定水滴之间的碰撞效率是一个困难的物理问题,特别当云滴大小相近的时候,它们在运动中强烈地相互影响。图 8.2 中给出了 E_1 值与云滴大小的对应关系。可以看到,

(1)当收集滴的尺度增大时,碰撞效率明显增大。在收集滴的半径小于 20 μm 时,碰撞效率是十分小的。

(2)当收集滴远大于云滴时,碰撞效率很小,因为这时云滴更易于随流线绕过收集滴。

(3)当云滴大小增大时,E_1 值增大。这是由于较大的云滴惯性较大,更倾向于按直线运动,而不是完全沿流线绕收集滴运动。

(4)当 r/R 值从约 0.6 增到 0.9 时,特别当收集滴较小的情况下,E_1 值有所下降。这是因为收集滴的下降末速与云滴的下降末速大小相接近,因而其间的相对速度变得很小。最后,当 r/R 值趋向于 1 时,E_1 值又趋向于增大。这是因为两个大小近乎相等的水滴沿球心连线方向下落时,下面一个水滴下降时受到阻力比上面一个水滴受的阻力大,从而造成两个等大水滴的相对运动,同时存在的尾涡捕获效应也使 E_1 值增大。

(5)当大小接近的两个水滴半径均大于 40 μm 时,因尾流捕获效应能使 E_1 值大于 1。

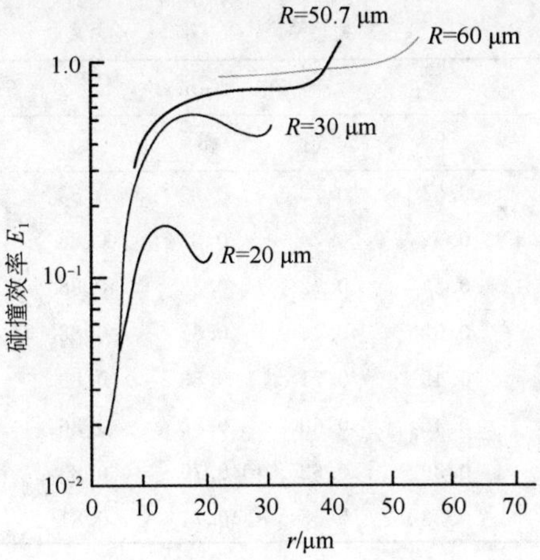

图 8.2　半径为 R 的收集滴与半径为 r 的云滴的碰撞效率 E_1 的理论计算值(数据取自 Klett 等,1973;Wallace 等,2006)

表 8.1 归纳了图 8.2 中收集滴 $R<50\ \mu m$ 以及较大收集滴的碰撞效率资料,其中 $50\ \mu m<R<500\ \mu m$ 和 $R>500\ \mu m$ 的数据分别取自 Beard 等(1984)和梅森(1978)。利用表 8.1 得到更大尺度范围的收集滴与微滴碰撞效率与尺度的关系(图 8.3)。从表 8.1 和图 8.3 进一步看到,碰撞效率 E_1 一般是 R 和 r 的增函数,但当$R>80\ \mu m$ 时,E_1 主要决定于 r。

表 8.1　收集滴(10 μm≤R≤3000 μm)与云滴(2 μm≤r≤25 μm)的碰撞效率

(*:从数据来源无法准确确定)

R/μm	r/μm								
	2	3	4	6	8	10	15	20	25
10	0.017	0.027	0.037	0.052	0.052				
20	*	0.016	0.027	0.060	0.12	0.17	0.17		
30	*	*	0.020	0.13	0.28	0.37	0.54	0.55	0.47
40	*	*	0.020	0.23	0.40	0.55	0.70	0.75	0.75
50	<0.01	<0.01	0.030	0.30	0.40	0.58	0.73	0.75	0.79
60	<0.01	0.010	0.13	0.38	0.57	0.68	0.80	0.86	0.91
80	<0.01	0.085	0.23	0.52	0.68	0.76	0.86	0.92	0.95
100	<0.01	0.14	0.32	0.60	0.73	0.81	0.90	0.94	0.96
150	0.025	0.25	0.43	0.66	0.78	0.83	0.92	0.95	0.96
200	0.039	0.30	0.46	0.69	0.81	0.87	0.93	0.95	0.96
300	0.095	0.33	0.51	0.72	0.82	0.87	0.93	0.96	0.97

续表

$R/\mu m$	$r/\mu m$								
	2	3	4	6	8	10	15	20	25
400	0.098	0.36	0.51	0.73	0.83	0.88	0.93	0.96	0.97
500	0.10	0.36	0.52	0.74	0.83	0.88	0.93	0.96	0.97
600	0.17	0.40	0.54	0.72	0.83	0.88	0.94	0.98	≈1
1000	0.15	0.37	0.52	0.74	0.82	0.88	0.94	0.98	≈1
1400	0.11	0.34	0.49	0.71	0.83	0.88	0.94	0.95	≈1
1800	0.08	0.29	0.45	0.68	0.80	0.86	0.96	0.94	≈1
2400	0.04	0.22	0.39	0.62	0.75	0.83	0.92	0.96	≈1
3000	0.02	0.16	0.33	0.55	0.71	0.81	0.90	0.94	≈1

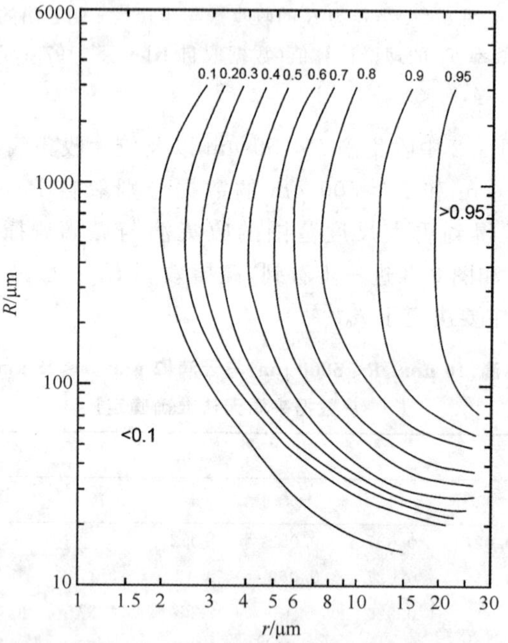

图 8.3　表 8.1 给出的收集滴与云滴的碰撞效率

8.1.2　碰并效率

两个水滴相碰后，由于碰撞表面之间的空气膜起到阻碍并合的作用，因此碰撞后不一定并合。实际上，两个在重力场中碰撞的水滴可以有几种结果：并合、小滴被弹开、两滴并合后分离、大滴破碎成若干个滴（图 8.4），若把弹开和并合后分离看作为一类，即两个水滴碰撞后可发生三种结果：并合、弹开、破碎。

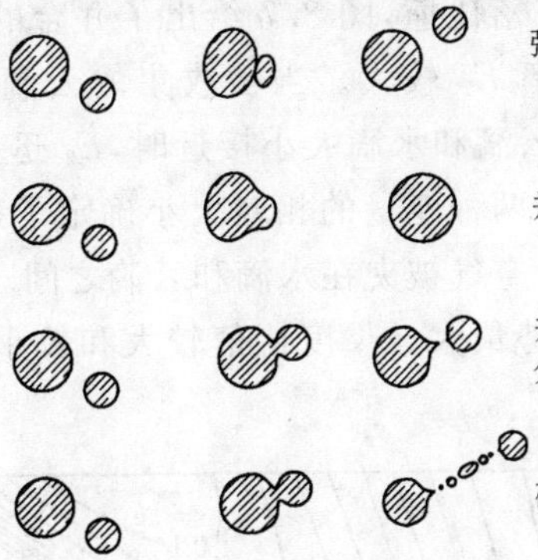

图 8.4　两滴碰撞后的可能结果

发生碰撞后究竟属于何种情况，决定于两滴间的碰撞角 θ（两滴接触时球心连线与下落方向的夹角）和由它们尺度决定的相对速度（图 8.5）。实验表明，半径小于 0.15 mm 的大滴与小滴碰撞都能并合，大滴尺度在 0.15～0.3 mm 之间，碰撞角小于 60°时并合，大于 60°时发生反弹。大滴半径大于 0.4 mm，小滴和大滴尺度比小于 0.75，在相对速度大于 0.9 m · s^{-1}，碰撞角小于 50°时并合。图 8.6 给出了水滴半径分别为 0.45 mm 和 0.15 mm 的实验结果，断线为其重力下降时的相对速度。在此例中，当碰撞角小于 50°时并合，大于 60°时反弹，碰撞角在 50°～60°时破碎。

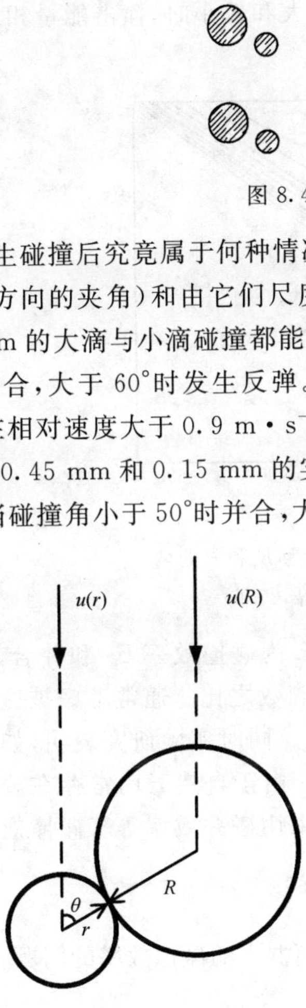

图 8.5　两滴碰撞的相对速度 $u(R)-u(r)$ 与碰撞角 θ

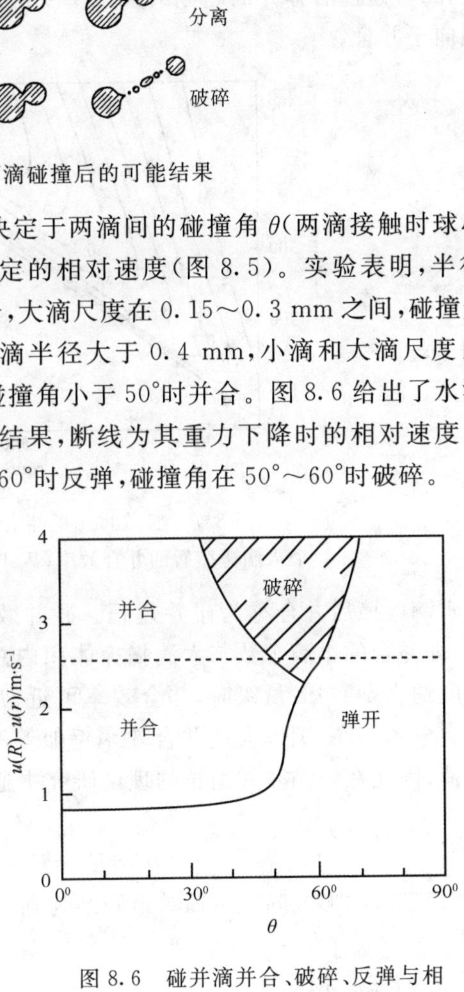

图 8.6　碰并滴并合、破碎、反弹与相对速度、碰撞角的关系（水滴半径各为 0.45 mm 和 0.15 mm；王鹏飞等，1989）

并合的水滴个数与碰撞的水滴个数之比为并合效率(E_2)。对于仅由重力作用引起的大小不同的两个水滴下落碰撞,图 8.7 给出了并合的实验室测量结果。很小的水滴碰撞大水滴时并合效率 E_2 较大。当被收集的云滴大小相对于收集滴增大时,E_2 一开始是减少的,但当云滴和水滴大小接近时,E_2 迅速增大,决定于两滴之间的撞击能量和液滴的表面能。两种能量的相对大小确定了碰撞后收集滴的变形,而收集滴的变形又决定了有多少空气被夹在水滴和云滴之间。当云滴和水滴尺度比值适中时,二者碰撞后弹开的趋势最大。尺度比值较大和较小时,撞击能量相对较小,两滴倾向于并合。

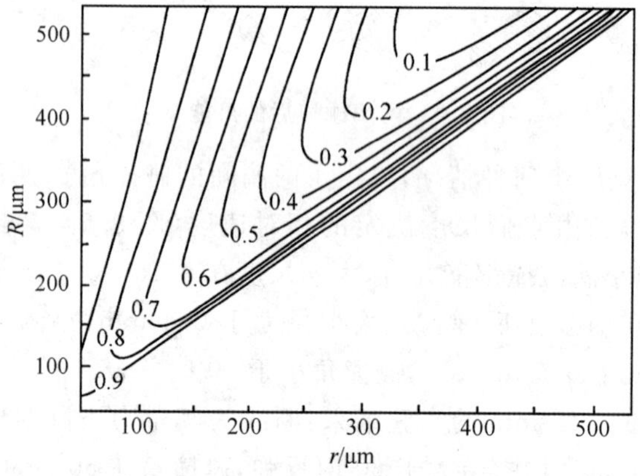

图 8.7　实验得出的半径分别为 R 和 r 的两个水滴碰撞后的并合效率(Wallace 等,2006)

两水滴碰撞后并合称为碰并过程。碰并效率 E 为碰撞效率 E_1 和并合效率 E_2 的乘积,即并合的小滴个数与大滴扫掠体积内总小滴数之比。通常考虑被碰并的小云滴尺度约为 10^1 μm 量级时,并合效率可近似取 1。同时实验研究表明,如果微滴带电或有电场存在,则也会使并合效率近似等于 1。由于自然云内常存在着弱的电场和电荷,因此在微滴碰并增长的理论研究中通常采用碰并效率等于碰撞效率的假设,即

$$E=E_1 \cdot E_2 \approx E_1 \tag{8.2}$$

这样,液相降水的形成问题可简单地归结为确定微滴群中的碰撞效率的问题。

8.2　连续碰并增长

早期讨论重力碰并增长问题时,假设大小和数密度不变的小云滴均匀地充满整个空间,相同尺度的大滴通过此空间时其质量以相同速率增长,此即为重力碰并的连

续增长模式。如图 8.8，设收集滴半径为 R，以末速度 $u(R)$ 下落通过被捕获微滴群。在单位时间内收集滴扫过半径为 r 的微滴群的空间体积是：

$$\pi(R+r)^2[u(R)-u(r)]$$

因此，如果 $n(r)$ 为被捕获云滴的谱分布函数，则单位时间内半径在 r 和 $r+\mathrm{d}r$ 之间被碰并的平均微滴数目是：

$$\pi(R+r)^2[u(R)-u(r)]E(R,r)n(r)\mathrm{d}r=K(R,r)n(r)\mathrm{d}r \tag{8.3}$$

其中 $E(R,r)$ 为碰并效率，当云滴小于 100 μm 时，根据(8.2)式碰并效率近似等于碰撞效率。

图 8.8　云滴连续碰并增长模式的示意图

(8.3)式中右端的 $K(R,r)$ 称为碰并系数，表示单位时间内收集滴扫掠体积内半径在 r 和 $r+\mathrm{d}r$ 之间的云滴被收集滴碰并的个数比例。

对所有尺度的微滴进行积分，可得到收集滴总体积的增加速率

$$\frac{\mathrm{d}v}{\mathrm{d}t}=\int_0^R \pi(R+r)^2[u(R)-u(r)]n(r)E(R,r)\,\frac{4}{3}\pi r^3\,\mathrm{d}r \tag{8.4}$$

用碰并系数 $K(R,r)$ 可将上式表示为

$$\frac{\mathrm{d}v}{\mathrm{d}t}=\int_0^R K(R,r)\,\frac{4}{3}\pi r^3 n(r)\mathrm{d}r \tag{8.5}$$

因此碰并系数也称为碰并核函数。当 $E(R,r)$ 取常数时，(8.5)式两边同时乘以液水密度可得到收集滴质量增长率与半径在 r 和 $r+dr$ 之间的云滴液水含量 $W'(r)$ 之间的关系：

$$\frac{\mathrm{d}m}{\mathrm{d}t}=\int_0^R K(R,r)W'(r)\mathrm{d}r \tag{8.6}$$

将(8.4)式转换为大滴的半径增长率，则有

$$\frac{\mathrm{d}R}{\mathrm{d}t}=\frac{\pi}{3}\int_0^R\left(\frac{R+r}{R}\right)^2[u(R)-u(r)]n(r)E(R,r)r^3\,\mathrm{d}r \tag{8.7}$$

(8.7)式是一般形式，其中考虑了被碰撞微滴的尺度和下落速度。如果微滴比大滴小得多，则在(8.7)式中可取 $u(r)\approx 0$，$R+r\approx R$，从而得到如下的近似式

$$\frac{\mathrm{d}R}{\mathrm{d}t}=\frac{EW}{4\rho_w}u(R) \tag{8.8}$$

其中 E 为微滴群碰并效率的有效平均值，$W=\int_0^R W'(r)\mathrm{d}r$ 为云的液水含量。(8.8)式即为简化了的重力碰并连续增长方程，它是云和降水物理学中的重要方程之一。当 R 增大时，$u(R)$ 随之增大，同时 E 也随 R 的增大而增大(图 8.2)，所以由(8.8)式可知，$\mathrm{d}R/\mathrm{d}t$ 是随 R 的增大而增大的，即水滴碰并增大是一个加速过程(图 8.9)。而且从图中也可以看出，在收集滴半径增大到约 20 μm 以前，碰并增长可忽略不计。

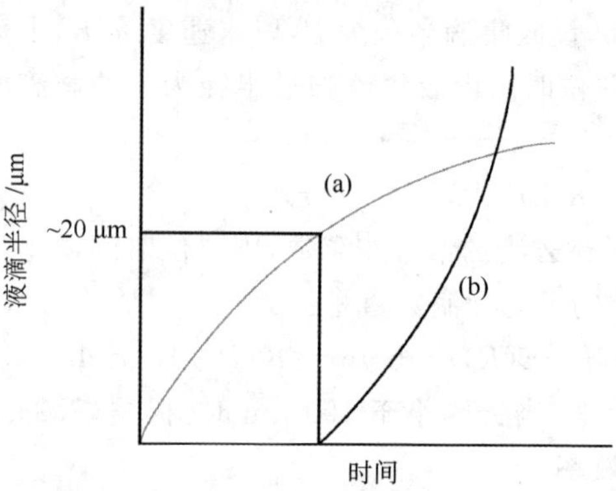

图 8.9 云滴的扩散凝结增长(a)和碰并增长(b)示意图(Wallace 等,2006)

以上讨论中没有考虑垂直上升气流速度,是因为上升速度对大小粒子的作用相同。如果云中有一稳定上升气流,速度为 $w(z)$,则收集滴相对于地面的上升速度为 $[w(z)-u(R)]$,由此可得收集滴半径随高度的变化:

$$\frac{\mathrm{d}R}{\mathrm{d}z}=\frac{\mathrm{d}R}{\mathrm{d}t}\frac{\mathrm{d}t}{\mathrm{d}z}=\frac{\mathrm{d}R}{\mathrm{d}t}\frac{1}{w(z)-u(R)} \tag{8.9}$$

由(8.9)式可以得到大滴半径随高度变化的近似关系为

$$\frac{\mathrm{d}R}{\mathrm{d}z}=\frac{EW}{4\rho_w}\frac{u(R)}{w(z)-u(R)} \tag{8.10}$$

若上升气流很弱,则进一步可得

$$\frac{\mathrm{d}R}{\mathrm{d}z}=-\frac{EW}{4\rho_w} \tag{8.11}$$

在(8.10)式中已假设 $w(z)>u(R)$,如果 w 为常数,因 $u(R)$ 随水滴增大而变大,则 $w-u(R)$ 的值必定由大逐渐变小,最后变零,此时水滴在云中达到最高点。以后水滴再增大时,$w-u(R)$ 就转变为负值,且绝对值也逐渐增大,水滴下落速度增大。对此下落过程,如果相对云底高度 0 以上 z 处收集滴的半径为 $R(z)$,在云底处的收集滴半径为 R_0,对(8.10)式从 0 积分到 z 得

$$\int_0^z W\mathrm{d}z = 4\rho_w\int_{R_0}^{R(z)}\frac{[w-u(z)]}{u(z)E}\mathrm{d}R \tag{8.12}$$

由于假设了 w 不随 z 而变,则由上式可得水滴增长过程中相对云底的高度与水滴大小的关系为

$$z=\frac{4\rho_w}{W}\left[w\int_{R_0}^{R(z)}\frac{\mathrm{d}R}{u(R)E}-\int_{R_0}^{R(z)}\frac{\mathrm{d}R}{E}\right] \tag{8.13}$$

由于已知 E 和 u 为 R 的函数,那么利用(8.13)式就可以确定与已知 $R(z)$ 值相

对应的 z 值，反之可由(8.10)式确定与已知 z 值相对应的 $R(z)$。

Bowen(1950)在讨论降水形成的液相过程时采用了(8.10)式，假设云体由大小均匀的云滴组成，由定常上升气流携带上升，云中初始收集滴由两个云滴随机碰并形成，同时考虑云滴和收集滴的扩散凝结增长。

根据 Bowen 的假设，若收集滴初始半径 $R_0=12.6\ \mu m$，云滴半径 $r=10\ \mu m$，含水量 $W=1\ g\cdot m^{-3}$，所得结果如图 8.10 所示，开始时上升气流携带云滴和收集滴一起上升。不久后，收集滴由于尺度增大而滞后于上升气流和云滴，随后收集滴快速增长。约在45 min左右时收集滴下落末速与上升气流速度平衡而到达最高点，此后收集滴开始加速下落，最终增大为雨滴掉离云底。

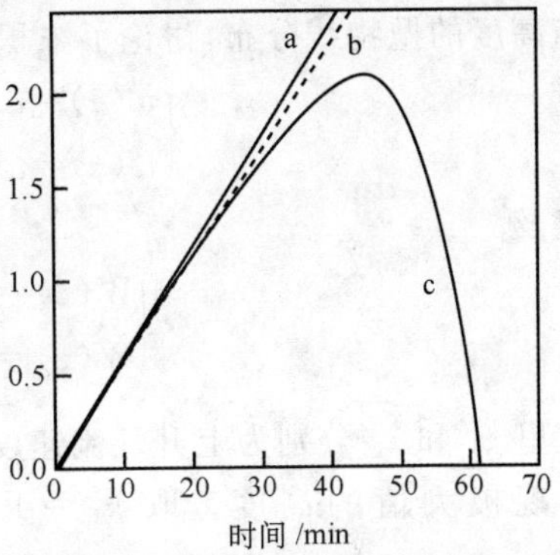

图 8.10　Bowen 模式计算得到的上升气流速度(a)、云滴(b)和收集滴(c)距云底高度随时间的变化(Bowen,1950)

上升气流速度和云含水量是 Bowen 模式中的重要参数。随着上升气流速度的增加，收集滴在开始下落前，可以上升到很高的高度，从而降落到云底时可以达到较大的尺度。对于给定的上升气流速度，当云内含水量增加时，水滴运动的轨迹可能低一些。

为了说明上升气流在 Bowen 模式中的作用，图 8.11 给出不同上升气流速度对碰并增长过程的影响。由图可见，上升气流速度越大，收集滴在云内达到的高度也越大，返回云底时收集滴的尺度也越大，所经历的时间依次减小，曲线 1～5 对应的增长时间分别为 60、62、70、85、116 min。即当水滴很小时，$w>u$，此时(8.13)式右边第一个积分大于第二个积分，于是 z 就随 $R(z)$ 的增大而增大，换言之，水滴在碰并增大时，将被云中上升气流携带上升。最终，当水滴增大到 u 大于 w 的时候，上式括号内的第二个积分就大于第一个积分，z 就随 $R(z)$ 的增大而减小，水滴便在上升气流中下降，并最终通过云底，掉到地面，成为雨滴。因而在深厚的云体中，强大的上升气流可促使降水较早出现。有些较大的水滴可能在下降时破裂，破裂产生的小碎滴，可能被带到云中的上升气流中，同样经历碰并增长，然后降落出云，并可能再破裂重复上述过程。这

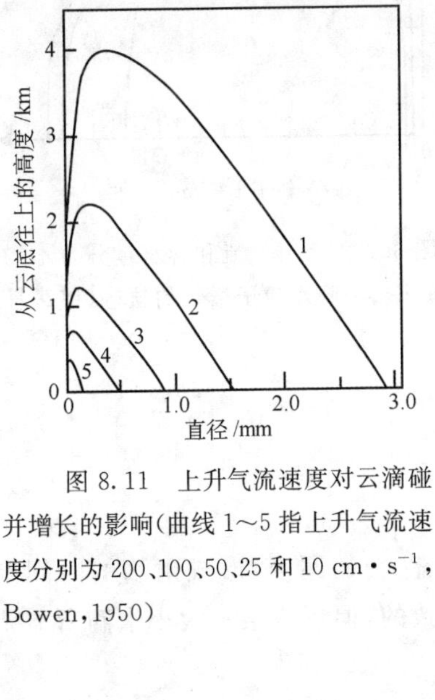

图 8.11　上升气流速度对云滴碰并增长的影响(曲线 1～5 指上升气流速度分别为 200、100、50、25 和 10 cm · s^{-1}，Bowen,1950)

样的连锁反应，往往使降水增强。

在上述模式中，假设上升气流速度和含水量都不随高度变化。但观测结果指出，积云中的上升气流速度和含水量一般在云的中上部出现极大值，可认为其平均廓线随高度呈抛物线分布。赵柏林(1963)用两个线性函数来逼近上升气流速度和含水量随高度的抛物线分布，讨论了浓积云中不均匀垂直分布条件下的碰并增长问题。设

$$\begin{cases} w(z)=az+b, & z\leqslant z_1 \\ w(z)=az_1+b+a_1(z_1-z), & z>z_1 \end{cases} \tag{8.14}$$

以及

$$\begin{cases} W(z)=cz, & z\leqslant z_2 \\ W(z)=cz_2+c_1(z_2-z), & z>z_2 \end{cases} \tag{8.15}$$

这里 z_1 和 z_2 分别为上升气流速度和含水量出现极大值的高度。取 $z_1=1$ km，$z_2=2$ km，$w(z_1)=w_m=8$ m·s^{-1}，$W_m=W(z_2)=2$ g·m^{-3}，云厚为 5.5 km。取双分散性系统，小云滴尺度为 6～8 μm，大滴为 40～60 μm，平均碰并效率为 0.85。经碰并增长，结果如图 8.12 所示。图中曲线 1 和 3 分别表示水滴的上、下廓线，前者指轨迹顶点在云顶部位的云滴降落时增长的迹线，后者指轨迹顶点在最大含水量高度 z_2 处的云滴增长迹线。曲线 2 表示初始半径 $R=50$ μm 的大云滴增长过程。可以看出，轨迹顶点位于含水量极大值区域以上的云滴其出云尺度较大，例如 $R=50$ μm 的初始云滴，出云尺度达 2700 μm。若初始尺度较大，则其上升轨迹达不到含水量极大值以上高度，则出云尺度较小。和均匀分布相比，这种分布有利于在较薄的云层中形成雨滴。

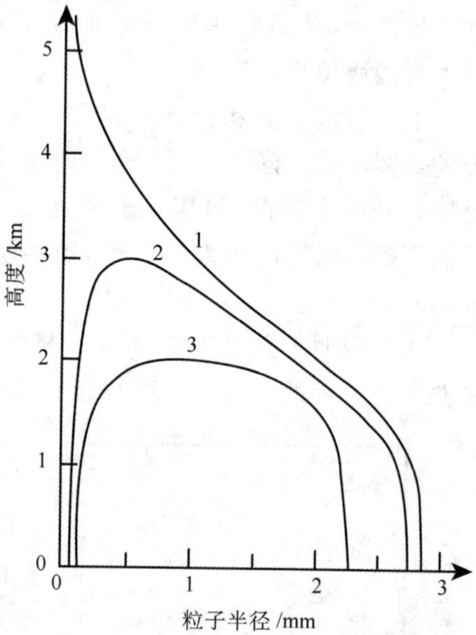

图 8.12　上升气流和含水量分布不均匀的浓积云中降水粒子增长的轨迹(盛裴轩等，2003)

8.3　随机碰并增长

Bowen 连续碰并增长模式建立了云内上升气流、云的厚度、形成雨滴的时间和收集滴尺度之间的关系，在数值上与观测资料是一致的，但形成某一大小水滴所需要

时间的计算值与观测值存在较大差异。计算结果显示，要形成一个半径为 1 mm 左右的降水滴，所需时间大于 1 h。而观测表明，在暖性积状云中，从云开始形成到发展成雨，所需的时间可短到大约 15 min。因此连续碰并增长模式还不能完全解释自然的液相降水过程，其后关于降水的许多研究均集中考虑如何缩短模式中水滴的增长时间。

连续碰并增长模式中，假定收集滴以连续而均一的方式与均匀分布在空间的较小云滴相碰撞。因此，所有大小相同的收集滴，当下落通过一个由相同大小云滴组成的云时，其增长速率相同。但实际云中的碰并过程更为复杂，云滴连续的尺度谱分布必然首先是由扩散凝结增长过程造成，云滴间存在随机碰并（开始时很少），使云滴谱宽增加，谱形向尺度增大的方向拓展，各种尺度的云滴和雨滴都参与碰并，它们既是收集滴，也是被收集滴。

为了导出滴谱随时间拓宽的随机碰并增长方程，令 V 和 v 分别表示半径分别为 R 和 r 的收集滴和云滴的体积，则(8.3)式中的碰并系数可用体积表示为

$$K(V,v)=K\left[\left(\frac{3V}{4\pi}\right)^{1/3},\left(\frac{3v}{4\pi}\right)^{1/3}\right] \tag{8.16}$$

此时碰并系数的意义则为单位时间内两个不同体积（或质量）的粒子发生碰并的概率。现将云滴数浓度的体积谱分布函数表示为 $n(v)$，这样 $n(v)\mathrm{d}v$ 就是云滴体积位于 $v\sim v+\mathrm{d}v$ 之间单位体积空间内的平均云滴数，该数量的云滴在单位时间内与其他云滴产生碰并的总数是

$$\int_0^{\infty}K(v,V)n(v)\mathrm{d}v n(V)\mathrm{d}V=n(v)\mathrm{d}v\int_0^{\infty}K(v,V)n(V)\mathrm{d}V \tag{8.17}$$

该积分中既考虑了 $\mathrm{d}v$ 间隔内所有云滴被更大的云滴($v<V<\infty$)碰并捕获，又同时考虑了 $\mathrm{d}v$ 间隔内所有云滴作为收集滴碰并捕获更小的云滴($0<V<v$)。(8.17)式表示的碰并过程使 $\mathrm{d}v$ 间隔内的云滴数目减少。

另一方面，体积之和在 $v\sim v+\mathrm{d}v$ 之间的任何两个体积小于 v 的云滴碰并后将使 $\mathrm{d}v$ 间隔内的云滴数目增加。单位时间内 $\mathrm{d}v$ 间隔内云滴数浓度的增加为

$$\begin{aligned}&\frac{1}{2}\int_0^{v}K(v-V,V)n(v-V)\mathrm{d}v n(V)\mathrm{d}V\\&=\frac{1}{2}\mathrm{d}v\int_0^{v}K(v-V,V)n(v-V)n(V)\mathrm{d}V\end{aligned} \tag{8.18}$$

其中 1/2 是由于积分中两次计算了每对云滴的碰并。

综合考虑(8.18)式和(8.17)式表示的云滴增加和减少，可得到 $\mathrm{d}v$ 间隔内的云滴数浓度随时间的变化率

$$\frac{\partial n(v,t)\mathrm{d}v}{\mathrm{d}t}=\frac{1}{2}\mathrm{d}v\int_0^v K(v-V,V)n(v-V)n(V)\mathrm{d}V \\ -n(v)\mathrm{d}v\int_0^\infty K(v,V)n(V)\mathrm{d}V \tag{8.19}$$

这种碰并模式的一般性数学表达就是随机碰并方程，也被称为随机碰并的动力学方程或并合方程。

随机碰并方程是一个积分微分方程，它的解为 $n(v,t)$，即 t 时刻的滴谱。因此，雨的形成与其说是收集滴群的增长，不如说是整个微滴滴谱的演变。$n(v,t)$ 是由给定的初始分布 $n(v,0)$ 通过碰并发展起来的，由于实际云中碰并过程具有随机性，对于给定的 $n(v,0)$ 应该得到 $n(v,t)$ 的一个完整解集，解集中的每一个解 $n_i(v,t)$ 代表真实碰并过程的一种情况。Gillespie(1975)指出，在合理的假设条件下，$n(v,t)$ 的脉动服从 Poisson 分布。(8.19)式给出的确定性解相当于完整解集的平均值。

由以上讨论可知，云滴间的碰并是一种个别事件，这种事件在时间和空间上呈统计分布。在具体讨论云滴谱碰并增宽时，通常采用三种方式处理碰并系数(Gillespie,1975)，Young(1975)给出了三种碰并模式的示意图(图 8.13)。

(1)连续碰并

以单个大滴为讨论对象，碰并系数表示大滴碰并小滴的个数比。一方面把云滴群以含水量的形式作为连续整体考虑，另一方面不考虑个别碰并事件，大滴连续增长。具有相同尺度的大滴碰并小滴的机会均等、同步增长。

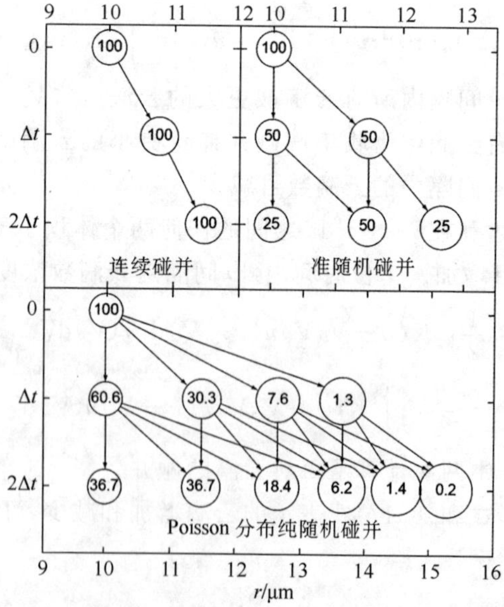

图 8.13 连续碰并和随机碰撞使云滴谱拓宽的示意图(Young,1975)

(2)准随机碰并

每次碰并总有一定比例的大水滴具有较大的碰并小水滴的概率，该大水滴比例即为碰并系数。准随机碰并得到的结果是一个给定的时间和空间范围内确定的滴谱分布。

在图 8.13 中，假设在初始时刻 t 有 100 个具有相同体积 V_1 的大云滴在云中同时下落，由于所经历的环境的差异，并非所有大滴都有相同的碰撞概率。设碰撞概率为 50%，经过 Δt 时间后，这 100 个大滴将会分成两组，个数均为 50 个。一组的体积为 V_1+V_2，这里 V_2 为小滴体积；另一组体积仍保持 V_1。在时刻 $2\Delta t$，即第二次碰撞后，体积为 V_1+V_2 的 50 个滴中有 25 个体积变为 V_1+2V_2，另 25 个仍保持体积 V_1+V_2，而另一组体积为 V_1 的 50 个滴中，其中又有 25 个体积变为 V_1+V_2，而剩余的 25 个体积仍为 V_1。到这时，原来体积为 V_1 的 100 个云滴分成了三组，体积为 V_1+2V_2 的 25 个，体积为 V_1+V_2 的 50 个和体积仍为 V_1 的 25 个，依此类推，云滴大小差异不断增大，碰并过程进一步加速发展。

图 8.14 给出云滴谱通过准随机碰并增长过程演变的模拟结果(Berry 等，1974)。图中初始滴谱用修正 Γ 函数给出，由于随机碰并，云滴谱加速拓宽，10 min 后出现半径超过 100 μm 的水滴，使模拟的降水形成时间与发展较快的自然降水过程基本一致。准随机碰并和纯随机碰并模型均是以云滴个体为出发点来讨论碰并过程。一般说来，随机碰并的随机性越大，则生成一定程度较大水滴所需时间就越短。

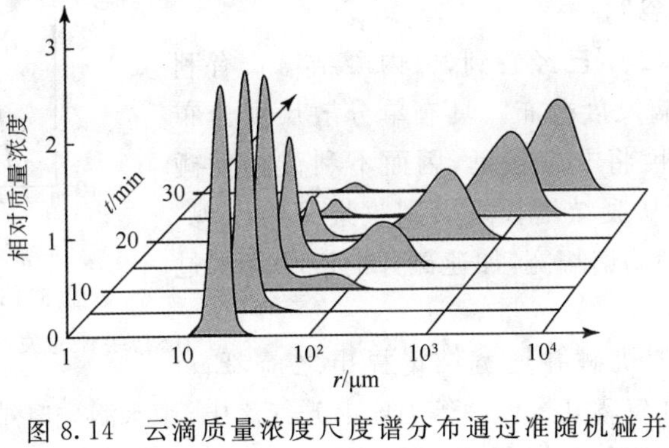

图 8.14　云滴质量浓度尺度谱分布通过准随机碰并过程的演变(Berry 等，1974)

(3)纯随机碰并

其限制条件很少，不仅大水滴优先增大的比例每次不同，而且环境空气中含水量、云滴数密度、上升气流速度等均有随机起伏，碰并系数则为任何两个水滴碰并的概率。纯随机碰并需要借助统计理论进行研究，这样得到的则是给定的时间和空间范围内滴谱的随机脉动。

显然，随机碰并模式与连续碰并相比，可以在较短时间内产生一小批大滴，使得由凝结产生的窄云滴谱很快拓宽。这种随机增长机制在收集滴尺度比较小的时候效果将特别明显。连续增长模式算出的雨滴增长时间比实际云发展的时间要长，其时间主要花费在收集滴尺度较小的时候。这种快速出现的少数大滴对雨滴的形成起着关键作用。鉴于此，在云的数值模式研究中，常把水滴碰并增长分成两个部分，即基于考虑云滴增长演变出一部分初始雨滴，而后由初始雨滴再继续通过重力碰并连续增长最后生成雨滴。通常把前一部分称作由云水至雨水的“自动转化过程”。

随机碰并的概念很重要，它不仅说明了凝结增长产生的均匀云滴尺度谱拓宽的一种机制，而且也揭示了为何云中有一小部分云滴的碰并增长比其他云滴快得多的原因。

8.4　云滴凝结增长向碰并增长的过渡

与碰并增长过程相比较，扩散凝结增长的半径增长是一个减速的过程。图 8.15 再次表明了水滴增长的这种特点。可以看到，对小云滴而言，最初以凝结增长为主，当云滴半径趋近于约 10 μm 时，其凝结增长速度很小，在半径处于 15～20 μm 附近时，水滴的增长处于“增长低谷”。

此外，从图 7.2 中已经看到，云内凝结增长有利于产生单分散云滴尺度分布。具有单分散尺度分布的云滴的下降速度将非常接近，因而不利于相互碰撞。因此，人们对从凝结增长发展到收集滴的出现，并进而产生雨滴使滴谱拓宽，加速碰并的液相降水过程非常感兴趣。

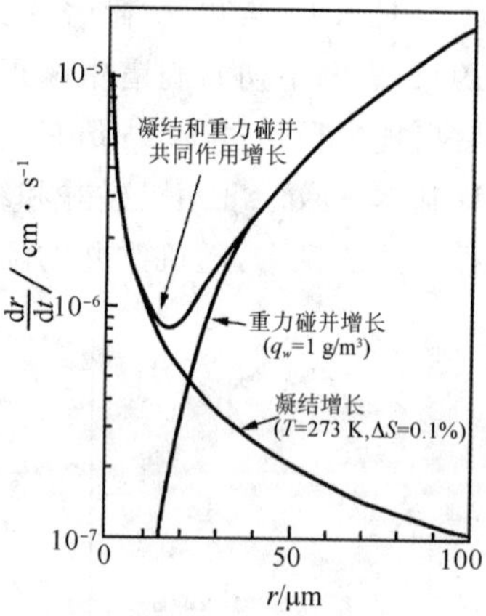

图 8.15　云滴半径增长率与半径的关系(盛裴轩等,2003)

早在云滴谱随机碰并增宽结论提出之前，East (1957)就计算了在每秒几米的中等强度上升气流中，小水滴先凝结增大，后碰并增大的问题。发现在较短的时间内，就可形成降水粒子尺度的水滴。他的贡献在于指出，使滴谱变窄的凝结过程，具有加速碰并过程的作用。滴谱的凝结变窄，原因是小水滴半径增大快于大水滴。在小水滴增长时，一方面因绕流减弱及惯性增强，小水滴的碰撞效率的增大远快于大水滴(图 8.3)，从而加速了碰并过程。另一方面，碰并过程还与大小水滴之间的相对速度有关。设有任意两种不同起始半径的水滴，由(7.24)式可近似得到 $r^2-r_0^2\approx$常数$\times t$，即扩散增长过程中两种水滴半径的平方之间的差值保持不变。对于小于 40 μm 的云滴来说，下落末速度服从 Stokes 定律，所以这两种水滴的相对速度在滴谱变窄过程中不会明显减小。因此，凝结使滴谱变窄的净效应是加速碰并过程。

Young(1974)从凝结核的活化谱出发，更准确地计算了上升气块中通过凝结和随机碰并作用所产生的滴谱发展，特别注意过饱和度这一因素。图 8.16 给出了他的计算结果，其初始温度和凝结核群采用标准海洋性云。可以看到，空气上升的最初 15 min 内没有碰并增长，微滴浓度保持不变，此时的凝结作用为其后的碰并增长奠定基础。一旦碰并过程开始，便能加速进行，水滴数急剧减少，同时过饱和度明显增加。这是因为水滴数减少后，水滴的总凝结表面必然减少，于是上升空气因绝热膨胀冷却所造成的多余的水汽就没有充分的凝结表面进行凝结，致使过饱和度的急增。增加过饱和度能激活新的凝结核，从而引起水滴数的增加，造成一个小的峰值。但这仅仅是短暂的效应，因为碰并增长又迅速地碰并了新形成的微滴。

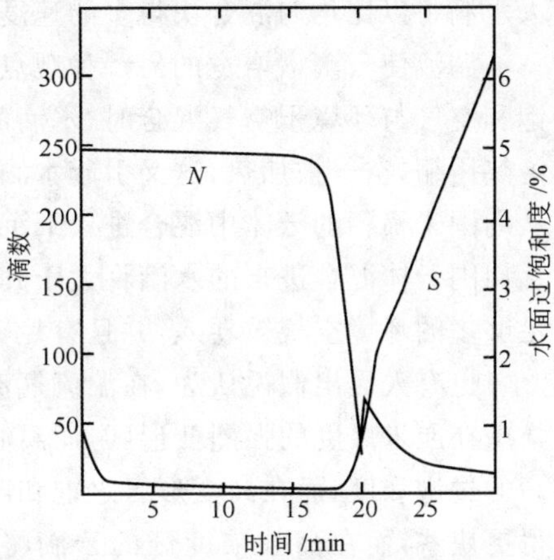

图 8.16　云块内微滴浓度 N 和过饱和度 S 随时间的变化(转引自王鹏飞等，1989)

除了随机碰并，目前对于凝结增长向碰并增长过渡，也就是引发碰并过程的初始较大水滴的由来问题，还提出了如下可能机制。

(1)巨核的作用

含有巨型云凝结核(GCCN，半径大于约 3 μm 的可湿性质粒)的气溶胶粒子可作为形成收集滴的胚胎，从而促进降水的启动(Yin 等，2000)。例如，每升空气中增加一个 GCCN(大约在百万个质粒中有一个是 GCCN)就能够解释降水粒子的形成，甚至在大陆性云中也是如此。浓度为 10^{-1}～10 L^{-1} 的 GCCN 就能够使一个云滴数浓度为 50～250 cm^{-3} 的非降水性层积云转化为降水云。对含有较低浓度 CCN 的海洋性层积云，毛毛雨滴大小的粒子总会形成，因而增加 GCCN(例如来自海盐)对促进降水形成的作用不大。对于受到污染的对流云，模式计算表明，降水在 CCN 浓度约为 1700 cm^{-3} 和 GCCN 浓度为 20 L^{-1} 的云中比在 CCN 浓度约为 1000 cm^{-3} 且没有 GCCN 的云中更容易产生。

(2)湍流的影响

湍流一方面通过产生过饱和度扰动促进凝结增长，另一方面通过增加碰撞效率和并合效率来影响云滴的碰并增长。在包括湍流及有关过饱和度扰动的的情形下，简单均匀混合模式计算的云滴尺度分布仅有微小的谱宽。然而，如果混合是非均匀的，即一些未饱和的小空气团与接近饱和的小空气团混合，将导致包括所有尺度的某些云滴完全蒸发，云滴总体浓度将减小，而由于局地过饱和度的增加，空气团中的最大水滴将以比均匀混合快得多的速度增长。

湍流使云滴谱增宽的另一种观点与云中的上升和下沉运动有关。当云顶附近的饱和空气与环境干空气混合时，水滴的蒸发导致空气冷却下沉。在下沉过程中，由于绝热压缩，空气被加热，这又引起水滴的进一步蒸发。与此同时，较大的水滴有可能从周围未稀释的云体中混合进入下沉气流中。当下沉运动转换为上升运动时，新近从周围云体混合进来的水滴将大于其他水滴，并且在上升过程中继续增长。如果有足够多的环境空气被卷入，并且有足够多的垂直运动转换，就可能产生较宽的滴谱。

也有人提出假说认为，在湍流气流中，云中的云滴不是随机分散的，相反，云滴被集中在厘米尺度的强烈变形区，而离心力的作用使其远离高涡度区。高涡度区拥有高的过饱和度，而在高变形区过饱和度较低。在数浓度较低区的云滴，将会凝结增长得更快些，而在高数浓度区的云滴将会凝结增长得慢些。这将导致云滴尺度谱的增宽。

在湍流空气中，云滴被加速，因而能够比在层流中更容易穿过流线，这将有利于增加碰撞效率。湍流也可引起云滴下落速度和水平运动扰动，因此加速碰并增长。由于对云中小尺度湍流（<1 cm）理解甚少，所以还很难定量描述湍流对水滴碰并增长的可能影响。

(3)辐射增宽

一个云滴在凝结增长过程中，温度将比环境空气高。因此，该云滴通过长波辐射失去热量。从而云滴表面饱和水汽压将会降低，云滴的增长速率则会比忽略辐射时快。通过辐射失去的热量与云滴的截面积成正比，因此云滴越大，辐射效应越强，这将促进潜在收集滴的增长。位于云顶附近的水滴可直接把能量向上辐射到太空，其辐射失热、增长加快的效应也相应较大。

8.5 雨滴的繁生

对于降水的研究，不仅要解决前面讨论的水滴在云中尺度增大的问题，还要解决水滴数密度增加的问题，特别是观测发现随着高度的降低，降水质粒的数密度增大。这就需要研究空中水滴的繁生机制。

雨滴繁生主要途径一是雨滴在空中变形而破裂，二是雨滴在空中因互相碰撞而溅散。

8.5.1　变形破裂繁生

在 5.4.1 节中已初步讨论了雨滴形状随雨滴尺度增大的变化，对于很大的雨滴（D=8～9 mm），其下落速度快，由于空气动力学作用引起水滴内部环流，在水滴下边的迎气流面形成凹陷并不断增大（图 8.17）。当雨滴达到某一临界尺度后，凹入区由于入流空气的作用而会爆发性的加深，很快发展为一个扩大的口朝下的袋形。此袋的袋口边缘就成为一个由大部分水体构成的粗环。袋壁受到入流空气的继续进入而不断变薄，流体不稳定性增大。不久入流空气将袋壁穿破，在表面张力作用下形成较多小水滴，而袋口水环则在表面张力作用下变成数目较少的较大水滴，该过程称为雨滴的"口袋式胀破"（bag breakup）机制，又称变形破碎。

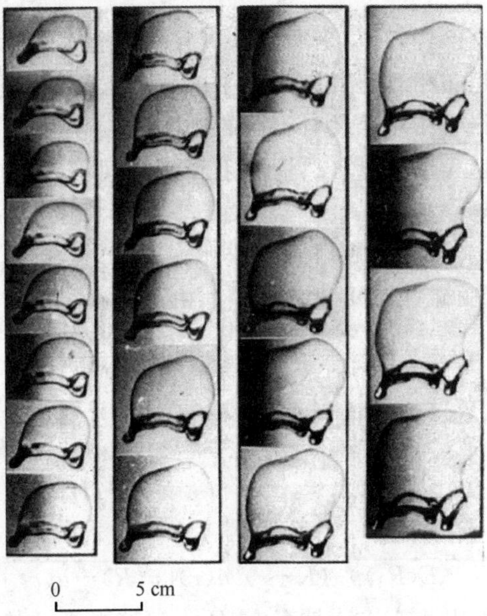

图 8.17　"口袋式胀破"机制发展过程的高速摄影照片序列（自左上至右下；Wallace 等，2006）

当作用于水滴上的阻曳应力大于表面张力应力时，造成破裂的不稳定性就表现出来，因此可用此两种应力相等来简单确定变形破碎前水滴的最大尺度。水滴表面单位面积的阻曳应力和表面张力应力分别为：

$$F_{\mathrm{d}}=\frac{1}{2}C_{\mathrm{d}}\rho_a u_{\infty}^2 \tag{8.20}$$

$$F_t=\frac{4\sigma}{D} \tag{8.21}$$

其中 C_d 为阻曳力系数，ρ_a 为空气密度，u_∞ 为水滴下落末速度，σ 为表面张力。如果以上 4 个变量分别取值为 0.85、1 $kg \cdot m^{-3}$、9 $m \cdot s^{-1}$、7.6×10^{-2} $J \cdot m^{-2}$，则可得变形破碎前水滴的最大尺度为：

$$D_{max} = \frac{8\sigma}{C_d \rho_a u_\infty^2} = 8.8 \times 10^{-3} \text{ m} \tag{8.22}$$

即变形破碎前水滴可达 8～9 mm，而最近的理论和实验还证实了大到 10 mm 的水滴可在空中存在。在自然界降水中，水滴直径一般很少大于 2～3 mm，说明在自然界，雨滴的繁生并不是主要由孤立水滴受气流影响变形所致，更主要的原因是空中水滴有互相碰撞的现象。

8.5.2 互撞破碎繁生

从 8.1.2 节的讨论已经知道，当两个水滴互相碰撞时，可发生并合、破碎、弹开等结果。总的看来破碎是在相对速度大时产生的，而且过大或过小的碰撞角都不能造成水滴破碎。破碎的临界相对速度对不同的碰撞角是不同的，相对速度越大，则产生破碎的碰撞角范围也越大。所以自然情况下云滴之间不易碰撞破碎，而雨滴由于尺度大，易发生碰撞破碎。

如果在 Δt 时间内能被大水滴碰并的小水滴数为 n_1，则单个小水滴被大水滴碰并所需的时间，称为自由碰并时间 $\tau = \Delta t / n_1$。由连续碰并增长模式有：

$$\tau = \frac{1}{E(R,r)\pi(R+r)^2 n(r)[u(R)-u(r)]} \tag{8.23}$$

令 L 表示碰并自由程，在此距离内大水滴不与任何小水滴相碰。

$$L = u(R)\tau \tag{8.24}$$

则：

$$L = \frac{u(R)}{E(R,r)\pi(R+r)^2 n(r)[u(R)-u(r)]} \tag{8.25}$$

List 等(1970)曾利用此式估计具有 M-P 分布的雨滴谱的碰撞情况。得出的结论是，一个半径为 1.5 mm 的大水滴与半径大于 0.5 mm 的小水滴相碰，1)当降水强度为中等(5 $mm \cdot h^{-1}$)时，则碰撞自由程 $L = 750$ m；2)当降水强度达暴雨程度(60 $mm \cdot h^{-1}$)时，$L = 180$ m；3)当降水属特大暴雨程度(500 $mm \cdot h^{-1}$)时，$L = 65$ m。因为半径为 1.5 mm 的大水滴，其下降末速达 8 $m \cdot s^{-1}$，它从 1 km 左右的云底高度掉到地面约需要 120 s 以上，这已大大超过自由碰并时间(由(8.24)式计算的自由碰并时间分别为 93.75、22.5、8.125 s)。从碰撞自由程看，以上计算得到的 L 均小于 1 km 的云底高度。所以这样大小的两个雨滴在下落过程中必然会发生碰撞。

两个雨滴的碰撞破碎概率随两个雨滴尺度的理论变化结果由图 8.18 给出。对固定大小的较大雨滴，破碎的概率一开始随着较小雨滴尺度的增加而增大，但当较小雨滴尺度接近于较大雨滴时，由于碰撞的动能较小，破碎的概率减小。

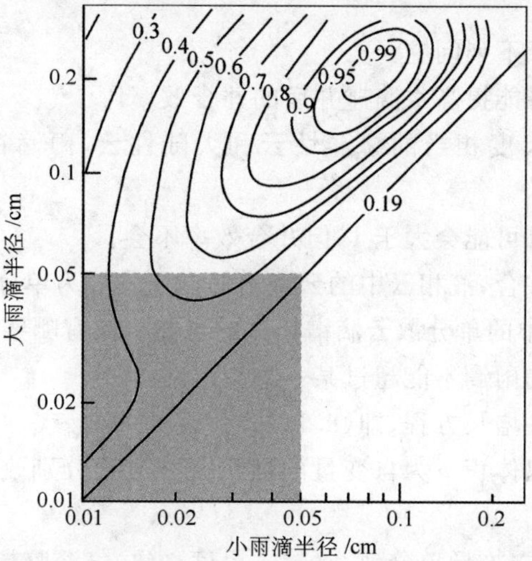

图 8.18　两个雨滴的碰撞破碎比例的经验结果
（阴影区代表图 8.7 表示的区域；Low 等，1982）

雨滴的尺度谱分布所反映的是雨滴增长的各个物理过程及变形和碰撞破碎的综合结果，其中碰撞破碎在建立 M-P 指数谱分布的某一段十分重要。根据 List 等(1976)对随机碰并及碰撞破碎的研究，凡是水滴直径大于 2～3 mm 的，如果掉到具有不同尺度小水滴的云中，只要很短时间（如雨强为 100 mm · h^{-1}，则只要 1～5 min）就可破碎，因此只要下落很短距离，雨滴谱的分布就会明显改变。他们还指出，如果原始滴谱为 M-P 分布，则在碰并和碰撞破碎后，就会呈“指数型”。而且最后的水滴总数密度由于破碎比原始 M-P 分布时的水滴总数密度要大。

因此，对于液相降水过程，由于碰撞破碎的作用，雨滴直径一般截止于 2～3 mm 以下。在冷云降水中，因为其中包含有冰雪晶，则可出现直径大于 3 mm 的雨滴。这是因为若此时大气中融化层高度较接近地面，大雪团融化后，互碰破裂的自由程已大于它到达地面的距离，就不会因碰撞而破碎了。

雨滴的繁生是动态的不断发生的过程，即所谓连锁繁生(Chain reaction)，或称多次繁生(Langmuir，1948)。一个水滴繁生出许多小水滴后，如果云能够较长时间稳定维持，这些小水滴又可被上升气流（w>10 m · s^{-1}）托升增大，成为雨滴下降，在下降中又可再度破裂繁生，形成更多的雨滴，使降水质粒很快增多。

习　题

(1)试回答或解释下列问题：

1)电场的存在能提高水滴碰并后的并合效率。

2)对于宏观尺度相当的海洋性云和大陆性云，雨滴在海洋性云中更容易形成。

3)碰撞效率有可能会大于1，但并合效率不会。

4)如果没有并合，液相云中的云滴谱倾向于发展为单分散。

5)第4)小题中的单分散云滴谱拓宽的可能机制有哪些？

6)到达地面的雨滴不能超过某一临界尺寸。

(2)推导连续碰并增长方程，即(8.11)式。

(3)将(8.19)式以体积 v 为自变量的随机碰并方程分别改写为以半径 r 和质量 m 为自变量的形式。

(4)利用(8.17)式，推导单分散系(粒子尺度一致)气溶胶粒子由于聚并作用造成的数浓度 N 的减少率(dN/dt)。若在1个标准大气压、20℃时，对于直径0.1 μm的粒子，碰并系数 $K=1.4\times10^{-15}\ \mathrm{m^3\cdot s^{-1}}$。求所给条件下初始浓度为 $1.0\times10^{11}\ \mathrm{m^{-3}}$ 的单分散气溶胶系统浓度因聚并减少到初始浓度1/2所需要的时间。(参考答案：1.98 h)

(5)一个半径为 r_0 的水滴进入云底，与云滴的碰并效率为常数。它在云中先上升，然后下降，当它返回云底时，半径已增大为 R，试证明 R 仅为 r_0 和云中上升气流速度 w(假定也是常数)的函数。

(6)设云内含水量为 $1\ \mathrm{g\cdot m^{-3}}$，大云滴初始半径为10 μm，求大云滴在连续重力碰并过程中，半径增长至50 μm和自50 μm增长到100 μm所经过的路程和时间各是多少？取碰并效率0.8，气流上升速度为 $2\ \mathrm{m\cdot s^{-1}}$，不计小云滴的下落速度。(参考答案：56.02 min，−6522.7 m；4.33 min，−616.4 m)

(7)地形云厚2 km，其中具有 $0.5\ \mathrm{g\cdot m^{-3}}$ 的均匀液水含量。设有半径为0.1 mm的水滴在云顶开始下落穿过云体。忽略凝结增长，采用连续碰并增长模式，设碰并效率等于1。

1)忽略云中空气的垂直运动，求水滴掉出云底时的大小。

2)求水滴下落通过云体所需的时间。

3)若考虑地形云是由空气沿坡地缓慢爬升运动造成，设稳定上升气流速度是 $20\ \mathrm{cm\cdot s^{-1}}$。求考虑了这种上升运动后水滴掉出云底时的大小。

(参考答案：1)半径0.35 mm；2)20.9 min；3)半径0.38 mm)

(8)云含水量从云底的 $1\ \mathrm{g\cdot m^{-3}}$ 线性增加至云顶的 $3\ \mathrm{g\cdot m^{-3}}$，云厚2 km。一半

径为 50 μm 的水滴从云顶处降落。

1)设空气静止,平均碰并效率为 0.8。求到达云底时的水滴的大小和所需要的时间。

2)设云底高 1 km,云下相对湿度 $f=80\%$,云内和云下温度平均为 273 K。求水滴到达地面时的大小。不计通风效应。

(9)纯水滴半径为 50 μm,云内过饱和度为 0.001,含水量为 1 g · m^{-3},气温为 273 K,重力碰并效率取为 0.8,求水滴半径的凝结增长速率$(dr/dt)_c$和重力碰并增长速率$(dr/dt)_g$,比较其大小。再以水滴半径为 20 μm 重复上述计算并比较。

(10)浓积云内有一个毛毛雨滴向上运动,在过饱和的环境中通过碰并和凝结双重作用增长。设过饱和度定常,毛毛雨滴和云滴之间的相对速度近似用 $u=kr$ 表示。试推导并求解描述该水滴同时因碰并和凝结两者共同作用而增长的微分方程。并将所得增长方程的解与单独碰并增长方程和单独凝结增长方程的解加在一起所得的近似结果进行比较。

参考文献

梅森(Mason B J),中国科学院大气物理研究所译. 1978. 云物理学. 北京:科学出版社, 677 pp.

盛裴轩, 毛节泰, 李建国, 张霭琛, 桑建国, 潘乃先. 2003. 大气物理学. 北京:北京大学出版社, 522 pp.

王鹏飞, 李子华. 1989. 微观云物理学. 北京:气象出版社, 486 pp.

Beard K V, and Ochs H T. III. 1984. Collection and coalescence efficiencies for accretion. *Journal of Geophysical Research*, **89**:7165-7169.

Berry E X, and Reinhardt R L. 1974. An analysis of cloud drop growth by collection Part II. Single initial distributions. *Journal of the Atmospheric Sciences*, **31**:1825-1831.

Bowen E. 1950. The fomation of rain by coalescence. *Australian Journal of Chemistry*, **3**: 193-213.

Braham R R. 1964. What is the role of ice in summer rain-showers? *Journal of the Atmospheric Sciences*, **21**:640-645.

East T W R. 1957. An inherent precipitation mechanism in cumulus clouds. *Quarterly Journal of the Royal Meteorological Society*, **83**:61-76.

Gillespie D T. 1975. Three models for the coalescence growth of cloud drops. *Journal of the Atmospheric Sciences*, **32**:600-607.

Klett J D, and Davis M H. 1973. Theoretical collision efficiencies of cloud droplets at small Reynolds numbers. *Journal of the Atmospheric Sciences*, **30**:107-117.

Langmuir I. 1948. The production of rain by a chain reaction in cumulus clouds at temperatures above freezing. *Journal of the Atmospheric Sciences*, **5**:175-192.

List R, MacNeil C F, and McTaggart-Cowan J D. 1970. Laboratory investigations of temporary collisions of raindrops. *Journal of Geophysical Research*, **75**:7573-7580.

List R, and Gillespie J R. 1976. Evolution of raindrop spectra with collision-induced breakup. *Journal of the Atmospheric Sciences*, **33**:2007-2013.

Wallace J M and Hobbs P V. 2006. *Atmospheric Science: An Introductory Survey*. 2nd ed. International Geophysics Series, Elsevier Academic Press, 483 pp.

Yin Y, Levin Z, Reisin T G, and Tzivion S. 2000. The effects of giant condensation nuclei on the development of precipitation in convective clouds: a numerical study. *Atmospheric Research*. **53**:91-116.

Young K C. 1974. The evolution of drop spectra through condensation, coalescence and breakup. Preprints, *Conf. on Cloud Physics*, *Amer. Meteor. Soc.*, 95-98.

Young K C. 1975. The evolution of drop spectra due to condensation, coalescence and breakup. *Journal of the Atmospheric Sciences*, **32**:965-973.

第 9 章　冰相降水形成理论

对降雪样品的观测发现，雪花常常是由许多个冰晶粘连在一起的聚合物。在雪晶表面上，也常常观测到许多冻结的小水滴。这说明冰晶通过异质核化或同质核化过程形成后，除了通过扩散凝华增长外，还有聚并和淞附两种增长机制。聚并增长是冰晶相互碰撞后结合形成雪花或雪团的过程，淞附增长指冰质粒碰并收集过冷水滴，是形成淞晶、霰和雹的微物理机制。聚并和淞附均属于碰并增长，与液相云中的碰并增长类似。此外，液滴下落经过温度低于 0℃的气层可冻结，形成冻滴。

由于冰晶具有各种不同的形状，所以冰晶和过冷水滴，以及冰晶之间的碰撞效率的计算较之水滴间碰撞效率的计算更为复杂。

9.1　淞附增长——霰的形成

一旦冰晶尺度变得足够大，它们在过冷却云滴群中下落时可与云滴发生碰并。因为冰可看成是一种“理想的接触冻结核”，当过冷却云滴接触到冰晶表面时，云滴迅速冻结。过冷却云滴在冰晶表面不断冻结沉积称为淞附增长过程。

9.1.1　冰晶与云滴的碰撞效率

(8.1)式所描述的液滴碰撞效率是基于球形收集滴得到的。现以图 9.1 中 y 轴长为 L 的圆柱形冰晶为例，y 轴与下落方向垂直，由于圆柱形冰晶下落产生的流场在水平方向不均匀，导致 $y_{c,1}$ 与 $y_{c,2}$ 不相等，所以不能直接应用(8.1)式表示碰撞效率。因此从碰撞效率的基本定义出发，将非球形冰晶的碰撞效率更加一般化地表示为

$$E_1 = V/V_0 \tag{9.1}$$

其中 V_0 为收集冰晶粒子单位时间下落扫掠的几何体积，V 为 V_0 中小云滴能与冰晶有效碰撞的体积。对于图 9.1，$V_0=2RL(V_i-V_r)$，其中 V_i 和 V_r 分别为冰晶和云滴的下落末速度。对于球形和无限长圆柱形收集粒子，(9.1)式即为(8.1)式。

已知冰晶晶格呈六角棱柱状，冰晶凝华增长或沿底面方向优势生长而成为柱状，

沿侧面方向生长成为片状，或沿棱边方向生长则成为平面辐枝状。作为典型情况，将冰晶和过冷水滴之间的碰撞分为三种情况进行讨论，即片状冰晶与过冷却水滴之间的碰撞、平面辐枝状冰晶与过冷却水滴之间的碰撞和柱状冰晶与过冷却水滴之间的碰撞。

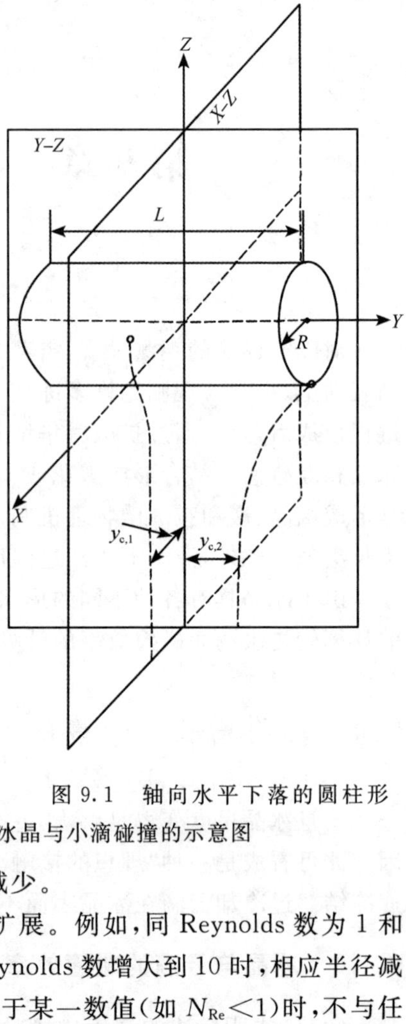

图 9.1 轴向水平下落的圆柱形冰晶与小滴碰撞的示意图

9.1.1.1 片状冰晶与云滴的碰撞效率

图 9.2 给出了不同 Reynolds 数或大小的片状冰晶与水滴之间的碰撞效率。可以看到，对于某一 Reynolds 数或大小的片状冰晶，可碰撞的过冷却水滴被限制在一定的大小范围内，在此范围以外的过冷水滴与冰晶的碰撞效率为零。当冰晶的 Reynolds 数或尺度一定时，非常小的水滴碰撞效率很小，这是过小水滴因惯性小而随气流绕片状冰晶作绕流运动的结果。例如 Reynolds 数为 1 和 2 的小冰晶，与半径小于 9 μm 的水滴的碰撞效率低于 10^{-4}。若小水滴过大，一方面因水滴下落末速度增大，并逐渐与冰晶下落末速度接近；另一方面因片状冰晶密度较小，水滴向冰晶靠近时，片状冰晶会飘浮，并随水滴周围的流场绕流，从而使碰撞效率迅速减少。

随着冰晶尺度的增大，可碰水滴范围向两侧扩展。例如，同 Reynolds 数为 1 和 2 的小冰晶碰撞的水滴半径不能小于 9 μm，当 Reynolds 数增大到 10 时，相应半径减小到 5 μm 左右。当冰晶的 Reynolds 数或尺度小于某一数值(如 $N_{Re}<1$)时，不与任何水滴发生碰撞，这与观测结果相当一致。同样是由于冰晶的尺度过小，二者相碰时冰晶会绕过水滴。还有，对于一定大小的水滴来说，碰撞效率随着冰晶的 Reynolds 数或尺度增大而增大。

当扁椭球体与圆盘具有相同的轴比时，其流体动力学效应相似。因而，扁椭球冰晶和过冷水滴之间的碰撞效率可近似等同于轴比相同的片状冰晶与过冷水滴之间的碰撞效率。

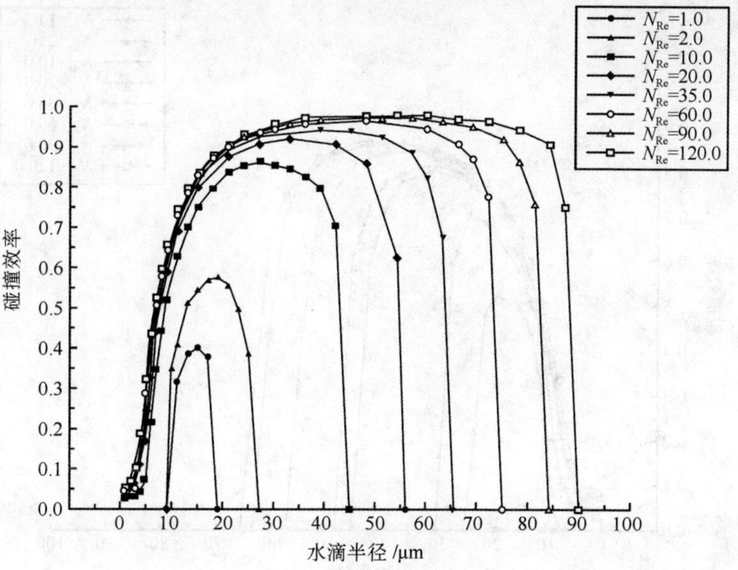

图 9.2　片状冰晶与过冷水滴的理论碰撞效率(各曲线最右端的点为外推;Wang,2002)

9.1.1.2　平面辐枝状冰晶与云滴的碰撞效率

图 9.3 给出了平面辐枝状冰晶与过冷水滴的碰撞效率,基本特征类似于图 9.2。但对于相同 Reynolds 数,平面辐枝状冰晶与过冷水滴的碰撞效率总体上小于图 9.2 中片状冰晶与过冷水滴的碰撞效率。对较大 Reynolds 数的大冰晶,片状冰晶的碰撞效率可接近 1.0,而平面辐枝状冰晶的最大碰撞效率约为 0.9,可能是由于一部分水滴经过平面辐枝状冰晶边缘较大的缺口而不能碰撞所造成。另外,图 9.3 中与高碰撞效率对应的水滴尺度范围也比图 9.2 中相同 Reynolds 数条件下的水滴尺度范围窄很多,这可能是因为同 Reynolds 数情况下平面辐枝状冰晶下落末速度小于片状冰晶,造成平面辐枝状冰晶比片状冰晶更易绕过大水滴。

随着辐枝状冰晶上枝叉增多,其外缘缺口面积更大,根据以上分析可以推断其与水滴的碰撞效率应与图 9.3 的结果近似相等或者更小。但另一方面,很多小的冰晶枝叉占据外缘缺口又有助于提高碰撞效率。

9.1.1.3　柱状冰晶与云滴的碰撞效率

柱状冰晶与水滴的碰撞效率计算结果如图 9.4 所示,总体上与图 9.2 较为相似,两图中 Reynolds 数的差异是由于图 9.4 的 Reynolds 数由柱状冰晶的半径求得,若柱状冰晶的 Reynolds 数采用长度计算则两图中的 Reynolds 数在数值上就较为一致了。

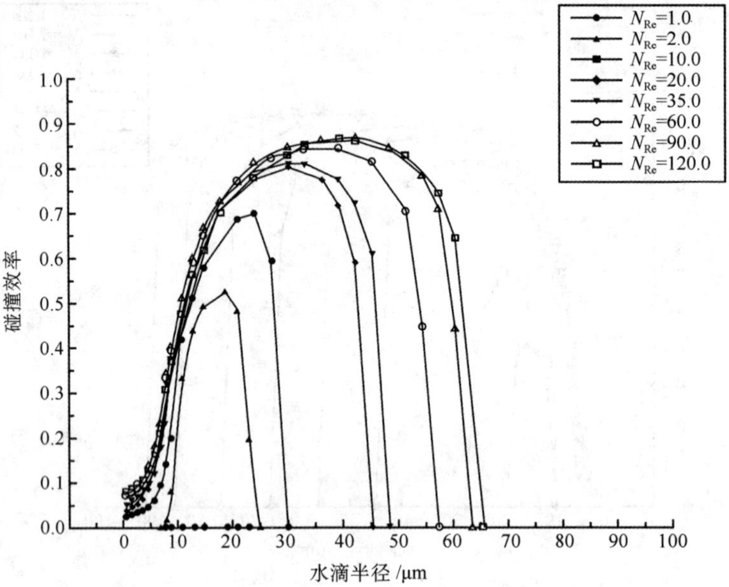

图 9.3　平面辐枝状冰晶与过冷水滴的理论碰撞效率(各曲线最右端的点为外推;Wang,2002)

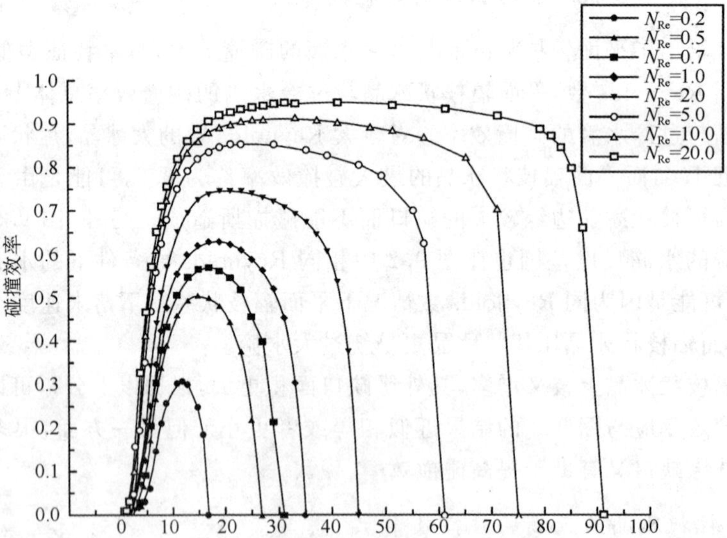

图 9.4　柱状冰晶与过冷水滴的理论碰撞效率(各曲线最右端的点为外推;Wang,2002)

与图 9.2 中最大碰撞效率较为平直的特征相比，柱状冰晶与水滴的最大碰撞效率具有随水滴增大而减小的趋势，可能是由于柱状冰晶的不对称性远大于片状冰晶所致，这种不对称性对碰撞效率的影响随水滴尺度的增大而增大。

9.1.1.4　凇附冰晶的下限尺度

上述理论结果和观测结果均表明，当一个冰晶的最大几何尺度小于某一大小时，将不与任何大小的水滴发生碰撞，该尺度即凇附冰晶最小尺度，即小于等于该尺度的冰晶与任何大小水滴的碰撞效率为 0。这要求冰晶必须通过扩散凝华过程增长到足够大的尺度才可能通过凇附过程继续增长。

利用图 9.2～9.4，取图中各条曲线的最大值点对应的冰晶半径和碰撞效率可得到冰晶尺度与最大碰撞效率的关系曲线(图 9.5)，对于所讨论的三种冰晶形状，将曲线外推到与横坐标的交点(即碰撞效率为 0)所对应的冰晶大小即为凇附冰晶最小尺度。可以看到，柱状、片状和平面辐枝状冰晶的凇附最小尺度分别约为 35 μm、110 μm 和 200 μm。

需要注意的是，以上结果是针对理想冰晶形状得到的，与之对应的是形状规则的冰晶收集过冷云滴增长的稀凇附阶段，随着凇附过程的继续，凇晶以至霰、雹的形状渐趋复杂，其与水滴的碰撞效率也随之复杂化。

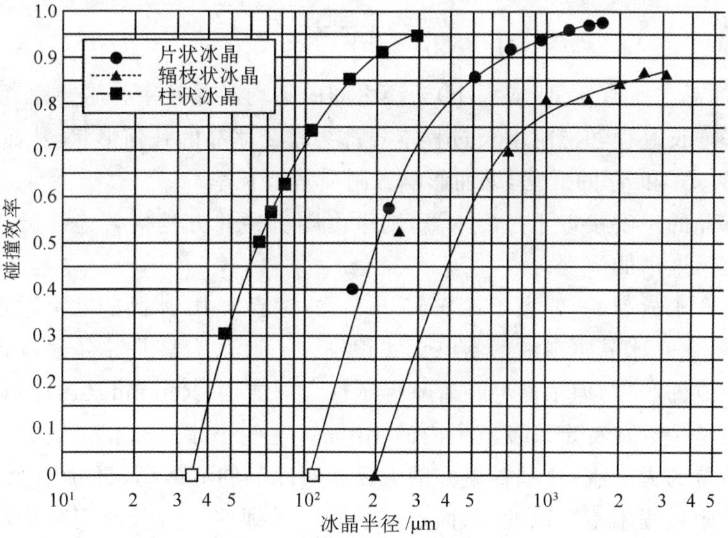

图 9.5　由图 9.2～9.4 得到的凇附冰晶最小尺度(Wang，2002)

9.1.2　凇附增长

过冷云滴碰撞到冰晶表面能够迅速冻结，可近似认为并合效率为100%，因此讨论凇附时常忽略弹开现象，即凇附的碰并效率近似采用碰撞效率。类似液态云滴的碰并增长，质量为 m_i 的单个冰晶的增长速率为

$$\frac{\mathrm{d}m_i}{\mathrm{d}t}=\int_0^{\infty}A_i(u_i-u_c)E(m_i,m_c)m_c n(m_c)\mathrm{d}m_c \tag{9.2}$$

其中下标"i"和"c"分别表示冰晶和被碰并的云滴，A_i 为该冰晶相对于质量浓度尺度谱为 $n(m_c)$ 的云滴群所扫过的几何截面，u 为水成物粒子下落末速度，$E(m_i,m_c)$ 为该冰晶与质量为 m_c 的云滴之间的碰并效率。

因为冰晶一般按主轴在水平面方向下落，所以长、短轴分别为 c 和 a 的针状冰晶和柱状冰晶相对于半径为 r 的云滴，其扫过的几何截面可近似表示为

$$A_i=(a+r)(c+r) \tag{9.3}$$

而对于片状、辐枝状和球状冰质粒，则有

$$A_i=\pi(a/2+r)^2 \tag{9.4}$$

类似(8.8)式，当冰晶比云滴大得多时，可将(9.2)式用被碰并云滴群的液水含量 W 表示为

$$\frac{\mathrm{d}m_i}{\mathrm{d}t}=A_iE_iW_cu_i \tag{9.5}$$

这里 E_i 为冰晶与所有质量(或大小)云滴之间的平均碰并效率。需要注意的是，冰晶的扩散凝华增长过程和凇附增长过程本身都会改变冰晶的几何形状，从而引起(9.5)式右边的 A_i、E_i 和 u_i 的变化，继而影响凇附质量增长率。

如果冰晶的尺度接近于过冷水滴，则可由随机碰并方程代替连续碰并方程来计算球形冰粒尺度谱的演变。

在液态含水量高(一般大于1.0 g·m^{-3})的对流云中，冰晶的凇附增长能够使冰晶发展到霰，此时冰晶本来的形状已无法识别。一般认为霰是冰晶通过较长时间凝华和凇附形成的产物，但依然存在着不确定性。一方面，Reinking(1975)观测到霰粒的胚滴主要是少数在特定尺度范围内的小冰晶，这些小冰晶以相当快的速率随机地碰并一定数量的大云滴，这些被碰并的大云滴对冰晶的流体稳定性产生扰动，使冰晶的取向在凇附过程中不断改变，从而形成霰粒。而那些经过长时间凝华增长并具有较大轴比的冰晶，受可能产生碰并的较大云滴影响，其流体力学不稳定性相对较小，反而不利于霰粒的形成。另一方面，实验表明在－6～－10℃的温度范围内，通过水汽凝华增长形成的主要是柱状冰晶，但由于温度相对较高，凝华增长速率相对较低。但是，柱状冰晶容易通过凇附方式增长为霰粒，从而在一定程度上补偿了Reinking

提出的轴比较大冰晶因流体力学不稳定受大云滴影响小的抑制淞附的效应。

9.2　聚并增长—雪花的形成

雪花是冬季中纬度地区常见的降水形式，它是由冰晶相碰后黏连在一起形成的聚合物，该过程称为聚并或碰连。聚并过程属于碰并过程，可采用与液相云碰并和淞附过程类似的方法进行讨论。然而，冰晶复杂的几何形状和下落时取向各异决定了碰并系数的不同，从而使冰晶之间的碰并理论求解变得十分困难。

首先，当冰晶相互碰撞时，其结果并不总是并合，因此在处理冰晶之间的碰并时，不能像液相云碰并和淞附过程那样近似将流体力学碰撞效率等同于碰并效率，还必须确定并合效率。室内实验和外场观测结果均表明，温度较高，冰晶之间的并合效率较高。同时，并合效率还依赖于冰晶的形状，具有分枝结构的冰晶并合效率最高。图 5.15 表明大雪花主要出现在两个温度区，多数大雪团出现在 0～－5℃ 的温度范围，且在－1℃ 附近雪花有最大的尺度，在温度－12～－17℃ 之间时雪花直径有第二个极大值。同时，多数雪花是平面辐枝状冰晶的聚合物，针状冰晶的聚合物也有可能出现，但厚的片状冰晶和短柱状冰晶的聚合物十分少见。

通常认为在 0℃ 附近，冰表面存在准液膜，具有类似潮湿表面的特性，它与冰晶的表面能有关。这种准液膜存在于冰与空气的界面上，当两冰晶相碰撞，它被夹于两层冰之间时，就会固体化，使冰晶黏合在一起，称为准液膜理论。

Hobbs 等(1964)认为"准液膜理论"只可看作必要条件，并不是解释两块冰相黏连的充分条件。在相接触的冰面间形成"冰桥"后，接着还会出现下列四种过程：1)水物质在表面张力作用下成为黏性可塑流质，水有自冰桥表面流向球面的趋势；2)在冰表面的凸出部分有水物质蒸发，这些蒸发的水物质通过环境空气而凝结到连结两个冰面的冰桥呈明显凹形的表面上；3)冰桥区的凹表面，由于表面张力较大，冰的晶格局部空缺多，从而造成扩散的水分子容易在晶格上附着就位，使其体积增大；4)由于冰桥区与冰粒子表面其他区域的水分子数密度不等，造成水分子沿冰表面的扩散。这些后续过程都是由表面张力所引起的。实验结果认为，冰球间互相黏结主要由上述第 2 个过程造成。而第 3 个过程在促使冰桥增长中贡献最大，且 2、3 两个过程可以同时进行，它们都起到使水分子由冰球转移到冰桥的作用，所以是使冰桥增长的决定性因子。

上面解释了负温度接近 0℃ 时雪晶碰连的机制，至于温度略高于 0℃，雪晶则可以因融化而合并(融连)。

在－12～－17℃ 出现的大雪花第二个多发温度区，一是因为该温度下云内冰面过饱和度最大，Bergeron 过程促使冰晶快速凝华增大；二是该温度下易形成枝状冰晶，枝叉结构的冰晶相碰容易“钩连”和“攀附”在一起。观测指出，平面辐枝状冰晶与空间辐枝状冰晶有各自不同的下落速度谱，它们的混合体有利于形成冰晶聚合物。到目前为止，冰晶之间的并合效率精确值及其与温度和形状的依赖关系还有待进一步研究。

除了上述并合效率，雪花聚并理论存在的另一个困难是关于碰撞效率的。冰晶及其聚合体都显示出水平方向运动速度脉动和垂直方向下落末速度的脉动，这些脉动一方面是由冰晶复杂的几何形状引起的，类似于飞机的机翼，某些几何形状能产生空气动力学升力。另一方面，速度脉动的原因还包括因冰晶取向变化以及湍流涡旋从冰质粒的尾流中脱离而引起的空气动力学阻力的变化。所有这些因素都会影响冰晶之间的碰撞效率。

例如，当我们讨论云滴之间的碰并时，在(8.3)式中定义了一个碰并核函数$K(R,r)$，它是收集滴扫过的面积和收集滴与被碰水滴平均速度差的函数。但在冰晶相互碰并的情况下，碰并核函数还受到水平速度脉动和垂直速度脉动的制约。Sasyo(1971)通过室内实验、外场试验和数值模拟讨论这一效应时，应用气体分子运动理论得到以下碰并核函数：

$$K(r_i,r_j)=2\sigma\sqrt{\pi}(r_i+r_j)^2 \tag{9.6}$$

式中r_i和r_j表示冰晶或冰晶聚合体的有效半径，σ是水平速度脉动和垂直速度脉动的标准差，根据外场试验估计σ的值约为5 cm·s^{-1}。Sasyo认为，在由大小和形状都相似的冰晶聚合引起的冰晶谱拓宽的初期阶段，上述速度扰动对碰撞的作用是重要的。

Passarelli等(1979)也指出，(8.3)式定义的标准碰并核函数表明质量相同的水成物粒子之间的碰撞效率为零。但对于雪花来说，由于其特殊结构，质量相同的雪花可以存在尺度、下落速度和形状的谱分布，这种谱分布可以使质量相同的雪花之间发生碰撞。Passarelli等考虑了两种聚并模式。第一种模式将质量一定的雪花看作是直径一定的球粒，但却有不同的下落速度，即存在一定的下落速度谱。这种模式与Sasyo的模式有些相似，只是未考虑雪花的水平运动。第二种模式在球形雪花的假设条件下，认为质量一定的雪花具有不同密度，由密度谱引起直径和下落速度的谱分布。第一种模式的结果显示，下落速度谱对雪花聚并的贡献只有标准碰并核函数贡献的10%。但第二种模式的结果则表明，考虑了同质量冰晶的密度谱后的碰并核函数在数值上总是大于标准碰并核函数。这种作用的大小与密度谱的宽度有关，较宽的密度谱会大大地加速聚并过程。

冰晶的碰并效率研究结果还不多。如图9.6所示，除个别情况外，冰晶间的碰并效率与冰晶表面温度有关，在0℃附近最大，随温度的下降而下降。这反映了并合系数与温度之间的关系。碰并效率数值上较低，从0～−5℃时的0.1～0.6下降至

−20℃时的 0.03～0.08。而 Mitchell(1988)和 Rauber(1987)发现，要使冰晶随机聚并模式结果与观测一致，对于温度−10～−20℃的范围，碰并效率应达到 0.4 左右。

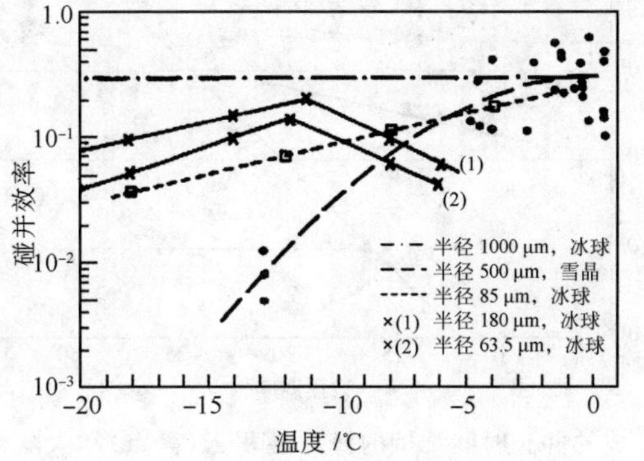

图 9.6　雪晶和冰球聚并收集微米尺度冰晶的碰并效率与收集粒子温度的关系(Keith 等,1989)

从物理机制上看，一些通过水汽扩散过程增大的少数冰晶，其扩散增长占优势，或者与其他冰晶、过冷却水滴的碰撞几率偶而较大，使它们的尺度大于其他冰晶，从而发展成雪花。一旦冰晶获得了这种初始的优先增长条件后，它们就会处于优势增长地位。因此，一个冰相降水过程发展的完善理论，应该像雨滴的随机碰并增长理论那样考虑统计效应。但由于冰雪晶形状的复杂性，因而其空气动力学性质也极为复杂；另外对雪花形成机制的了解还不够深入，至今尚无理论上令人满意的结果。

9.3　冰晶的繁生

图 9.7 给出了云中冰粒子浓度的一些观测结果，同时给出由(6.37)式(其中 $a=0.6, T_1=253$ K)给出的冰核浓度。可以看出，(6.37)式确定的冰核浓度与图中最大冰粒子浓度的最小值接近。在很多情况下都观测到云中冰粒子浓度比冰核浓度高几个数量级，温度高于−20℃左右的海洋性云更容易出现这种倾向。同时在另一方面，仪器观测到的冰核不一定完全核化，也观测到很多时候云中冰粒子浓度比冰核浓度小 1～2 个数量级。

观测到的云中实际冰粒子数与冰核数的差异通常表示为冰粒子浓度增大比(Enhancement ratio)或增大率(Enhancement rate)：

$$R_M=\frac{N_{IP}}{N_{IN}} \tag{9.7}$$

其中 N_{IP} 和 N_{IN} 分别为云中冰粒子浓度和由云顶温度确定的冰核浓度。

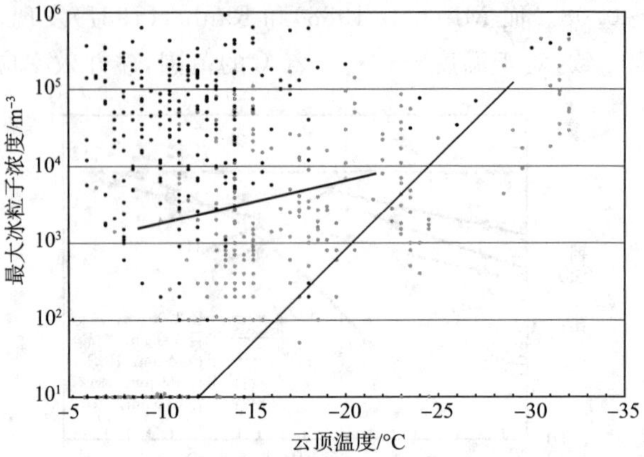

图 9.7　成熟并长时间维持的海洋性积云(黑点)和大陆性积云(灰点)中冰粒子最大浓度随云顶温度的关系

(细实线表示当 $a=0.6$ 和 $T_1=253$ K 时由(6.37)式计算的冰核浓度。粗实线表示在假定水面饱和条件下由(6.38)式得到的冰核浓度。取自 Wallace 等,2006)

图 9.8 给出了在不同类型云中观测的 R_M 值与云顶温度 T_c 的关系。可以看到,云顶温度为－5℃时 R_M 可大到 $10^4\sim10^5$,R_M 随着 T_c 的降低而减小,当 T_c 约为－20℃时 R_M 趋向于1。当 T_c 在主要形成辐枝状冰晶的－12～－16℃之间时,R_M 可出现很高的值。如果不考虑该温度范围内的高 R_M 值,可得到如下近似关系式:

$$\log R_M = 5.9 + 0.295 T_c \tag{9.8}$$

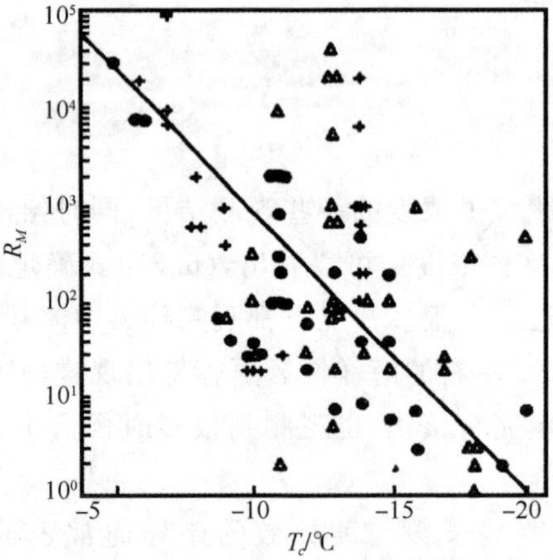

图 9.8　云内上升气流区的冰粒子浓度增大比(R_M)与云顶温度(T_c)的关系

(●:直径小于 5 km 的淡积云;Δ:直径大于 5 km 的浓积云、塔状积云和积雨云;＋:镶嵌在层云中的积云;曲线:(9.8)式;Hobbs 等,1980)

云中冰粒子数密度远大于大气中冰核的数密度，可能是由于目前的冰核检测技术在某种条件下尚不足以可靠地估计出自然云中活跃冰核的浓度。但更可能的原因是，在有些云中，冰质粒数目的增多并不完全由冰核数浓度决定，而主要是由冰晶繁生过程产生的，对此现已提出以下几种主要机制：

(1)脆弱冰晶的破裂

观测表明，云内的冰晶有很多属于碎屑，而地面收集到的雪晶大多在结构上也不完整。辐枝状和针状冰晶均是如此，尤其是空间辐枝及平面辐枝形雪晶，破裂尤多。这主要是因为脆弱的冰晶(如辐枝状、针状、杯柱状冰晶)与霰、其他冰晶、大水滴相碰或受强气流冲击而破裂(Vardiman，1978)。冰晶与其他冰、水粒子碰撞的概率与碰撞双方数浓度的乘积成正比，即这一冰晶繁生过程按冰晶浓度的二次方加速进行，使云中冰晶数密度快速增加。但在温度较高时，如果初始冰晶浓度由(6.37)式确定，则由于初始冰晶数过低，将造成这一冰晶繁生过程启动时间较长。所以这一机制难以解释温度较高的云中出现较大冰晶数浓度的现象。

(2)过冷大滴悬浮冻结破裂

许多人发现，当云中有大的过冷却水滴时，有冰晶增多现象。Mason 等(1960)通过实验认为过冷却水滴在下落孤立状态下悬浮冻结破裂能产生大量冰屑，但该机制也存在很多争议。Dye 等(1966)的研究显示该过程能产生多少冰屑受到 CO_2 的影响，因为当时很多此类实验均采用干冰作为致冷剂。后来一些实验认为每一次冻结破裂产生的冰屑平均来讲不超过 2 个。Scott 等(1977)对该繁生过程的作用进行了数值模拟，发现如果每个大于 50 μm 的云滴冻结时产生 4 个冰屑，可使海洋性云中霰的浓度增大 1 倍，但对大陆性云则无明显作用。所以该机制不能解释云中冰粒子浓度可比冰核浓度高 4 个数量级的现象。

(3)结淞时的繁生

当一个过冷却水滴与一个冰质粒相碰后冻结(淞附)，其冻结过程可分为两个阶段。第一个阶段几乎在瞬间完成，相碰时冰晶表面存在的尖细结构插入水滴表面，使一定量的水冻结，并使水滴温度升高到正好 0℃。冻结的第二个阶段进行得慢得多，包括把热量从已冻的一部分水滴中传到较冷的环境空气中。在此阶段，水滴表面首先形成一个冰壳(图 9.9)，然后冰壳不断向水滴内部加厚，未冻结的水被禁锢在冰壳内部。当冰壳内部的液态水最后冻结时，体积膨胀，并对其外圈的冰壳造成很大的应力，应力足够大时可以导致冰壳破裂，甚至炸裂，抛出无数碎冰屑。

早期实验室得到的冰晶结淞繁生所产生的冰屑数量差异很大，后来 Hallett 和 Mossop(Hallett 等，1974；Mossop 等，1974)通过进一步的的实验，认为结淞能否产生大量冰屑与水滴大小、碰撞速度、气温、结淞表面的温度和结构等条件密切相关。结淞繁生产生大量冰屑的适宜条件主要包括：

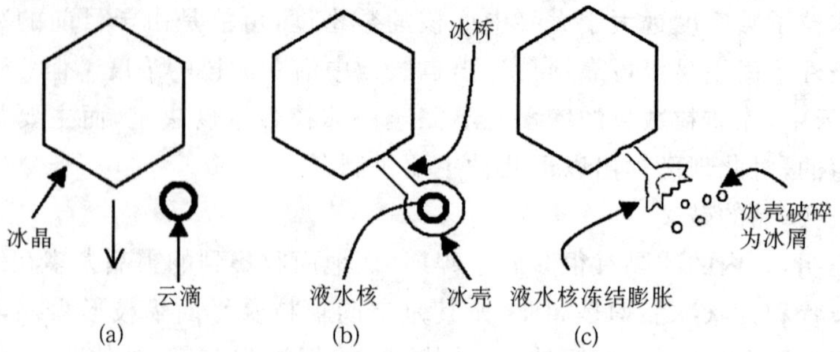

图 9.9　结凇时冰屑形成示意图

1)温度范围在－3～－8℃之间；

2)直径 $D>24\ \mu m$ 的大云滴浓度(N_L)较高；

3)直径 $D\leqslant 12.3\ \mu m$ 的小云滴同时存在(浓度为 N_S)；

4)水滴碰撞速度为 1.4～3 m·s^{-1}。

其中温度为－5℃、碰撞速度为 2.5 m·s^{-1}时，平均每 250 个大云滴与结凇面碰撞可产生一个次生冰屑。这相当于每形成 1 mg 结凇物(相当于密度为 0.24 g·cm^{-3}、直径为 2 mm 的球形霰粒)可产生 350 个冰屑。后来的研究还表明，该过程中云内垂直上升气流不能太强，以使冰晶和霰粒能够下落到液态云区。通过结凇过程形成次生冰晶常被称为冰晶繁生的 Hallet-Mossop 机制。

由于冰晶在－5℃时沿 c 轴增长较快，易形成针状和空心柱状冰晶，因此 Hallett 和 Mossop 认为冰屑产生还可能与过冷水滴和结凇表面特殊的冰晶形状有关。Macklin(1960)在空气温度为－11℃时，使直径大到 140 μm 的水滴以 2.5 m·s^{-1}的速度碰撞到－3℃的冰面上，发现形成的凇晶密度很小，其中包含有很脆弱的柱状冰晶，很容易被气流带走。

此外，在结凇过程中，较大的霰粒表面温度可明显高于云内温度，导致图 9.9 中的冰桥升华断开或变细后断裂，形成次生冰晶。

数值试验表明，当有过冷雨滴存在时，结凇繁生可在 45 min 内产生大量次生冰晶，使云完全冰晶化，而没有过冷雨滴时，1.5 h 仅能产生浓度约 10 L^{-1}的次生冰晶。说明大雨滴在下落过程中捕获由冰核核化产生的小冰晶后冻结，然后由结凇繁生产生很多次生冰晶，这些次生冰晶再被更多的大滴捕获并重复以上过程使冰晶繁生加速。Hobbs 等(1985)发现，对于他们观测到的 75％的云，均可用结凇繁生机制解释云中出现高浓度冰晶的事实。但是，该机制不能解释在某些云中观测到的冰质粒浓度在短时间内爆发性地增高。

(4)冰晶升华时的繁生

Oraltay 等(1989)和 Dong 等(1994)通过实验表明，冰粒子在升华过程中可产生次生冰晶。在相对湿度低于 70%时，辐枝状冰晶蒸发能够产生多到 30 个次生冰晶。数毫米的人造霰粒在一定条件下也产生了数百个次生冰晶，他们的实验结果得到了在云体蒸发时或强烈混合区观测到的高浓度冰质粒的证实。但是，通过这一机制形成的次生冰晶是否能在低湿或强混合环境中维持足够长的时间，并进而成为新的冰粒子增长的胚胎，尚需更多的试验和模式应用进行检验。

云中出现的高浓度冰粒子，除了通过以上基于已有冰质粒的繁生过程进行解释外，还提出了云内可能存在的局部高度过饱和造成冰核超常活化的机制（Hobbs 等，1985）。

当对流云中没有降水时，峰值过饱和度一般不到 1%。但在云中过冷雨滴碰并大量云滴的过程中，云滴数快速减小即云内凝结表面快速减小，较强的对流产生的可凝结水汽量超过实际凝结水汽量，造成过饱和度快速增高。估计该过程中水面过饱和度可超过 5%～10%，这对冰粒子表面则是非常高的过饱和度，从而导致通常条件下不能活化的冰核通过接触冻结和凝华核化迅速产生高浓度冰晶。

云中局部高过饱和度产生的另一原因是湍流的作用。类似 8.4 节对云滴谱拓宽机制的讨论，在云中涡度较大的区域，易导致湍流强度增大，强烈的湍流运动将引起短时间内过饱和度的较大起伏。当然，这种短时间的局部高过饱和度不可能大到在温度较高时产生高达 10^4 的冰粒子增大比，但可为进一步的冰晶繁生过程提供足够量的初始冰晶。

由以上讨论可知，对云中客观存在的高浓度冰晶所提出的各种机制均只能在一定条件下成立，很多时候应该是不同机制共同作用和连锁繁生的结果。Rango 等（1991）观测到某些云中浓度特别高的冰质粒主要出现在比较成熟的云中（图 9.10）。积云初生时一般完全由水滴组成，包括出现直径≥25 μm 的水滴，以及通过碰并过程形成直径大于 100 μm 的毛毛雨滴，随后冰晶的形成包括两个阶段。第一阶段通过悬浮大滴冻结形成初始冰晶，浓度与图 9.7 中粗线表示的浓度相当，此过程约需要 10 min；第二阶段开始出现较多的冰质粒，浓度可达到 $10^1 \sim 10^2\ L^{-1}$。浓度较高的冰质粒与霰（由大水滴冻结后凇附增长形成）同时出现或略晚于霰出现，说明高浓度冰质粒是由结凇繁生过程产生的。这些次生冰晶再以连锁繁生的形式，使更多还没有冻结的大水滴冻结，再通过结凇繁生不断产生更多冰晶。这一阶段发展得很快，时间不到 10 min，在温度范围上最大冰晶浓度正好对应于易形成脆弱辐枝状冰晶的－12～－16℃。此外，由于云内与云外之间的空气混合，云顶伴随有冰晶升华时的繁生过程。可见，整个云发展过程中可以同时包括前面讨论的不同繁生方式。

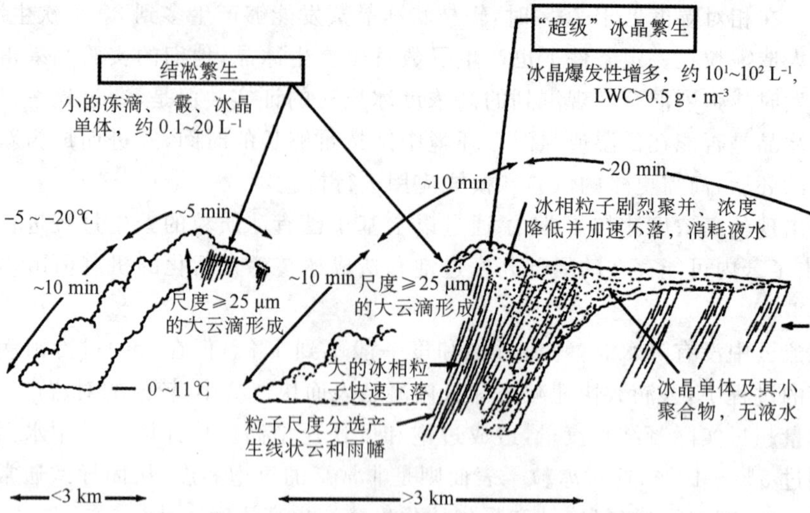

图 9.10　小尺度积云中冰质粒增多的示意图(Rangno 等,1991)

9.4　冰质粒的融化

固态降水粒子下落到 0℃层以下会开始融化,但不是立即完全融化,因为完全融化需要有足够的融化潜热供应。小的冰质粒,因为其体积与面积的比值较小,所以融化得比大的冰质粒要快。再者,由于下落末速度的不同,小的冰质粒下落慢则融化的时间要长。所以在夏季冰相降水过程中,通常只有冰雹等较大的固态降水粒子才能下落到地面。冰质粒的融化及由此产生的冷却和拖曳效应对雷暴的产生以及飑线和一些地形降水云系中下沉气流的形成都起着重要作用。

9.4.1　霰和雹的融化

各种冰质粒的融化都可看成是一个热平衡过程,并认为环境空气及与之碰并的水滴温度均高于该融化冰质粒,则融化的冰质粒通过传导、扩散和感热的方式与环境进行热量交换。

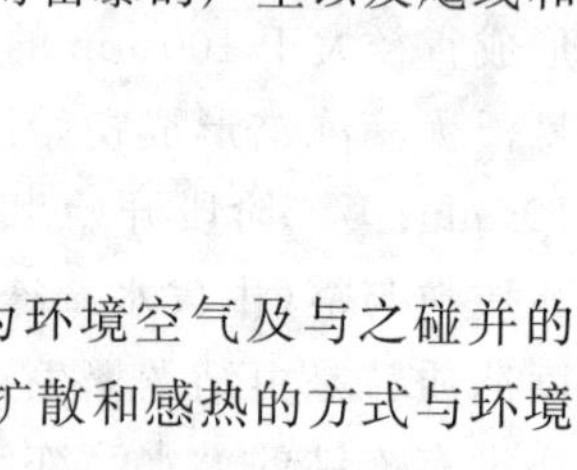

图 9.11　冰质粒融化示意图

如图 9.11,设质量为 M、半径为 R 的球形霰或雹下落通过 0℃层后,进入含有云滴且温度为 $T>0$℃、水汽密度为 ρ_v 的空气中。在定常过程中,冰质粒开始融化后,液水均匀覆盖在未融冰粒子(半径为 r_i)表面,假设该过程中整个粒子的半径 R 不变,冰质粒表面温度为 $T_0=0$℃,液水层外表面温度和水汽密度分别为 T_R 和 $\rho_{v,R}$,则融化过程所需要的潜热应由外界通过表面水层向内部冰体传递的热量提供。

根据热量平衡原理，冰质粒融化过程中单位时间消耗的融化潜热为

$$-L_f\left(\frac{\mathrm{d}M}{\mathrm{d}t}\right)_{\mathrm{melting}}=4\pi Rk_a(T-T_R)f_h+4\pi RL_vD_v(\rho_v-\rho_{v,R})f_v+c_w(T_c-T_R)\left(\frac{\mathrm{d}m}{\mathrm{d}t}\right)_{\mathrm{rimming}} \tag{9.9}$$

其中$(\mathrm{d}M/\mathrm{d}t)_{\mathrm{melting}}$为冰的融化率，$L_f$ 和 L_v 分别为水的融化和蒸发潜热，k_a 为环境空气的热传导率，D_v 为水汽分子的扩散系数，f_h 和 f_v 分别为传热和传质过程中的通风因子，c_w 为液水比热容，T_c 为被碰并水滴的温度。若不考虑蒸发过程造成的冰质粒的质量减少，则可将碰并收集产生的水物质增加率$(\mathrm{d}m/\mathrm{d}t)_{\mathrm{rimming}}$用融化冰质粒的质量表示为$(\mathrm{d}M/\mathrm{d}t)_{\mathrm{melting}}$。下面分别说明(9.9)式右边各项的物理意义：

右边第一项：环境空气将热量传导到球形水壳表面；

右边第二项：球形水壳表面因凝结/蒸发造成的水表面与环境空气之间的热量扩散；

右边第三项：融化冰质粒碰并收集其他水滴产生的感热输送。

从(9.9)式右边第二项可知，当冰质粒融化过程发生在未饱和大气中，则水壳表面蒸发产生的降温将起到阻碍融化的作用。图 9.12 给出了球形冰粒表面蒸发冷却引起的融化临界温、湿条件变化的理论和观测结果。可以看到，环境空气饱和时，冰粒下落到 0℃层便开始融化，随着相对湿度的减小，融化起始温度升高。这里需要注意的是，临界融化温度与冰粒的大小无关(Rasmussen 等，1982)。

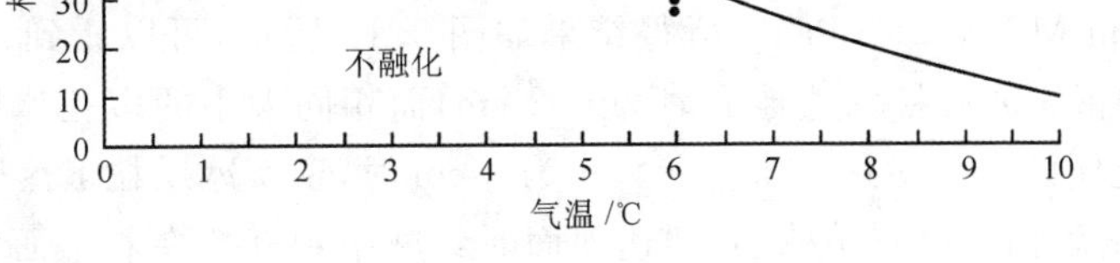

图 9.12　球形冰粒表面蒸发冷却引起的融化临界温、湿条件变化(Rasmussen 等，1982)

通常，冰质粒的融化过程十分复杂(图 9.13)。第一，在(9.9)式表示的简化模型中，T_c 和 T_R 很难准确确定，在应用时常对(9.9)式进一步简化：1)被碰撞收集的液滴因尺度较小，可假设其瞬间响应环境温度的变化，即 $T_c\approx T$；2)刚开始融化时，冰质粒

表面水膜很薄，其表面温度与冰水界面温度近似相等，即 $T_R \approx T_0$；3）此外，在有些研究中还近似取 $f_h \approx f_v$。第二，(9.9)式是在定常假设下得到的，其右边第三项所涉及的淞附过程与冰质粒本身的相态变化过程和不同尺度环境液滴的 Reynolds 数有关。第三，一般情况下，冰质粒的几何结构及其在融化过程中的改变远比图 9.13 所示的球体复杂，例如表面不规则、内部孔隙等。而且表面的液水层也比图 9.13 各向同性的球壳形水层复杂。第四，冰质粒表面水层内部的环流影响融化时的传热过程。

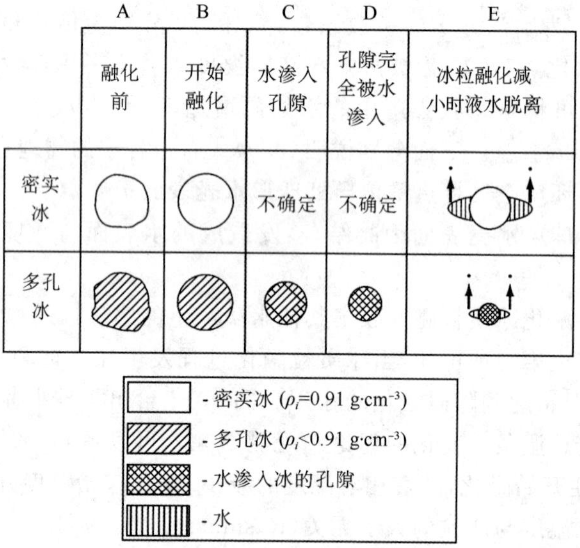

图 9.13　不同密度霰、雹质粒融化过程示意图
(Rasmussen 等，1987a)

针对以上霰、雹融化过程的复杂性，Rasmussen 等(1987b)在考虑液水脱离和渗入孔隙的基础上讨论了球形冰质粒的融化过程。假设球形冰质粒在无云大气中下落，温度和相对湿度从地面(0.8 km MSL，920 hPa)的 24℃和 60％线性变化到 0℃和 100％(5.2 km MSL，525 hPa)。所得结果如图 9.14 所示，可以看到，在 0℃层时直径为 1 cm 的密实冰质粒到达地面时为 0.2 cm，而相同大小的多孔冰质粒在地面以上 1.3 km 处便已完全融化。当初始大小为 2 cm 时，密实冰质粒下落通过 0℃层后，经过很短距离后轴比便开始减小，到达地面时约减小到 0.6 左右。而多孔冰质粒由于开始融化的液水渗入其孔隙中，一直到离地面约 1.5 km 左右轴比才开始减小。多孔冰质粒轴比开始减小时，下落末速度变化趋势从增大变为减小。而密实冰表面的液水逐渐在水平方向形成水环，造成迎风截面增大，从而下落末速度持续减小。在密实冰和多孔冰质粒表面，液水开始脱离的距地高度分别为 2 km 和 1.2 km。液水的渗入使多孔冰质粒密度从融化一开始便迅速增大，而密实冰质粒因密度与水接近

变化不大。大小同为 2 cm 的密实冰和多孔冰质粒到达地面时尺度分别减小到 1.5 和 0.8 cm。

此外，Rasmussen 等(1987b)的研究结果还表明融化和液水脱离均与环境相对湿度密切相关。对于初始大小为 2 cm 的多孔冰质粒，若图 9.14 中 0℃层以下相对湿度为 50%，由于蒸发冷却的作用，其到达地面时的大小为 1.2 cm。而如果环境相对湿度为 100%，该冰质粒到达地面时已完全融化。

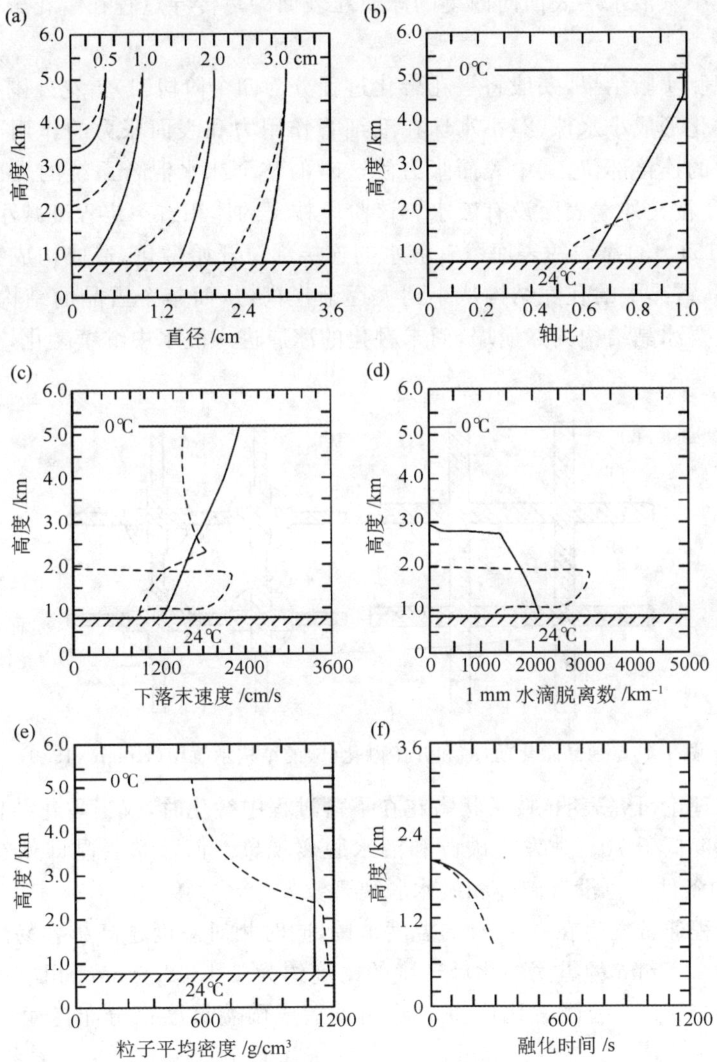

图 9.14　球形冰质粒(密度：断线为 0.45 g · cm^{-3}，实线 0.91 g · cm^{-3})下落通过无云静止大气时的融化和液水脱离过程(b～f 中初始直径为 2.0 cm)

9.4.2 雪花的融化

(9.9)式表示的简化模型可用于雪花融化过程的描述。但是,通过外场观测、理化实验和风洞模拟均表明雪花融化与霰雹的融化相比,具有不同特点。雪花融化开始后,融化产生的液水并非像图 9.11 中那样均匀包裹在雪花表面,而是从外端的枝叉流向内部一些连接部位并累积,而外端枝叉表面并没有液水。因此对于雪花的融化,(9.9)式中从液水层表面向内裹的冰质粒表面的热传导过程在雪花融化时可以不考虑。

根据观测实验结果,一般将雪花融化过程分为四个阶段:1)雪花外围枝叉结构的顶端首先融化形成小水珠;2)小水珠在毛细管作用力和表面张力的作用下从枝叉外端流向靠内的连接部位,其中表面张力使这时的整个冰水混合系统的表面能趋于最小,该过程使枝叉外端表面没有液水。该阶段枝叉的体积有一定程度减小,但其结构完整(图 9.15)。3)靠内的表面覆有液水的连接部位开始融化,造成构成雪晶的冰晶的位置调整,雪晶中的孔隙结构从小到大逐渐模糊,从而整个雪晶的结构发生改变。4)雪晶的主要冰晶结构突然崩塌,尚未融化的冰屑进入液水中继续融化,直到完全变成水滴。

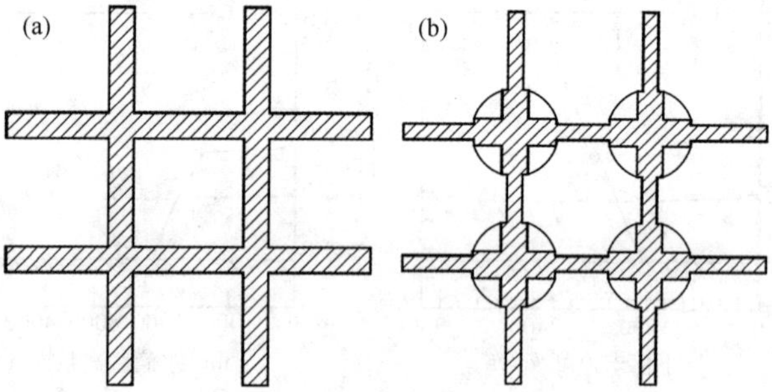

图 9.15　雪晶融化前(a)和开始融化(b)的结构示意图(Knight,1979)

观测和理论研究表明,枝叉状雪花在下落过程中融化时,仅当雪花结构非常不对称和相对湿度低于 70%才发生破碎和液水脱离现象。而片状雪晶即使在相对湿度低于 70%的条件下也没有破碎和液水脱离现象发生。

融化过程通常发生在 0～5℃的温度范围,同时相对湿度越高越容易融化。观测到直径在 5～11 mm 的雪团融化后产生的雨滴约为 1.1～2.6 mm,相应下落速度为 4.3～7.6 m · s^{-1}。雪团融化产生的雨滴可造成雨滴尺度谱分布产生多种类型的变化。

不考虑破碎和液水脱离,雪花从 0℃层开始下落,利用(9.9)式并不考虑其中的碰并过程,可以得到雪花完全融化的距离(图 9.16)。可以看到,在相对湿度为

100%，温度垂直递减率为 0.6 ℃·(100m)$^{-1}$ 时，直径10 mm的冰粒子有 99%的质量都在下落 450 m 后融化。如果环境相对湿度由 100%变为 90%，该下落融化距离增加 100 m，约 550 m。这与通常雷达观测到 0～5℃之间的回波亮带厚约几百米的结果完全吻合。

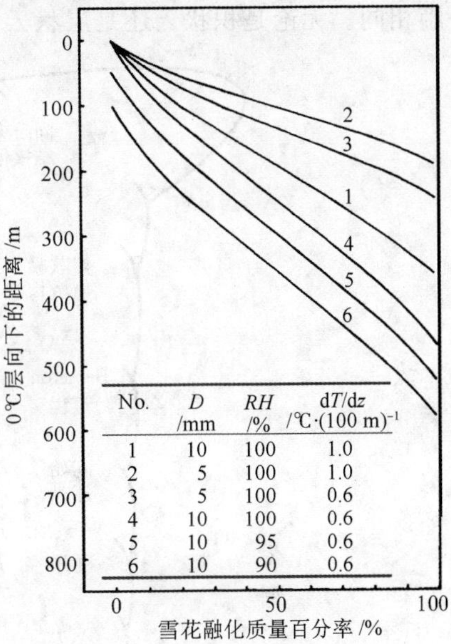

图 9.16　不同直径(D)的雪花在静止大气中从 0℃层开始融化所经过的距离与相对湿度(RH)和温度垂直递减率(dT/dz)的关系(Mitra 等，1990)

9.5　降水微物理过程小结

由于大气中水汽和气溶胶粒子的存在，通过相变过程形成不同尺度的液相、固相水成物粒子。当水成物粒子通过多种相互联系的微物理过程增长到足够大小时，下落速度超过其环境空气的上升速度，同时从离开云底到达地面的过程中没有完全蒸发或升华，最终以雨、雪、霰、雹等多种形式到达地面。这整个过程从微观上可看作是大气粒子尺度谱分布的不断拓宽，在宏观上依赖于气团属性、云中过饱和度变化率、垂直运动和湍流结构以及云的持续时间等因素。

图 9.17 为深对流云中降水形成和发展的主要液相和固相微物理过程示意图。在云下部的液相过程中，扩散凝结增长倾向于形成尺度相近的云滴，而且增长速度随云滴增大而减小，大滴仅能通过碰并增长过程形成。在云的发展初期，通过凝结增长形成的大量小云滴为后期碰并增长提供了物质基础。当个别云滴超过一定的临界尺度(直径大约 25 μm)后，碰并增长过程开始有效进行，云体的胶体稳定状态被打破。其中的初始收集滴可以是云滴群中个别处于优势增长状态的粒子(在清洁海洋大气中或因湍流作用易形成这种初始大滴)，也可以由巨凝结核核化形成。一旦碰并增长过程启动，收集滴碰并小云滴很快地形成雨滴。在雨滴下降的过程中，由于碰撞破碎和流体不稳定造成的变形破碎将产生更多的水滴。

当云顶发展到 0℃层以上，云滴处于过冷却状态。一旦过冷却水云区有冰相粒子形成，则由于同温度下水和冰的表面热力性质差异，云的胶体稳定状态被打破，产生从大量云滴到少数冰晶的水汽质量扩散，促使冰晶快速增长，即冰晶效应或 Bergeron 过程。该过程在－12～－15℃时进行的最为有效，能较快地产生尺度足够大的冰晶，从而启动淞附和聚并两种碰并过程，即碰并过程在冰相降水机制中同样重要。大的冰相降水粒子下落到 0℃层以下便开始融化，完全融化后经历的过程与雨滴相同。无论是积状云还是层状云，以上冰相机制都能有效启动降水过程。

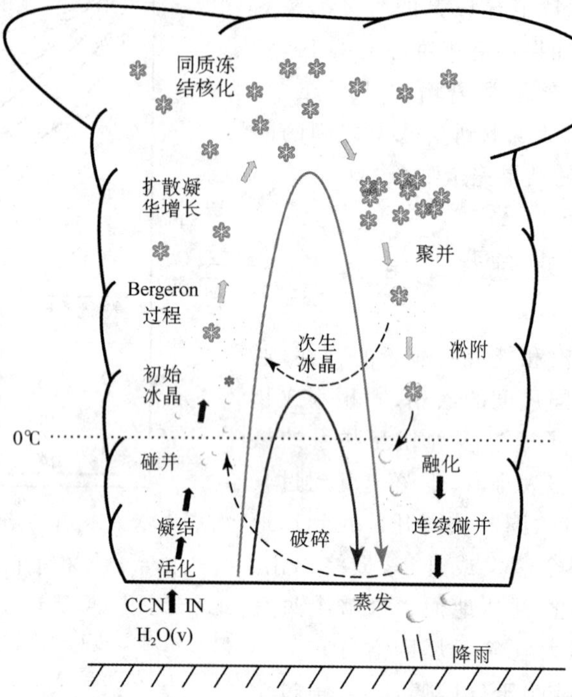

图 9.17　深对流云降水形成微物理过程示意图(Lamb,2002)

云中的冰相降水过程对于前期/同时的液态云滴尺度谱的发展有很强的依赖性。液态云滴的产生常根据云底温度的高低不同进行讨论，对暖底云来说，靠近云底处具有较高的混合比，与同样厚度的冷底云相比可凝结产生更多液水。图 9.18 给出了冷底大陆性云和暖底海洋性云中产生降水的微物理机制。从更广泛的角度来讲，这里的海洋性云和大陆性云分别代表了清洁的和 CCN 浓度较高的两种云的类型。虽然图中没有明确给出各微物理环节的时间长短，但依然可以看到，液相微物理过程发展旺盛的暖底海洋性云比冷底大陆性云能够更快地形成降水。单就清洁的海洋性云来说，暖底云中的冰晶化过程快于冷底云，原因是过冷却毛毛雨滴和更大的雨滴一旦开始冰晶化便能使液相云快速转化为以冰相过程为主的云。但这并不意味着像冰雹这样的巨大降水质粒容易在暖底海洋性云中产生，实际上正好与此相反，降水在云的低层快速产生会阻碍过冷水的累积，从而阻止大冰雹的产生。

图 9.18 给出的是两类较为极端的云降水过程，实际上在这两种极端状态之间存在一系列云降水过程的连续集。最强烈的降水性云，一般也是最有效的，是那些具有暖云底和海洋性特征的云。相反，在同样的云底温度条件下，污染气团中发展起来的

云相对不易形成降水。需要注意的是，以上结果主要是针对孤立的云体进行讨论的，有些时候对流单体中降水的延迟反而能够促进云生命史的延长，进而通过到达地面并向前推进的下沉冷空气和风切变的相互作用，导致风暴系统不断发展，最终使降水量增加。

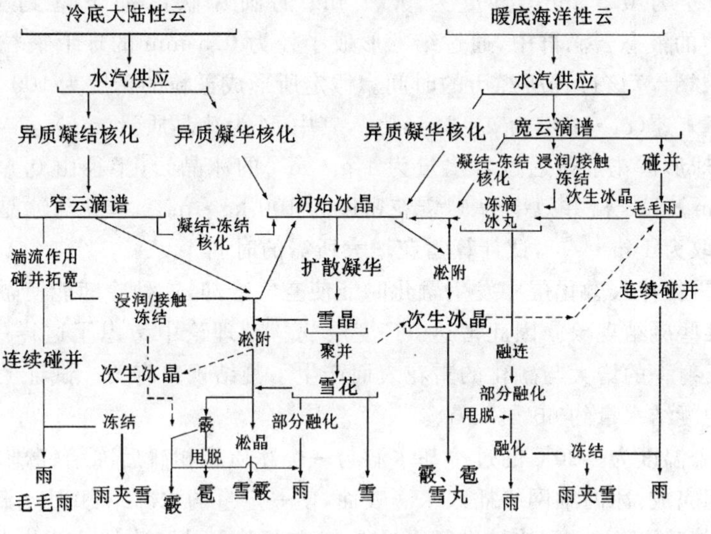

图 9.18　冷底大陆性云和暖底海洋性云中降水形成微物理机制(Cotton 等,2011)

习　题

(1)试回答或解释下列问题：

1)很多时候大气中冰粒子浓度远比通过冰核浓度测量推断的值高出许多。

2)自然雪晶常包含一个以上的基本冰晶形状。

3)没有两个雪花是完全相同的。

4)冰晶的边缘结淞最严重。

5)当雪即将转变为雨时，雪花通常会变得很大。

(2)液水等效直径为 0.287 cm 的辐枝状雪花从距地面 3.5 km 云底下落，利用雪花末速度的经验公式(5.51)式计算雪花从云底下降到地面所需的时间。(参考答案：53 min)

(3)一个小的霰粒被一正在发展的积雨云中的上升气流所俘获，霰粒的初始直径为 0.1 mm，上升气流速度为常数，其值为 $10\ m\cdot s^{-1}$。试求霰粒增长到直径为2 mm所需的时间以及在该时段内它上升所通过的距离。假定云的液水含量为常数，等于 2 g·m^{-3}。忽略凝华增长。霰粒的质量和半径之间的关系，近似地取为 $m=0.52r^3$(g·cm·s 单位制)。霰粒的下落速度与其大小的关系近似地取为 $u=520r^{0.6}$(g·cm·s 单位制)。并假定碰并效率为 1。(参考答案：5.58 min，3.10 km)

(4)半径为 0.5 mm、质量为 0.01 mg 的圆片状冰晶下落到液水含量为 0.5 g·m^{-3}的液态云滴群中，通过结淞形成半径为 0.5 mm 的球形霰粒。设碰并效率为 0.6。试计算该过程所经历的时间。假定所形成霰粒的密度为 100 kg·m^{-3}，片状冰晶下降末速(m·s^{-1})为 $u=2.4M^{0.24}$，其中 M 为冰晶质量(mg)。

(5)一球形雪花下落通过含水量为 1 g·m^{-3}的冰晶云，半径由 0.5 mm 聚并增大到 0.5 cm。假定碰并效率为 1，雪花密度为 100 kg·m^{-3}，雪花与冰晶的下落速度差为常数，取为 1 m·s^{-1}，试计算雪花增大所需的时间。

(6)当雪粒掉入融化层中发生融化时能使空气冷却，这种冷却能使融化中的质粒表面出现某些凝结现象。因此雷达 0℃度层"亮带"理论中考虑了这样一种效应，即融化层内反射率的增大与融化的雪花表面产生了凝结现象有关。试证明每融化1 kg 雪可产生的凝结水量约 60 g。

(7)一个温度为－20℃的过冷却水滴与一个冰质粒相碰后冻结(淞附)，第一阶段几乎在瞬间完成，冰的细网络插入水滴表面，使一定量的水冻结，并使水滴温度升高到正好 0℃。其后的第二阶段冻结进行得慢得多，包括热量从已冻的一部分水滴中传到较冷的环境空气中。试计算第一阶段过冷却水滴中冻结的质量百分率以及两个阶段水滴体积增大的百分率(取融化潜热为 3.3×10^5 J·kg^{-1}，液水比热容为 4218 J·K^{-1}·kg^{-1}，冰的比热容为 2106 J·K^{-1}·kg^{-1}，冰的密度为 0.917×10^3 kg·m^{-3})。(参考答案：23%；2.1%，7.0%)

(8)当环境温度、气压、相对湿度分别为 298.15 K、1013.25 hPa、50%时，计算冻滴开始融化的温度。(参考答案：275.4 K)

参考文献

Cotton W R, Bryan G H, and Van den Heever S C. 2011. *Storm and Cloud Dynamics: The Dynamics of Clouds and Precipitating Mesoscale Systems*. 2nd ed. International Geophysics Series Vol. 99, Academic Press, 809 pp.

Dong Y, Oraltay R G, and Hallett J. 1994. Ice particle generation during evaporation. *Atmospheric Research*, **32**:45-53.

Dye J E, and Hobbs P V. 1966. Effect of carbon dioxide on the shattering of freezing water drops. *Nature*, **209**:464-466.

Hallett J, and Mossop S C. 1974. Production of secondary ice particles during the riming process.

Nature(London), **249**:26-28.

Hobbs P V, and Mason B J. 1964. The sintering and adhesion of Ice. *Philosophical Magazine*, **9**:181-197.

Hobbs P V, Politovich M K, and Radke L F. 1980. Structures of summer convective clouds in Eastern Montana, Pt. 1, Natural clouds. *Journal of Applied Meteorology*, **19**:645-663.

Hobbs P V, and Rangno A L. 1985. Ice particle concentrations in clouds. *Journal of the Atmospheric Sciences*, **42**:2523-2549.

Keith W D, and Saunders C P R. 1989. The collection efficiency of a cylindrical target for ice crystals. *Atmospheric Research*, **23**:83-95.

Knight C A. 1979. Observations of the morphology of melting snow. *Journal of the Atmospheric Sciences*, **36**:1123-1130.

Lamb D. 2002. Cloud microphysics. *Encyclopedia of Atmospheric Sciences*, J. R. Holton, J. A. Curry, and J. A. Pyle, Eds., Academic Press, 459-467.

Macklin W C. 1960. The production of ice splinters during riming. *Nubila*, **3**:30-33.

Mason B J, and Maybank J. 1961. The fragmentation and electrification of freezing water drops. *Quarterly Journal of the Royal Meteorological Society*, **87**:113-114.

Mitchell D L. 1988. Evolution of snow-size spectra in cyclonic storms. Part I: Snow growth by vapor deposition and aggregation. *Journal of the Atmospheric Sciences*, **45**:3431-3451.

Mitra S K, Vohl O, Ahr M, and Pruppacher H R. 1990. A wind tunnel and theoretical study of the melting behavior of atmospheric ice particles. IV: Experiment and theory for snow flakes. *Journal of the Atmospheric Sciences*, **47**:584-591.

Mossop S C, and Hallett J. 1974. Ice crystal concentration in cumulus clouds: Influence of the drop spectrum. *Science*, **186**:632-634.

Oraltay R G, and Hallett J. 1989. Evaporation and melting of ice crystals: A laboratory study. *Atmospheric Research*, **24**:169-189.

Passarelli R E, and Srivastava R C. 1979. A new aspect of snowflake aggregation theory. *Journal of the Atmospheric Sciences*, **36**:484-493.

Rangno A L, and Hobbs P V. 1991. Ice particle concentrations and precipitation development in small polar maritime cumuliform clouds. *Quarterly Journal of the Royal Meteorological Society*, **117**:207-241.

Rasmussen R, and Pruppacher H R. 1982. A wind tunnel and theoretical study of the melting behavior of atmospheric ice particles. I: A wind tunnel study of frozen drops of radius < 500 μm. *Journal of the Atmospheric Sciences*, **39**:152-158.

Rasmussen R M, and Heymsfield A J. 1987a. Melting and shedding of graupel and hail. Part I: Model physics. *Journal of the Atmospheric Sciences*, **44**:2754-2763.

Rasmussen R M, and Heymsfield A J. 1987b. Melting and shedding of graupel and hail. Part II: Sensitivity study. *Journal of the Atmospheric Sciences*, **44**:2764-2782.

Rauber R M . 1987. Characteristics of cloud ice and precipitation during wintertime storms over the mountains of northern colorado. *Journal of Climate and Applied Meteorology*, **26**:488-524.

Reinking R F . 1975. Formation of graupel. *Journal of Applied Meteorology*, **14**:745-754.

Sasyo Y . 1971. Study of the formation of precipitation by the aggregation of snow particles and the accretion of cloud droplets on snowflakes. *Papers in Meteorology and Geophysics*, **22**: 69-142.

Scott B C, and Hobbs P V . 1977. Theoretical study of the evolution of mixed-phase cumulus clouds. *Journal of the Atmospheric Sciences*, **34**:812-826.

Vardiman L . 1978. The generation of secondary ice particles in clouds by crystal-crystal collision. *Journal of the Atmospheric Sciences*, **35**:2168-2180.

Wallace J M and Hobbs P V. 2006. *Atmospheric Science: An Introductory Survey*. 2nd ed. International Geophysics Series, Elsevier Academic Press, 483 pp.

Wang P K . 2002. *Ice Microdynamics*. Academic Press, 273 pp.

第 10 章　强风暴系统与冰雹物理学

在非常潮湿的不稳定空气中，对流云能够增长到很高的高度，在发展强盛阶段可产生暴雨、冰雹和雷电等天气过程。这些强风暴或者是单个地产生，或者更多地是与天气尺度的锋面和中尺度的辐合区相联系而成群地产生。强风暴是造成严重洪水、大风和冰雹的原因，并能直接危及生命。本章概要地介绍强风暴的结构和冰雹增长理论。

10.1　雷暴单体的生命史

根据 Chisholm 等(1972)的分类，孤立对流系统有三种基本类型，即普通单体雷暴、多单体风暴以及超级单体风暴。超级单体风暴又可分为非龙卷型和龙卷型两类。因为探测手段的局限性，所以早期的雷暴单体结构模型多数只是推测性的，直到 1946 年及 1947 年夏季，Byers 等(1949)在美国组织了雷暴的野外观测研究。他们利用雷达和地面测站网的连续观测资料，对雷暴的内部结构和发展过程进行了细致的研究，建立了普通雷暴单体的生命史模式，经过 Doswell(1984)修改后的 Byers-Braham雷暴生命史模式如图 10.1 所示。

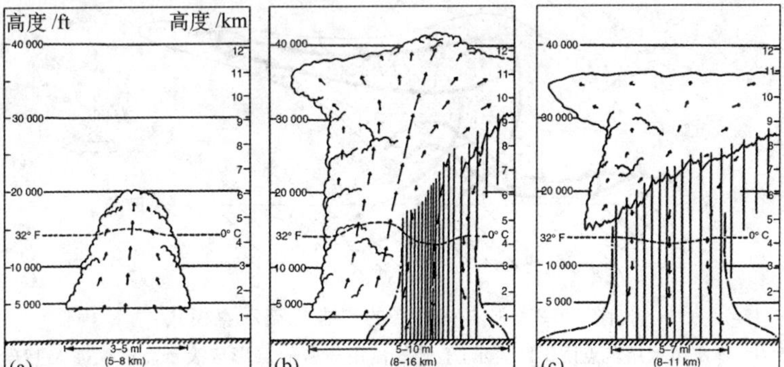

塔状积云阶段　　成熟阶段　　消散阶段

图 10.1　雷暴单体生命史及各发展阶段的特征(Doswell,1984)

由图 10.1 可见，雷暴单体发展经历了塔状积云、成熟和消散三个阶段。每个阶段主要特征的不同之处主要表现在垂直气流、温度和水成物相态等几个方面。在塔状积云阶段，云内为一致的上升运动，云内温度高于云外，基本在 0℃以上，云内水成物主要为水滴。发展到成熟阶段时，上升气流变强，上升气流最强处的云顶向上凸起。同时，降水开始发生，并由于降水的拖曳作用，在单体的下部产生下沉气流。雨滴蒸发使周围空气冷却，下沉气流受负浮力作用而被加强。当下沉气流到达地面时，形成冷池和水平出流，其前沿形成阵风锋。云体内上层的温度降到 0℃以下，云中的水成物有水滴、过冷水滴、雪花、冰晶以及霰和雹这些固态粒子。发展到消亡阶段时，云内下沉气流逐渐占优势，最后下沉气流完全取代了上升气流，云内温度低于环境，最后云体逐渐消散。上述发展过程，通常需要 30～50 min。在此期间，雷暴单体一般会随着中低层 5～8 km 的环境平均风移动。伴随的天气现象有阵风、阵雨、雹等。

10.2 强雷暴

前面提到普通雷暴单体的发展演变过程经历了三个阶段：积云阶段、成熟阶段和消散阶段。Browning(1977)将那种在 45～60 min 期间经历了三阶段发展过程的雷暴归入一类，称为普通雷暴或气团雷暴，其中成熟阶段只维持 15～30 min。他将这类风暴与旺盛的、通常称为超级单体的对流风暴加以区别。

超级单体风暴的尺度和强度大，其中上升气流与下沉气流环流以稳态形式共存，时间可达 30 min 或更长。研究者常常将超级单体风暴称为强右移(SR)风暴，因为主要的低层入流位于风暴移动方向的右侧。因此，SR 风暴是向对流层平均风的右侧传播的。图 10.2 给出了一个向东移动的超单体风暴的示意模式。表明有一股宽

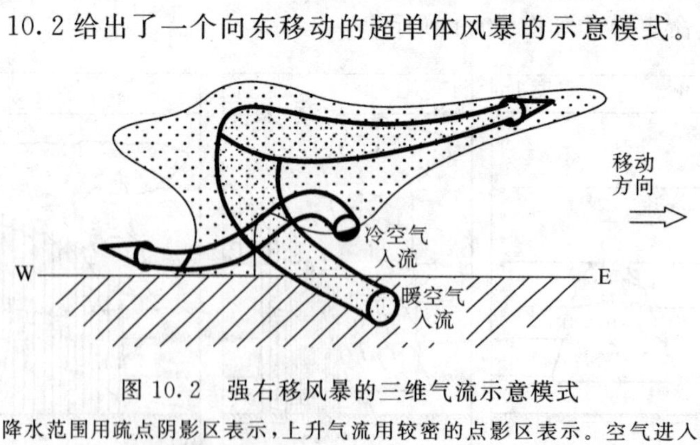

图 10.2　强右移风暴的三维气流示意模式

降水范围用疏点阴影区表示，上升气流用较密的点影区表示。空气进入上升气流和离开上升气流区都具有指向图面方向的分量。这种风暴组织化的主要区别是冷空气入流是从垂直剖面的外侧进入，使得下沉气流处于上升气流的前方，而不是从上升气流的后方进入风暴(Browning,1968)

的强上升气流进入风暴的东南侧;这股上升气流垂直上升,然后在云砧上出流区呈反气旋式扭转。图中还显示有一股中层下沉气流发源于风暴的前侧,向北扭转,并从风暴的后侧流出。有些超单体模式(例如 Lemon 等,1979)显示下沉气流是同时发源于风暴的前侧和后侧的。

旋转性雷暴(或中气旋)通常与产生龙卷的风暴相关,雷达回波特征有助于辨认准稳定超级单体风暴。图 10.3 表示一个超级单体风暴的平面图和垂直剖面图。特别值得注意的是“钩状回波”,它围绕着所谓“穹窿”(Browning 和 Ludlam, 1960, 1962)或“有界弱回波区”(BWER)(Chisholm 和 Renick, 1972)。Browning 假设这种无回波穹窿或 BWER 之所以形成,是由于空气在强上升气流中上升太快,以致没有足够的时间形成能被雷达检测出来的降水粒子。Weisman 和 Klemp(1984)在他们的数值试验中发现 BWER 位于强上升气流边缘。他们提出上升气流的旋转特性和强度对于形成 BWER 特性都是重要的。图 10.3c 表明在风暴的后侧有一强降水区,而在风暴的前侧有一悬垂降水区,构成无回波穹窿的边界。

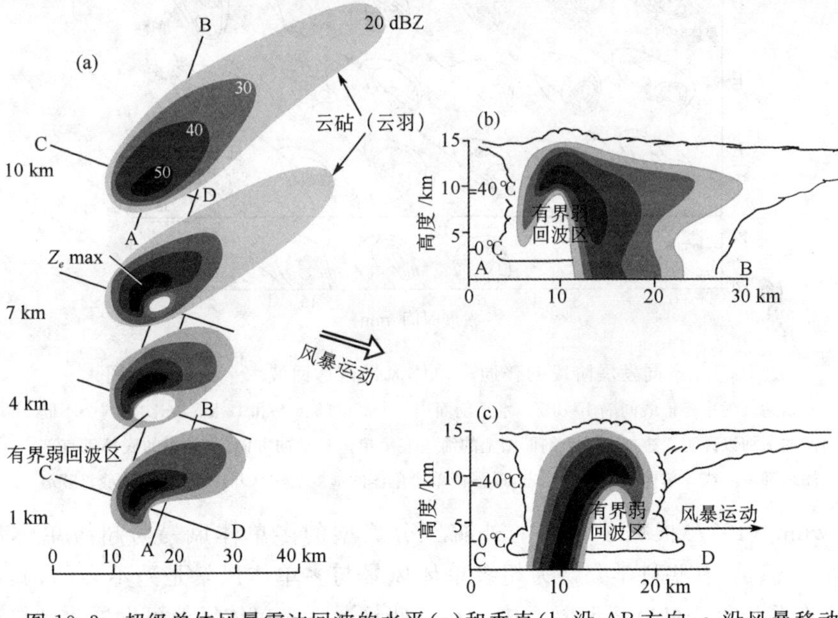

图 10.3　超级单体风暴雷达回波的水平(a)和垂直(b:沿 AB 方向;c:沿风暴移动方向)结构示意图(Chisholm 等,1972)

Byers 和 Braham(1949)、Browning(1977)、Marwitz(1972b)、Chisholm 和 Renick(1972)等还提出另一种强风暴形式,称为多单体,一般是由 2 至 4 个单体组成的风暴。在任何时候,有些单体可处于积雨云单体生命史中的积云阶段,有的单体可处于成熟阶段,而其他的单体则处于消散阶段。图 10.4 给出了一个多单体风暴不同发展时间的水平和垂直雷达回波示意图。新的积云塔一般都形成于风暴复合体(即图 10.4 中时间为 0 的那些单体)的右侧。有些研究者将这种侧向积云塔称为供应云(Dennis 等,1970),因为这种新单体会移进“母体”风暴复合体并与母单体合并。其他人,诸如 Browning(1977),将侧向积云称为“子”单体,其中新单体并不与母体环流合并,而是迅速增长变成新的风暴中心,然后较老的母单体就开始消散。按照 Browning 的分析,新单体一般间隔 5～10 min 形成,其特征生命期为 20～30 min。通常,多单体雷暴的强度要比超级单体风暴弱一些。如图 10.4 所示,多单体雷暴经常显示出像钩状回波和弱回波区(WER)这样一些雷达回波特征,虽然 WER 的形状通常并不完全是一个有界的无回波穹窿。在多单体风暴中有时也能观测到短生命期的 BWER 或无回波穹窿。

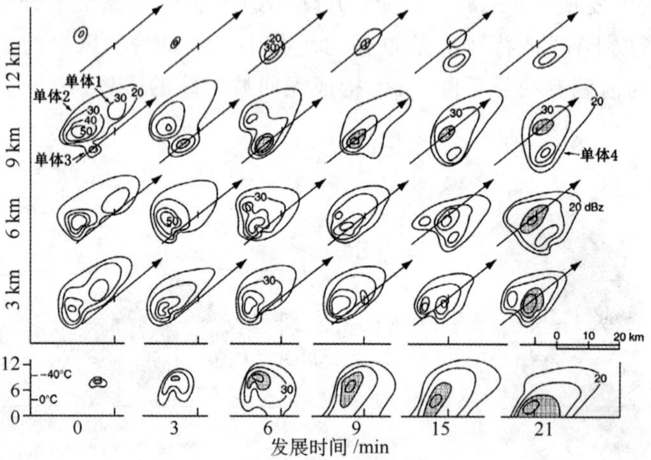

图 10.4　不同发展阶段的普通多单体风暴雷达回波水平剖面示意图

雷达反射率等值线间隔 10 dBZ。水平剖面用 4 个高度(3、6、9 和 12 km AGL)和 6 个不同时间的图加以说明。叠加在每个剖面图上的箭矢表示单体移动的方向,也是图的底部垂直剖面图地理参考线。单体 3 用阴影标志,以强调单个单体的演变历史(Chisholm 和 Renick,1972)

Browning(1977)根据子单体的外貌区分典型的多单体风暴与超级单体风暴(图 10.5)。但是,有些科学家认为超级单体风暴与多单体风暴是差不多的,其中子单体隐嵌在前伸悬垂砧状云和降水中。在一些情况下多单体风暴可发展为超级单体风暴(Vasiloff 等,1986;Knupp 等,1982a,b)。此外,有证据表明,风暴类型是包括无组织多单体、有组织多单体和稳定超级单体在内的连续系列(Foote 等,1982)。Vasiloff 等(1986)提出,可以根据对流单体之间的距离 L 和对流单体的直径 D 确定风暴类型。当 $L>D$ 时为多单体,当 $L\ll D$ 时为超级单体,当 $L/D<1$ 时则主要是发展较弱的多单体,其中与单体相联系的局部上升气流隐嵌在大范围的背景上升气流区中。

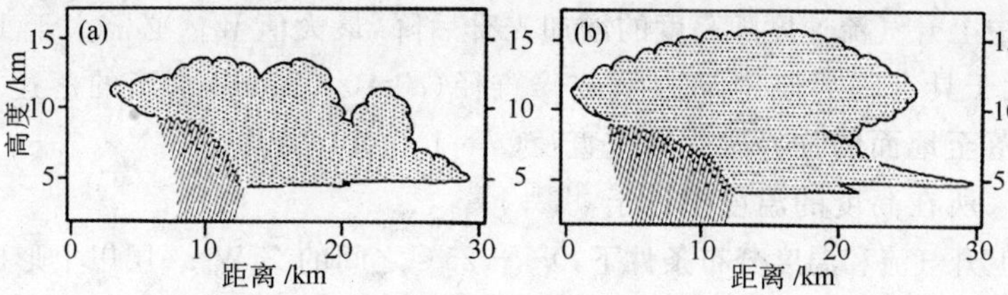

图 10.5　普通多单体风暴与超级单体风暴外貌上的差别示意图

(a)普通多单体风暴连同正在生长的子云体;(b)超级单体风暴,没有分离的子云体。两个个例进入上升气流的入流都是从右方进入的;降水则从风暴的左方落下(Browning,1977)

Weisman 等(1984)提出了一种超级单体风暴与普通多单体风暴的动力学分类法。他们根据下述特性区分超级单体风暴与多单体风暴,包括动力因子引起的低层最低气压值、使上升气流增强的垂直气压梯度、上升气流与垂直涡度互相配合的程度,以及风暴的传播特征。他们还论证,6 km 以下气层中强的风切变或适当大小的总体 Richardson 数 N_{Ri}(定义为 $N_{Ri}=\dfrac{CAPE}{\frac{1}{2}(\overline{u}^2+\overline{v}^2)}$,其中 CAPE 为对流有效位能)是超级单体风暴形成的一个必要条件。

多个雷暴有时会有组织地成群出现,称为中尺度对流系统(MCS),其最大尺度可达 100 km 或更大。MCS 有时会以飑线的形式存在,其中对流单体沿着垂直于风暴系统移动的方向排列成线状(Newton,1963)。组成飑线系统的雷暴,其生命史类似于多单体,不断有新单体在飑线系统南侧形成。飑线系统的基本单元也可以由一个或几个超级单体组成。卫星图片上看到的外形较圆的中尺度对流系统,在中纬度称为中尺度对流复合体(Maddox,1980),在热带称为云团。有时也观测到中尺度对流复合体(MCC)同时包含较小的飑线和多单体雷暴(Wetzel 等,1983)。

10.3　冰雹的增长

通过前面章节的学习,我们知道冰雹形成需要有雹胚的存在,这个雹胚可以是霰,也可以是冻结的水滴。当雹胚形成后,又是怎样增长到冰雹尺度,这就是本节所要讨论的问题。关于冰雹增长理论,目前主要有两种:累积带理论和循环增长理论。

10.3.1　累积带理论

由前苏联科学家 Sulakvelidze 等(1967)提出。该模型的要点可以用图 10.6 来说明:

(1)云中上升气流速度随高度的增加先升后降，最大值 W_{max} 必需大于 15 m · s^{-1}，这个速度大于具有临界空气动力学破碎直径(d=0.55 cm)水滴的落速，也大于从0℃层高度落至地面的临界融化冰雹直径(d=1.0 cm)的落速；

(2)W_{max}所在高度的温度接近于 0℃；

(3)在上升气流和温度分布条件下，0～−25℃之间的 $Z(W_{max})$层以上形成过冷雨累积带，其含水量可大于 10 g · m^{-3}，这个值远大于平均绝热含水量值 3～6 g · m^{-3}。

这个模型的物理含义有下列几点：

(1)云中要有强大的上升气流，W_{max} 大于 15 m · s^{-1}，以保证有充足的凝结水供应，并把它们送入负温区，顶部达到自然(异质)冰晶化的−16℃层以上；

(2)W_{max}大于临界破碎雨滴的落速，这使得位于 $Z(W_{max})$以上的雨滴不能从这里落下来，从而形成过冷水累积带，以保证有高达 10 g · m^{-3}以上的含水量；

(3)W_{max}大于临界融化直径冰雹的落速，可保证冰雹在过冷水区长得足够大才能落下，不致因融化而落不到地面；

(4)$Z(W_{max})$在 0℃层附近，保证了累积的水处于过冷区，处于过冷区的高含水量，保证了大的冰雹增长率；

(5)另外，如果 $Z(W_{max})$稍低于 0℃层高度 Z(0℃)，那么一些落入 Z(0℃)～$Z(W_{max})$区的尺度较小的冰雹，由于它们的落速与 W_{max} 相差不多，通过此区的时间会较长，它们又可能被融化成雨滴再次被送到高层去冻结，因而这种配置有利于大雹的积累和降落。

图 10.7 给出的是这个简单模型在垂直剖面上的雷达回波结构与冰雹生长区和冰雹降落区的配置关系。

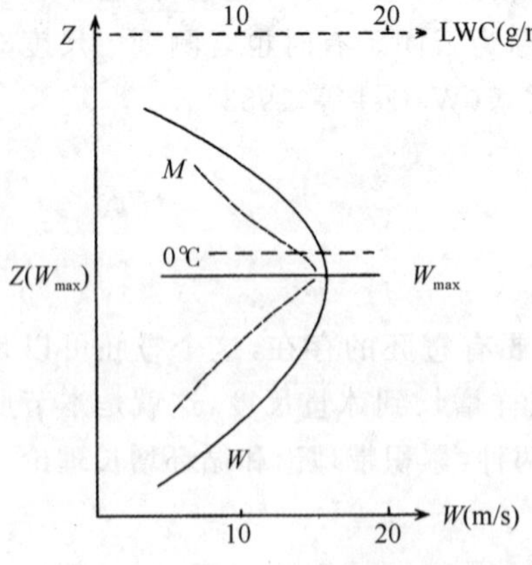

图 10.6 Sulakvelidze 概念模型

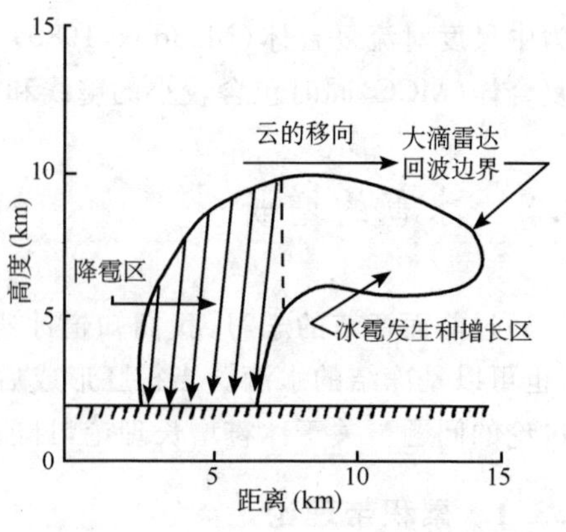

图 10.7 Sulakvelidze 概念模型的垂直剖面图

10.3.2　循环增长理论

该理论是 Browning 和 Foote(1976)基于超级单体风暴提出的。他们设想在这种风暴系统中冰雹的增长可以划分三个阶段，如图 10.8 所示。

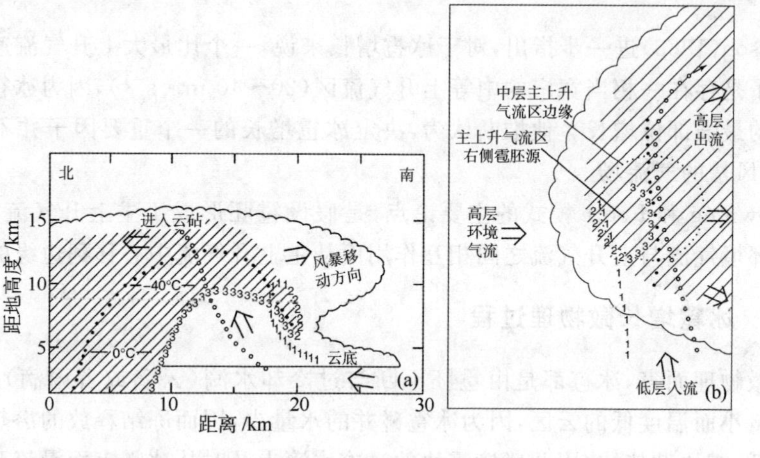

图 10.8　超级单体中冰雹轨迹的示意模式(根据 Browing 和 Foote(1976)推断的气流模式绘制)

(a)冰雹在风暴中移动方向上轨迹的垂直剖面图；(b)冰雹轨迹的平面投视图。轨迹 1、2、3 表示文中讨论的大冰雹增长的三个阶段。从阶段 2 过渡到阶段 3 相当于冰雹重新进入主上升气流，然后开始最后的上升-下沉轨迹，特别在穹窿边界附近冰雹可以增长到很大。其他冰雹将在离穹窿边缘稍远处增长，并将沿着由圆点轨迹所示的类似轨迹移动。在上升气流核心区增长的云质粒在其达到降水尺度前沿着 0 轨迹被迅速带至高空并进去云砧区(Browing 和 Foote，1976)

阶段 1：雹胚形成于主上升气流边缘比较狭窄的区域，该处上升气流速度典型值为 10 m · s^{-1}，有足够的时间可以增长到毫米尺度。形成于上升气流西部边缘的那些质粒较易进入胚胎帘区，并沿着图 10.8b 中标号为 1 的轨迹运动。标号为 0 的质粒轨迹通过上升气流核心上升，故而没有足够的时间增长到较大的尺度，它们形成弱回波区并被排出进入云砧外流中。

阶段 2：形成于主上升气流的西部边缘的雹胚被辐散气流场带动沿着风暴的南侧移动，一些大雹胚沉降落入弱上升气流区形成胚胎帘。标号为 2 的质粒轨迹表明，如 Browning 和 Foote 假设的，由于上升气流的作用而进入胚胎帘。雹胚在胚胎帘中下降时可能进一步增长。一些质粒从胚胎帘的下端沉降出来重新进入主上升气流的底部，从而开始进入阶段 3。

阶段 3：表示冰雹增长的最后成熟阶段，在主上升气流中上升时，冰雹经历了接近绝热液态含水量的区域。Browning 和 Foote 设想，从雹胚增长到冰雹是作为单一的上升—下沉循环过程实现的。那些重新进入主上升气流最低层—该处上升气流最弱一雹胚的下降速度有可能与上升气流速度平衡。它们缓慢上升的结果使得它们有相当充分的时间碰冻丰富的液态水。Browning 和 Foote 强调指出，质粒下降速度与上升气流速度接近平衡的这种要求是大冰雹不经常发生的主要原因，最有利的质粒保持在胚胎帘的下边界附近，它们缓慢上升并迅速碰冻云滴。最后，它们到达其上升的顶点。

Nelson(1983)进一步指出，对于冰雹增长来说，一个比最大上升气流速度更为重要的因子是存在一相当宽广的中等上升气流区(20～40 m·s^{-1})，因为冰雹不能在上升气流的最强部位增长。他推断认为，决定冰雹增长的一个重要因子并不是缺乏雹胚，而是风暴的气流场。

Browning 和 Foote 模式的主要论点，是假设雹胚形成于主上升气流的边缘，或是由于环境气流与上升气流之间相互作用而从主上升气流中心移到边缘的。

10.3.3 冰雹增长微物理过程

从微物理而言，冰雹都是由雹胚不断与过冷却水滴(云滴或者雨滴)碰冻而成。在含水量小而温度低的云区，因为冰雹碰并的水量少，因而冻结释放的潜热也少。再加气温低，雹块散热快，因此碰撞雹块的过冷水滴未及时从冰雹表面漫流开来就已冻结为冰，在一定的程度上保持其圆球形，冻滴之间留有许多空隙，形成不透明层次。相反，如果云的含水量比较大，环境气温也不太低，则冰雹的散热不及冻结潜热释放的快，被碰撞水滴只能有一部分冻结，过冷水在冰雹表面铺展成水膜，冻结过程在水与冰的交界面上进行，形成的冰层透明而密度大。通常称前者为冰雹的干增长，后者为冰雹的湿增长。研究冰雹的干、湿增长，关键是要解决干、湿增长的判据。

设冰雹半径为 R_h，以相对于水滴的速度 V_h 下落，则它在单位时间内所捕获的液态水质量为：

$$\frac{\mathrm{d}m}{\mathrm{d}t}=E\pi R_h^2 V_h q_w \tag{10.1}$$

式中 E 和 q_w 分别是平均捕获效率和液态水含量。如果这些水完全冻结，则热量释放率为：

$$\frac{\mathrm{d}Q_1}{\mathrm{d}t}=[L_f+c_w(T-T_0)+c_i(T_0-T_s)]\frac{\mathrm{d}m}{\mathrm{d}t} \tag{10.2}$$

其中 T_0、T 和 T_s 分别为冰粒子的融化温度、环境气温和冰雹的表面温度，L_f 为融化潜热，c_w 和 c_i 分别为水和冰的比热容。

由于并合水的冻结潜热的释放，冰雹表面温度升高并超过环境温度。对这样一个通风球体，由于热传导和强迫对流作用而导致的热量输送率为：

$$\frac{\mathrm{d}Q_2}{\mathrm{d}t}=2\pi k_a R_h(T_s-T)N_{\mathrm{Nu}} \tag{10.3}$$

式中，Nusselt(努塞特)数 $N_{\mathrm{Nu}}=2.0+0.60N_{\mathrm{Pr}}{}^{1/3}N_{\mathrm{Re}}{}^{1/2}$($0<N_{\mathrm{Re}}<200$ 的水滴)，其中 Prandtl(普朗特)数 $N_{\mathrm{Pr}}=\eta c_p/k_a$，$\eta$ 为动力学黏滞系数，k_a 为干空气热传导率。

由于水从冰雹表面蒸发而引起的热量输送率为：

$$\frac{\mathrm{d}Q_3}{\mathrm{d}t}=L_v 2\pi D_v R_h \Delta\rho_v N_{\mathrm{Sh}} \tag{10.4}$$

式中，L_v 为汽化(凝结)潜热，Sherwood(舍伍德)数 $N_{\mathrm{Sh}}=2.0+0.6N_{\mathrm{Sc}}{}^{1/3}N_{\mathrm{Re}}{}^{1/2}$，其中 Schmidt(施密特)数 $N_{\mathrm{Sc}}=\eta/\rho_v D_v$。测量指出，$N_{\mathrm{Pr}}{}^{1/3}=N_{\mathrm{Sc}}{}^{1/3}=0.90$，$N_{\mathrm{Sh}}$ 和 N_{Nu} 经验式中的常数 2.0 与其他项相比可略去，故有

$$N_{\mathrm{Nu}}=N_{\mathrm{Sh}}=xN_{\mathrm{Re}}{}^{1/2} \tag{10.5}$$

这里 $x=0.54$。

如果忽略掉热量传入冰雹内部的情形，达到平衡时，有：

$$\frac{\mathrm{d}Q_1}{\mathrm{d}t}=\frac{\mathrm{d}Q_2}{\mathrm{d}t}+\frac{\mathrm{d}Q_3}{\mathrm{d}t} \tag{10.6}$$

设 q_{wc} 为含水量临界值，在含水量 $q_w=q_{wc}$ 时，热量最大消耗率刚好满足使所有被捕获的小滴冻结且维持冰雹表面温度为 0℃ 即 $T_s=T_0$，于是有：

$$E\pi R_h^2 V_h q_{wc}[L_f+c_w(T-T_0)]=2\pi R_h x N_{\mathrm{Re}}{}^{1/2}[L_v D_v \Delta\rho_v+k_a(T_s-T)] \tag{10.7}$$

或

$$q_{wc}=\frac{2xN_{\mathrm{Re}}{}^{1/2}}{R_h V_h E}\frac{L_v D_v\Delta\rho_v+k_a(T_s-T)}{L_f+c_w(T-T_0)} \tag{10.8}$$

对于一给定了半径和环境条件的冰雹，当含水量 $q_w<q_{wc}$ 时，若冰雹表面温度低于 0℃，则所有并合的水滴全部冻结，即干增长。当 $q_w>q_{wc}$ 时，冰雹捕集的水比它可能冻结的要多，假设过量水或以薄膜形式累积起来，或者脱离，即湿增长。干增长率可由(10.1)式确定，湿增长中过量水以薄膜形式累积起来的形式时，其增长率同样满足方程(10.1)。而对过量水脱离掉的湿增长情况，冰雹增长率方程为：

$$\frac{\mathrm{d}m}{\mathrm{d}t}=E\pi R_h^2 V_h q_{wc} \tag{10.9}$$

习　题

(1)试回答或解释下列问题：

1)冰雹层状结构的微物理成因。

2)超级单体中冰雹的形成过程。

(2)冰雹对作物等地面受灾体的破坏程度，近似地与单位时间单位面积上的冰雹落地动能成正比。设冰雹的数密度为 N，直径均为 D，其下落末速度为

$$u(D)=kD^{0.5}$$

其中 $k=1.4\times10^3\ \mathrm{cm^{1/2}\cdot s^{-1}}$。试求到达地面冰雹的动能通量 F_{KE} 和质量通量 F_M，并证明它们之间的关系为

$$\frac{F_{KE}}{F_M}=\frac{k^2}{2}D$$

(3)雨滴到达地面时同样存在落地动能，虽然其中有一部分被表面张力能消耗。设雨滴满足 M-P 分布，即 $N(D)=N_0\exp(-\lambda D)$。如果继续使用本章习题(2)中的下落末速度公式(对大雨滴近似适用)，试求雨滴群到达地面的动能通量 f_{ke} 和质量通量 f_m，并证明它们之间的关系为

$$\frac{f_{ke}}{f_m}=2.25\,\frac{k^2}{\lambda}$$

如果 $N_0=0.08\ \mathrm{cm^{-4}}$，降雨率为 $20\ \mathrm{mm\cdot h^{-1}}$，试求用 $\mathrm{W\cdot m^{-2}}$ 表示的雨滴群落地动能通量。(参考答案：$1.09\times10^{-1}\ \mathrm{W\cdot m^{-2}}$)

(4)对于习题(2)中的冰雹，设 $D=1$ cm，冰雹的液水等效降水率与习题(3)中的降雨率相同，均为 $20\ \mathrm{mm\cdot h^{-1}}$。证明冰雹的落地动能是降雨的 5 倍。

(5)初始半径为 1 mm 的冰雹从高于云底 5 km 的地方下降，5 km 处的环境温度为 250 K，云内空气的温度递减率是 $0.6\ ℃\cdot(100\ \mathrm{m})^{-1}$。冰雹通过碰冻云滴增长，增长过程中冰雹表面温度维持在 0℃。假定上升气流速度为 0，并假定在冰雹增长期间，水滴冻结潜热释放率与空气传导热量散失率始终保持平衡，忽略凝华效应和被捕获水滴的热容。试证明冰雹在下降 3 km 后，半径可增长到约 3.5 mm。末速度公式同习题(2)，通风因子 $f=0.3(N_{\mathrm{Re}})^{1/2}$。

(6)冰雹从 700 hPa 高度处下落，通过液水含量为 $4\ \mathrm{g\cdot m^{-3}}$、温度为－15℃的过冷却液态云层。假定温度在－15℃到 0℃范围内，冰雹增长处于热量平衡状态，试计算冰雹温度与其尺度的关系，其中考虑传导、凝华和碰冻产生的热量传输。冰雹下落末速度和通风因子表达式与习题(5)中相同，其中传导、凝华过程的通风因子相同。(参考答案：如 0℃，5.6 mm；－4℃，3.0 mm；－8℃，1.4 mm；－12℃，0.32 mm；)

(7)当冰雹下落经过薄云或无云大气时，由于冰雹表面的升华以及其热容(热容能造成冰雹响应环境温度变化滞后)，使冰雹的温度比环境要低。

1)试推导冰雹的温度响应时间常数。其中假定任何时间冰雹内均为等温结构，而且仅通过传导产生热量交换，即在冰雹热量平衡方程中，除了传导项以外全部忽略不计。

2)试计算直径 1 cm 的冰雹的温度响应时间常数，冰雹的比热容取为 $2.1\ \mathrm{J\cdot g^{-1}\cdot K^{-1}}$，通风因子 f 为 25。(参考答案：26 s)

参考文献

Browning K A, and Ludlam F H. 1960. Radar analysis of a hailstorm. Tech. Note No. 5, Dep. Meteorol., Imperial College, London, 110 pp.

Browning K A, and Ludlam F H. 1962. Airflow in convective storms. *Quarterly Journal of the Royal Meteorological Society*, **88**:117-135.

Browning K A. 1968. The organization of severe local storms. *Weather*, **23**:429-434.

Browning K A, and Foote G B. 1976. Airflow and hail growth in supercell storms and some implications for hail suppression. *Quarterly Journal of the Royal Meteorological Society*, **102**: 499-533.

Browning K A. 1977. The structure and mechanism of hailstorms. *Meteorological Monographs*, **38**:1-43.

Byers H R, and Braham Jr R R. 1949. The Thunderstorm: Final Report of the Thunderstorm Project. U. S. Government Printing Office, 287 pp.

Chisholm A J, and Renick J H. 1972. The kinematics of multicell and supercell Alberta hailstorms. Research Council of Alberta Hail Studies, Report No. 72-72, 24-31.

Dennis AS, Schock CA, and Koscielski A. 1970. Characteristics of hailstorms of Western South Dakota. *Journal of Applied Meteorology*, **9**:127-135.

Doswell C A. 1984. Mesoscale aspects of a marginal severe weather event. *10th Conference on Weather Forecasting and Analysis*, Clearwater Beach, FL, USA, Amer. Meteor. Soc., 131-137.

Foote G B, and Wade CG. 1982. Case study of a hailstorm in Colorado. Part Ⅰ: Radar echo structure and evolution. *Journal of the Atmospheric Sciences*, **39**:2828-2846.

Haman K. 1968. On the accumulation of large raindrops by Langmuir chain reaction in an updraft. *Proc. of the International Conference on Cloud Physics*, 345-349

Knupp K R, and Cotton W R. 1982a. An intense, quasi-steady thunderstorm over mountainous terrain. Part II: Doppler radar observations of the storm morphological structure. *Journal of the Atmospheric Sciences*, **39**:343-358.

Knupp K R, and Cotton W R. 1982b. An intense, quasi-steady thunderstorm over mountainous terrain. Part III: Doppler radar observations of the turbulent structure. *Journal of the Atmospheric Sciences*, **39**:359-368.

Lemon L R, and Doswell C A. 1979. Severe thunderstorm evolution and mesocyclone structure as related to tornadogenesis. *Monthly Weather Review*, **107**:1184-1197.

Maddox R A. 1980. Mesoscale convective complexes. *Bulletin of the American Meteorological Society*, **61**:1374-1387.

Marwitz J D. 1972. The structure and motion of severe hailstorms. Part II: Multi-cell storms. *Journal of Applied Meteorology*, **11**:180-188.

Nelson S P. 1983. The influence of storm flow structure on hail growth. *Journal of the Atmospheric Sciences*, **40**:1965-1983.

Newton C W. 1963. Dynamics of severe convective storms. *Meteorological Monographs*, **27**: 33-58.

Paluch I R. 1982. Chapter 8. *Hailstorms of the central high plains*, C. A. Knight, and P. Squires, Eds., Colorado Associated University Press, 195-206.

Sulakvelidze G K, Bibilashvili N S, and Lapcheva V F. 1967. Formation of Precipitation and Modification of Hail Processes. Israel Program for Scientific Translations, 208 pp.

Vasiloff S V, Brandes E A, Davies-Jones R P, and Ray P S. 1986. An investigation of the transition from multicell to supercell storms. *Journal of Climate and Applied Meteorology*, **25**: 1022-1036.

Weisman M L, and Klemp J B. 1984. Structure and classification of numerically simulated convective storms in directionally varying wind shears. *Monthly Weather Review*, **112**: 2479-2498.

Wetzel P J, Cotton W R, and McAnelly R L. 1983. A long-lived mesoscale convective complex. Part II: Evolution and structure of the mature complex. *Monthly Weather Review*, **111**:1919-1937.

第 11 章　降水过程与结构特征

降水系统的空间范围、强度和寿命主要受空气的垂直运动控制。在很大程度上，这些大气运动是由不同类型的大气不稳定性决定的。与不稳定性有关的特征时间、空间尺度主要取决于以下大气参数：

D：不稳定层厚度（$D \leqslant 10$ km）；

N：Brunt-Väisälä 频率（$N \sim 10^{-2}$ Hz）；

f：Coriolis 常数（中纬度地区 $f \sim 10^{-4}\ \mathrm{s^{-1}}$）；

$\beta = \partial f/\partial y$：$f$ 的经向梯度（$\beta \sim 10^{-11}\ \mathrm{m^{-1} \cdot s^{-1}}$）；

$\partial u/\partial z$：风切变（$\partial u/\partial z \sim 2 \times 10^{-3}\ \mathrm{s^{-1}}$）。

利用尺度分析方法（如：Emanuel，1986）和线性稳定度理论（如：Emanuel，1979）可以得到大气不同稳定度类型的特征时间、空间尺度（表 11.1）。

表 11.1　大气中主要不稳定类型的时间、空间特征尺度

类型	水平尺度	时间尺度
条件不稳定	$D \leqslant 10$ km	$\frac{1}{N} \sim 8$ min
对称不稳定	$\frac{(\partial u/\partial z)D}{f} \leqslant 200$ km	$\frac{1}{f} \sim 3$ h
斜压不稳定	$\frac{f^2(\partial u/\partial z)}{N^2\beta} \leqslant 2000$ km	$\frac{2\pi N}{(\partial u/\partial z)f} \sim 3$ d

天气尺度的降水系统是由大气斜压不稳定造成的，大范围的垂直速度量级为 $10^0\ \mathrm{cm \cdot s^{-1}}$，而在条件不稳定产生的积云对流中，局地上升速度可达 $10^0\ \mathrm{m \cdot s^{-1}}$，对称性不稳定产生的中尺度系统的垂直速度则介于以上二者之间。

垂直运动的不同强度和范围能产生不同的降水特征，其中主要的物理机制也不相同，据此可把降水过程分成如下两种类型：

(1)大范围的层状连续性降水。它与锋面、地形抬升以及大尺度水平辐合所产生的上升运动有关。

(2)局地的对流性、阵性降水。它与不稳定大气中的积云尺度对流有关。

尽管层状云降水和对流云降水之间的区别并不总是很明显,但这仍是一种实用的分类。当用雷达或雨量计观测时,可以发现:在大范围的降水中存在着小尺度结构,即最强的降水总是局限在一些尺度只有几千米的范围内;对流云降水有时候也能延伸到很大的面积,具有类似于连续性降水的特征。虽然如此,仍然可以把降水划分为具有明显的非均匀性和比较均匀的两类,分别称为对流性降水和层状云降水。前者的主要特征是,尺度为 1～10 km,并被无降水区隔开。后者的主要特征是,极少有明显的小尺度结构,而且范围宽广。此外,层状云降水随时间的演变比较缓慢,而对流性降水变化比较迅速。

层状云降水主要来自雨层云,而消散中的积云和地形云也可能包含有层状结构的降水。大部分的雪降自雨层云,但是雪暴和阵霰可在对流云中出现。

11.1 层状云降水

层状云降水持续时间长,一般为几小时到十几小时,甚至可连续几天(如江南梅雨),相对来说层状云降水连续平稳,但层状云降水在时间和空间上也有不均匀性,所谓层状云的宏微观结构比较均匀和变化小,是相对积状云而言的,如锋面层状云和层积云降水中,也常观测到阵性降水。层状云的降水强度一般为 10^{-1}～10^{0} mm/h,雨强随时间的变化在个别情况下可不比积状云降雨小。

层状云降水过程最显著的一个特征是雷达回波中的亮带。图 11.1 给出了一次

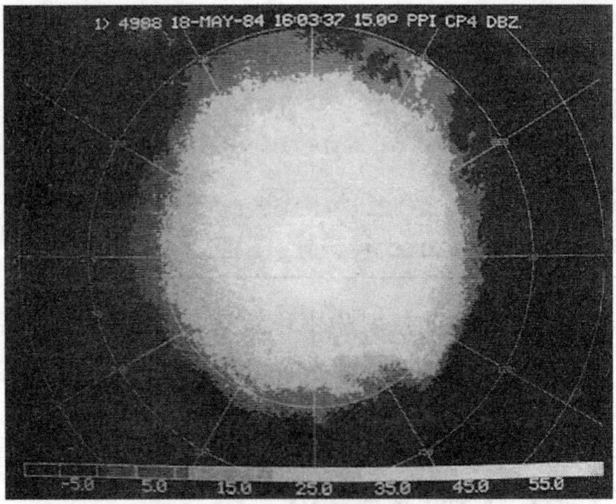

图 11.1　层状云降水雷达反射率

(单位:dBZ;高度角:15°;半径网格间隔:10 km;Rogers 等,1989)

层状云降水的雷达回波。PPI 图像呈圆形对称说明反射率场是水平分层的。在距雷达站 5 km，高度为 1.3 km 的地方观测到的降水类型为雪，在离雷达更近的地方气温高于 0℃，雪花融化成雨。图 11.2 则给出了这次降水的回波垂直结构，RHI 图像的方位角为 30°。图中 1 km 高度处带状高反射率回波为雷达回波亮带，即融化层，该亮带对应于图 11.1 中的亮环区域。图 11.2 显示降雪区的雷达回波比降雨区的雷达回波更加均匀，探测中经常能够看到这一现象，说明即使上层的雪花层比较均匀，但由其融化后在地面形成的降雨却可能并不均匀。

图 11.3 中的反射率垂直廓线上亮带十分明显，高反射率层有几百米厚，最大反

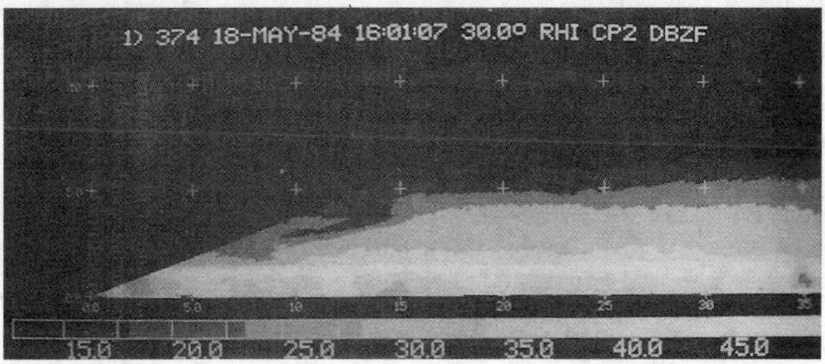

图 11.2　图 11.1 中方位角为 30°处的雷达回波垂直剖面，融化层最大反射率为 45 dBZ(Rogers 等，1989)

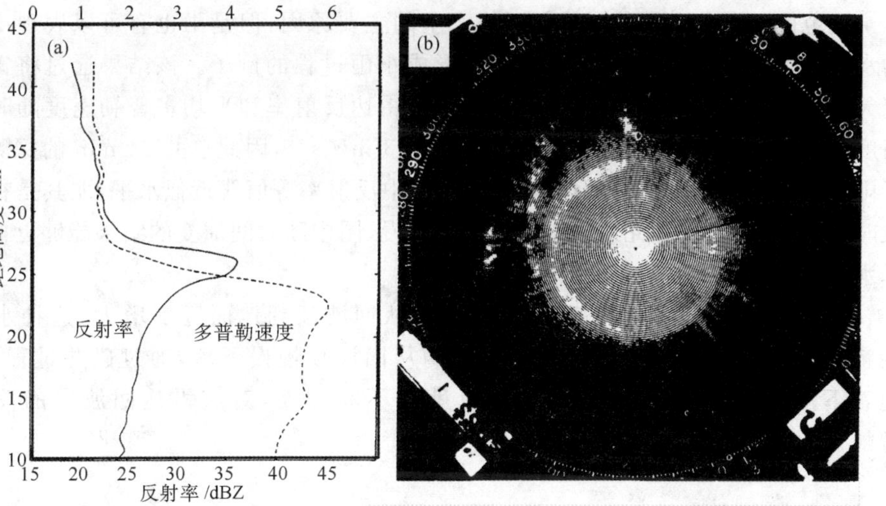

图 11.3　具有亮带特征的层状云降水雷达反射率廓线(a)和多普勒速度(b，仰角：8°，回波亮环距雷达约 20 km)(Rogers 等，1989)

射率要比其上下层的雪和雨高出约 10 dBZ。对应的多普勒速度从雪的 1.5 $m \cdot s^{-1}$ 增加到雨的 6 $m \cdot s^{-1}$，多普勒速度梯度的最大值紧靠最大反射率层下部。当雪花下落到环境温度高于 0℃的空间时，有几方面原因使雷达反射率增加。其中最重要的原因是雪的融化，因为水的介电常数比冰的介电常数大 4.4 倍或 6.5 dB。其次，初始阶段雪花表面融化形成湿雪，其反射率高于同样质量的球形水滴。在继续融化下落过程中，湿雪粒子就变得更加密实，直到最后完全融化成雨滴。由于雨滴比雪花下落得快，由雪花向雨滴转化的过程中粒子群的空间浓度不断减少，空间浓度的减少可以部分地解释融化层下部反射率的减少。另外，如果融化的雪片进一步破碎，反射率也要相应减小。

Wexler(1955)分析融化层中的各种物理过程，对不同效应引起的反射率变化估算如下表：

	融化	下落速度	形状	凝结	总计
雪→亮带/dB	+6	−1	$+1^{1/2}$	0	$+6^{1/2}$
亮带→雨/dB	+1	−6	$-1^{1/2}$	1/2	−6

人们常观测到比预计强得多的亮带，可能是由于融化层上部出现雨滴并合，而在融化层下部出现雨滴的破碎所致。

有时在大范围降水区亮带很弱，呈弥散状，甚至不出现亮带。这是因为有对流存在，对流造成的混合作用破坏了形成明显的融化层所必要的稳定层结条件。

大范围的雪花是层状云均匀回波产生的主要原因，但是雨也有可以表现出明显的水平均匀性。图 11.4 是一个液相云形成小雨过程的例子。该结果通过将雷达对着天顶方向进行固定探测，得到了降水期间雷达反射率和平均多普勒速度随时间和高度的变化。该个例中，多普勒速度约达到 3 $m \cdot s^{-1}$，因此总共 24 min 的探测相当于雨在垂直方向通过的距离约为 4 km。图中反射率等值线近似水平，尤其是在后半段时间，因此可以认为此次降水过程变化缓慢，图中随时间演变的结果能够近似代表降水沿着其移动方向的空间分布。

在垂直方向上，反射率和多普勒速度从回波顶到地面逐渐增大，这种水平分层特征表明，在稳定降水过程中，小雨滴从回波顶慢慢下落，通过碰并过程增长。随着下落距离的增加，雨滴的平均尺度也不断增大，对应雷达回波中的反射率增加。

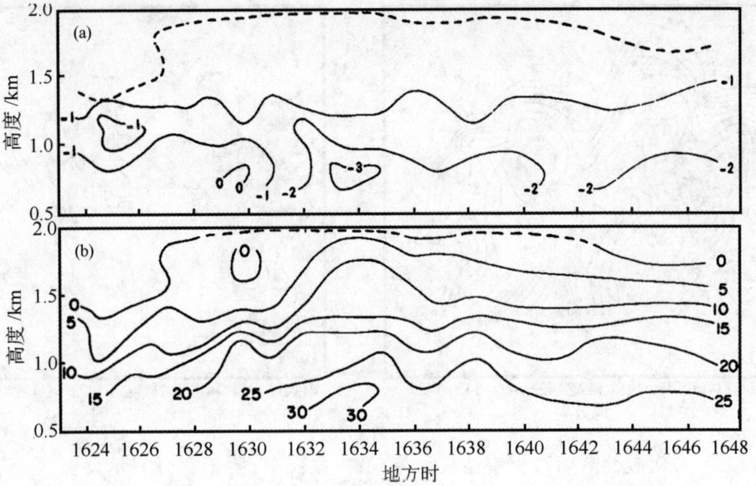

图 11.4　一次地形云降水过程平均多普勒速度(a)和雷达反射率(b)的时间—高度剖面图

(0 dBZ 定义为降水顶部,并在 a 图中以虚线标出;估计该过程中垂直气流速度小于 1 m · s^{-1};Rogers,1967)

11.2　阵雨

一些阵雨过程的雷达回波显示,降水在 PPI 上可以排列在一条线上,也可能零星分布,无明显的特殊结构。此类结构中单个回波的寿命不到 1 h,结构本身的变化十分迅速,此时主要由对流过程控制降水发展,而不是重力沉降。

图 11.5a 给出了在夏威夷由多普勒雷达垂直探测得到的暖性阵雨反射率垂直结构。阵雨大约以 4 m · s^{-1}的速度下落,总共 18 min 的探测相当于阵雨在垂直方向通过的距离约为 4 km。这场阵雨的结构非常密实,其水平范围与垂直范围接近。需要注意的是,图 11.5a 并不是阵雨空间分布的精确描述,因为在探测期间阵雨还在发展,内部也在不断变化。

由多普勒速度配合反射率导出的垂直运动结构如图 11.5b 所示。14:14 时整个垂直范围内均为上升运动,最大速度超过 5 m · s^{-1},对应图 11.5a 中反射率达到 45 dBZ的强回波区。到 14:21 时,2 km 高度处的垂直气流和反射率再次同步增加,但强度较前次弱。此次阵雨过程雨量较大,18 min 内累积降水量为 3.8 mm。

该阵雨个例的总体特征比较简单。看起来是由两个活跃的对流单体组成,每个单体均具有连续的上升气流与强反射率对应。用这种方法探测到的大多数阵雨看来都具有多单体的特点。但是,对这样得到的时间—高度剖面图进行解释时还存在不确定性,因为需要首先判断阵雨过程的水平分布,即探测到的是阵雨中心还是边缘区域。

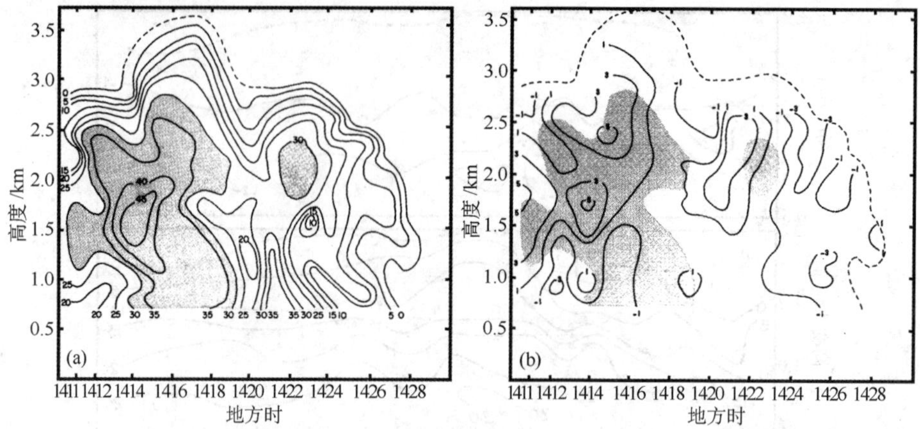

图 11.5　一次暖性阵雨过程雷达反射率(a;单位:dBZ;阴影部分表示反射率大于30 dBZ)和上升气流速度(b;上升运动为正;单位:m·s^{-1})的时间—高度剖面图(Rogers 等,1989)

Browning 等(1968)用两部多普勒雷达对阵雨过程进行了同步探测,第一部垂直向上,第二部使用低仰角探测二维剖面结构。利用第二部雷达确定了探测期间阵雨中心直接经过第一部雷达的上空,这样便可得到阵雨过程中的空气运动特征和降水的增长区域(图 11.6)。由图可见,上升气流局限在阵雨的上半部分,上升速度很小,仅约为 1 m·s^{-1}。该过程中产生的霰粒估计是在这个区域中开始出现并增大的。图中的实线是估计的最大霰粒轨迹,霰粒一边下落一边增大,当通过弱上升气流区时,便

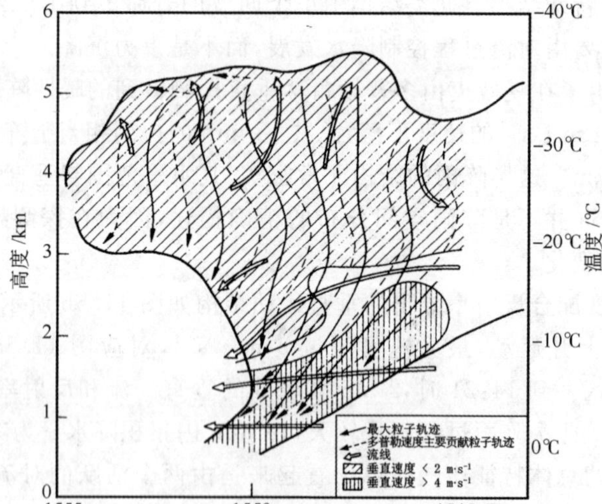

图 11.6　一次阵雨过程的时间—高度剖面图(流线和轨迹均相对于阵雨整体;Browning 等,1968)

在低层形成了降水幡。低层则为下沉气流占优势，这种高层为上升气流、低层为下沉气流的结构特征，意味着从低层开始的斜升运动发生在已存在的降水区之外，当云粒子在斜升空气中增长到雷达能检测到的尺度时，上升运动就完成了携带水成物粒子上升的作用。可见对流单体的寿命与发展成降水所需的时间大体上一样(Houghton,1968)。

11.3　降水形成的简化理论

一般认为，层状云降水基本上是由冰晶过程发展起来的，这些云的含水量较低，所以碰并增长可能并不显著。但如果云体持续时间较长，而且云体在－15℃高度层上维持，冰晶效应可导致降水形成。正如 Braham(1968)评述降水发展时所说的那样，层状云的任何一层在降水过程中都起着特殊作用。冷的上层($t\approx-20$℃)提供冰晶，这些冰晶可以作为低层降水发展所需的初始胚胎。云的中层($t\approx-15$℃)提供迅速扩散增长的良好环境。云的低层内(－10～0℃)碰连和淞附增长过程进行得最快，大部分的降水增长发生在低层中。

对流云内降水增长能利用的时间比较短，但是由于含水量比层状云大，其碰并过程对形成降水较为有利。由观测可知，对流单体的生命史(约 20 min)正是降水增长所需要的时间。Houghton(1968)认为，降水过程必须在云体发展的早期就开始，即从云在低层形成时开始。降水通过液相碰并或冰晶过程启动，具体是什么过程取决于温度和云的含水量，但是，大部分降水增长的主要机制是不同相态、不同大小的水成物粒子之间的并合过程。

因此，积状云和层状云的降水形成机制是十分不一样的。作为有效的近似，连续性降雨一般可以看作是一种稳定状态的(定常)过程，其中云的各种特征量可以随高度变化，但在任何一个给定高度上不随时间变化。相反，阵雨可以近似地看成这样一种系统：其中云的特性随时间变化，但在某一给定时刻，则不随高度变化。Rigby 等(1954)最早提出了这种有局限性的但与实况接近的看法。

下面将上面的近似用于对流云产生的阵雨，其目的在于求解雨滴的大小分布随时间的演变，假定云滴增长是由碰并引起的。这时，连续增长方程的基本形式由(8.8)式给出：

$$\frac{\mathrm{d}R}{\mathrm{d}t}=\frac{EW}{4\rho_w}u(R)$$

对于中等尺度的水滴来说，可应用(5.45)式所表示的线性下落末速度规律(即 $u=K_3r$)。如果把 EW 看作常数，则此增长方程的解是

$$R(t)=R(0)e^{at} \tag{11.1}$$

其中 $a=K_3EW/4\rho_w$。

令 $n(R,t)$ 和 $n(R,0)=n_0(R)$ 分别表示 t 时刻和起始时刻的雨滴谱。由于碰撞

是所考虑的唯一增长机制，可认为起始时刻 dR_0 间隔内的雨滴个数与 t 时刻 dR 间隔内雨滴个数相等，即

$$n(R,t)dR=n_0(R_0)dR_0 \tag{11.2}$$

由(11.1)式可得

$$n(R,t)=e^{-at}n_0(Re^{-at}) \tag{11.3}$$

这就是所求的解，即用初始雨滴谱分布来表示任何 t 时刻的分布。该近似表达式忽略了雨滴之间的碰并，即只考虑了雨滴对云滴的碰并，最适用于对流云中雨滴增长的早期阶段，在此情况下小雨是下落经过较密的云层增长的。

对于连续性降雨，假定雨滴的数密度通量随高度不变；否则，滴谱分布将会随时间变化。因此初始谱分布和下落 h 距离后的谱分布之间的关系为：

$$n(R,h)u(R)dR=n_0(R_0)u(R_0)dR_0 \tag{11.4}$$

假设忽略上升气流速度，同时再采用(5.45)式给出的下落速度，可以得到

$$n(R,h)=\left(1-\frac{bh}{R}\right)n_0(R-bh) \tag{11.5}$$

其中 $b=EW/4\rho_w$。

虽然(11.3)式和(11.5)式只是粗略的近似关系，但它们却给出了两种理想化降水过程之间的差异。实际上，以上结果是把连续碰并增长方程扩展应用到了水滴群体。

11.4 降水的中尺度结构

卫星观测到的大尺度天气系统，如温带气旋和热带气旋，通常由中尺度云团组成，具有线状特征，这种云系结构称为云带。从雷达回波上看，这些云带的降水分布也呈线状排列。气象上把这种由强上升气流引起且排列成线状的雷暴群称为飑线。与此对应，由上升气流造成的具有一定方向的狭长形降水区域称为降水带，其中的上升气流包括非对流性上升运动和弱对流上升运动。根据降水类型的不同，降水带又分别称为“雨带”或“雪带”。下文中在不明确指降雨还是降雪时，按习惯使用雨带进行表述。当雷达回波中显示出线状或带状分布的降水区域时，称天气系统具有带状结构。如果是在大范围降水区中出现的带状强降水区域，则称为隐嵌带(embedded bands)。

在温带气旋中，雨带的结构、强度和方向主要与锋区强迫有关。热带气旋雨带分布在台风眼外围，与涡旋运动产生的强迫和惯性重力波有关。降雨区的出现也可能与气旋系统无关。例如，在山区、海岛等地形的动力强迫下或者海岸、湖岸等水陆边界的热力强迫下，也可以形成雨带。雨带具有中尺度特征，其空间和时间尺度取决于触发、维持的强迫机制的尺度。通常，宽度大约在 5～250 km 之间，长度则从几十到

上千千米，持续时间从小于 1 h 至 1 d 以上。

11.4.1 雨带的结构

11.4.1.1 温带气旋

温带气旋雨带的分类体系主要是在美国、不列颠群岛和日本等海岸地区气旋研究的基础上建立起来的。基于雨带所处的位置和物理机制，温带气旋系统中的雨带主要分为 6 种(图 11.7)。

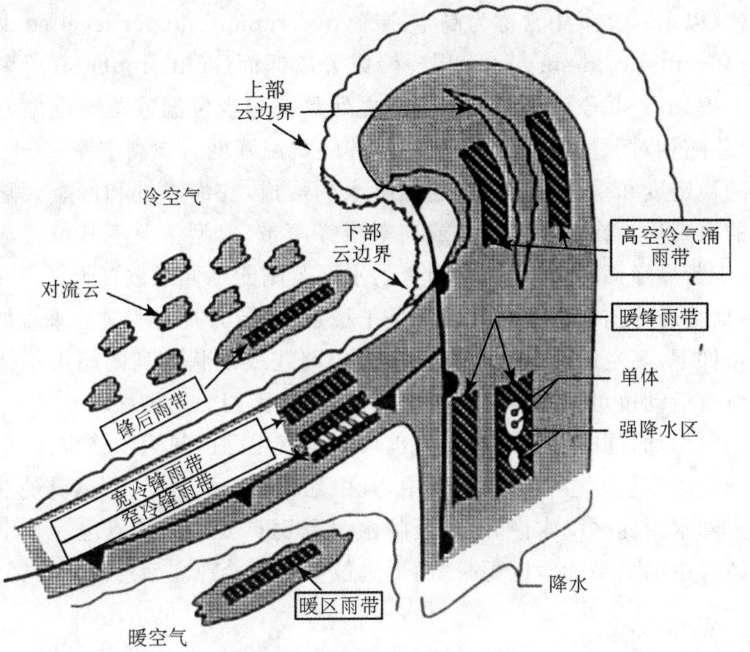

图 11.7 成熟温带气旋云降水结构的概念模式(Rauber 等，2002)

窄冷锋雨带处于地面锋线的位置，典型宽度为 5 km。在卫星图像中，此类雨带常表现为沿地面锋线的狭长云线，长度可达数百甚至数千千米。伴随强迫对流，带内上升气流可大于 $5\ m \cdot s^{-1}$，该雨带经过时能够造成局部区域强降水的发生。从雷达回波来看，窄冷锋雨带常由一些小椭圆形强降水中心组成，这些强降水中心称为降水核，降水核的长轴与冷锋的夹角约 30°～35°，降水核中的上升气流偶尔可产生弱龙卷，降水核之间的降水强度略小一些。一般认为，窄冷锋雨带中存在的这种降水核和间隙区规则排列结构是由锋面上强风切变引起的水平切变不稳定造成的。

宽冷锋雨带出现在地面冷锋之后，是在暖空气沿锋面斜升的过程中产生的，宽度约为 50 km 并与锋面平行。一般情况下，这一类雨带中的上升气流比窄冷锋雨带中的弱很多，约为 0.5 $m \cdot s^{-1}$或更小。

暖锋雨带出现在地面暖锋北侧，典型情况下与地面暖锋平行，其物理特征和上升气流的量级均与宽冷锋雨带相似，它们产生于暖空气从南向北在冷空气层上面斜升的过程之中。暖锋雨带也常常以隐嵌带的形式出现，其周围是更大范围的弱降水区。

在卫星图片上，成熟的海洋和大陆气旋都常以逗点云系的形式出现。这些逗点云系具有一个显著的特点，就是从对流层上层下沉的干冷空气和从对流层下层上升的暖湿空气在空中形成一个明显的界面。在红外云图上，该界面显示为线状结构，位置较高、厚度较薄，有时也可能没有云伴随出现。典型情况下该冷暖空气界面出现在地面冷锋前(以东)，文献中常称为高空冷锋(overrunning upper-level cold front)、锋前冷涌(pre-frontal cold surge)、上层冷锋或分离锋面(split front)，其后紧跟的干空气被称为干楔(dry slot)。高空冷锋所经之处具有相当位温或湿球位温剧烈下降的特点，同时伴随相对湿度剧烈下降，有时也伴随气温降低。该高空锋前(干楔前缘)暖湿气流区的稳定度和垂直风切变决定了降水的形成，在海洋性和冷季大陆性气旋中因此形成的雨带称为锋前冷涌雨带或高空冷锋雨带，典型情况下其位置与高空冷锋一致，或位于紧靠锋面的前部，该类雨带的水平范围能延伸至数百千米。在暖季的大陆气旋中，高空冷锋前面的湿空气常常是不稳定的，同时具有明显的垂直风切变。在这种环境条件下，高空冷锋前面可以触发形成飑线或线状排列的超级单体。雨带中有组织的对流活动也可在高空冷锋后面发展，一方面因为干楔区域空气干冷无云，向下的太阳辐射增加，同时低空的湿空气也可能具有很强的热力不稳定性。

以上四类雨带均发生在逗点云系中，其中除了窄冷锋雨带之外，其他三类雨带对应着层状云降水中的强降水区，层状云降水也是逗点云系的特点之一。出现在气旋云系前方暖区中的雨带为暖区雨带，而远远位于地面冷锋之后的雨带为锋后雨带。

11.4.1.2　热带气旋

环形和螺旋状的云带和雨带是成熟热带气旋最显著的特点之一，热带气旋中雨带的分类主要是在研究北大西洋飓风的基础上得出的(图 11.8)。在北太平洋西部(国际日期变更线以西，包括南中国海)洋面上发生，达到飓风同样强度的热带气旋，则称为台风。特别是在台风或飓风这样的强热带气旋中，距涡旋中心 100 km 半径范围内的降水通常呈轴对称分布，对应有一个或多个同心环状对流结构，称为内眼墙和外眼墙，并在台风增强时向中心收缩。随着系统的发展，外眼墙取代内眼墙，从而导致台风眼中心的气压出现周期性变化。

在强台风的外眼墙之外，降水区以螺旋雨带的形式存在，而对于强度较弱的热带气旋，螺旋雨带有时会出现在眼墙半径范围之内。与环形眼墙雨带不同，外围螺旋雨带可以是层状云降水，也可以是对流云降水。其中范围最大的螺旋雨带称为主螺旋雨带，常出现在气旋东侧，一般从外眼墙延伸到整个台风云系的外边界。典型的主螺旋雨带具有以下特点：沿轴线上分布着单体对流；内侧具有清晰的边界；外围有砧状云系产生的层状云降水。其他螺旋雨带均称为副螺旋雨带，在主螺旋雨带的两侧均可出现。典型的副螺旋雨带中包含有浅对流，而且强度差异显著。

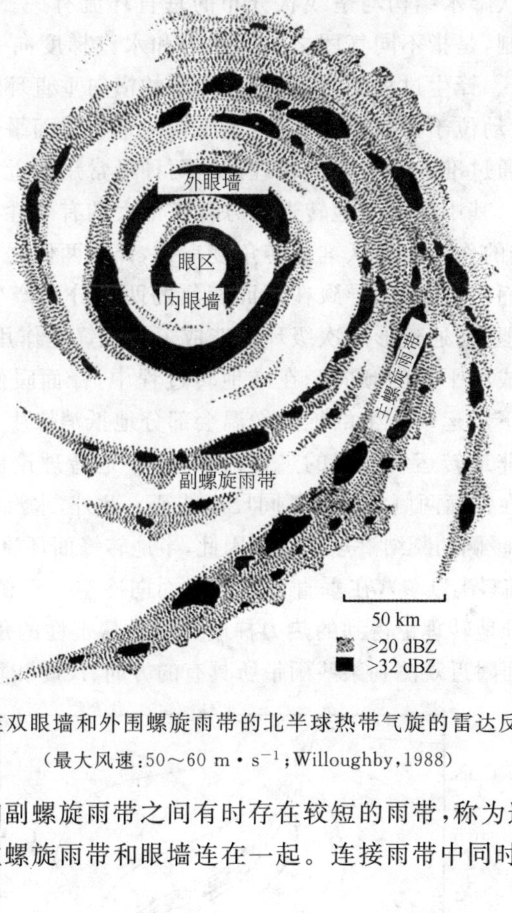

图 11.8　存在双眼墙和外围螺旋雨带的北半球热带气旋的雷达反射率示意图
（最大风速：50～60 m·s^{-1}；Willoughby，1988）

在主螺旋雨带和副螺旋雨带之间有时存在较短的雨带，称为连接雨带，经常也有明显的连接雨带使主螺旋雨带和眼墙连在一起。连接雨带中同时包含有层状云降水和弱对流降水。

以上雨带移动速度缓慢，至少相对于涡旋中心是这样，因此整体上被称为静止雨带复合体（stationary band complex，Willoughby 等，1984）。热带风暴中也包含小尺度的带状降水特征，它们则相对于涡旋向外围传播。

11.4.2　雨带形成机制

11.4.2.1　温带气旋

目前已经提出了解释温带气旋内形成雨带的几种机制，包括锋面抬升或锋生环流、湿对称不稳定、边界层辐合、重力波、地形强迫和播种云—供应云降水机制。然而，很难将哪种机制归纳为某个雨带形成的原因，因为大量事实表明上面提到的机制都是雨带形成的重要原因之一。

(1)锋生

温带气旋内带状降水结构与呈线状分布的垂直环流有关。锋生，作为此类垂直运动的主要强迫机制，是指不同气团之间的热力和水汽梯度向一个较窄区域集中的过程，此区域即为锋。锋生过程中，产生云和降水的横向垂直环流在上升运动的作用下形成，其中上升运动位于锋面较暖一侧，集中在一个与锋面平行的准线性狭窄区域内。锋生环流可以通过准地转和半地转理论这两种最常用的近似方法对基本控制方程组进行化简得到。其中使用半地转近似方程组最大的有效性在于其中考虑了潜热释放，可以模拟凝结的作用。而从准地转角度来讲，锋面两侧之间的热力梯度会因为背景场的地转变形而得到加强，导致在锋面相反的两侧分别产生冷、暖平流，从而打破热成风的平衡。但是，通过形成次级环流造成了抵抗锋生作用的垂直非地转运动，使大气具有重建热成风平衡的倾向。在准地转过程中，锋面暖侧上升运动产生的绝热冷却和锋面冷侧下沉运动产生的绝热增温会部分地抵消锋生作用。由于增加了准地转理论中忽略的非地转运动引起的热平流作用，半地转理论能够考虑到长度和速度沿着锋面方向和在锋面两侧具有的不同尺度特征。此外，水汽被考虑在半地转方程组中，可以模拟锋面暖侧的凝结潜热作用。因此，半地转锋面环流的锋面暖侧具有强度更大的狭窄斜升气流(图 11.9)，在垂直方向上锋面向冷空气一侧倾斜，而且紧靠锋面处的热力梯度也比准地转理论得到的热力梯度更大。从定性的角度来看，半地转理论得到的结果与在锋面附近观测到某些雨带所具有的方向、尺度和垂直运动是一致的。

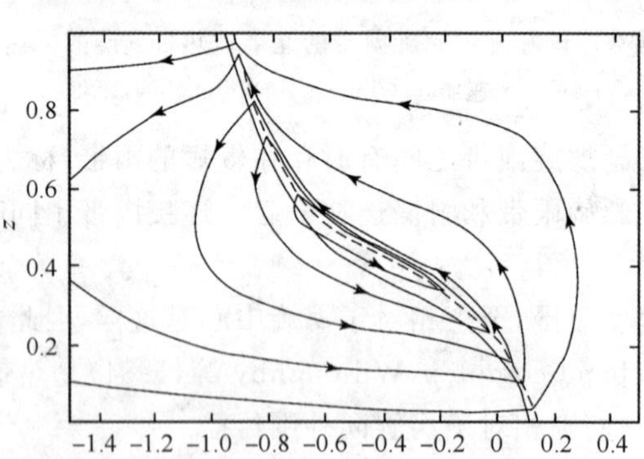

图 11.9　湿空气变形场强迫条件下求解半地转 Sawyer-Elissen 方程得到的锋面附近非地转流函数

(z 和 x 分别为无量纲高度和水平距离；Emanuel，1985)

(2)边界层辐合

最典型的与边界层辐合有关的雨带是窄冷锋雨带。在变形流场和伴随的锋生作用下,冷锋面上的热力梯度有时会崩溃并产生不连续的状态。当这种崩溃过程发生时,冷锋后的空气表现出密度流的特征,使锋面上发生较强的局地辐合。随着暖空气在不断向前推进的密度流上方抬升,便在冷锋前的暖空气中发展形成一支坡度很大的狭窄上升气流,垂直速度一般超过 10^0 m·s^{-1},在局地产生强降水。由此产生的雨带,即为上面所提到的窄冷锋雨带。对海洋地区的窄冷锋雨带进行研究表明,密度流抬升的暖空气一般是稳定或略微不稳定的,说明此过程中的上升气流不是自由对流强迫造成的。上升气流的厚度由强迫抬升的厚度决定,通常在 3～5 km 以内。在密度流向前推进过程中,沿着风向切变线会产生小尺度涡旋,即切变不稳定是这些小涡旋形成的主要机制。因此,一般情况下窄冷锋雨带中的上升气流结构比较复杂。小涡旋形成上升气流之间的间隙,从而形成雨核的离散分布。与海洋气旋相比,大陆气旋中窄冷锋雨带并不常见,可能是因为多数情况下大陆冷锋前层结状态为潜在不稳定,抬升时更容易产生飑线等其他深对流现象。

(3)导管重力波

重力波是稳定层结流体中的浮力振荡,重力是其中的回复力。重力波在大气中普遍存在,但大多数情况下重力波的振幅达不到触发雨带形成的量级,原因是大气重力波是高度频散的,在垂直向上传播时,能量被迅速地频散到高层大气中。由此,重力波一般不会传播得太远,而且没有足够的能量将空气抬升至凝结高度,也就不能形成云和降水。导管重力波(ducted gravity wave)是重力波中比较特殊的一类,其能量被限制在大气中一个垂直方向的管状区域内,并且与雨带联系在一起。导管重力波的形成需要以下特定的条件:①低层具有足够深厚的稳定层,厚度需达到垂直方向波长的 1/4;②稳定层之上存在深厚的中性湿空气层;③稳定层之上同时存在一个关键高度层,该高度沿传播方向上的平均风速分量应等于重力波的相速度。这些条件一般出现在气旋系统中暖锋的北侧,但在气旋的其他部位也有出现。当这些条件出现时,理论上可以证明重力波的能量可被限制在垂直管状区域内,因此可以使得重力波传播得更高。若波的振幅足够大,较大的重力波垂直运动可以激发产生雨带。要使雨带形成,稳定层上的大气必须接近饱和,这在暖锋面之上是一种普遍状态。导管重力波传播过程的大气结构如图 11.10 所示,最强上升运动所在区域对应着降水的触发区,高度上位于最低气压位置向上的 1/4 波长处。在适合导管重力波产生的条件下观测到雨带时,地面降水和气压变化之间的关系与导管重力波理论结果是一致的,说明在这样条件下雨带可能是由导管重力波强迫产生的。

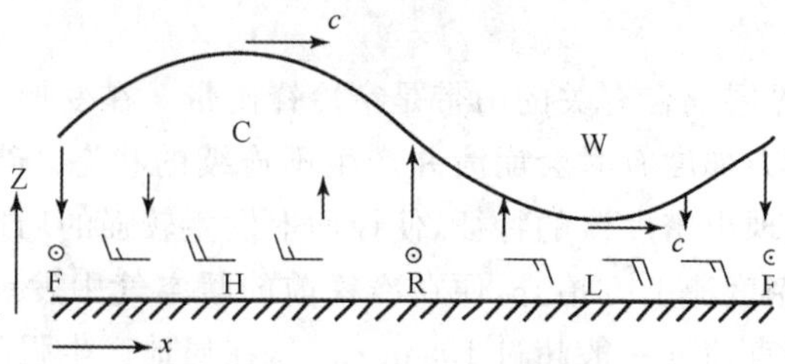

图 11.10　理想情况下以速度 c 向右传播的线性平面重力波垂直剖面

（正弦曲线代表等压面或逆温层，H 和 L 分别为地面气压高、低中心，W 和 C 分别表示正（暖）、负（冷）温度距平区；Bosart 等，1986）

(4)湿对称不稳定

湿对称不稳定（moist symmetric instability：MSI）属于二维半地转中尺度不稳定，重力和惯性的共同作用决定了扰动气块的稳定性。对称是指一种基本状态以及所产生的环流维持在一定的水平方向上，如沿着斜压区。

在北半球，非黏性条件下惯性不稳定的判据为$\partial m_g/\partial x<0$，其中 $m_g=v_g+fx$ 为地转绝对动量，v_g 是垂直于温度梯度方向上的地转风，f 是科氏参数，x 是沿与锋面正交方向的距离，暖空气一侧为正方向。

对于 $\gamma_m<-\mathrm{d}T_v/\mathrm{d}z<\gamma_d$ 的气层，条件性不稳定的判据为 $\mathrm{d}\theta_{ev}^*/\mathrm{d}z<0$，其中 θ_{ev}^* 是饱和虚相当位温，T_v 是虚温，γ_d 和 γ_m 分别为干、湿绝热递减率。

如图 11.11 所示，饱和气块在水平方向移动时是惯性稳定的（$\partial m_g/\partial x>0$），同时由于 θ_{ev}^* 的垂直递减率为负值，在垂直方向移动时是重力稳定的（$\mathrm{d}\theta_{ev}^*/\mathrm{d}z>0$），但如果

图 11.11　北半球饱和虚相当位温 θ_{ev}^* 随高度增加（条件性稳定）、m_g 随 x 增加（惯性稳定）并与热成风矢量正交的垂直剖面理想模型（*LCL*：抬升凝结高度；*LFS*：自由倾斜对流高度；*LNB*：中性浮力层；*Rauber* 等，2002）

沿着倾斜方向移动则转变为不稳定的，即条件性对称不稳定，这已被认为是锋面降水系统中带状结构发展的一种机制。对于未饱和大气，则可以通过抬升（如锋生过程）达到饱和，进而产生潜在的倾斜不稳定可以通过沿着 m_g 面的虚相当位温梯度 $d\theta_{ev}/dz\leqslant 0$ 来判断，即相当位涡为负值的区域。条件性对称不稳定和潜在对称不稳定属于湿对称不稳定的两种类型。与 MSI 联系在一起的雨带沿着热成风方向排列，并随着环境气流运动，其空间尺度与不稳定层的厚度和湿等熵面的坡度有关。

在图 11.11 所给出的湿对称不稳定的大气剖面示意图中，雨带中的倾斜上升运动发生在等 m_g 面和等 θ_{ev}^* 面之间。通过对锋面系统带状降水区域进行观测发现 $d\theta_{ev}^*/dz_{m_g}\approx 0$，这表明空气可以通过对称交换达到湿倾斜中性状态。

11.4.2.2　热带气旋

根据动力特征的不同可把热带气旋分成两个不同的区域。一个是内部核心区，空气的轨迹以台风眼为主心旋转闭合，加速度以旋转加速度为主，科氏力的贡献相对较小。另一个是外围区，空气的轨迹则不闭合，系统动力结构主要由科氏力主导，旋转加速度的作用相对较小。内、外两个区域之间的过渡区为环状雨带（眼壁和外围雨带），包括静止雨带复合体和移动的对流螺旋雨带。该过渡区的位置随台风的强度变化，台风弱时，静止雨带复合体离台风中心较近，而台风较强时，静止雨带复合体的范围可扩展到台风边缘。

飞机穿云探测得到的台风结构（图 11.12）表明，沿流线分布的主螺旋雨带将台

图 11.12　热带气旋中的静止雨带复合体和流场示意图（Willoughby 等，1984）

风分为两个不同性质的区域。在主螺旋雨带内侧，高 θ_e 的湿空气位于闭合的涡旋环流中，维持在内部核心区的时间较长，可绕涡旋中心旋转数圈。在主螺旋雨带外侧，低 θ_e 相对干一些的环境大气虽然也包含在涡旋环流中，但维持时间短，不能形成闭合运动轨迹。主螺旋雨带沿着流线辐合区发展同台风与环境空气的相对运动有关。在以偏东气流为主的低层，外部环境气流与闭合旋转气流相遇便形成了沿着流线的低层辐合区。台风系统中的连接雨带一般具有层状结构，同时其内部也可能存在浅对流。如果源自眼墙的冰粒子被旋转气流带向外围方向并下落至 0℃层时则形成连接雨带中的层状云降水带，连接雨带直接穿越低层流线便是这一过程的宏观表现。

热带风暴中存在的雨带自内而外的传播现象与惯性重力波从内部核心区向外传播有关。一般认为，向外传播的重力波是由台风移动路径上的波动引起，这些波动则是由热带风暴登陆和台风涡旋的正交模波动激发所引起的。

11.4.2.3　其他雨带

雨带通常出现在温带和热带气旋中，但除此之外，还能由地形和地表状况变化引起。当气流经过地形较特殊的区域(如山脉、岛屿)时，易形成狭长的辐合带，产生的上升运动导致雨带形成。

例如，夏威夷岛有两座海拔超过4000 m的火山，正好位于北太平洋的东北信风区。受信风影响时，由于信风顶层的逆温，气流无法翻越岛屿，只能绕流。夜晚，产生于岛屿高处的下泄冷空气通常能到达岛屿东面(迎风面)海面上，在这里下泄气流与信风相遇，它们之间形成的交界面上产生持续的辐合，促使垂直运动和云降水过程发展，形成的雨带与海岸线近似平行(图 11.13)。

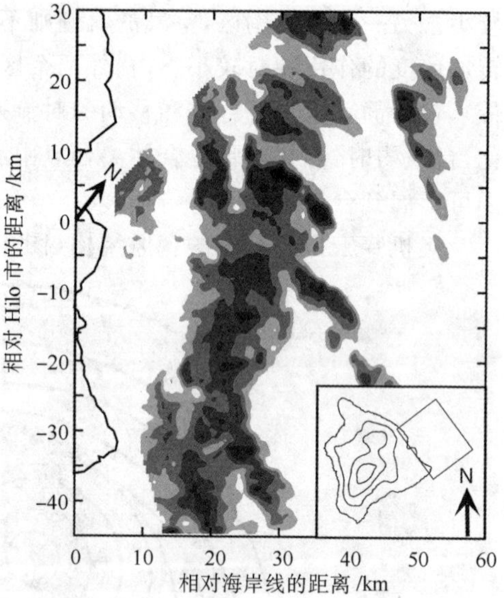

图 11.13　1990 年 8 月 3 日夏威夷岛东部的雨带雷达回波(Rauber 等，2002)

地表状况的变化同样能导致雨带的形成。在秋冬季节，当寒冷的北极气团移到暖水域时，例如美国的五大湖地区，湖泊效应可引起暴风雪的发生。在一定的湖—气温差、风速、风向、湖面风区范围及大气稳定度条件下，可以造成有组织的强对流降水带发展。较为特别的是，冬季五大湖地区形成的降水带具有三种形态，分别为风向平行降水带、湖岸线平行降水带和湖内降水带。例如，当环境空气温度很低时，风速较小或风向平行于湖的长轴方向时，在接近湖中心的地方有时会形成平行于湖岸的长条形降水带。这类降水带主要是由陆风环流造成的。由暖湖面加热使空气变得不稳定，形成上升气流。同时，从两侧湖岸线流向湖面的冷气流取代了上升气流原来的位置，该过程中冷气流被湖面加热后在湖心附近一个较窄的带状区域上升。当上升气流的浮力减弱后在上层流向陆地，最后缓慢下沉，从而建立起陆风环流。当风向有垂直于湖岸线的分量时，雨带会沿着或接近湖岸线发展，形成湖岸平行降水带，其强度通常比湖内降水带要小。这种由湖面效应引起的雪带能够在湖面的下风方造成局地强暴风雪天气。

其他一些局地地形和地理特征，如山脉、群岛、海湾等，也常常引发沿下垫面特征的差异界线发展的垂直运动，由此形成的降水带通常具有其特殊的区域特征，但都具有局地强迫影响雨雪分布的明显特征。

11.5 降水产生率与降水效率

11.5.1 降水产生率

前面在(5.32)式中定义了降水率或降水强度

$$I = \frac{\pi}{6}\int_0^\infty n(D)D^3 u(D)\mathrm{d}D$$

如果降水粒子下落时存在速度为 U 的垂直气流，降水率表示为

$$I = \frac{\pi}{6}\int_0^\infty n(D)D^3(u-U)\mathrm{d}D \tag{11.6}$$

显然，当 U 很大时，降水率甚至可为负值。当只需要考虑空中降水粒子的含量时，可定义 t 时刻与上升气流无关的单位体积空气中降水粒子的总体积

$$L(t) = \frac{\pi}{6}\int_0^\infty n(D)D^3\mathrm{d}D \tag{11.7}$$

(11.7)式乘以水的密度即为类似(5.11)式的降水含水量。

为了讨论阵雨过程中降水粒子的产生率，可利用(11.2)式将 $L(t)$ 表示为初始雨滴尺度谱分布的函数：

$$L(t) = \frac{4}{3}\pi\int_0^\infty n_0(R_0)R^3\mathrm{d}R_0 \tag{11.8}$$

如果继续利用(5.45)式给出的下落速度与雨滴半径的线性关系，R 和 R_0 的关系采用(11.1)式，于是得到

$$L(t) = \frac{4}{3}\pi\int_0^\infty n_0(R_0)R_0^3 e^{3at}\mathrm{d}R_0 = e^{3at}L_0 \tag{11.9}$$

其中

$$L_0 = \frac{4}{3}\pi\int_0^\infty n_0(R_0)R_0^3\mathrm{d}R_0 \tag{11.10}$$

是最初的雨水总体积。如果 $EW=1\ \mathrm{g\cdot m^{-3}}$，可以得到 $a=2.0\times10^{-3}\ \mathrm{s^{-1}}$，雨水体积加倍所需要的时间为 $(\ln 2)/3a=116\ \mathrm{s}=1.93\ \mathrm{min}$。

11.5.2　降水效率

云是大气中水汽转换成降水的中间阶段的产物，能否降水与云中微物理条件及过程有关，能否大量降水则与云的宏观条件有关。因此，并不是所有的降水性云在完成这种转换过程中都有相同的效率。例如，小块积云往往增长很快，但一旦发展到出现降水粒子时，它就开始消散了，因此有许多云水不能转换为雨水，只能保留在高空，最后蒸发消失。由于各种不同的原因，很大一部分层状云在产生降水方面也不是很有效的，虽然这些层状云可以在空中持续几小时，但它们既没有利于碰并的高液水含量，也没有启动冰晶过程所需的低温。因此，即使云体在高空处于过冷却状态，相对于冰晶过程处于微物理不稳定状态，但也只能产生少量降水。人们已从多个角度定义了不同的云降水效率，用来描述一块云把水汽或其凝结物转换成降水的有效程度。

Braham(1952)利用大量在美国佛罗里达州和俄亥俄州获取的云降水资料来确定小雷暴的水分收支。平均而言，进入雷暴的水汽流入量是 8.9×10^8 kg，其中 5.3×10^8 kg 凝结成液水，其余部分未经凝结就脱离雷暴。凝结水中仅约 10^8 kg 到达地面，其余部分在下沉气流中或云的边缘蒸发消失。降水效率可定义为到达地面的降水质量与进入云中的水汽质量之比。根据这一定义，上述小雷暴的降水效率仅为11%。如果把降水效率定义为最终到达地面的凝结水占凝结总量的分数，则为19%，对雷暴的降水效率来说，常引用此值。

Wexler(1960)定义了稍有不同的降水效率，即下落的降水总量与假绝热上升运动凝结出来的可被利用的水量之比。从这个意义上讲，他发现降水效率最高的云是大范围层状云中嵌入的积云。

若从微物理观点讨论降水效率，Hardy(1963)对不同类型的雨滴谱分布进行了计算，以确定哪些云在耗尽云滴(即碰并云滴)方面较为有效，据此他得出结论认为，分布陡的滴谱(即(5.31)式中的 λ 值大)降水最为有效。根据雷达观测的夏威夷地形雨具有大量的小水滴，Rogers(1967)发现，反射率随高度迅速减小，这就意味着云中的碰并作用非常有效，从而证实了 Hardy 的想法。

Houghton(1968)在评估人工增雨方案时，考虑到碰并效率的问题，把降水效率定义为

$$S = \frac{\pi}{4}\int N(D)D^2V(D)\mathrm{d}D \tag{11.11}$$

积分是对所有水滴进行的，并假设水滴均为球形。在物理意义上，S 就是单位时间内降水粒子扫掠的几何截面占云内单位水平面积的分数。Houghton 根据谱分布资料，确定了 $S \propto R$ 这一较好的近似关系。他发现，对于阵雨来说，这种重力沉降过程不能充分说明降水的发展机制，这正是阵雨降水效率低（如 Braham 的 19%）的一个原因。关于人工降雨的可能性，Houghton 认为，由于阵雨的降水效率低，存在着通过人工播云增加雨量的可能，但是增加雨量的机会仅仅在某些特定的条件和特定的时间内才会出现。

除了单个云的降水效率外，人们更多关心的系统性降水。Hobbs 等(1980)在讨论温带气旋内若干中尺度雨带的降水效率及其在人工降水中的应用时，把降水效率定义为地面雨区的总降水率与雨带的总凝结率之比。

习　题

(1)单个降水质粒的扫掠效率可定义为：在单位时间内降水质粒扫过的几何空间体积。试比较霰粒和具有同样质量的小雨滴的扫掠效率。假设霰粒的质量和半径之间的关系近似取为 $m=0.52r^3$。霰粒的下落速度与其大小的关系近似地取为 $u=520r^{0.6}$。对于雨滴来说，假定满足线性下落速度规律 $u=kr$，其中 $k=8\times10^3\ \mathrm{s^{-1}}$，以上公式均采用 g·cm·s 单位制。

(2)在迅速发展的积雨云中，观测到在比较厚的高度范围内同时出现雷达回波，所用雷达探测到的初始回波相当于毛毛雨滴。随着云的发展，这些毛毛雨滴通过扫掠、碰并云滴而迅速增长，从而使雷达回波在所有高度上都得到加强。

试计算反射率增加 10 dB 所需的时间。假设条件如下：

1)云的液水含量为常数 $5\ \mathrm{g\cdot m^{-3}}$；

2)所有降水增长均来源于扫掠、碰并云滴，不考虑扩散增长，雨滴之间不发生相互碰并；

3)有效平均碰并系数为 0.5；

4)假定雨滴不大，其下落速度为本章习题(1)中的线性关系；

5)反射率均由雨滴产生，云滴对信号的贡献忽略不计；

6)不考虑破碎效应。

(参考答案：76.75 s)

(3)层状云降水的反射率因子 Z 的垂直梯度可以用来表示雨滴碰并增长进行的程度。Z 随高度的增加而迅速减小(即随下落距离增加)表示碰并增长过程进行得十分有效。

在雨层云内最低 1 km 范围内，雨滴碰并云滴增长。云内有效含水量(EW)等于

$2\ g \cdot m^{-3}$。试利用连续碰并增长方程的基本形式，证明云体最低 1 km 内反射率约增加 19 dB，并求出液水含量（雨水）的变化。假设条件如下：

1）定常过程；

2）上升气流速度为零；

3）水滴仅通过碰并过程增长；

4）云底以上 1 km 处的雨滴谱分布为 M-P 分布（$I=0.1\ mm \cdot h^{-1}$）。

（4）作为降水碰并增长有效性的指标，Houghton（1968）给出了（11.11）式的定义。利用以下降水模型，推导降水增长效率 S 关于雨强 I 的函数：

1）雨滴谱分布为 M-P 分布（$N_0=0.08\ cm^{-4}$，λ 由 I 决定）；

2）下落末速度与雨滴直径的关系为 $u=kD$，（$k=4\times10^3\ s^{-1}$）；

3）空气垂直速度为 0。

如果雨强为 10 mm · h⁻1，试求降水效率 S。

（参考答案：$S=\dfrac{3}{2}(\pi k N_0)^{1/5}4^{-4/5}I^{4/5}$；$2.82\times10^{-3}$）

（5）雨滴谱分布为 M-P 分布，其中常数 $N_0=0.08\ cm^{-4}$，参数 λ 决定于降水强度。如果下落末速度与雨滴半径的关系为 $u=kr$，采用 g · cm · s 单位制，$k=4\times10^3\ s^{-1}$，试推导因雨滴碰并作用消耗云中含水量 W 的消耗速率（dM/dt）表达式，并证明在无垂直气流，碰并效率为 1，且除雨滴碰并作用外无其他导致云中含水量变化的云中，当降水强度维持在 $10\ mm \cdot h^{-1}$ 时，5 min 后，W 值将减小到其初始值的 45%。

（6）设积雨云发展旺盛时覆盖的水平区域为 200 km²，地面降水率为 $2\ Tg \cdot h^{-1}$。

1）以 $mm \cdot h^{-1}$ 为单位表示出区域平均降水率。

2）若假设凝结率等于降水率，试计算该积雨云的潜热释放率。

3）假设云内 20% 的体积内维持定常上升气流，云底与云顶之间的饱和混合比相差 $8\ g \cdot kg^{-1}$。计算此条件下产生上述降水率对应的云内上升气流速度是多少？

4）如果雨在下降到地面之前存在蒸发过程，则将对 2）和 3）的结果产生什么影响？

（参考答案：$10\ mm \cdot h^{-1}$；1.39 TW；$2.5\ m \cdot s^{-1}$；蒸发不影响净的潜热释放率，但需要更大的上升气流速度）

（7）通过 2 km 高度处的大量雷达回波样本发现，回波的平均范围与反射率极大值之间存在系统性的关系，即回波的平均面积可由反射率阈值 ζ（dBZ）和阈值范围内的最大反射率 ζ_i（dBZ）表示为

$$A_{\zeta_i}(\zeta)=A_0\exp(\lambda\zeta_i-\gamma\zeta)$$

其中 $\gamma=0.15(dBZ)^{-1}$，$\lambda=0.14(dBZ)^{-1}$，$A_0=150\ km^2$。上式在 ζ 为 15～50 dBZ，ζ_i 为 30～50 dBZ 范围内，且仅当 $\zeta<\zeta_i$ 时适用。

设雷达反射率因子与降水率的关系为 $Z=200I^{1.6}$，试利用 ζ 的定义 $\zeta=10\log_{10}Z$（Z 的单位为 $mm^6\cdot m^{-3}$）和 I_{min}、I_{max}，求出回波区域平均降水率 I_{avg}。其中 I_{min}、I_{max} 分别指 ζ 和 ζ_i 对应的降水率。并证明，当 $\zeta=20$ dBZ，ζ_i 在 30～50 dBZ 范围时，I_{avg} 与 2 $mm\cdot h^{-1}$ 的差异不超过 40%。

参考文献

Bosart L F, and Sanders F. 1986. Mesoscale structure in the megalopolitan snowstorm of 11—12 February 1983. Part III: A large-amplitude gravity wave. *Journal of the Atmospheric Sciences*, **43**:924-939.

Braham R R. 1952. The water and energy budgets of the thunderstorm and their relation to thunderstorm development. *Journal of the Atmospheric Sciences*, **9**:227-242.

Browning K A, Harrold T W, Whyman A J, and Beimers J G D. 1968. Horizontal and vertical air motion and precipitation growth, within a shower. *Quarterly Journal of the Royal Meteorological Society*, **94**:498-509.

Hardy K R. 1963. The development of raindrop-size distributions and implications related to the physics of precipitation. *Journal of the Atmospheric Sciences*, **20**:299-312.

Hobbs P V, Matejka T J, Herzegh P H, Locatelli J D, and Houze R A. 1980. The mesoscale and microscale structure and organization of clouds and precipitation in midlatitude cyclones. I: A case study of a cold front. *Journal of the Atmospheric Sciences*, **37**:568-596.

Houghton H G. 1968. On precipitation mechanisms and their artificial modification. *Journal of Applied Meteorology*, **7**:851-859.

Rauber R M, and Ramamurthy M K. 2002. Cloud and Precipitation Bands. *Encyclopedia of Atmospheric Sciences*, J. R. Holton, J. A. Curry, and J. A. Pyle, Eds., Academic Press, 1243-1250.

Rigby E C, Marshall J S, and Hitschfeld W. 1954. The development of the size distribution of raindrops during their fall. *Journal of Meteorology*, **11**:362-372.

Rogers R R. 1967. Doppler radar investigation of Hawaiian rain. *Tellus*, **19**:432-455.

Rogers R R, and Yau M K. 1989. *A Short Course in Cloud Physics*. 3rd ed. Pergamon Press, 293 pp.

Wexler R. 1955. An evaluation of the physical effects in the melting layer. *Fifth Weather Radar Conf., Amer. Meteor. Soc.*, 329-334.

Wexler R. 1960. Efficiency of natural rain. *Physics of Precipitation*, H. Weickmann, Ed., American Geophysical Union, 158-163.

Willoughby H E, Marks F D, and Feinberg R J. 1984. Stationary and moving convective bands in Hurricanes. *Journal of the Atmospheric Sciences*, **41**:3189-3211.

Willoughby H E. 1988. The dynamics of the tropical cyclone core. *Australian Meteorological Magazine*, **36**:183-191.

第 12 章 云中电结构与起电机制

大气电学研究地球大气层中的各种电性质和过程，所涉及的垂直范围常限于两个天然等电位面（地球表面和电离层）之间的空间内。具体内容主要包括晴天电学、云降水电学和全球大气电平衡三部分。晴天大气电现象可作为扰动天气条件下大气电现象的背景，而扰动天气条件下的大气电现象则是对流层大气电学的核心内容。其中，扰动天气电学主要包括云中起电机制及雷电物理学，所涉及的学科领域十分广泛，本章主要介绍观测到的云降水电学特征和云中起电物理机制。

12.1 晴天电场与全球电路

地球携带有 5×10^5 C 左右的负电荷，大气相应带有等量的正电荷并分布在从地面向上到约 50 km 的范围内，从而形成垂直向下的晴天大气电场。在这个相对较强的电场层以上一直到电离层顶，是大气垂直结构中电导率非常高的区域，而且处于定常电位状态，所以将这个常电位层称为导电层。导电层的导电性很好，它相当于一个理想的静电防护罩，因此来自导电层以外的荷电质点（例如伴随极光出现的带电粒子等）极少穿透到导电层以下，低层大气中的雷暴也不能扩展到导电层的上面。

晴天大气电场方向垂直向下，意味着地面带负电荷，大气相对于地面始终带正电荷，即大气中正、负电荷相比，正电荷多一些。通常把大地当作导体，则地球表面就是一个等电位面，等电位面电位值随着高度的增加而加大。由于大气水平方向的电场通常可略去不计，若令 V 表示大气电位，则按静电学中电场强度的规定可将大气电场强度 E 表示为

$$E=E_z=-\frac{\partial V}{\partial z} \tag{12.1}$$

由于大气垂直坐标向上增大，则 $\partial V/\partial z>0$，即 $E=E_z<0$，这意味着晴天大气电场强度为负值。但静电学中又规定电场方向从正电荷指向负电荷为正方向，为此在大气电学中为方便起见将 $-E=-E_z>0$ 规定为正电场。

由于分散在大气中的正空间电荷的存在，以及宇宙射线的电离作用随高度增加

而增强，因此在大约100 m以上高度大气导电率随高度增加，使晴天大气电场强度随高度增加而减小。一般来说，海洋上电场强度的平均值约为130 V·m^{-1}，而在工业区，其值可高达360 V·m^{-1}。工业区的高值，是由于工业污染降低了空气的电导率造成的。这是因为较大的、移动缓慢的质粒有捕获迁移率较高离子的趋势。由于所有高度上的垂直电流密度（等于电场强度和电导率的乘积）必须相等，所以如果电导率减小，则电场强度必须增大。在地球表面10 km以上，晴天电场强度仅为地面的3%，即4 V·m^{-1}左右。据估计，相对于地球来说，导电层的平均电位约为300 kV，其中大部分的电位下降出现在对流层。

在晴天电场作用下，大气中正离子向下运动，负离子向上运动，从而形成了由大气流向地球表面的传导电流—晴天大气电流。对全球而言，大气流向地面的总传导电流约为1350 A，大气总电阻约为220 Ω。大气中雷暴有放电作用，当雷暴活动强时，地面充电多，从而使传导电流增强。

开尔文爵士（Lord Kelvin）于1860年首次提出在大气上层存在一个导电层，他还认为地球和导电层的作用好似一个巨大的球形电容器，其内层导体为地球，外部导体是导电层，空气为介电质，且空气中通过的电流（平均约为$2\sim4\times10^{-12}$ A·m^{-2}）足够大，以致可使电容器在几分钟内完全放电，但电场仍然接近定常，这说明此系统中必定存在一种起电机制。C. T. R. Wilson于1920年提出主要的起电机制就是雷暴。由于全球任一时刻都有不少地方有雷暴发生，对该电容器充电，使晴天电场得以维持。雷暴使电荷分离，使雷暴上部带正电、下部带负电的观点已被普遍接受。雷暴上部的正电荷通过各高度上相当强的大气传导作用向导电层底部泄漏。雷暴下方空气的电导率虽低，但在非常强的电场作用下，可通过树和其他突出障碍物形成从地面向上的正电荷流动，这种电流称为尖端放电电流。在晴天电场和雷暴电场作用下，降水质粒受到极化，在它们降落到地面的过程中倾向于收集正离子，正是以这种方式使得相当于尖端放电中大约30%的正电荷又回到地面。此外，通常情况下云地闪（或地闪）把负电荷从雷暴底部输送到地面。

大气中时刻进行着的电过程中，最引人注目的是雷暴云中的闪电现象。据估计全球任一瞬间约有2000～6000个雷暴存在，在雷暴天气下，大气电学过程变得十分剧烈而复杂。在雷暴附近，电场的方向常与晴天电场的方向相反且数值要大得多。观测表明全球平均的闪电发生频率约为100～300 Hz，其中由云向地输送负电荷的云地闪（每次向地面输送约20 C的负电荷）频率约为12～16 Hz，最大值（～55 Hz）出现在北半球夏季，最小值出现在北半球冬季。全部闪电的70%出现在30°S和30°N之间，对应于该区域深对流云的频繁出现。这些都说明雷暴电过程是大气电平衡的关键组成部分。

综上所述，晴天大气电流消耗了大气电，使晴天电场趋于消失，而雷暴却是大气电的制造者，它使晴天电场得以维持。就全球而论，晴天大气电流、闪电电流、尖端放电电流和降水电流四者维持动态平衡。

图 12.1 给出了全球电路略图。地球的电量平衡(单位:C · km^{-2} · a^{-1})大致为:地球表面由晴天电流获得 90 单位正电量,由降水获得 30 单位正电量,通过尖端放电失去 100 单位正电量,由闪电向地球输送负电荷失去 20 单位正电量。

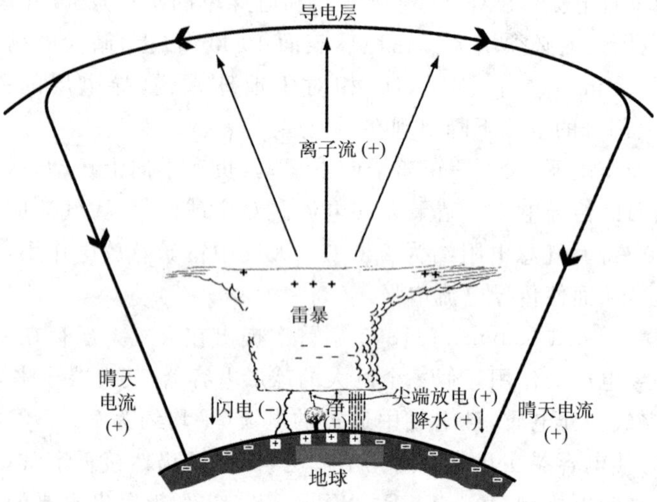

图 12.1 全球电路略图(括号中的正负号表示箭头方向输送的电荷符号,粗箭头表示把整个系统看作是一个电路。Wallace 等,2006)

12.2 云中电结构

云中垂直大气电场随高度的分布可由实际观测得到,在忽略云中大气电场水平分量的情况下,可由云中垂直大气电场求得云中大气体电荷密度。

12.2.1 云雾降水粒子的电荷

12.2.1.1 云雾粒子的电荷

所有的云在不同程度上都是带电的,其中在发展旺盛的对流云中,可积累足够的电荷从而产生电场,其电场强度可超过云内空气击穿的临界值(约 1 MV · m^{-1}),从而产生云内闪电现象。观测表明,云雾粒子电荷的大小和极性不仅取决于云雾类型,还与云雾的不同部位、发展的不同阶段以及云雾的微观条件和宏观条件等有关。对流云中粒子电荷值较高。电荷值 q 一般与云雾粒子半径 r 呈正相关,即

$$q=b_1 r \tag{12.2}$$

b_1 是比例系数,不同类型云的 b_1 值列于表 12.1。也有不少观测结果表明,云雾粒子电荷绝对值正比于其半径的平方,即

$$q=b_2 r^2 \tag{12.3}$$

系数 b_2 通常在 $1.3\sim5.8\times10^{-18}\ \mathrm{C}\cdot\mu\mathrm{m}^{-2}$ 之间。

表 12.1　不同类型云的 b_1 值(单位:$\times10^{-18}\ \mathrm{C}\cdot\mu\mathrm{m}^{-1}$。孙景群,1987)

云型	雾	高山层积云	积云	层积云
b_1	2.6	2.1	2.9	3.2

对于云雾粒子群体,通常仅部分粒子荷电,粒子群体的荷电可用云雾粒子电荷谱分布来表示。若令 $n_c(r)\mathrm{d}r$ 表示半径 $r\sim r+\mathrm{d}r$ 间的云雾粒子浓度,$n_c(q,r)\mathrm{d}q\mathrm{d}r$ 表示其中携带电荷 $q\sim q+\mathrm{d}q$ 的粒子浓度,则电荷谱分布函数 $n_c(q,r)$ 和尺度谱分布函数 $n_c(r)$ 间应有以下关系:

$$n_c(r)=\int_{q_1}^{q_2} n_c(q,r)dq \tag{12.4}$$

上式归一化为

$$\int_{q_1}^{q_2} n_{cr}(q,r)\mathrm{d}q=1$$

其中

$$n_{cr}(q,r)=\frac{n_c(q,r)}{n_c(r)} \tag{12.5}$$

称为云雾粒子的相对电荷谱分布函数,单位为 C^{-1}。在电荷间隔 Δq 确定的条件下,也可用百分比来表示。实际观测中,由于往往包含各种尺度的荷电云雾粒子,故粒子相对电荷谱分布函数常简化为:

$$n_{cr}(q)=\int_{r_1}^{r_2} n_{cr}(q,r)\mathrm{d}r \tag{12.6}$$

图 12.2 给出了一个层积云、积云和积雨云相对电荷谱分布函数 $n_{cr}(q)$ 的高山观

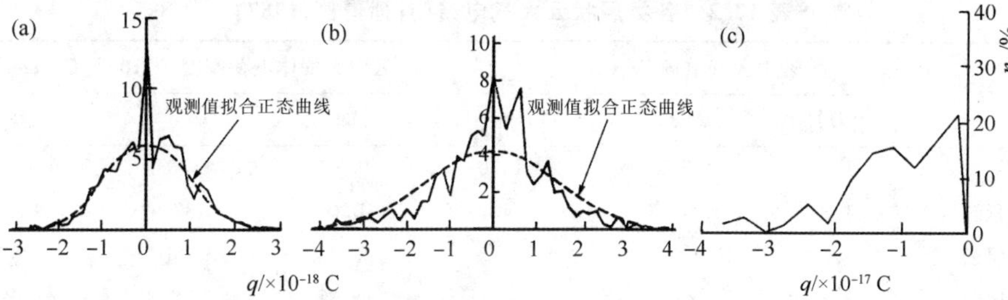

图 12.2　云中相对电荷谱分布函数 $n_{cr}(q)$ 的高山观测实例

(a:层积云;b:积云;c:积雨云。Phillips 和 Kinzer,1958;Allee 和 Phillips,1959)

测实例。对流较弱的层积云(图 12.2a)和积云(图 12.2b)中,$n_{\sigma}(q)$近似正态分布,表明云中大气近似为电中性。而在对流旺盛的积雨云(图 12.2c)中,$n_{\sigma}(q)$则明显偏离正态分布,且表明云中大气荷负电。由图还可看出,积雨云中云滴电荷绝对值比层积云和积云中约大 1～2 个数量级。

12.2.1.2 降水粒子的电荷

降水粒子电荷的绝对值比云雾粒子的大 5 个量级左右,其值介于 10^{-15} C 到 10^{-10} C 之间,大小与降水类型有关。一般连续性降水的值偏低,雷暴降水的值偏高。降水粒子群的荷电情况也可由降水粒子电荷谱分布来表示,其分布特征与云雾粒子电荷谱相似。对荷正、负电荷概率不同的降水粒子群,平均说来可形成一股相对稳定、方向垂直于地面的降水电流,其大小用降水电流密度表示,方向朝下为正。雷暴降水的降水电流密度绝对值最大,连续性降水最小,其变化范围大致介于 10^{-16}～10^{-11} A · cm^{-2}之间,且雷暴降水和连续性降水的降水电流密度以正为主,而阵性降水则以负为主。平均而言,各类降水粒子的负电荷绝对值大于正电荷值,但荷正电荷的粒子数相对较多,其综合效果则是平均电流密度为正,这意味着降水电流将大气中的正电荷输送给大地。

12.2.2 层状云电结构

前苏联在 20 世纪 50 年代末至 60 年代初,对各类层状云中的大气电场和大气体电荷进行了较系统的观测。结果表明,各类层状云中大气电场和大气体电荷密度的差别比较大。由表 12.2 可看出,层云和层积云大气电场较弱,而伴有降水过程的雨层云中大气电场最强。平均而言,层云、层积云和卷层云中体电荷密度平均绝对值$|\bar{\rho}|$较低,高层云和雨层云中较大。这里体电荷密度

$$\rho=(Q_{+}-Q_{-})/V \tag{12.7}$$

其中 Q_{+} 和 Q_{-} 为体积 V 中所含的正、负电荷。由表 12.2 还可看到,电场强度 E 和体电荷密度 ρ 既有正值,又有负值,说明云中往往存在正、负电荷区。

表 12.2 各类层状云大气电结构(孙景群,1987)

云状	云中大气电场/V · cm^{-1}			云中大气体电荷密度/$\times10^{-18}$ C · cm^{-3}		
	$\lvert\bar{E}\rvert$	E_{max}	E_{min}	$\lvert\bar{\rho}\rvert$	ρ_{max}	ρ_{min}
层云	1.6	5.5	−15.0	9.3	53.3	−58.3
层积云	1.8	14.0	−14.0	10.0	137	−81.7
高层云	3.2	64.5	−14.5	26.7	1230	−967
卷层云	2.8	20.0	−9.0	13.3	57.7	−102
雨层云	5.6	180.0	−120.0	38.3	840	−603

整个云体荷正电(或荷负电),常称为正的(或负的)单极性电荷分布;云体上部带正电荷(或负电荷)而下部带负电荷(或正电荷)的称为正的(或负的)双极性电荷分布;而整个云体具有多个正负电荷区的称为多极性电荷分布。一般说来,云体较薄时,云中大气电过程较弱,云中多为单极性电荷分布;随着云体增厚,云中双极性电荷分布出现的概率增大;云体较厚时,云中往往出现多极性电荷分布。观测表明,层云中多呈正的双极性和正的单极性电荷分布。层积云情况与层云十分类似。高层云多呈正、负双极性电荷分布和正的单极性电荷分布。卷层云中电荷分布较为复杂,呈多极性电荷分布的概率将近50%。雨层云中多呈正、负双极性电荷分布。

12.2.3　积状云电结构

对流云中大气电过程要比层状云中剧烈得多,因此对流云中大气电场和大气体电荷密度平均绝对值也比层状云中的大。积雨云的一个显著特点是,在产生降水的同时能产生壮观的闪电现象。从 Benjamin Franklin 开始,科学家们认识到雷电是自然界中一种巨大的放电现象,雷声是由于闪电通道内高温空气的剧烈膨胀并随后收缩产生的。同任何放电现象一样,闪电是风暴内部强电荷中心不断增强的结果,并最终达到击穿电位(或超过了空气的电气绝缘阈值),通过放电过程使强电荷中心消失。尽管对雷暴的科学研究已有几百年历史,但目前还不能完全揭示出从电荷分离、增强到最终发生闪击的整个物理过程细节。通过对风暴电场测量的结果与风暴运动、多普勒雷达降水场资料等进行综合分析,以及利用复杂的云模式对风暴起电理论进行验证,对雷暴起电机制的认识将日益加深,有望取得突破性进展。

表12.3给出了对流云中大气电结构常见值。值得注意的是积雨云中的大气电过程尤为强烈,能形成足以引起闪电的正、负荷电中心,云中局部地区大气体电荷密度达到 10^{-14} 至 10^{-13} $C \cdot cm^{-3}$,大气电场峰值一般为正,其平均值变化范围可达 $10^4 \sim 10^5$ $V \cdot m^{-1}$ 量级。例如在美国所进行的90次积雨云的火箭探测结果表明,云中大气电场的峰值平均为 10^4 $V \cdot m^{-1}$,其中7次超过 10^5 $V \cdot m^{-1}$,2次超过 4×10^5 $V \cdot m^{-1}$。在北京也观测到积雨云中大气电场的峰值最大达到 1.4×10^5 $V \cdot m^{-1}$。

表12.3　对流云大气电结构常见值(孙景群,1987)

云状	云中大气电场 $\lvert \bar{E} \rvert$ /V·cm^{-1}	云中大气体电荷密度 $\lvert \bar{\rho} \rvert$ /C·cm^{-3}	云厚/m
淡积云	0～10	$3.3 \times 10^{-18} \sim 1.7 \times 10^{-16}$	100～1500
浓积云	0～10	$3.3 \times 10^{-18} \sim 3.3 \times 10^{-16}$	1500～5000
浓积云(正向积雨云过渡)		$3.3 \times 10^{-16} \sim 10^{-14}$	
积雨云	200～2000	$3.3 \times 10^{-15} \sim 3.3^{-14}$	2000～12000

对流云中电荷和电场分布是不均匀的。在淡积云和浓积云情况下，云中有大量交替出现的正、负电荷区，范围为 $10^1 \sim 10^2$ m，还没有形成十分明显的大范围荷电中心。平均而言，大部分云体的上部荷正电，下部荷负电。

积雨云中大气电过程强烈，能形成足以引起闪电的正、负荷电中心，其电结构及过程具有以下基本特征(Mason，1953；Moore 等，1977)：

1)闪电发生在云厚至少为 3～4 km 的雷暴云中，闪电发生频率随着云厚的增加而增高。

2)虽然闪电能在 0℃层以下发生，但仅在云发展到 0℃层以上时才观测到云中强烈的起电过程。

3)雷暴云中的强电荷区总是伴随着冰粒子和过冷水滴存在。

4)强烈起电过程的发生与云中对流加强和垂直方向快速发展相对应。

5)起电与电荷分离过程都与降水发展过程，特别是霰粒的出现紧密联系在一起，闪电通常首先出现在强降水区附近。

6)初次闪击常在雷达探测到降水粒子出现后的 12～20 min 内发生，闪击后电场重建时间尺度小于 2 min。

7)一个雷暴单体的降水和电过程平均持续时间约 30 min。

8)雷暴云中电荷中心的位置主要与云内温度结构对应，而与距地高度的关系较小。通常情况下，积雨云中电荷分布表现为三极性的结构(图 12.3)，主负电荷中心一般位于－5～－25℃等温层之间，主正电荷中心在主负电荷中心之上几千米范围内，在主负电荷中心以下 0℃层附近并与降水相伴的区域通常存在一个小的正电荷区。

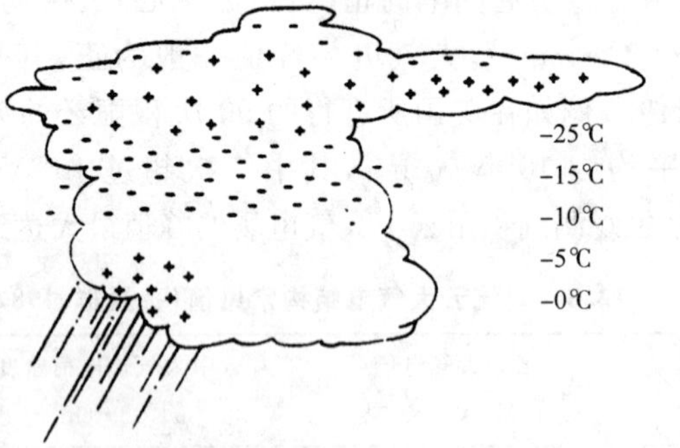

图 12.3 雷暴中电荷的典型分布。雷暴上部为典型的正电荷区，云顶边缘为一很薄的负电荷层，－15℃附近为负电荷中心，在云底降水部位附近常常临时形成弱的正电荷区。

9)电荷分离与积累的程度可通过电场强度确定，雷暴成熟阶段，电场强度可高达400 kV·m^{-1}，如果进一步增强可产生频率达每分钟数次的闪击，平均放电电流在1 A左右，对应云中所需要的电荷密度增加速率约为1 C·km^{-3}·min^{-1}。

10)闪电使云中电偶极矩平均减小约100 C·km，对应的电量为20～30 C。

11)闪电可造成电偶极子的方向偏离垂直方向，最大甚至可变为水平。

虽然偶尔也观测到由云体温度均高于0℃的云引起的弱闪电现象(Pietrowski，1960；Moore等，1960)，但以上积雨云基本电学特征均表明，冰相降水过程对雷暴电场的形成具有重要作用，云中冰相粒子应与起电机制具有密切的联系。

12.3　对流起电机制

起电过程是指云中不同质粒获得不同性质的电荷的过程。而不同质粒荷电后，通过重力及气流升降的作用，使同一种电荷集中于云中某一区域的过程称为电荷分离过程。云中起电理论是大气电学的一个重要研究方面，从起电过程是否与降水粒子相联系可将主要起电理论分为两类：(1)对流起电机制；(2)与降水过程相联系的电荷分离。本节首先讨论对流起电机制。

对流起电与云的动力结构密切相关，自20世纪40年代提出以来一直被认为是最主要的非降水起电机制。一般认为，晴天电场正离子通常集中在对流层的底部，对流形成后，携带正离子的气流上升到凝结高度以上，使最初形成的云带正电荷。当气流继续上升到对流层的较高层，空气中自由离子迁移率(即大气电导率)随高度增加而增加，这些自由离子或产生于电离层或由6 km以上的宇宙辐射引起。上升过程中带正电荷的积云吸引带负电荷的自由离子，使得云顶带负电荷。Vonnegut(1963)假设上升气流携带正离子到云上层，下沉气流则将负离子带到云的下部，而不是与云中的正电荷中和(图12.4)。云外低层负电荷的累积最终又使地面发生尖端放电，正离子经气流携带上升，增强了云中心的正电荷。云中正电荷的增加继而又使到达云顶的负离子电流增大，形成正反馈。如果对流继续发展，上述对流起电过程持续进行，正、负电荷不断累积，云极性呈指数增强，在云内形成上负下正的偶极性结构。对流起电过程主要取决于三个因子：地面离子源、对流运动以及云内外电导率差值。

Chiu等(1976)尝试用一个简单的定常轴对称云模式来模拟对流起电过程。结果表明，由于云内湍流扩散削弱了正负电荷的累积，不能在云下部产生足够的负电荷来引发地表附近的正电荷尖端放电。对于通常观测到的云底高度，模拟出的云中负电荷中心和云上部正电荷层均很弱。只有当云底高度距地面小到几十米时，才会产生弱的偶极性电场结构。

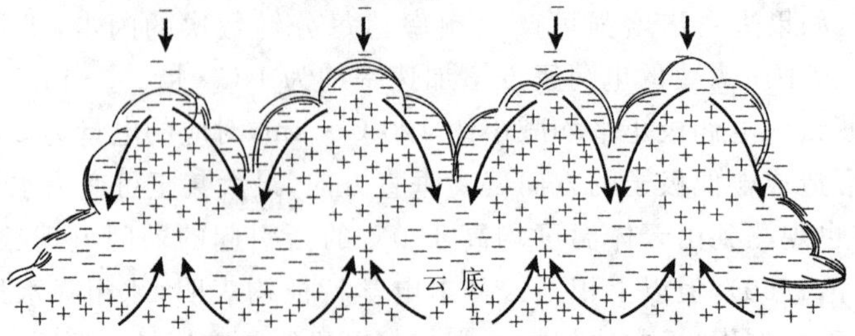

图 12.4 对流起电理论示意图

（正电荷被上升气流从近地面带到上层，在云的上边界吸引云上的负离子，云边缘的下沉气流将这些负离子带到低层引发地表尖端放电，向云中提供更多正电荷。Vonnegut，1963）

随着对非降水性积云动力结构的进一步认识，Wagner 等（1981）就对流起电理论进行了改进。首先，他们发现下沉气流前缘和上升气流之间存在一个明显的界面，这个界面是快速运动的云内上升、下沉气流与云外相对稳定的环境气流之间存在的一个明显过渡区。而且他们还认为上升气流通常携带大量小云滴，而下沉气流携带的小云滴不及上升气流中的一半。因此，由于下沉气流中云滴较少，被其吸附的电荷也较少，使得下沉气流中的自由电荷浓度及电导率均大于上升气流。在晴天电场的作用下，正离子将聚集在下沉气流前缘，而下沉气流内部则倾向于以负电荷为主（图 12.5）。

该改进模型中，下沉气流前缘的正离子被卷入积云主体，被上升气流带到云体上部。下沉气流尾部流场梯度较小，使得负离子被保留在下沉气流中，进一步使得下沉气流带负电。下沉气流中失去的正电荷则容易附着在上升气流中的大量云滴上。当下沉气流中出现少量冰晶时，由于冰晶效应的作用使下沉气流中的液态水滴进一步减少，将增加下沉气流电导率，从而造成上述电荷分离累积的过程加强。该改进的对流起电模型虽然进行了一些电场强度的估计，但还有待用详细的云模式检验。

事实上，对流起电机制不仅要求积雨云内部存在强烈的上升气流，而且在云体侧面还要存在强烈的大规模下沉气流，而这种大规模的下沉气流一般在雷暴成熟阶段后期才能出现。此外，尖端放电应被看作雷暴的结果而不是成因，且尖端放电电流也不是促进云中电场强度的增长，而是抑制其增长。因此，对流起电机制还有待进一步探究。

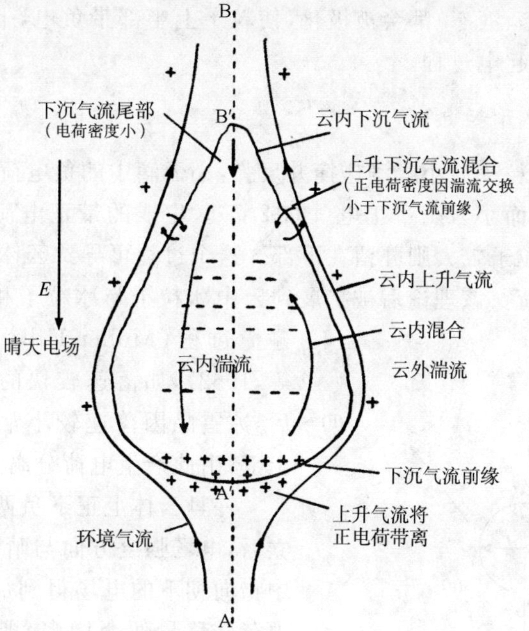

图 12.5　非降水性积云中下沉气流模型（存在明显的下沉气流前缘；下沉气流中云滴（自由离子）浓度低于（高于）上升气流中，并在下沉气流前缘内侧达到最大值；在向下的晴天电场作用下，形成正、负离子区。部分正离子移出下沉气流前缘被上升气流带走，造成下沉气流带负电。Wagner 等，1981）

12.4　降水起电机制

降水起电理论的电荷分离不直接或单独依赖于云中对流活动。然而，它间接依赖于云动力结构导致的垂直和水平方向上降水粒子的重新分布。一般认为，降水形成过程是造成电荷分离的原因之一，并且大小粒子以不同末速度下落进一步促成了电荷分离（见图 12.6）。本节对与云降水粒子相关的起电理论从感应起电和非感应起电两部分进行讨论。

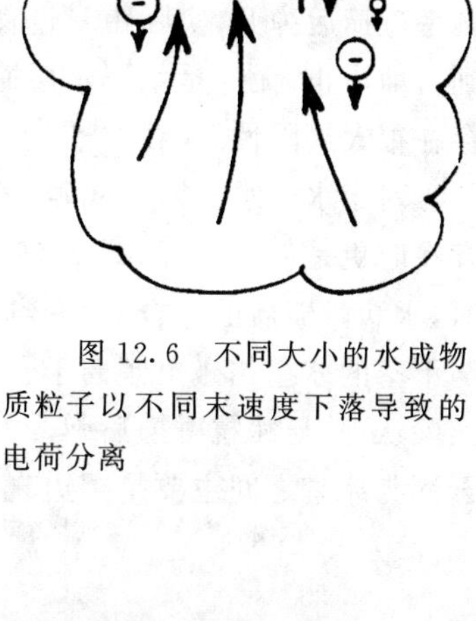

图 12.6　不同大小的水成物质粒子以不同末速度下落导致的电荷分离

12.4.1　感应起电

感应起电是最早提出的雷暴起电理论之一。该理论认为，在电场强度方向朝下的晴天电场中，云质粒和降水质粒(固态、液态)都会被极化,使粒子上半部带负电,下半部带正电。这一效应可引起不同的起电过程。

12.4.1.1 碰撞弹开起电

假设一个降水粒子与小云滴碰撞并反弹,小云滴中的负电荷将传到降水粒子上,则降水粒子带负电而小云滴带正电(图 12.7)。生成的带正电荷小云滴被带到云上部,而带负电荷的粒子较大则驻留在下部。这个过程可导致云体被极化,即上部带正电荷、下部带负电荷。该理论后被扩展到云中冰粒子与冰粒子和冰粒子与水粒子的碰撞过程(Müller-Hillebrand,1954;Latham 等,1962),如落速较快的冰雹与冰雪晶相碰后,冰雪晶因落速较小常被上升气流带到云上部,由此产生电荷分离。

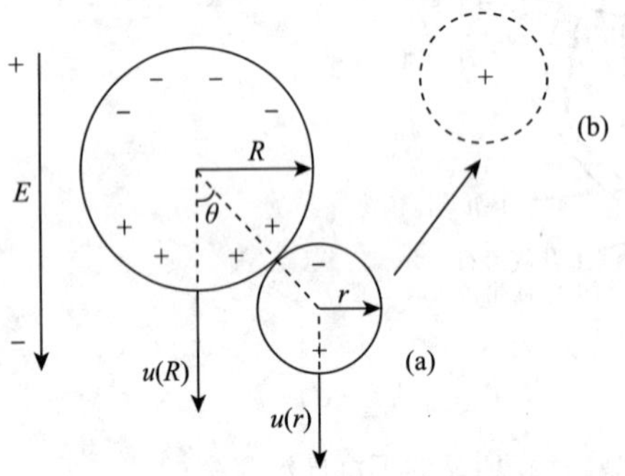

图 12.7 在电场 E 中以末速下落的半径为 R 和 r 的云降水质粒极化起电过程(a:碰撞时;b:分离后。Levin 等,1974)

一旦云体上正下负两个主要电荷中心建立后,电场强度方向与晴天电场一致,则云体中指向朝下的电场得到加强。因此在碰撞时电荷转移量便会增多,即感应起电是一个正反馈过程。其重要性在于上正下负的云中电场随时间越来越强,最后成为雷暴中互相碰撞的质粒间交换电量的重要机制。

考虑到一定环境电场强度下的粒子大小、碰撞接触时间和碰撞部位等因素,一些计算结果显示感应起电机制可以产生与实际雷暴相符的电场强度。如 Levin(1976)和 Chiu(1978)通过数值模拟推测,只有在云的生命史达到 1000 s 量级时,液滴碰撞感应起电产生的电场才能达到击穿电场强度。然而,Illingworth 等(1977)认为液滴与液滴的感应起电不能产生雷暴电场,冰雹和冰晶之间的碰撞才是更有效的感应起电机制。感应起电机制需要云降水粒子高频率碰撞后弹开,实际雷暴过程中的冰—冰碰撞比起水—水或水—冰碰撞更为符合。到目前为止,无论是水—水碰撞,还是冰—冰或冰—水碰撞过程引起的感应起电均还存在很大局限性。

对于水—水碰撞,小滴与大滴碰撞后更倾向于并合,而不是弹开,在有外部电场存在时更是如此。Jennings(1975)的实验测量表明,当电场强度大于 25 $kV \cdot m^{-1}$ 时,水滴碰撞后的并合效率接近于 1。对冰—水粒子的碰撞也有类似结果,过冷云滴与下落的冰雹相碰也倾向于合并冻结,而不是弹开。Aufdermaur 等(1972)通过风洞实验认为,与冰雹碰撞后弹开的小云滴不到所有碰撞小云滴的 1%,而且这些弹开的云滴与冰雹之间主要是擦边碰撞,碰撞点位于冰雹中纬线附近几乎没有被极化的部位，难以引起有效的电荷分离。而且，当雹粒整体荷负电后，电中性部位下移，擦边碰撞的云滴则带走负电荷，抑制了感应起电的正反馈过程。此外，因感应起电产生的荷正电云滴与雹块的碰冻，云滴不能被带到云上部，冰雹负电性减弱，这同样起到削弱云中电场的作用。

冰—冰碰撞感应起电过程已有大量实验研究结果，Latham 等(1962)证明电场中两个冰粒子相互接触一定时间后，能够产生与理论结果一致的电荷分离。但是，当电场强度为 70 $kV \cdot m^{-1}$，冰晶与柱状冰粒以 30 $m \cdot s^{-1}$ 的相对速度碰撞后弹开并没有产生预期的电荷转移，即冰粒子碰撞后弹开没能产生有效的电荷分离。Aufdermaur 等(1972)在风洞中进行了小冻滴与冰面的碰撞实验，发现一次碰撞可分离出 50 fC 的电量，但这一值并不受环境电场影响，难以用感应起电进行解释。Gaskell (1981)后来认为，由于两个冰粒子碰撞时接触的时间很短，分离的电量明显小于预期值。因为对于碰撞时产生足够的电量转移，要求接触时间与电荷再分配的驰豫时间在量级上相当，而纯冰的驰豫时间明显大于冰粒子间碰撞的接触时间(Gross，1982)。Illingworth 等(1985)也发现，通常情况下纯冰的导电性能不足以使不平衡电量在冰粒子碰撞接触时间内完全转移。Brooks 等(1994)用金属粒子替换冰粒子后，分离出的电量明显增加，他们认为这是因为金属比冰具有更短的驰豫时间。

此外，以上多数实验使用圆柱形电极，造成大粒子所处环境电场均接近于放射状(图 12.8a)，与实际云中的垂直电场完全不同。这种电场配置使大粒子中纬线附近的场强达到极大值，而小粒子最易在这一部位碰撞大粒子，对水滴来说也是在这一部位碰撞后小水滴最易弹开。图 12.8b 的平板电极能够模拟垂直环境电场，但无法实现大小粒子在电场中垂直下落碰并，图 12.8c 的设置可使粒子在平板电极形成的向下电场中垂直下落，但仍与实际大气电场不完全一致。

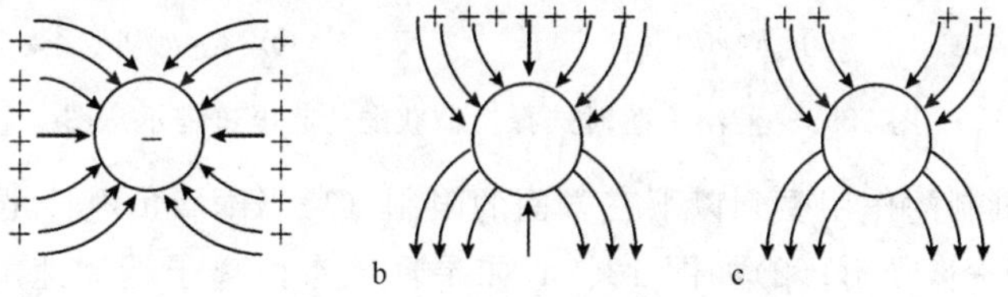

图 12.8　实验室研究感应起电的电极配置示意图

12.4.1.2　大滴破碎起电

当雷暴云中已具备了上部带正电，下部带负电的电场。大水滴在此电场中下落过程时被极化，上半部呈负电性，下半部呈正电性。如果该水滴从中部破碎，则产生两个电量相近、极性相反的水滴。直径 6 mm 的大滴在强度为 500 $V \cdot cm^{-1}$ 的电场中破碎产生的两个滴的电量约 0.3 nC，或者说此时水滴的电荷质量密度为

0.3 nC·g^{-1}，这相当于含水量为5 g·m^{-3}的云中电荷密度为1 C·km^{-3}。但是，一般情况下雨滴并不总是从中部近似等水量破碎，因此实际能产生的电量应小于该结果。Matthews等(1963)指出，大滴通过口袋式胀破机制破碎引起的电荷分离与电场强度成正比，破碎产生的水滴中较大者一般带正电。他们认为该过程可以解释雷暴云下部第二正电荷区的形成。因此，该机制存在的主要问题是口袋式胀破要求雨滴必须具有很大的尺度，其实际发生概率远低于碰撞破碎。

12.4.1.3 自由离子选择性捕获起电

Wilson(1929)提出在垂直电场中极化后可以通过对自由离子的选择性捕获过程得到净电荷。如图12.9所示，雨滴的下半部分带正电，下落时捕获自由负离子，使雨滴整体上呈负电性。该过程对云中电场具有正反馈作用，随着带负电的雨滴下落，有助于加强云下部的负电荷中心。

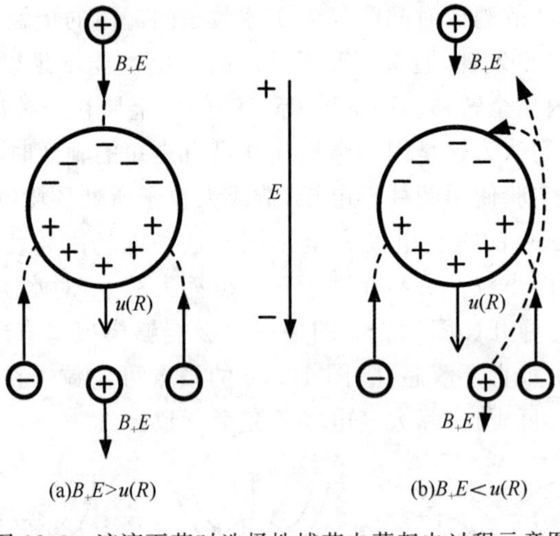

图12.9 液滴下落时选择性捕获电荷起电过程示意图

但是，该机制的作用受到以下三方面的限制：(1)当雨滴负电性足够强后，将阻止对负离子的进一步吸附；(2)如图12.9a，如果环境自由离子运动速度大于雨滴下落速度，正离子将在雨滴上部被吸附。只有当环境自由离子运动速度小于雨滴下落速度时才能使雨滴通过对负离子的吸附呈负电性，同时存在的少量正离子在雨滴后部被吸附将削弱雨滴荷电过程。因此，该起电机制存在最大电场强度的约束，对于迁移率B_+为1.5 cm^2·s^{-1}·V^{-1}的自由离子，若雨滴下落速度为8 m·s^{-1}，则由$E=u(R)/B_+$(图12.9b)得到最大强度约为53 kV·m^{-1}，该值远小于大气的击穿电场强度。(3)大气中自由离子的浓度并不是太高，通过吸附过程产生的电荷分离有限。因此，自由离子选择性捕获难以在云中形成足够的电场强度和电荷中心。

综上所述，感应起电机制具有概念简明的特点，特别是其中的碰撞弹开起电机制得到很多研究者的关注。但是，感应起电理论面对的主要问题是不能完全解释云中电荷分离和电场结构的观测特征。该理论通过已知环境电场来确定一定尺度粒子的最大起电量，但通常观测到降水粒子所带电量远比这要大(Gaskell 等，1978；Marshall 等，1982)。感应起电要求两次闪击之间云中电场强度按指数律恢复，而 Winn 等(1975)通过对新墨西哥雷暴进行气球观测表明，电场强度的恢复表现为线性规律，而且与环境电场没有一致关系。因此，至少在雷暴起电开始过程中，碰撞感应起电不是主要的起电机制。

12.4.2　非感应起电

在没有环境电场作用下，云降水粒子仍然能够获得净电荷，称为非感应起电。已有室内实验、数值模拟和观测研究的结果表明，利用非感应起电机制可以在一定程度上很好地解释雷暴起电过程所产生的电量、极性和起电速率(MacGorman 等，1998；Helsdon 等，2002；Kuhlman 等，2006)。

12.4.2.1　温差起电

如图 12.10，冰中含有一定量的能自由活动的正离子 H^+ 及负离子 OH^-，离子浓度随温度的升高而增多，当冰晶两端维持定常温差 ΔT 时，高温端的自由离子 H^+ 及 OH^- 必多于低温端，此时，正负离子均从高浓度端向低浓度端扩散。在向低温端扩散过程中，由于 OH^- 的迁移率(即扩散的速度)几乎为零，而 H^+ 的迁移率却相对较大，因此，在同一时间内由高温端向低温端转移的 H^+ 必多于 OH^-，在冷端就会出现净的正电荷，从而阻止其后的 H^+ 离子继续移向冷端。因而原来中性的冰晶被极化，冷端带正电，热端带负电。在电场达到稳定时，沿冰晶建立了一个电位差 ΔV。根据实验证明，ΔV 如以 mV 表示，数值上约等于 $2\Delta T$ (Latham 等，1961)。因此，若冰晶两端温差为 2℃，则将产生 4 mV 的电位差。一旦冰晶垂直于温度梯度方向破裂时，正负电荷分离，此即冰的温差起电。

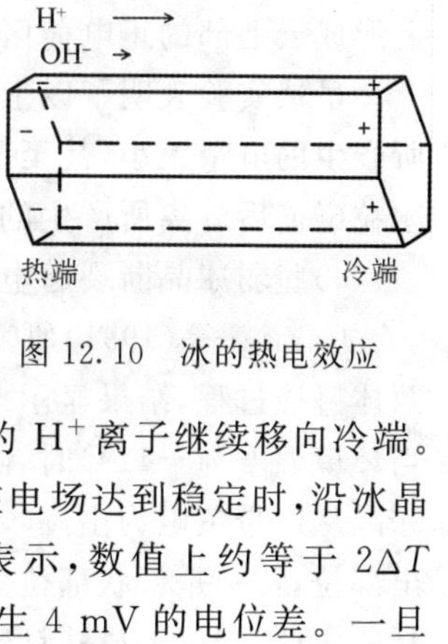

图 12.10　冰的热电效应

在温度低于 0℃的雷暴云中，有以下几种温差起电过程：

1)接触温差起电

在雷暴云中存在霰或雹块和冰晶，霰或雹块因凇附增温导致其温度一般高于冰晶。因此在冰晶和霰粒或雹块接触后分离的过程中，由于霰或雹块的温度较高，则带负电，而冰晶的温度较低，则带正电。

2)结凇时的温差起电

又称碰冻温差起电。假设一个霰粒或雹块在雷暴云中下落并与过冷却水滴相碰，当过冷却水滴冻结时发生冰晶繁生现象。过冷却水滴冻结时，由于外部散热较快，表面先冻结成冰壳，再逐渐向内增厚，因而温度总是表面低于内部，这就使冰壳内外出现一个温度梯度，于是由于热电效应使正电荷累积于冰壳的外表面。当冻结进行到内部时，由于膨胀使冰壳破裂，带正电的小冰屑飞离出去，而带负电的部分仍冻附在霰粒或雹块上，从而使霰粒或雹块带负电。据研究发现，当过冷却水滴半径在20～25 μm之间时发生碰冻，最易产生正电荷冰屑。

3)摩擦温差起电

雷暴云中冰晶和霰粒常发生碰撞摩擦，使温度升高。然而由于二者的表面积不同，所导致的温度升高也不相同，摩擦面积小的一侧，所升高的温度大于摩擦面积大的一侧。霰粒表面凹凸不平，而冰晶表面则较为平坦，因此，当两者发生摩擦时，霰粒摩擦面积小，冰晶摩擦面积大。若两者初始温度相同，则摩擦后，霰粒表面的温度将高于冰晶。摩擦后两者分离，就会造成冰晶带正电而霰粒带负电。

雷暴云中上述三种温差起电，都使冰晶带正电，霰粒或雹块带负电。一般情况下，霰粒或雹块较大较重，冰晶则较小较轻，由于重力和上升气流的分离作用，冰晶向上形成云上部的正电荷区，而霰粒或雹块则位于云的中下部形成负电荷区。

虽然实验表明了以上温差起电机制的存在性，但由于冰中的自由离子浓度很低，所产生的电量太小，甚至可以忽略(Marshall 等，1978)，因此无法通过这一机制解释冰粒碰撞后分离所产生的电量。

4)脆弱冰晶断裂起电

Caranti 等(1991)研究了直径100 μm的球形冰粒与凝华增长形成的冰晶之间的两体碰撞过程，结果显示电荷分离与冰晶表面的脆弱冰针碰撞后断裂联系在一起。当环境温度为−12℃时，随着冰晶温度从−12℃不断下降到−19℃的过程中，碰撞后冰晶从以带负电为主逐步过渡到带正电为主(图12.11)。该过程中，当冰晶上的突出部位，特别是针状部位处于优势凝华增长时，因潜热释放造成针状部位温度高于冰晶的主体部分，形成从针尖到主体的温度梯度。Caranti 等认为在此温度梯度下突出部分发生断裂产生冰屑带负电，则冰晶主体带正电。与此相反，如果环境温度高于冰晶，突出部位处于优势升华条件下，因潜热作用温度低于冰晶主体，形成相反的温度梯度，最终造成突出部位在碰撞断裂后使冰晶主体带负电。该机制能够很好地解释观测到的随温度持续变化所发生的冰晶极性反转现象，但是由此产生的电量绝对值则远小于云中起电的观测值。Caranti 等为此对脆弱冰晶破碎起电机制进行了修改，提出脆弱冰晶破碎时位于断裂面的氢键断裂理论。该理论认为，在温度梯度中处于双势阱势场的质子沿氢键通过隧道效应来回传递，氢键断裂时质子处于低温端的概率稍大，由此产生电荷分离。通过简单的计算，该改进理论分离的电量与观测结果在量级上一致。

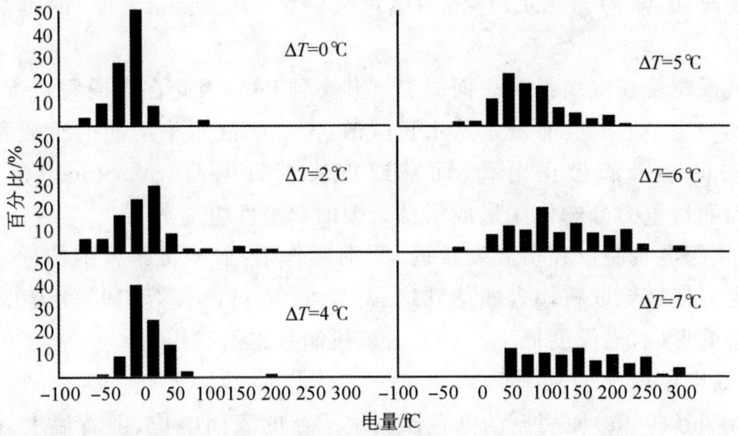

图 12.11　不同温差（ΔT：冰晶温度低于环境温度（－12℃）的绝对值）条件下，直径 100 μm 的球形冰粒与凝华增长形成的冰晶以 8 m · s^{-1} 的相对速度碰撞造成冰晶携带不同电量的碰撞次数占总碰撞次数百分比（Caranti 等，1991）

Caranti 等利用直径 100 μm 的球形冰粒以 8 m · s^{-1} 的相对速度碰撞凝华增长中的冰晶，无疑能使冰晶上的脆弱部分断裂。然而，实验表明用直径小于 10 μm 的冰晶碰撞凝华增长中的冰晶就能发生电荷的转移。这么小的冰晶碰撞时的能量远小于 Caranti 等使用的 100 μm 球形冰粒，不太可能使冰晶断裂。Griggs 等（1986）通过实验表明冰晶体上存在的突出部位强度较大。凇附形成的突出部位需要 485 μm 的玻璃珠以 20 m · s^{-1} 的速度撞击才会破裂，而凝华形成的突出部位虽然更为脆弱，但用同样大小的玻璃珠也需要 4～6 m · s^{-1} 的撞击速度才能破裂。因此，脆弱冰晶断裂并非冰—冰碰撞起电的必要条件。

12.4.2.2　界面起电

（1）Workman-Reynolds 效应

Workman 和 Reynolds（1950）观测到稀溶液冻结时，冰水界面相当于半透膜，对于离子的透过具有高选择性，只允许一种或数种离子透过。溶液中具有一定极性的的少量离子渗入到冰结构中，造成透过离子在冰、水两相形成浓度差，由此在冰—水界面产生偶电层的现象，电位的方向和大小密切依赖于溶液的性质和浓度，而蒸馏水冻结时此效应极弱。该电位存在于冰水界面不断向冰转化的过程中，一旦冻结过程结束该电位即消失。对于大多数溶液，冰相对于液体的电位差为负，即冰带负电、溶液带正电，但是氨盐例外。浓度为 5×10^{-5} mol · L^{-1} 的稀氨水溶液冻结时，在界面上冰对于水的电位差达到 +240 V，而对于浓度为 10^{-4} mol · L^{-1} 的稀 NaCl 溶液相应电位差为 −30 V，而当 NaCl 溶液浓度增大到 5×10^{-4} mol · L^{-1} 时则基本上不表现出电效应。

由于霰或雹块在湿增长时表面温度可升高到 0℃，因此在霰或雹块下落过程中，当水膜达到一定厚度时会有液水从水膜溅散，考虑到液水中溶质的组成和浓度可认为溅散出去的小水滴带正电荷，而霰或雹块带负电荷（Workman 和 Reynolds，1950），进而通过重力分选作用形成雷暴云中的双极性电荷分布。

但是，该起电机制仅在负温度接近 0℃时起作用，典型雷暴云中的过冷却液水含量不总是足以使霰粒或雹块表面达到这一温度。Reynolds 等（1957）认为，对于云中负电荷中心的形成，当温度低于 −16℃时该机制基本不起作用。

（2）表面电位理论

Takahashi（1969a）使用振动电容器测定了冰的表面电位，随着温度升高冰表面形成薄水膜，此时薄水膜相对于冰表面的电位为 −100 mV。认为这是由于 H^+ 和 OH^- 在液相和冰相的活化能不同造成它们在水中的浓度高于冰中，然而在冰中 H^+ 比 OH^- 具有更大的迁移率，因此 H^+ 更容易通过扩散过程从水进入冰内，从而造成电荷分离。对该过程通过理论计算得到的水相对冰的电位为 −150 mV，与前面实验结果基本一致。Takahashi 认为该机制可以解释雷暴云下部处于湿增长过程中的冰雹荷正电的现象。

Takahashi（1969b）还利用该方法测量了冰表面被另一冰面或刨刀平面反复摩擦后具有的电位，发现被摩擦的冰面的电位能增大到 −200 mV。他认为这是由于摩擦产生的晶体线缺陷（位错）在摩擦点形成电偶极子，同样是正电荷扩散能力大于负电荷，使发生位错的冰表面带负电。

Takahashi（1973）研究了具有不同离子浓度的电离空气中冰表面的荷电情况，当冰晶升华时带负电，凝华时带正电，两种相变过程之间冰晶表面电位差异可达到 200 mV。但 Caranti 等（1980）重复该实验时并没有检测到这样的电位差异，不过他们指出在淞附表面相对未淞附的冰表面存在数百毫伏的电位差，该电位差随温度降低而增大，当温度下降到 −15℃后稳定在 −400 mV 左右。

Buser 等（1977）发现当冻滴碰撞冰面反弹后，被碰冰面如果升华（凝华）则带负（正）电，该结果后来得到很多研究者的进一步证实。Baker 等（1987）将凝华增长形成的冰晶引向风洞中固定的冰表面产生碰撞，当被碰冰面温度高于环境温度发生升华时带负电，反之冰面温度低则凝华并带正电（图 12.12）。根据这一电荷分离机制所产生的电性与图 12.11 所示碰撞后脆弱冰晶断裂是一致的。但是，Jayaratne（1993）通过一系列实验认为冰—冰碰撞起电的极性与以上的温差和温度梯度方向均无关，按 Baker 等(1987)的解释该机制中产生电荷的极性应由相对增长率决定，即凝华增长快的冰表面带正电。

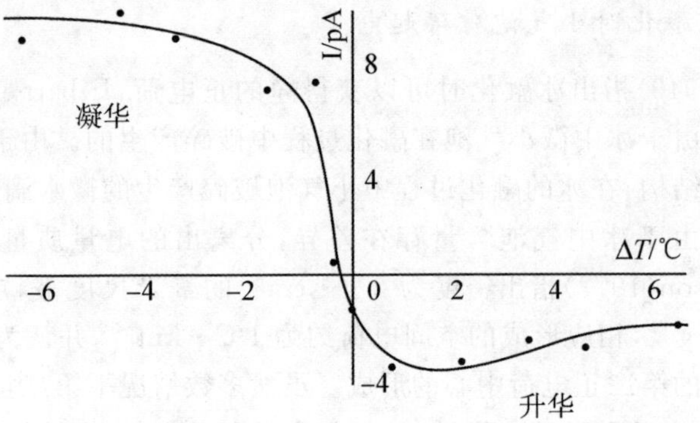

图 12.12　被碰冰表面产生的电流(I)随冰表面与冰晶温差(ΔT)的变化关系

(环境温度为−10℃，碰撞速度为 15 m·s^{-1}。Baker 等，1987)

(3)准液膜理论

理论和实验均表明，在冰—水汽的平衡界面上存在准液膜，其厚度约几个分子的尺度，并随温度和湿度的升高而增加(Dash，1989)。Baker 等(1989)根据这一现象，对冰晶碰撞后的起电极性与相对增长率的关系提出一种新的解释，认为冰—冰碰撞后的起电是由准液膜的存在引起的质量转移造成的。Fletcher(1968)认为准液膜与空气的界面上 H^+ 端指向空气形成表面偶电层，由于这种情况下液水表面呈正电性，则有助于获得负电荷使准液膜呈负电性。Baker 等(1994)对这一理论进行了改进，指出该模型中冰—水界面电性的作用远比水—汽界面的电偶层作用大，其中冰—水界面液相一侧呈负电性并向液膜中扩散。虽然以上解释的出发点不同，但均认为准液膜层呈负电性。

两个表面具有准液膜的冰粒子碰撞并弹开的过程中，应该会通过液膜产生质量交换。通常质量从厚的准液膜(高化学势)转移到薄的准液膜(低化学势)，而准液膜的厚度随温度的升高而增厚，因此温度高的冰粒失去质量和负电荷，结果使温度高的粒子荷正电。另外，准液膜的厚度还与凝华增长率有关，所以增长快的冰粒失去质量和负电荷，造成增长快的冰粒带正电。在没有淞附的情况下，冰粒的凝华增长因潜热释放而使其温度高于环境温度，相应处于升华状态的冰粒温度低于环境温度。所以，Baker 等(1994)提出的想法对三种情况下冰粒碰撞起电的极性问题均可以进行不同解释，这三种情况指两冰粒的状态关系：凝华—升华、快凝华—慢凝华、快升华—慢升华。但是我们注意到，当一个冰粒温度低于环境和另一冰粒的温度时，两冰粒碰撞后低温冰粒带正电。如果说这还是通过冷液膜传质造成的，那么合理的解释只能是准液膜的厚度更多地决定于冰粒的表面状态而不是温度，即增长快的冰粒易形成较厚的准液膜，在碰撞后带正电(Jayaratne，1993)。

12.4.2.3 霰雹融化时小气泡破碎起电

Dinger等(1946)指出冰融化时可以获得净的正电荷，Iribarne等(1967)进一步明确认为电荷是由于冰中微小气泡在融化过程中破碎产生的。由于液水表面具有负端朝外的偶电层结构，在冰的融化过程中小气泡破碎产生的微水滴携带负电荷离开，使冰粒带正电。由于冰中气泡含量存在差异，分离出的电量质量密度最大可达到2 nC·g^{-1}。Mason(1972)指出密度为2 g·cm^{-3}的毫米尺度霰粒融化时电荷分离可达到0.7 nC·g^{-1}，相应形成的空间电荷约为1 C·km^{-3}，并认为这一结果可用于解释雷暴云下部的第二正电荷中心的形成。虽然多数情况下第二正电荷中心确实靠近0℃层以下，但也观测到正电荷在0℃层以上累积的例子，则该机制与此现象矛盾。

12.4.3 关于凇附起电的讨论

在界面起电机制中，基于增长率的准液膜理论能较好地解释无凇附条件下两冰粒碰撞起电问题，同时大量证据表明霰的出现与雷暴云中电荷分离有关，下面对凇附过程中的起电问题做进一步讨论。

12.4.3.1 极性反转温度

Reynolds等(1957)最早对凇附起电过程进行了模拟实验，他们在一台温度能达到−25℃的冰柜中产生包括过冷水滴和冰晶的云雾，令表面覆冰的金属球在其中旋转以模拟凇附过程。当云中水含量高时覆冰金属球呈正电性，反之当云水含量低时呈负电性。对于后一种情况，若用一灯泡加热覆冰金属球，则可使其电性由负变正。

Takahashi(1978)令云室中充满过冷水滴和凝华增长的冰晶，并在其中以9 m·s^{-1}的线速度旋转一直径3 mm的镀铬铜杆来模拟凇附形成的霰，当冰晶碰撞模拟霰后在霰上产生的电荷极性和电量与温度和云水含量的关系如图12.13所示。可以看到，当温度高于−10℃时霰荷正电，且极性与云水含量无关。当温度较低时，过高或过低的云水含量均使霰荷正电，云水含量处于二者之间的一定范围时霰荷负电。与此研究类似，Jayaratne等(1983)模拟的霰粒被冰晶碰撞后，同样显示在高温、高云水含量时荷正电，在低温、低云水含量时荷负电(图12.14)。当云水含量为1 g·m^{-3}时，荷电极性反转温度约为−20℃。Baker等(1987)将Jayaratne等的研究扩展到−35℃后，再次确定极性反转温度为−18℃(图12.15)。从图12.14可以看到极性反转温度随液水含量的增大而升高，云水含量为0.2 g·m^{-3}时，极性反转温度约为−10℃。

以上实验结果能够用来解释观测到的云中电荷垂直分布。当云中温度高于极性反转温度时，霰粒被冰晶碰撞后获得正电荷后下落，而冰晶获得负电荷后被上升气流带到云的上部，形成主正电荷区。

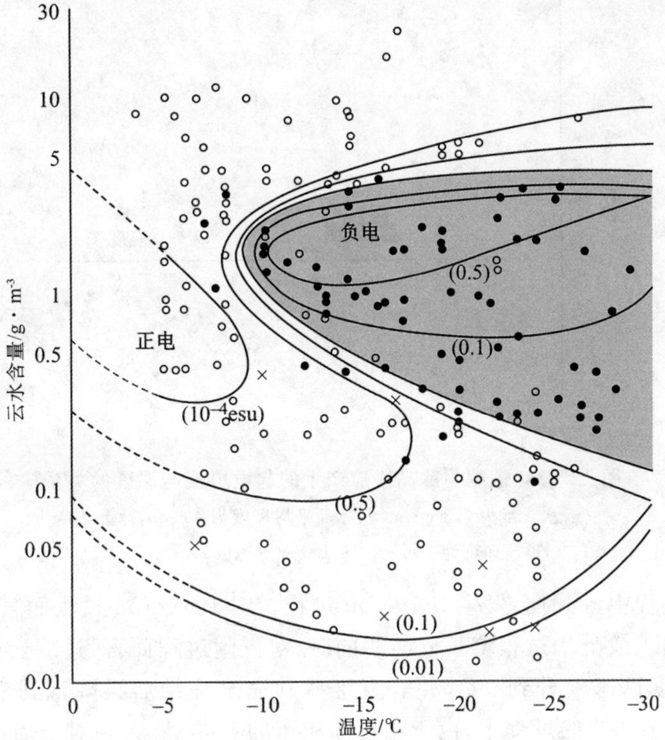

图 12.13　冰晶与模拟霰碰撞后霰获得的电量(单位：10^{-4} esu)与温度和云水含量的关系(○：正电，●：负电，×：未荷电；Takahashi，1978)

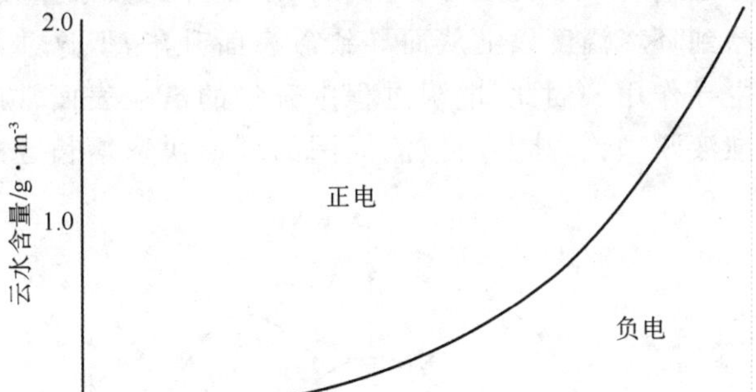

图 12.14　冰水混态云中冰晶以 3 m · s^{-1} 的相对速度碰撞模拟霰使霰荷电的极性与温度和云水含量的关系(Jayaratne 等，1983)

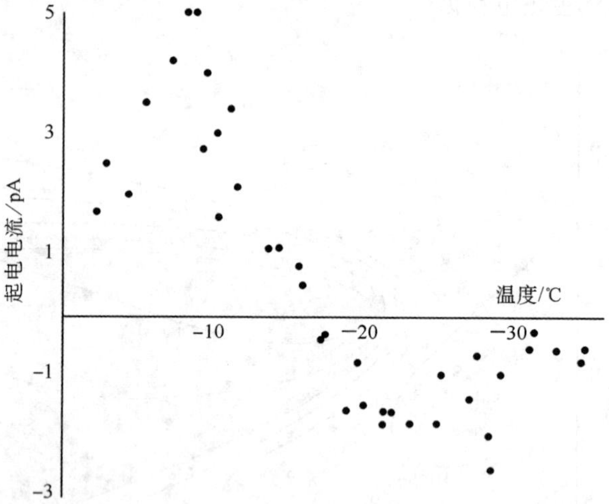

图 12.15　霰粒与冰晶碰撞产生的起电电流与温度的关系
（云水含量为 0.3 g·m^{-3}，冰晶平均尺度为 40 μm，冰晶浓度为 50 mL^{-1}，碰撞速度为 3 m·s^{-1}。Baker 等，1987）

在淞附过程中，同时会发生 Bergeron 过程。对 Bergeron 过程而言，霰和冰晶表面通过水汽的扩散凝华过程增长。与些同时，对淞附过程而言，过冷云滴附着在霰粒表面后，其温度迅速上升到 0℃，并一直维持到完全冻结后再降低到霰粒具有的温度。液水维持在 0℃的过程中，由于温度和相态的差异，液水相对于周围干的冰表面来说相当于一个很强的水汽源，这一因素造成液水周围的冰面快速地凝华增长（图 12.16）。Baker 等（1987）指出，在相当于几个液滴直径的范围内，霰粒表面因附着液滴，从而导致快速凝华增长起主导作用。如果碰并的云水量较大，冻结潜热可使霰表面温度增高到环境温度以上从而导致霰表面升华，但这并不影响水滴周围快速凝华增长的主导作用。因此，淞附过程中升华的霰粒表面常出现很多环形凝华增长区。根据准液膜理论，冰晶与液滴周围的环形快速增长区碰撞可造成霰粒带正电。

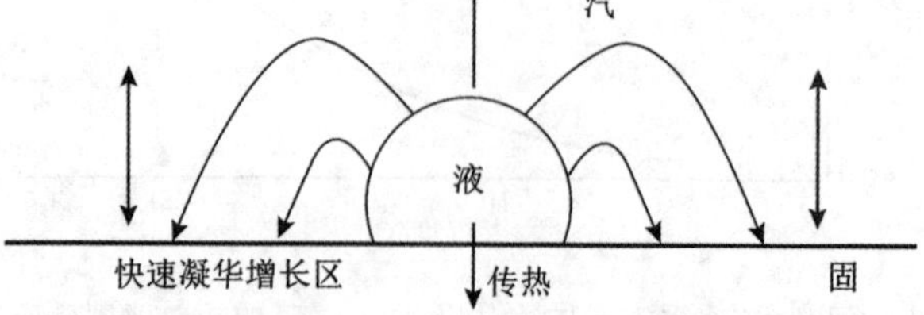

图 12.16　淞附过程中霰表面液滴周围快速凝华增长示意图

在较高的含水量条件下，霰粒表面形成较多的环形快速增长区，则冰晶与此区域碰撞的概率增大。同时，在较高的温度条件下，液滴冻结时间延长，同样使冰晶与环形快速增长区碰撞的概率增大。因此，准液膜理论可以解释图 12.14 中温度较高、云水含量较大时霰粒与冰晶相碰后易带正电的现象。

12.4.3.2　云滴尺度的影响

Jayaratne 等(1985)指出，除了温度和云水含量之外，云滴尺度谱分布也对霰与冰晶碰撞后的极性具有较大影响。Jayaratne 等(1983)对这一问题进行了实验研究，所采用的云滴平均直径范围为 10～30 μm，如图 12.14 所示。后来他们在 1985 年又增加了最大云滴尺度小于 4 μm 的实验，结果显示－10℃时霰粒即荷负电。Jayaratne(1998)解释认为，图 12.13 和图 12.14 给出的单一极性反转温度是由于霰粒所处环境中云滴的尺度较大造成的。而当环境云滴尺度很小时所得结果完全不同，霰粒的荷电表现出 4 个极性反转温度，如图 12.17 所示。因此，并不能简单地说大(小)滴环境中霰与冰碰撞后带正(负)电。

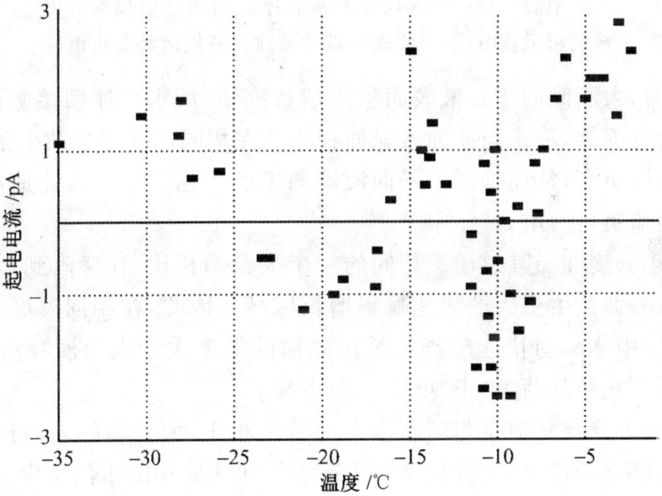

图 12.17　小云滴环境下霰粒与冰晶碰撞产生的起电电流与温度的关系(Jayaratne，1998)

云滴大小对霰与冰晶碰撞后荷电极性的作用，可从霰粒凇附与冰晶凝华的相对增长率的角度来考虑。大云滴和小云滴对相对增长率的影响如图 12.18 所示，Avila 等(1998)对此进行了讨论：

(1)大云滴比小云滴冻结的时间更长，相应延长了环形快速增长区的存在时间，从而增加冰晶与环形快速增长区碰撞的次数。因此，根据 Baker 等(1987)的相对增长率与冰—冰相碰荷电的关系，则大(小)云滴情形下霰粒易荷正(负)电。

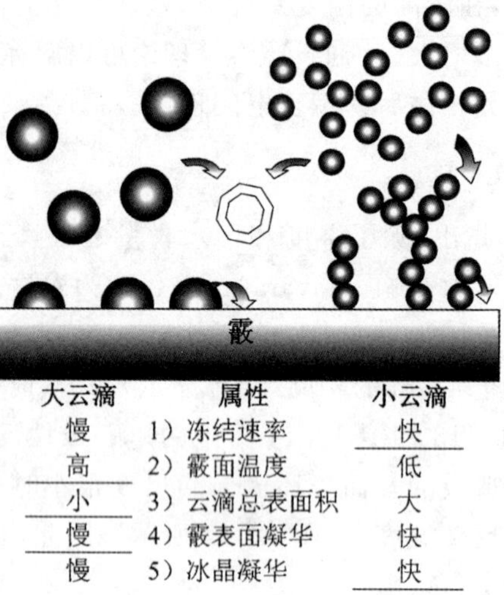

图 12.18　云滴尺度对霰和冰晶的相对增长率的影响机制示意图(下划线表示霰粒被冰晶碰撞后易荷负电)

(2)淞附时，大滴倾向于在霰表面呈半球状冻结，液水与冰面接触面积大。而小滴常表现为链状冻结，液水与冰面接触面积小。在相同温度和冻结率条件下，大云滴环境中霰面温度更高，从而抑制了霰面液滴周围的快速凝华。因此造成大(小)云滴情形下霰粒易荷负(正)电。

(3)多个小云滴和与其总质量相同的一个大云滴相比，在碰附到霰表面后，多个小云滴将在霰表面产生更大的快速凝华增长区域。因此，在相同温度和冻结率条件下，小云滴环境中冰晶与快速凝华增长区碰撞的概率大于大云滴环境，从而造成大(小)云滴情形下霰粒易荷负(正)电。

(4)一个大云滴与其质量相同的多个小云滴相比，大云滴的表面积小。因此，在相同温度和冻结率条件下，大滴提供用于霰表面快速凝华的水汽量少于多个小滴，从而造成大(小)云滴情形下霰粒易荷负(正)电。

(5)最后从冰晶凝华增长的角度来看。Marshall 等(1954)指出，在云滴数目增多的情况下 Bergeron 过程加快。一方面对于相同的云水含量，数目多的小滴具有更大的总表面积和表面曲率，则蒸发更多的水汽以供冰晶凝华增长，因此在小云滴环境中冰晶凝华增长得更快。另一方面，由于小滴的碰并效率小于大滴，如果考虑相同的冻结率则要求小云滴具有较大的数密度，从而同样导致小云滴环境中冰晶凝华增长得更快。从这两个方面考虑的结果都是冰晶在小云滴环境中具有更大的增长率，从而倾向于与霰碰撞后使霰带负电。

从以上分析可知，在淞附过程中，霰与冰晶碰撞后荷电的极性与云滴尺度谱分布具有密切而复杂的联系，霰粒最终带正电还是负电是以上五种或其中几种因素共同决定的。此外，同样的平均云滴尺度可能对应着完全不同的尺度谱分布，如单峰分布和双峰分布可能具有同样的平均云滴尺度，两种分布下淞附所产生的电荷分离结果可能完全不同。因此，在雷暴云起电过程模拟中需要更准确地确定云滴的尺度谱及其演变。

12.4.3.3　化学成分的影响

实验结果表明，一些化学物质的存在对冰—冰碰撞起电后的极性具有显著影响。一般而言，淞附时若存在微量的 NaCl 可使霰带负电，而氨盐的存在则使霰带正电(Reynolds 等，1957；Magono 等，1963；Takahashi，1978；Jayaratne 等，1983)。如 Jayaratne 等(1983)在讨论冰晶与霰粒碰撞后霰粒荷电量与温度的关系时得到云滴中存在的 NaCl 和$(NH_4)_2SO_4$ 可对霰粒极性起到决定性影响(图 12.19)。

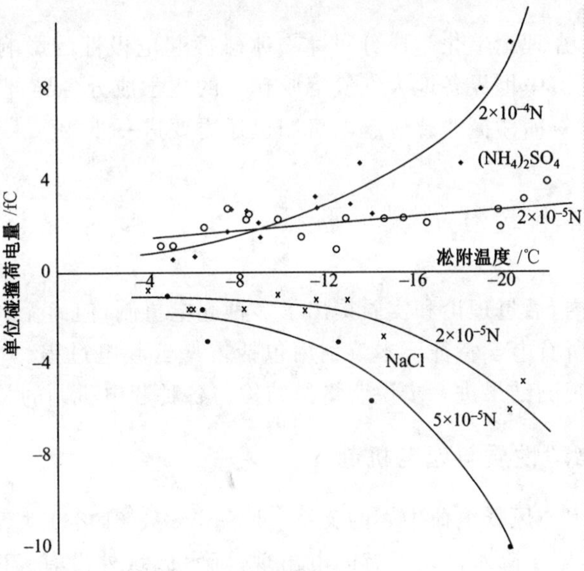

图 12.19　淞附过程中云滴中含有 NaCl 和$(NH_4)_2SO_4$ 时冰晶与霰粒碰撞后霰粒荷电量与温度的关系(Jayaratne 等，1983)

目前，对化学成分的这种影响仅能通过 Workman-Reynolds 效应进行部分解释，根据该效应 NaCl 和氨盐确实能够使霰粒产生相反的净电荷。但是，Workman-Reynolds 效应在液水完全冻结时便完全消失。Caranti 等(1983)实验证实淞附表面完全冻结后不存在残余电位，考虑到当时测量精度可能产生的影响，他们认为如果存在残余电位也应该在几百分之一秒的时间内消失，而冰晶的碰撞在这么短的时间内不能产生有效的电荷分离。此外，冰晶正好碰撞到附着在霰粒表面的水滴上的概率很小，因此用 Workman-Reynolds 效应解释淞附过程中电荷分离的极性问题依然存在困难。

我们已经知道，不同的离子在冰和水中具有不同的迁移率，如 Cl^- 比 Na^+ 更容易在冰中扩散，对于$(NH_4)_2SO_4$ 而言则是 SO_4^{2-} 比 NH_4^+ 更容易在冰中扩散，从而造成如图 12.20 所示的准液膜中阴、阳离子在冰、水中的浓度差。当冰晶分别与含有以上两种化学成分的准液膜面碰撞后，将导致霰粒荷相反极性的净电荷。

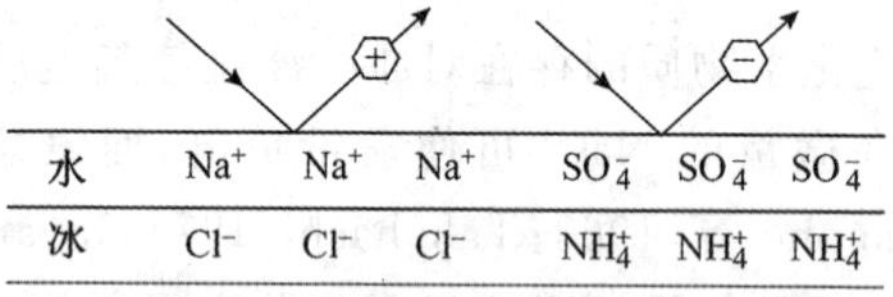

图 12.20　冰—水准液膜中含有 NaCl 和$(NH_4)_2SO_4$对淞附时电荷分离的影响

到目前为止，在理论上化学成分对冰—冰碰撞起电极性的影响还没有完全令人满意的解释，在现实中世界各地大气气溶胶粒子的化学成分各异，但云中电结构却十分相似。因此，冰—冰碰撞非感应起电机制也还需要进一步的深入研究。

12.5　云中雷电过程的观测验证

过去几十年内，通过理论和实验提出了多种起电机制，但尚无一种机制能够完全解释雷暴云中的所有电学特征。本节利用包括雷暴云起电过程、大气运动以及降水发展在内的外场观测结果进一步说明雷暴结构与各种起电机制的关系。

12.5.1　雷暴物理性质与起电机制

首先讨论降水与风暴电荷中心的关系。Krehbiel 等(1983)对新墨西哥的雷暴进行观测结果表明，整个降水区域都有闪电出现，降水区域外没有闪电发生，而且有个例显示降水最强的地方最容易发生闪电。然而，Williams(1985)通过闪电区域和降水区域的观测分析表明，许多情况下空间电荷密度的最大值区并不对应强降水区，而是与高雷达反射率(>45～50 dBZ)区域对应。Rawlins(1982)通过数值模拟则认为冰—冰相互作用形成的最大空间电荷密度区与最大降水区一致。Latham(1981)指出，这种位置关系上存在的不同结论，一方面可能与数值模式中的参数化方案有关。另一方面，少数大粒子对雷达反射率因子的影响很大，但具有很大总表面积的大量小降水粒子则对空间电荷密度造成实质性的影响。这样看来，由雷达探测得出的电荷分布不能完全支持降水起电理论，但也不能完全证明它是错误的。

观测结果继续支持早期提出的负电荷中心存在于云中过冷区域的看法。如 Krehbiel 等(1983)观测到地闪过程中的负电荷主要源自－10～－25℃之间的区域，并且大体上与降水区域对应。同时也有观测表明主要闪电活动中心与过冷云水有关，但温度略高，在－5～－20℃之间。Krehbiel 等(1983)发现，不同地理位置和气候条件下形成的雷暴云中，与闪电活动有关的主要负电荷中心都位于－10～－20℃之间，如佛罗里达的暖底海洋型积云、新墨西哥的冷底大陆型积云以及日本的浅薄冷底积云(图 12.21)。这一发现有力地支持了冰相起电过程。另外 Chauzy 等(1985)则发现主负电荷中心在热带飑线中的垂直位置更接近 0℃层附近，表明负空间电荷中心的温度随上升气流速度或降水特征而改变，而且这个因素在局地性对流风暴和层状特征明显的中尺度系统中所起的作用并不相同。总之，这些空间电荷位置的观测结果支持冰相降水机制，而不支持对流理论。

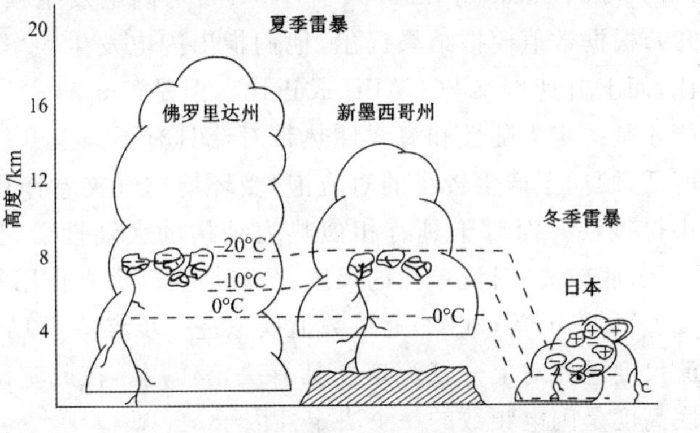

图 12.21　佛罗里达、新墨西哥夏季雷暴和日本冬季雷暴中形成地闪的电荷垂直位置示意图(注意：电荷中心与温度垂直结构对应，而非与高度对应。Krehbiel 等，1983)

以上关于电荷分离的理论都直接或间接地依赖于云中大气运动状态。Lhermitte 等(1979)对多普勒雷达反演的大气运动和遥感测得的放电位置进行了分析，发现电活动旺盛期与上升气流迅速发展(＞20 m · s^{-1}，垂直范围扩展到－10～－20℃)同步开始。初始闪电源在有组织的上升气流区上方形成一个伞状屏蔽罩，上升气流与外部下沉气流在该处交汇。闪电发生在强回波区外围、接近－10℃的位置，并与强降水中心完全分离。这些观测似乎更有力地支持了对流起电理论，而不是降水起电理论。

但是，Lhermitte 等(1985)在另一项研究中发现，与闪电相联系的主要负电荷中心在强回波区上方不到 1 km 处，在那里(平衡高度或累积带)水凝物粒子基本没有垂直运动。他们认为,主要负电荷中心位置相对稳定的原因是,风暴生命期内大部分时间水凝物粒子的平衡状态都保持在同一高度。负电荷中心与－15℃层相对应,并在附近伴随有降水中心,这一事实支持了冰相降水起电机制。

总的来说,有关雷暴物理性质的综合探测结果部分支持了对流起电理论和冰相降水起电理论。这一方面表明云中起电机制的复杂性,另一方面也说明云中电结构往往不是由单一机制决定的。

12.5.2 雷暴宏观特征与雷电过程

下面进一步讨论不同雷暴类型和地理区域中的闪电活动特点。

观测表明,大陆性热带对流比海洋性热带对流具有更高的闪电发生频率(Williams 等,2005),一般认为这是因为前者比后者具有更大的对流有效位能(CAPE),但观测结果同样显示情况并非总是如此,也有一些时候两类热带对流的 CAPE 值很接近(Williams 等,1993;Lucas 等,1996)。将 CAPE 与闪电发生频率联系在一起先由 Baker 等(1999)根据数值模拟结果提出,他们指出闪电发生频率与气流上升速度的四次方成正比,而上升速度又与 CAPE 成正比。但是,Lucas 等(1996)认为,云底高度的差异可能才是决定大陆性和海洋性热带对流具有不同上升气流速度的原因。海洋上云底高度低,倾向于产生较小的对流泡,受环境空气夹卷作用的影响很大,促使云内浮力减小得很快。而对于具有相似热力结构的大陆性云,虽然 CAPE 值相近,但一般情况下云底较高,对流单元的尺度大,环境空气夹卷作用的影响小,易维持较大的上升速度。McCaul 等(2002)通过数值模拟进一步支持了 Lucas 等的想法,即云底高度对对流尺度进而对上升气流速度具有决定作用。在此基础上,Williams 等(2005)认为云底高度是闪电频数的一个决定性因子。

此外,Williams 等(2002)还认为,CCN 的不同性质在一定程度上也决定了海洋性和大陆性对流中闪电频数的差异。在海洋清洁环境中,液相降水过程的快速发展从本质上限制了云滴到达过冷层,致使非感应起电机制不能有效进行。而在陆地环境中,较高的 CCN 浓度抵制了云滴的碰并增长过程,却有助于大量云滴上升到过冷层,导致冰相非感应起电机制的有效进行。不过 Williams 等也指出,对于闪电频数来说,CAPE 的作用较气溶胶的作用更为重要。

已开展的大量关于热带气旋雷电过程的研究结果(如 Samsury 等,1994;Lyons 等,1994;Cecil 等,2002)表明,不同系统的雷电活动强弱差异很大。所表现出来的这种差异与热带气旋系统中对流活动和层状云降水的发展程度有关,当以层状云降水为主时雷电活动相对较弱。热带气旋中主要的雷电活动中心一般位于眼墙及外围雨带中,而靠近内部的雨带雷电活动较弱。Lyons 等(1994)认为,活跃的云—地闪击与台风眼附近超级单体或高温区的形成具有一致关系。

对于中纬度大陆对流系统，研究的重点主要包括雷暴的强度和云—地闪的极性问题。Watson 等(1994)认为易产生雷电的地区通常具有较好的水汽条件、较高的 CAPE 和有效的对流触发机制，例如海风辐合区和山区等。

关于雷暴强度与电场活动之间的联系也有不同的结论。早期 Pakiam 等(1975)研究了加拿大阿伯塔产生冰雹的多单体雷暴和超级单体雷暴的雷电特征，他们认为：

(1)在厚度有限的普通多单体风暴(当地云顶为 6～7.5 km MSL)中，雨和小雹发生时闪电发生频率较低；

(2)当热力不稳定度较大时，风暴发展成组织良好的多单体风暴，云顶较高(在当地为 7.5～12 km MSL)，那么雨、冰雹以及闪电发生频率都明显增加；

(3)对于不稳定度更大而且风切变较强的有组织多单体风暴，云顶可超过对流层顶(在当地为 12 km MSL 以上)。在这类风暴中，可形成大冰雹，而且闪电发生频率决定于雷暴单体的数目和单体间靠近的程度。由 5 个单体组成的系统中每分钟可以产生 35 次闪电，其中大多数是云内闪电，而孤立单体每分钟仅产生 2～3 次闪电。

以上结果认为闪电放电频率并不随上升气流速度增加而增加，而主要决定于风暴系统中多单体对流的厚度和数目。虽然这些结果仅基于单一地理区域中的少数个例得出，但明确指出了风暴的组织结构对雷暴放电频率的重要作用。

Perez 等(1997)对 42 次伴随有龙卷的强超级单体风暴的研究结果显示闪电发生频率差异很大，与龙卷形成与否没有显著的相关性。Knupp 等(2003)发现回波强度很高(>65 dBZ)的风暴中云—地闪的发生频率反而减小，并认为在大冰雹形成时混态云中降水粒子数浓度降低，从而抑制了云—地闪击。Kuhlman 等(2006)也通过数值模拟表明，总闪电发生频率与霰含量、上升气流的范围与质量通量均有很好的相关，但与最大上升气流速度相关性很小。

中尺度对流复合体(MCC)是非常有组织的中尺度对流系统，它由众多的积雨云单体组成。Goodman 等(1986)对 MCC 中云—地闪电的研究同样支持了前述观点，即闪电发生频率是对流单体厚度和数目的函数。他们的结果显示，从逐小时平均来看，MCC 可产生的最大对地闪击频率可高达 54 min^{-1}，而且超过 17 min^{-1}的时间平均持续 9 h 以上。由这一结果可以推断，单次 MCC 过程在其经过地区产生的闪击次数相当于年平均值的 25%。而且，MCC 与佛罗里达观测到的普通雷暴中地闪发生频率的比值为 4∶1，而相对于美国大平原地区的孤立雷暴该比值超过 20∶1。Goodman 等得到的另一个很有意义的结果是，MCC 中峰值闪电发生频率出现的时间恰好是风暴中云顶温度最低的时间，对应着 MCC 降水强度达到最大值的时间和众多发展旺盛的对流单体组成 MCC 的时间。

除了闪电发生频率之外，云—地闪击的极性也同样重要。一般而言，90%的云地闪都是负闪(将负电荷传输到地面)，10%为正闪，但也有一些地区的正地闪数超过总地闪数的20%。图12.22给出了已提出的正地闪形成原因的示意图,其中包括双极性结构倾斜、降水清除上层正电荷中心与地面之间局部区域的负电荷、反向双极性结构和三极性结构四种观点。此外,Lyons等(1998)甚至提出强正电闪的形成与气溶胶有关,特别是林火产生的烟尘。

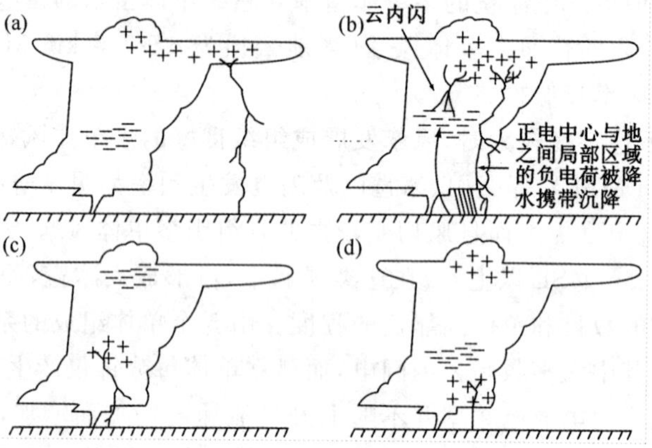

图12.22 强风暴中正电闪形成的可能原因
(a:双极性结构倾斜;b:降水清除局部负电荷;c:反向双极性;d:三极性。Williams,2001)

综上所述,风暴组织结构、地理位置(陆地或海洋)及气溶胶等因素决定了风暴中的雷电活动。对单个单体而言,电荷分离与上升和下沉气流切变、水平气流及其切变等因素有关,其有利条件包括高浓度的霰粒、较大的上升气流区域和较大的向上质量通量等。当冰相降水过程发展旺盛时,云中起电过程最为活跃,但是,所形成的电荷中心与最强雷达回波区或固、液态水含量最大值区并不吻合。观测和数值模拟结果倾向于表明非感应起电是云中电荷分离的主导机制。

习　题

(1)试回答或解释下列问题:

1)某些雷暴中,产生融化带下方的第二正电荷区的起电机制比产生主要电荷中心的起电机制更有效。

2)当云底与地面间的大气电场方向朝下时,到达地面的降水质粒一般带负电。但当电场方向朝上时,降水质粒一般带正电。

3)空气中有水滴存在时,将减少介质击穿所需的电位差。

4)在暖云中很少观测到闪电现象。

5)陆地上闪电发生的频率比海洋上大得多。

6)雷暴以后大气能见度通常会得到改善。

(2)一次雷暴过程中,如果电荷产生率为约 1 C·km^{-3}·min^{-1},试求冰晶与凇结体(如霰粒)每次碰撞需要分离的电量。设冰晶浓度为 10^5 m^{-3},其下落速度与凇结体相比可忽略不计,冰晶在与凇结体碰撞之前不带电,与凇结体的碰撞效率为 1,且所有冰晶与凇结体碰撞后都反弹。还假设凇结体为半径 2 mm 的球体,其密度为 500 kg·m^{-3},且由凇结体造成的降水率为 5 cm·h^{-1}。(参考答案:1.6×10^{-14} C)

(3)如果两相邻空气薄层中声音的传播速度分别为 v_1 和 v_2,则声波通过这两个薄层的界面时将发生折射,并且有 $\frac{\sin i}{\sin r}=\frac{v_1}{v_2}$(图 12.23)。试利用此关系式及 $v\propto T^{1/2}$ 的事实(T 为气温,单位为 K),证明雷声传递的距离(从雷暴起始点到能够听到声音的最大水平距离)为

$$dx=-\left(\frac{T}{\gamma z}\right)^{1/2}dz$$

式中 x 和 z 为坐标,垂直方向温度直减率 γ 设为常数,T 为高度 z 处的温度。

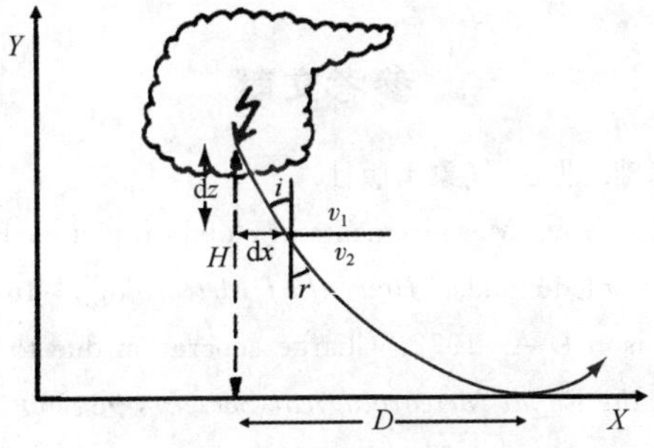

图 12.23　雷暴过程中声波的传播

(4)利用本章习题(3)导出的表达式,证明雷暴产生的声波最大可闻距离 D(图 12.23)可由下式近似给出

$$D=2\left(\frac{T_0 H}{\gamma}\right)^{1/2}$$

式中 T_0 为地面温度。如果给定 $\gamma=7.50$ ℃·km^{-1},$T_0=300$ K,及 $H=4$ km,试计算 D 的值。(参考答案:25.3 km)

(5)如图 12.24 所示,地面上一观测者在看到闪电 10 s 后听到雷声,且雷声持续了 8 s。求观测者距最近的闪电点有多远?闪电的最短持续时间是多少?在什么条件下计算得到的闪电持续时间等于真实的闪电持续时间?(声速为 0.34 km·s^{-1})

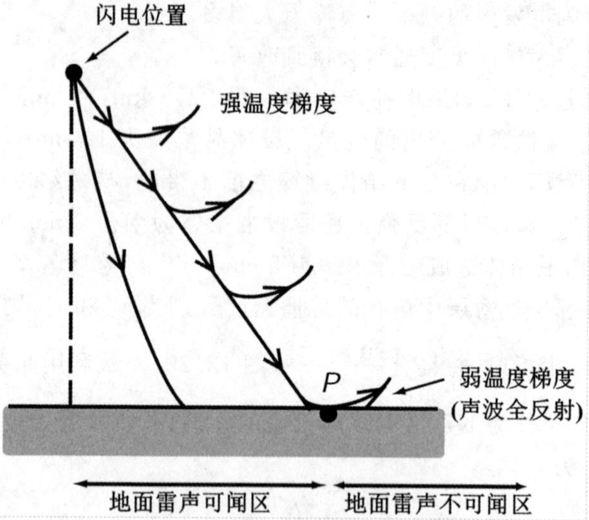

图 12.24　大气层结对地面听到雷声范围的影响

参考文献

孙景群. 1987. 大气电学基础. 北京:气象出版社.

Allee P A, and Phillips B B. 1959. Measurements of cloud-droplet charge, electric field, and polar conductivities in supercooled clouds. *Journal of Meteorology*, **16**:405-410.

Aufdermaur A N, and Johnson D A. 1972. Charge separation due to riming in an electric field. *Quarterly Journal of the Royal Meteorological Society*, **98**:369-382.

Avila E, Caranti G, Castellano N, and Saunders C. 1998. Laboratory studies of the influence of cloud droplet size on charge transfer during crystal-graupel collisions. *Journal of Geophysical Research*, **103**:8985-8996.

Baker B, Baker M B, Jayaratne E R, Latham J, and Saunders C P R. 1987. The influence of diffusional growth rates on the charge transfer accompanying rebounding collisions between ice crystals and soft hailstones. *Quarterly Journal of the Royal Meteorological Society*, **113**:1193-1215.

Baker M B, and Dash J G. 1989. Charge transfer in thunderstorms and the surface melting of ice. *Journal of Crystal Growth*, **97**:770-776.

Baker M B, and Dash J G. 1994. Mechanism of charge transfer between colliding ice particles in thunderstorms. *Journal of Geophysical Research*, **99**:10621-10626.

Brooks I M, and Saunders C P R. 1994. An experimental investigation of the inductive mechanism of thunderstorm electrification. *Journal of Geophysical Research*, **99**:10627-10632.

Buser O, and Aufdermaur A N. 1977. Electrification by collisions of ice particles on ice or metal targets. *Electrical Processes in Atmospheres*, H. Dolezalek, and R. Reiter, Eds., Steinkopff Verlag, 294-301.

Caranti J M, and Illingworth A J. 1980. Surface potentials of ice and thunderstorm charge separation. *Nature*, **284**:44-46.

Caranti J M, and Illingworth A J. 1983. Transient Workman-Reynolds freezing potentials. *Journal of Geophysical Research*, **88**:8483-8489.

Caranti G M, Avila E E, and Ré M A. 1991. Charge transfer during individual collisions in ice growing from vapor deposition. *Journal of Geophysical Research*, **96**:15365-15375.

Cecil D J, Zipser E J, and Nesbitt S W. 2002. Reflectivity, ice scattering, and lightning characteristics of hurricane eyewalls and rainbands. Part I: Quantitative description. *Monthly Weather Review*, **130**:769-784.

Chauzy S, Chong M, Delannoy A, and Despiau S. 1985. The June 22 tropical squall line observed during COPT 81 experiment: Electrical signature associated with dynamical structure and precipitation. *Journal of Geophysical Research*, **90**:6091-6098.

Chiu C-S. 1978. Numerical study of cloud electrification in an axisymmetric, time-dependent cloud model. *Journal of Geophysical Research*, **83C**:5025-5049.

Chiu C-S, and Klett J D. 1976. Convective electrification of clouds. *Journal of Geophysical Research*, **81**:1111-1124.

Dash J G. 1989. Surface melting. *Contemporary Physics*, **30**:89-100.

Dinger J E, and Gunn R. 1946. Electrical effects associated with a change of state of water. *Terrestrial Magnetism and Atmospheric Electricity*, **51**:477-494.

Fletcher N H. 1968. Surface structure of water and ice. II: A revised model. *Philosophical Magazine*, **18**:1287-1300.

Gaskell W. 1981. A laboratory study of the inductive theory of thunderstorm electrification. *Quarterly Journal of the Royal Meteorological Society*, **107**:955-966.

Gaskell W, Illingworth A J, Latham J, and Moore C B. 1978. Airborne studies of electric fields and the charge and size of precipitation elements in thunderstorms. *Quarterly Journal of the Royal Meteorological Society*, **104**:447-460.

Goodman S J, and MacGorman D R. 1986. Cloud-to-ground lightning activity in mesoscale convective complexes. *Monthly Weather Review*, **114**:2320-2328.

Griggs D J, and Choularton T W. 1986. A laboratory study of secondary ice particle production by the fragmentation of rime and vapour-grown ice crystals. *Quarterly Journal of the Royal Meteorological Society*, **112**: 149-163.

Gross G W. 1982. Role of relaxation and contact times in charge separation during collision of precipitation particles with ice targets. *Journal of Geophysical Research*, **87**:7170-7178.

Helsdon J H, Jr, Gattaleeradapan S, Farley R D, and Waits C C. 2002. An examination of the convective charging hypothesis: Charge structure, electric fields, and Maxwell currents. *Journal of Geophysical Research*, **107**:4630.

Illingworth A J, and Caranti J M. 1985. Ice conductivity restraints on the inductive theory of thunderstorm electrification. *Journal of Geophysical Research*, **90**: 6033-6039.

Illingworth A J, and Latham J. 1977. Calculations of electric field growth, field structure and charge distributions in thunderstorms. *Quarterly Journal of the Royal Meteorological Society*, **103**: 281-295.

Iribarne J V, and Mason B J. 1967. Electrification accompanying the bursting of bubbles in water and dilute aqueous solutions. *Transactions of the Faraday Society*, **63**: 2234-2245.

Jayaratne E R. 1993. Temperature gradients in ice as a charge generation process in thunderstorms. *Atmospheric Research*, **29**: 247-259.

Jayaratne E R. 1998. Possible laboratory evidence for multipole electric charge structures in thunderstorms. *Journal of Geophysical Research*, **103**: 1871-1878.

Jayaratne E, and Saunders C. 1985. Thunderstorm electrification: The effect of cloud droplets. *Journal of Geophysical Research*, **90**: 13063-13066.

Jayaratne E R, Saunders C P R, and Hallett J. 1983. Laboratory studies of the charging of soft-hail during ice crystal interactions. *Quarterly Journal of the Royal Meteorological Society*, **109**:609-630.

Jennings S G. 1975. Charge separation due to water drop and cloud droplet interactions in an electric field. *Quarterly Journal of the Royal Meteorological Society*, **101**: 227-233.

Knupp K R, Paech S, and Goodman S. 2003. Variations in cloud-to-ground lightning characteristics among three adjacent tornadic supercell storms over the Tennessee valley region. *Monthly Weather Review*, **131**: 172-188.

Krehbiel P R, Brook M, Lhermitte R L, and Lennon C L. 1983. Lightning charge structure in thunderstorms. *Proceedings in Atmospheric Electricity*, L. H. Ruhnke, and J. Latham, Eds., A Deepak Publishing, 408-411.

Kuhlman K M, Ziegler C L, Mansell E R, MacGorman D R, and Straka J M. 2006. Numerically simulated electrification and lightning of the 29 June 2000 STEPS supercell storm. *Monthly Weather Review*, **134**:2734-2757.

Latham J. 1981. The electrification of thunderstorms. *Quarterly Journal of the Royal Meteorological Society*, **107**:277-298.

Latham J, and Mason B J. 1961. Electric charge transfer associated with temperature gradients in ice. *Proceedings of the Royal Society of London*. 260A, 523-536.

Latham J, and Mason B J. 1962. Electrical charging of hail pellets in a polarizing electric field. *Proceedings of the Royal Society of London*. 266A, 387-401.

Levin Z. 1976. A refined charge distribution in a stochastic electrical model of an infinite cloud. *Journal of the Atmospheric Sciences*, **33**:1756-1762.

Lhermitte R, and Williams E. 1985. Thunderstorm electrification: A case study. *Journal of Geophysical Research*, **90**:6071-6078.

Lhermitte R, and Krehbiel P R. 1979. Doppler radar and radio observations of thunderstorms. *IEEE Transactions on Geoscience Electronics*, **17**: 162-171.

Lucas C, Zipser E J, and Lemone M A. 1996. Reply. *Journal of the Atmospheric Sciences*, **53**: 1212-1214.

Lyons W A, and Keen C S. 1994. Observations of lightning in convective supercells within tropical storms and hurricanes. *Monthly Weather Review*, **122**:1897-1916.

Lyons W A, Nelson T E, Williams E R, Cramer J A, and Turner T R. 1998. Enhanced positive cloud-to-ground lightning in thunderstorms ingesting smoke from fires. *Science*, **282**:77-80.

MacGorman D R, and Rust W D. 1998. *The Electrical Nature of Storms*. Oxford University Press, 422 pp.

Magono C, and Takahashi T. 1963. On the electrical phenomena during riming and glazing in natural supercooled cloud droplets. *Journal of the Meteorological Society of Japan*, **41**:71-81.

Marshall B J P, Latham J, and Saunders C P R. 1978. A laboratory study of charge transfer accompanying the collision of ice crystals with a simulated hailstone. *Quarterly Journal of the Royal Meteorological Society*, **104**:163-178.

Marshall J S, and Langleben M P. 1954. A theory of snow-crystal habit and growth. *Journal of Meteorology*, **11**:104-120.

Marshall T C, and Winn W P. 1982. Measurements of charged precipitation in a New Mexico thunderstorm: Lower positive charge centers. *Journal of Geophysical Research*, **87**: 7141-7157.

Mason B J. 1953. A critical examination of theories of charge generation in thunderstorms. *Tellus*, **5**:446-460.

Mason B J. 1972. The physics of the thunderstorm. *Proceedings of the Royal Society of London*. 327A, 433-466.

Matthews J B, and Mason B J. 1963. Electrification accompanying melting of ice and snow. *Quarterly Journal of the Royal Meteorological Society*, **89**:376-380.

McCaul E W, Jr, and Cohen C. 2002. The impact on simulated storm structure and intensity of variations in the mixed layer and moist layer depths. *Monthly Weather Review*, **130**: 1722-1748.

Moore C B, and Vonnegut B. 1977. The thundercloud. *Lightning*, Vol. 1: *Physics of Lightning*, R. H. Golde, Ed., Academic Press, 51-98.

Moore C B, Vonnegut B, Stein B A, and Survilas H J. 1960. Observations of electrification and lightning in warm clouds. *Journal of Geophysical Research*, **65**:1907-1910.

Müller-Hillebrand D. 1954. Charge generation in thunderstorms by collision of ice crystals with graupel, falling through a vertical electric field. *Tellus*, **6**:367-381.

Pakiam J E, and Maybank J. 1975. The electrical characteristics of some severe hailstorms in Alberta, Canada. *Journal of the Meteorological Society of Japan*, **53**:363-383.

Perez A H, Wicker L J, and Orville R E. 1997. Characteristics of cloud-to-ground lightning associated with violent tornadoes. *Weather and Forecasting*, **12**: 428-437.

Phillips B B, and Kinzer G D. 1958. Measurements of the size and electrification of droplets in cumuliform clouds. *Journal of Meteorology*, **15**: 369-374.

Pietrowski E L. 1960. An observation of lightning in warm clouds. *Journal of Meteorology*, **17**: 562-563.

Rawlins F. 1982. A numerical study of thunderstorm electrification using a three dimensional model incorporating the ice phase. *Quarterly Journal of the Royal Meteorological Society*, **108**: 779-800.

Reynolds S E, Brook M, and Gourley M F. 1957. Thunderstorm charge separation. *Journal of Meteorology*, **14**: 426-436.

Samsury C E, and Orville R E. 1994. Cloud-to-ground lightning in tropical cyclones: A study of hurricanes Hugo (1989) and Jerry (1989). *Monthly Weather Review*, **122**:1887-1896.

Takahashi T. 1969a. Electric potential of liquid water on an ice surface. *Journal of the Atmospheric Sciences*, **26**:1253-1258.

Takahashi T. 1969b. Electric potential of a rubbed ice surface. *Journal of the Atmospheric Sciences*, **26**:1259-1265.

Takahashi T. 1973. Electrification of growing ice crystals. *Journal of the Atmospheric Sciences*, **30**:1220-1224.

Takahashi T. 1978. Riming electrification as a charge generation mechanism in thunderstorms. *Journal of the Atmospheric Sciences*, **35**:1536-1548.

Vonnegut B. 1963. Some facts and speculations concerning the origin and role of thunderstorm electricity. *Meteorological Monographs*, **5**:224-241.

Wagner P B, and Telford J W. 1981. Cloud dynamics and an electric charge separation mechanism in convective clouds. *Journal de Recherches Atmospheriques*, **15**:97-120.

Wallace J M, and Hobbs P V. 2006. *Atmospheric Science: An Introductory Survey*. 2nd ed. Elsevier Academic Press, 483 pp.

Watson A I, López R E, and Holle R L. 1994. Diurnal cloud-to-ground lightning patterns in Arizona during the southwest monsoon. *Monthly Weather Review*, **122**:1716-1725.

Williams E R. 1985. Large-scale charge separation in thunderclouds. *Journal of Geophysical Research*, **90**: 6013-6025.

Williams E R, and Renno N. 1993. An analysis of the conditional instability of the tropical atmosphere. *Monthly Weather Review*, **121**:21-36.

Williams E R, Mushtak V, Rosenfeld D, Goodman S, and Boccippio D :Thermodynamic conditions favorable to superlative thunderstorm updraft, mixed phase microphysics and lightning flash rate. *Atmospheric Research*, **76**:288-306.

Wilson C T R. 1929. Some thundercloud problems. *Journal of the Franklin Institute*, **208**:1-12.

Winn W P, and Byerley L G. 1975. Electric field growth in thunderclouds. *Quarterly Journal of the Royal Meteorological Society*, **101**:979-994.

Winn W P, Moore C B, Holmes C R, and Byerley L G. III. 1978. Thunderstorm on July 16, 1975, over Langmuir Laboratory: A case study. *Journal of Geophysical Research*, **83**: 3079-3092.

第 13 章　云物理实验与直接探测

云降水过程对天气、气候和水循环的强烈影响依赖于它们微物理特征的空间分布及其随时间的变化，但是大气中的云降水粒子具有生命周期短、空间分布极不均匀、粒子特征差异大等特点，给云降水物理实验和探测造成了极大的挑战。因缺少相同的初边界条件，结果的可重复性有限，实验和探测难度大、费用高，有时甚至难以实现。由此造成的最直接的结果便是在一定程度上限制了人们对云降水过程的定量认识，在一些环节上甚至连定性认识都还不充分。这正好给云降水物理实验探测的发展提供了一个广阔的空间，近一个世纪以来，人们对云降水粒子和过程的探测能力在探测设备发展和分析技术两个方面得到了极大提高，有力地推动了云降水物理学理论和应用研究。

对于云降水物理实验和探测，首先有必要清楚精度上的要求。以天气、气候数值模拟为例，Slingo(1990)认为，若低云量以适当的速率增加约 15%～20%及液水路径增加 20%～35%，或者云滴的平均半径减小 15%～20%，都将抵消二氧化碳浓度加倍在大气顶产生的辐射强迫。这表明要在气候模式中定量模拟这些作用，云特征参数的准确度应达到 5%左右。Rotstayn(1999)的研究表明，云量增加 1%，液水路径增加 6%和云滴有效半径减少 7%共同产生的总间接辐射强迫为 $-2.1\ \mathrm{W \cdot m^{-2}}$(与工业革命前到现在 CO_2 和 CH_4 产生的总辐射强迫 $+2.14\ \mathrm{W \cdot m^{-2}}$ 在绝对值上相当，但符号相反。IPCC，2007)。这些研究表明云降水物理实验和测量需要保证一定准确度，Slingo 建议为 5%，对于目前探测设备的技术水平来说，这是一个很高的要求。

随着探测数据越来越多，分析内容越来越复杂，很多时候资料并非使用者直接获取，对资料的获取原理、方法及可能存在的问题认识得不够充分。例如对观测数据相关的仪器标定、可能的测量精度、分析软件中存在的问题、量化方法等理解不够准确，都将极大地降低观测资料的科学价值。

不断发展的雷达、卫星等遥感探测技术从一开始便是针对云降水探测发展起来的，但由于通常在雷达气象学和卫星气象学中已有详细介绍，所以本章主要针对云降水粒子的微物理特征，结合仪器设备实例介绍云降水的实验和直接探测的基本原理、技术和方法，分析了各种原理、方法的优缺点，对其深入掌握是有效而准确地利用实验和观测技术方法揭示自然云降水物理科学规律的基础。

13.1　云物理实验

由于云降水物理过程的复杂性，其实验与模拟涉及的领域十分广泛。从仪器设备来说，有针对单一要素的简易装置，也有研究云雾过程的大型云室。本节根据云降水过程涉及的尺度范围和复杂性，从粒子特征检测和物理过程模拟两个方面讨论目前使用的主要室内和外场实验技术。

13.1.1　粒子特征测量

13.1.1.1　湿控串联微分迁移率分析仪

吸湿性决定了气溶胶粒子能否在高湿条件下起到云凝结核的作用，湿控串联微分迁移率分析仪(Hygroscopic Tandem Differential Mobility Analyzer：HTDMA)已在实验室和外场广泛用于定量测量不同尺度气溶胶粒子在不同相对湿度条件下的吸湿增长特性。HTDMA由三部分组成，一个相对湿度控制器和两个微分迁移率分析仪(DMA1和DMA2)。湿度控制器位于两个DMA之间，其相对湿度通常在<10%～98%之间可稳定控制。DMA1从多分散气溶胶粒子群中分离出具有很小尺度范围的准单分散粒子，DMA2测定由DMA1分离出来的准单分散气溶胶粒子在湿度控制器中吸湿增长后的大小，与粒子计数器联用则得到准单分散气溶胶粒子吸湿增长后的尺度谱分布(McMurry等，1989)。在具体使用时，HTDMA可采用两种不同的工作方式进行测量，一是DMA输出某一固定尺度的气溶胶粒子进而测量其在不同相对湿度条件下的增长状况，二是DMA输出不同尺度的气溶胶粒子进而测量其在相同相对湿度条件下的增长状况。若进入DMA1的气溶胶粒子首先经过干燥，则可得到某一直径(D_{dry})干气溶胶粒子在相对湿度为RH时的吸湿增长因子(Growth Factor)：

$$GF(RH)=\frac{D_{wet}(RH)}{D_{dry}} \tag{13.1}$$

其中D_{wet}为相对湿度为RH条件下干气溶胶粒子吸湿增长所达到的直径。

目前使用的HTDMA系统均具有以上相同的基本原理，在具体设计中，加湿方式和相对湿度及温度控制方式则不尽相同。需要注意的是，由于HTDMA系统采用的相对湿度范围处于未饱和状态，粒子的增长主要由吸湿性决定，与气溶胶活化时的曲率效应和浓度效应关系很小。

13.1.1.2 凝结核测量

从 John Aitken 生活的十九世纪末开始，凝结技术就已用于研究大气雾霾过程，Aitken 测出凝结核的大小为 0.02～0.2 μm，即 Aitken 核。由于在光学显微镜下观察不到 Aitken 核和更小的粒子，因此他制作了增大粒子尺度的装置，用水蒸气使空气饱和，然后冷却空气产生凝结，粒子增长到大于 0.1 μm 时就能通过光学显微镜观察计数，此类仪器称为凝结核计数器(CNC)。随着技术的发展，粒子凝结增大后，一般使用照相、消光和散射等方法进行计数以确定数浓度。下面主要介绍利用膨胀冷却和热力梯度扩散原理产生过饱和状态进行凝结核计数的基本方法。

(1)膨胀型凝结核计数器

膨胀型 CNC 由湿度调节器、膨胀室和检测器组成，其工作流体是水。首先在室温下增加气溶胶系统的湿度，直到饱和，然后通过体积膨胀或减小压强的方法快速冷却膨胀室内的气溶胶。在较低温度下，膨胀室内空气达到过饱和状态，气溶胶粒子上发生凝结后体积增大，供检测器计数。

最初的 Aitken 计数器使用活塞引起空气体积膨胀，其他类型的计数器通过降低膨胀室内压强引起膨胀降温。由膨胀室的几何大小确定的体积(V)或压强(P)膨胀率表示为

$$\text{压强膨胀率}=\frac{P_i}{P_f} \tag{13.2}$$

$$\text{体积膨胀率}=\frac{V_f}{V_i} \tag{13.3}$$

式中下标 i 和 f 分别表示膨胀过程的开始和结束。CNC 的膨胀率决定了所能达到的过饱和度。通常，假定理想气体的干绝热膨胀仅限于空气和水汽的膨胀，因为对于时间很短的膨胀过程可以忽略热传导。在此假定下，压强和体积的膨胀率具有以下关系：

$$\frac{P_i}{P_f}=\left(\frac{V_f}{V_i}\right)^{\gamma} \tag{13.4}$$

式中空气的绝热指数 γ 近似取 1.4。因为两个膨胀率均大于 1，(13.4)式表明压强膨胀系数大于体积膨胀系数，CNC 的压强膨胀率范围为 1.1～1.5。

膨胀之后，凝结开始时的膨胀室温度(T_f)和膨胀前的初始温度(T_i)与膨胀系数关系为

$$\frac{T_f}{T_i}=\left(\frac{P_f}{P_i}\right)^{\frac{\gamma-1}{\gamma}}=\left(\frac{V_i}{V_f}\right)^{\gamma-1} \tag{13.5}$$

此时，膨胀室内处于过饱和状态，饱和比即为此时的实际水汽压 e_f 与温度为 T_f 时的饱和水汽压之比：

$$S=\frac{e_f}{E(T_f)} \tag{13.6}$$

如果空气先用水饱和，膨胀后实际水汽压 e_f 可由下式计算：

$$\frac{e_f}{E(T_i)}=\left(\frac{V_i}{V_f}\right)^{\gamma}=\frac{P_f}{P_i} \tag{13.7}$$

则有

$$S=\frac{E(T_i)}{E(T_f)}\left(\frac{P_f}{P_i}\right) \tag{13.8}$$

图 13.1 为 Pollak 凝结核计数器的结构示意图，包括垂直膨胀室或带有水面饱和陶瓷内衬的烟雾管（内径 0.025 m，长度 0.60 m），上方是光源，底部是光电探测器。烟雾管具有吸湿和膨胀两项功能，同时为光电探测器提供光路。首先将膨胀室充满气溶胶，然后关闭膨胀室的进、出口。接着，操作手压泵对烟雾管加压，使它的压强超过环境压强 213 hPa。延时片刻以使空气饱和，测量初始光强度。然后，打开膨胀阀门使空气膨胀到环境压强。进行光强的第二次读数，最终读数与初始读数的比值即为光的透过率，透过率与粒子浓度的关系在仪器标定时通过照相计数确定。

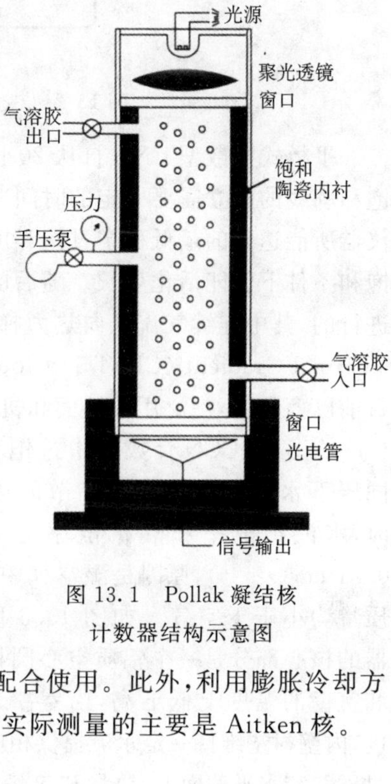

图 13.1　Pollak 凝结核计数器结构示意图

早期的膨胀型 CNC 多采用类似 Pollak 凝结核计数器的循环工作模式，先在膨胀室内充满气溶胶和水汽，进行膨胀，然后气溶胶生长并确定浓度，因此不能与 DMA 等需要恒稳连续流的组件配合使用。此外，利用膨胀冷却方法产生的水汽过饱和度能达到 300%～400%，所以实际测量的主要是 Aitken 核。

(2)扩散型凝结核计数器

云物理学中，更为关心的是那些在自然云中低过饱和度条件下活化形成云滴的云凝结核。为此利用热力梯度扩散原理设计出了能够控制低过饱和度的扩散型 CNC(Snider 等，2006)。通常这种 CNC 的主体(图 13.2)是一个扁盒，相互平行的上下金属板可以用热电堆调节温度，并维持一定的温度差，下板温度低于上板。上下板间隔 1～1.5 cm，两相对表面覆以潮湿的吸水海绵状物，并与水室相通，以维持表面潮湿。这样在上下两板间建立一个近似于线性变化的温度梯度，同时上、下板表面的水汽密度均分别为相应温度下的饱和状态，通过分子扩散在两板之间也形成水汽密度的线性分布。由于水汽密度与温度之间的指数函数关系，在两板之间的平均水汽密度，高于该温度下的饱和水汽密度，从而在中心面形成最大过饱和状态，其数值决定于上、下板之间的温差，如温差为 3.5℃时中心面过饱和度可达到 0.5%。

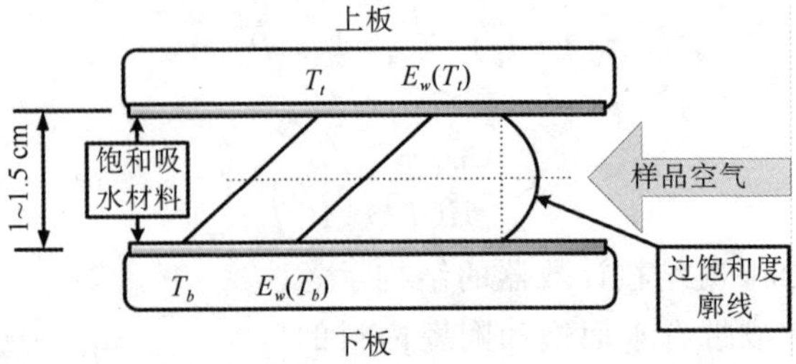

图 13.2　热力扩散型云凝结核计数器原理图

平板式扩散型 CNC 自从 20 世纪 60 年代提出以来得到广泛应用，但是，由于过饱和廓线的建立需要一定的时间，用它采样一次所需时间至少为 20 s。同时，通常该仪器所能达到的最低稳定过饱和度约为 0.2%，而实际大气中一些 CCN 在更小的过饱和条件下便能活化生长。随后的一些 CNC 的开发便是针对解决这两方面的问题进行的，其中连续气流纵向热力梯度云凝结核计数器(Continuous-Flow Streamwise Thermal Gradient (CFSTG) Cloud Condensation Nuclei Counter，Roberts 等，2005)目前已商品化，广泛用于地面和机载 CCN 探测。

CFSTG-CCN 计数器中过饱和度的产生利用了同温同压下水汽扩散快于热扩散的原理(例如 294 K、1 atm 时，水汽扩散率和热扩散率分别为 0.25 $cm^2 \cdot s^{-1}$ 和 0.21 $cm^2 \cdot s^{-1}$)，原因是湿空气中水汽分子的浓度和摩尔质量均小于干空气。如图 13.3 所示，CFSTG-CCN 计数器的核心部分是一个铝质空心圆柱构成的过饱和室，过饱和室壁的温度上低下高，沿室壁形成一定的向上温度梯度，内壁衬垫维持一定水流提供相应温度下的饱和表面。在过饱和室水平截面上，质量和热量均从室壁向中心轴线(图中虚线)传递，所需时间分别为 $\tau_C = R^2/D_v$ 和，$\tau_T = R^2/\kappa$(Incropera 等，2006)，其中 R 是过饱和室半径，D_v 和 κ 分别是质量和热量扩散系数。若采样流量为 Q，过饱和室内平均气流速度为 $V = Q/\pi R^2$，则热量从室壁传到中心轴线在沿气流方向所经过的距离为 $x_T = V\tau_T = Q/\pi\kappa$(若考虑如图所示的室内气流速度的抛物线分布，则需增加修正因子，此处为使问题简化暂未考虑)。类似地，质量从室壁传到中心轴线在沿气流方向所经过的距离为 $x_C = Q/\pi D_v$，由于 $D_v > \kappa$，所

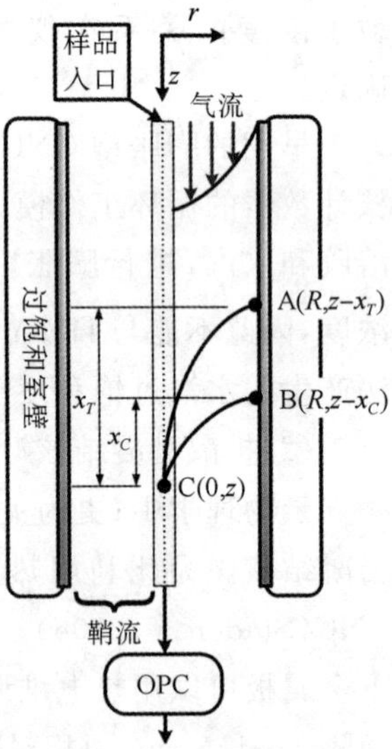

图 13.3　连续气流纵向热力梯度云凝结核计数器原理示意图

以 $x_C<x_T$。中心轴线上 C 点的温度 $T(0,z)$ 近似与 A 点的温度 $T(R,z-x_T)$ 相等，而 C 点的水汽压 $e(0,z)$ 近似与 B 点的水汽压 $e(R,z-x_C)=E[T(R,z-x_C)]$ 相等。由于室壁温度 $T(R,z)$ 从上到下随 z 的增加而线性升高，有 $T(R,z-x_C)>T(R,z-x_T)$，所以 $e(0,z)>E[T(R,z-x_T)]$，在 C 点形成最大过饱和状态，相应饱和比为

$$S_C=\frac{e(0,z)}{E(T_C)}\approx\frac{E[T(R,z-x_C)]}{E[T(R,z-x_T)]} \tag{13.9}$$

室壁不同 z 处的温度由热力温控系统确定，根据温度与饱和水汽压的关系，可以得到中心轴线处的最大过饱和度与仪器参数的关系。采样粒子在设定的过饱和度下活化增长，活化后的粒子进入后端的光学粒子计数器(OPC)光腔，通过粒子对激光的散射确定 CCN 粒子活化后的尺度和个数。

以上 CCN 计数器能够测量给定过饱和度下各种大小 CCN 粒子的浓度和占环境气溶胶粒子的比例，在此基础上，可在 CCN 计数器过饱和室前端增加一个 DMA，使进入过饱和室的气溶胶粒子近似为单分散系，可得到不同尺度范围气溶胶粒子的活化特性。对于同种成分的 CCN 粒子，可以测得活化时的临界过饱和度与临界半径。

CCN 计数器在室内实验和包括空中在内的外场观测中广泛使用，但所得结果与仪器的性能密切相关。从活化时间和过饱和度状态来看，仪器过饱和室内部与实际大气是有一定差别的，因此 CCN 计数器测量结果与云中实际情况尚不能完全一一对应。

13.1.1.3　冰核测量

和 CCN 测量类似，测量自然冰核的方法也不直接测冰核数。而是控制一定的冰面过饱和度，使样品空气中的冰核活化，生成冰晶，计测冰晶数，就得到相应的活化冰核数。

具体测量时主要采用以下两种方式：云室直接测量和滤膜法。

(1)云室直接测量：一般使用金属制成的(容量几升)圆筒形云室，周围用干冰或其他冷冻剂冷却，调节到一定的过冷却温度后在云室中通入被测空气样品和水汽。样品中的冰核在相应温度下活化生成冰晶。小冰晶落在云室底部盛着过冷却糖水溶液或聚乙稀溶液的小盘中长大成肉眼可见的冰晶后计数。此类云室也称比格(Bigg)云室(Bigg，1957)。美国国家大气研究中心设计了一种连续计测冰核浓度的云室，称为声学冰核计数器(Langer，1973)。空气样品连续通过云室，活化的冰核生成冰晶长大后下落，由微音器记录落下的冰晶数。

(2)滤膜采样与云室结合：滤膜采样一般有两种做法，一是用真空泵抽取空气样品，经过一层特制的核孔滤膜，将空气中气溶胶粒子滤下存留在滤膜上。滤膜可用硝

棉溶液制成，上有无数微孔。由于膜片有强静电效应，故可以滤下比孔径小的微粒。例如 0.8 μm 孔径滤膜，对 Aitken 核的捕获率可达 99.65%。二是使用离心式采样器。进入离心采样器的空气样品高速旋转，其中的粒子沉降在器壁内表面覆盖的金属箔片上。

用滤膜或离心采样的箔片取得粒子样品后，置于小型的冷云室中并通以过冷却水汽，降温到预定过冷却温度使样片上的冰核活化，生成小冰晶，用显微镜计数并结合采样体积可得到一定过冷却温度下的活化冰核数。对于浸润冻结，可将采集后的滤膜或箔片上的气溶胶粒子用一定量的纯水洗脱，再将这些包含气溶胶粒子的水以微滴方式分散在低温平台上，通常水滴数约在 100 左右或更多，通过改变冷台温度，观测水滴冻结的温度谱。根据冻结温度和样气的剂量换算成水滴中所含的冰核数，估算冰核通过浸润冻结机制产生冰晶的效率，并得到浸润冻结核的温度谱。

此类方法采样和显示是分开进行的，可以把控制云室温度等细致而繁琐的工作放在实验室内进行，对于外场观测特别方便。膜片法虽然可以抽取较大体积的样品，但冰核并不是在悬浮状态生长，而且检测过程中不易控制水汽条件。滤膜的制备、使用和保存过程都要求有净化操作的条件，否则滤膜被污染，本底增加，不能使用。

随着技术的进步，目前使用的连续测量冰核的代表性云室有①美国科罗拉多州立大学的连续流扩散云室（CFDC）（Rogers 等，2001），②瑞士苏黎世联邦理工学院冷云室（ZINC）（Stetzer 等，2008），③德国快速冰核活化室（FINCH）（Bundke 等，2008）。

CFDC 和 ZINC 产生过饱和的原理相同，类似于热力扩散型云凝结核计数器，仅两块“平板”表面温度设置在冰点以下，板壁覆冰，在两板壁之间产生冰面过饱和，以供通过该区域的冰核凝华生长，随后由 OPC 计数。CFDC 和 ZINC 的主要差异仅在过饱和室的“平板”几何结构上，CFDC（图 13.4）过饱和室由两个同心圆筒构成，内筒温度低于外筒，在两筒壁间形成冰面过饱和，过饱和度大小由筒壁温度决定。而 ZINC 则在 CDFC 的基础上将圆筒形结构改为平板设计，便于致冷系统、传感器、进样头等构件的集成。除了凝华核化，对此类冰核计数器的结构和测量方案稍加调整后，还可进行浸润冻结核化、凝结—冻结核化和同质核化的测量。

FINCH 将暖湿空气与干冷空气和含冰核的气溶胶样气同时引入过饱和室，利用暖湿空气与干冷空气的绝热等压混合产生过饱和。因此，该方法容易实现对过饱和度和温度的准确控制，同时产生的过饱和度和温度在空间上较热力梯度法均匀，没有 CFDC 和 ZINC 过饱和室中垂直于采样气流方向的梯度变化，既提高了测量的准确性，又可以增加采样流量，克服了扩散云室采样体积有限，在冰核浓度较小时，采样代表性差的缺陷。FINCH 还利用冰晶和水滴的散射光偏振特性差异，设计了专门的光学计数器对长大后的粒子进行相态分辨。

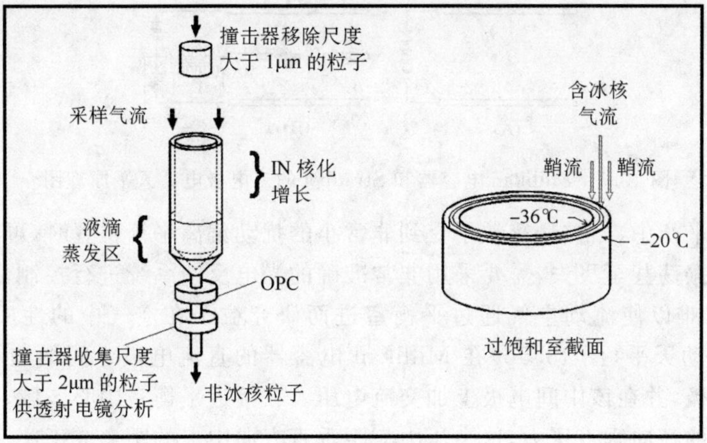

图 13.4　科罗拉多州立大学的连续流扩散云室(CFDC)原理图(筒壁温度设置在－5～－80℃)

冰核异质核化有 4 种不同的方式:凝华、凝结—冻结、浸润冻结和接触冻结,其中接触冻结核化还没有有效的测量仪器和设备。对于凝华、凝结—冻结和浸润冻结核化,一是没有一种仪器能够同时测量,二是不能对粒子尺度和质量进行同时测量,无法同时得到冰晶质量增长率。此外,大气成冰过程多发生在空中,机载探测大气冰核垂直分布时进一步增加了测量误差。这些因素限制了对大气成冰过程的清楚认识,因此冰核测量技术还有待提高。

13.1.1.4　粒子电动悬浮测量

利用交流和直流电场使粒子悬浮固定在空中,可以测定单个气溶胶粒子的大量性质,实现电动悬浮的装置称为电动天平(Electrodynamic Balance)(Davis,1997)。

电动悬浮是在静电悬浮的基础上发展起来的,静电悬浮的原理是利用带电粒子在直流电场中所受的电场力来平衡自身所受的重力而得以稳定。经典的静电平衡装置是 Millikan(密立根)电容器(图 13.5a),上、下两个互相隔离的平板电极的电压分别为 $V_{DC,0}$ 和 $-V_{DC,0}$,它们之间的距离为 z_0,当直流电场力与引力和粒子所受其他垂直力的合力平衡时,粒子在垂直方向不发生运动。如果垂直力仅仅是静电力和重力,那么可以通过电动天平测量单个带电粒子的质量,此时粒子在垂直方向上的受力平衡关系为

$$C_0 q \frac{V_{DC,0}}{Z_0} = -mg \tag{13.10}$$

其中 C_0 为电容器几何形状常数,当电极无穷大时 Millikan 电容器的 C_0 为 1,有限大时 $C_0<1$;q 是质量为 m 的粒子所带的电荷;g 为重力加速度。

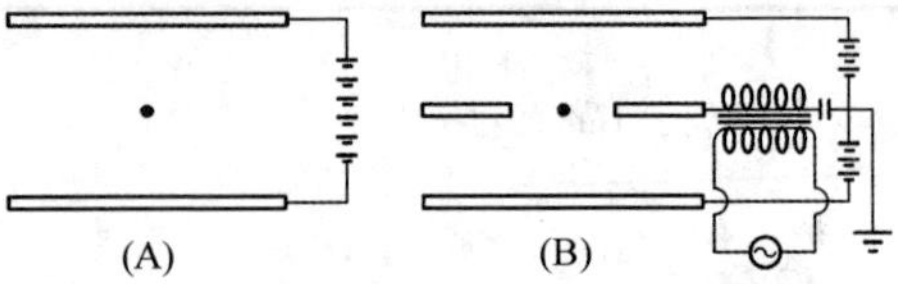

图 13.5 Millikan 电容器和 Straubel 的三电极电动天平原理图

在静电平衡中，当被悬浮粒子受到非常小的扰动偏离平衡位置时，可能导致粒子发生不稳定振荡甚至飞失，需要采用非常准确的光电反馈系统进行控制。因此，Millikan 电容器难以使流动空气通过平衡室进而研究粒子在空气中的性质。Straubel 的三电极电动天平(图 13.5b)在 Millikan 电容器的直流电极之间增加了一个环形(或圆盘)电极，并在该中间电极上加交流电压。在接近平衡室中心区域，交流电场产生周期性的的径向垂直压力，这个压力与距垂直方向中点的距离成正比，在中点处为零。如果交流电场的振幅不大，就可以使粒子在其平衡位置(中点)附近产生稳定的振动。因为交流电场在垂直方向上不产生时均的作用力，所以仍然由直流电场平衡粒子的重力。当在垂直方向上所有不随时间变化的作用力通过直流电场得以平衡时，粒子可以长时间近似静止地在平衡室的中心停留，以便对其特性进行测量。当粒子受到外界的小扰动时，交流电场可以提供足够的回复力使其重返平衡位置。

电动天平可以广泛用于云雾非均相系统的物理、化学性质研究，对于不同的测量目的，电动天平的结构略有不同。根据 Mie(米)散射原理，可以较精确地测定粒子和液滴的尺度、折射率和化学性质。将测定的弹性光散射强度与 Mie 理论对比，可以得到粒子的光学性质，使用光度计得到 Raman(拉曼)光谱和荧光光谱可以获得化学特性。这里弹性散射指散射光与入射光的波长(频率)相同，而激光与粒子结构的相互作用造成电磁波波长的改变，这种散射过程称为非弹性散射或 Raman 散射，它是化学分析的基础。

20 世纪 90 年代以来，通过控制电动天平的平衡室温度并采用偏振光散射技术，对微滴的相变过程进行了研究，例如纯水滴(Duft 等，2004)、硫酸滴(Imre 等，1997)的冻结。另外，用液滴蒸发测量法还可以测定云雾粒子表面的水汽压、质量控散系数等。

虽然利用电动天平可以在较大的温度范围内研究云雾滴的理化性质，但如何在平衡室内稳定控制饱和点附近的高湿状态，对电动天平在云雾物理、化学领域的研究提出了挑战。同时也需要注意到，使用电动天平测量时云雾粒子荷电以及悬浮电场均可能与实际云雾粒子所处的真实大气环境不同。

13.1.2 物理过程模拟——云室与风洞

13.1.2.1 云室

由于对自然云的直接探测相当困难，而且云和降水发展的过程又很复杂，为了在室内模拟云的过程，研究成云致雨机制，检测自然的和人工的 CCN 及 IN 的性能，常常建造一些专门设计的容器或与外界可以隔开的空间，在其中人工调节温、湿和液水量等环境参数，产生云雾，开展实验研究。这种研究云雾降水过程以及对这些过程实施人工影响的实验设备称为云室。

云室的种类很多，分类方法多样。首先是从产生过饱和的原理上可分为膨胀云室、扩散云室、混合云室三种（陈汝珍等，1980；张纪淮，1986），其中膨胀云室由于能够模拟大气绝热上升膨胀冷却成云过程，也被称为动力云室（DeMott 等，1990）。与习惯上的暖云和冷云概念相对应，也将内部温度低于（高于）0℃的云室称为冷云室（暖云室）。随着科学技术的发展，对云室内部环境各要素的控制能力不断提高，这也使得云室的功能得到不断增强，与此对应也用控制要素或功能对云室进行命名，如等温云室、冰核检测云室等（DeMott 等，2008），前面介绍的测量冰核所用的 Bigg 云室即属于等温云室。目前，利用现代技术建造的一些多功能综合云室已实现多种物理要素的同时控制，以便用于不同的研究目的。此外，如前述用于 CCN 和 IN 测量的一些云室，具有使样品空气连续通过过饱和室的功能，对此类云室则称为连续流云室。

云室是云雾物理和人工影响天气研究工作必不可少的实验手段，在云室中已经开展的试验研究包括：模拟自然大气中云的形成；研究大气气溶胶、反应气体等对云形成的影响；研究云中水的三种相态转化过程以及所涉及的各种异质核化机制；模拟研究降水粒子的增长过程，如凝华、碰并、碰冻等过程以及冰雹的增长过程；研究各种人工冰核，吸湿核的性质与作用，各种核发生器的效率，以及不同催化剂、不同催化方法对云和降水的影响；研究大气中的光电现象及夜光云等高层大气现象等。例如，早在 19 世纪末就有人指出把人工冰核引进过冷云中，能够促进降雨过程，但既没在野外实验中找到令人满意的方法，也没能从理论上做出科学解释。1946 年，Schaefer 将干冰投入充满过冷雾的云室中，发现能够产生大量的冰晶。接着，他使用干冰进行了第一次人工播云的野外试验。同年，Vonnegut 又利用云室找到了最有效的人工冰核——碘化银。这两项著名的云室试验使人工影响天气的野外实验有了可能。

一般云室的结构是由云室主体和附属设备组成。云室主体主要是模拟所需要的环境条件，体积可小至数十个立方厘米，大到上千立方米。附属设备一般由温度、气压控制系统、空气净化系统、催化系统、观测系统等组成。有些云室，还能控制气流，并配有风洞，构成云物理风洞模拟大气中的垂直运动以及冰雹等降水物的形成过程。

根据过饱和的产生原理并结合现代先进的云室系统实例，下面分别介绍膨胀云室、扩散云室、混合云室：

(1)膨胀云室（Expansion chamber）

膨胀云室的基本原理已在 13.1.1.2 节中介绍。Aitken在 1890 年前后使用的 CCN 计数器，即属于膨胀云室，也是最早的云室，采用快速增长云室体积的方式造成云室内部的膨胀降温增湿。对于现在多数情况下采用的固定体积的膨胀云室，其压强改变方式有两种，一是先加压然后打开云室控制阀门，使云室内气压迅速减小；二是利用真空泵抽气减小云室内部压强。

德国卡尔斯鲁厄研究中心（Forschungszentrum Karlsruhe：FZK）气象与气候研究所（IMK-AAF）的大气气溶胶相互作用与动力学实验系统（Aerosol Interactions and Dynamics in the Atmosphere：AIDA）（Möhler 等，2003）可看作是一个多功能膨胀云室，大气状态参数（如温度、气压、湿度）以及微量气体和气溶胶浓度调节范围均很大，目的是研究大气气溶胶和云物理过程，已开展了包括电动悬浮测量和综合性的气溶胶和云微物理演变过程模拟等实验研究项目。在 2007 年举行的第四届国际冰核测量比对研讨会上，将包括 AIDA 系统在内的九种冰核检测云室集中在一起，在相同气溶胶源的条件下进行比对，AIDA 系统既提供不同膨胀阶段的气溶胶样品供其他八种设备对比检测使用，同时其他八种设备的检测结果又统一与 AIDA 系统进行比对（Möhler 等，2008）。

作为该系统的核心部分，云室为圆筒形铝质容器，内部体积 84 m^3，外部建有恒温室（图 13.6）。该系统使用时温度、气压、相对湿度、气体组成均能稳定控制在实验所需要的状态。通过真空系统可使云室内部气压降到 1 hPa 以下，温控系统可使内部温度控制在－90～60℃的范围，且在时间和空间上的变动在±0.3℃以内。系统可使所要求的状态稳定维持数小时至数天。通过真空泵抽气进行绝热降压，使云室内处于水面或冰面过饱和状态。降压冷却与升压增温的变温率可控制在 0.1～5 K · min^{-1}，因此即可以模拟对流云的形成、发展这样的强烈过程，又可以模拟背风波

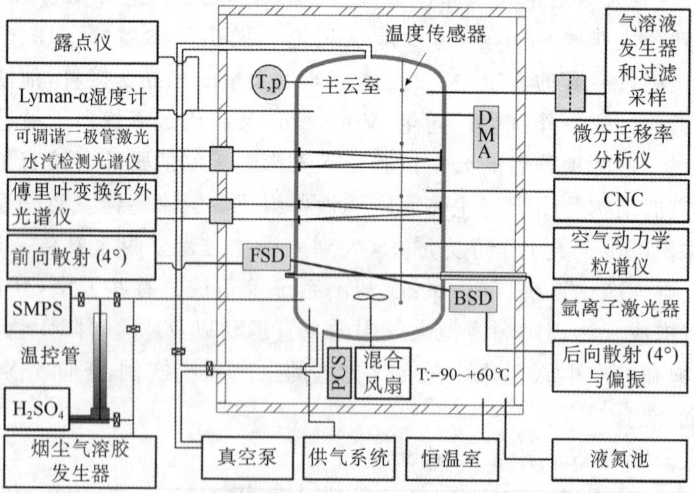

图 13.6 大气气溶胶相互作用与动力学（AIDA）实验系统结构示意图

这样的弱过程。典型情况下，云室内气压从 1000 hPa 降到 800 hPa 仅需要 5～10 min。

配合该系统使用的仪器设备包括有商品仪器、其他研究机构的相关仪器和针对本系统设计开发的仪器，使 AIDA 系统既能产生各类气溶胶粒子，又能对气溶胶粒子、微量气体成分、云雾粒子的物理、化学特性进行测量。实验中已使用的仪器包括常规气溶胶仪器（如 CNC、DMA、空气动力学和光学粒谱仪、傅里叶变换红外光谱仪、可调谐二极管激光光谱仪等）和利用散射、偏振、成像等技术专门针对冰晶测量开发的仪器。

AIDA 系统的一个优势是，能够通过调节云室内部的温、压、湿等参量的变化和脉动，对云过程进行相对真实的模拟研究，包括气溶胶发生、吸湿增长、CCN 活化以及低温时冰相核化的整个过程。云雾形成后进一步控制云室状态，还可以继续模拟气溶胶的老化和云雾粒子的变化过程。但需要注意的是，由于系统所采用的膨胀降温增湿原理、云室内的温度扰动和边壁影响，AIDA 的湿度控制精度相对较低，水汽含量的误差一般在±5%～±10%。

(2)扩散云室(Diffusion chamber)

最早的扩散云室设计于 20 世纪 30 年代，目的是为了在清洁空气中产生连续过饱和状态，用以研究宇宙射线的径迹。在云物理领域，扩散云室提供了测量 CCN 和 IN 所需要的低过饱和条件。

扩散型云室又分为热力梯度云室和化学梯度云室。上文介绍的用于测量 CCN 和 IN 的扩散型 CNC、CFSTG-CCN 计数器、CFDC、ZINC 都属于热力梯度云室，利用饱和水汽压与温度的指数率关系产生过饱和。化学梯度云室利用了浓酸或盐溶液表面饱和水汽压小于同温度水面饱水汽压的原理。Twomey 曾经使用的化学梯度云室顶部平板为液水，底部平板为浓酸（盐酸），两者温度相同。此情况下，水汽从上板向下扩散，盐酸气体从下板向上扩散。根据 Raoult 定律，盐酸溶液表面的饱和水汽压小于同温度下上板表面的水面饱和水汽压，因此相对于盐酸表面饱和水汽压则造成过饱和，最大过饱和依赖于酸溶液的浓度（梅森，1978）。

(3)混合云室(Mixing chamber)

调节云室湿度状态所采用的“混合”技术，一种是将冷暖空气引入云室，利用绝热等压混合降湿原理，使云室内形成过饱和，如前述德国的 FINCH 将冷干、暖湿、样气分三路同时引入到云室实现冰核的快速检测，云室内温度呈一定的空间分布。另一种常用的方式是以被测样气作为暖气流，与预冷云室内一定温度的冷空气混合，造成暖空气的混合降温形成云室内的过饱和状态，前述 Bigg 等温云室从饱和原理上属于混合云室范畴。

我国自 1958 起先后建造了从几升到几个立方米的混合云室，主要用于碘化银、间苯三酚等无机或有机冰核的成冰性能检测（苏正军等，2009）。图 13.7 给出了中国气象科学研究院设计的 15 L 便携式混合云室结构示意图。主要由以下几部分组成：两个铜质同心圆筒构成的冷媒夹层、与冷媒夹层同心的云室内筒、压缩机制冷系统、电加热器、保温绝热层、冰晶接取装置、多点测温仪、超声雾化器、显微镜和冷台等。云室内部的温度在空间和时间上均能够相对稳定地控制,最低可达−28℃(杨绍忠等,2007)。

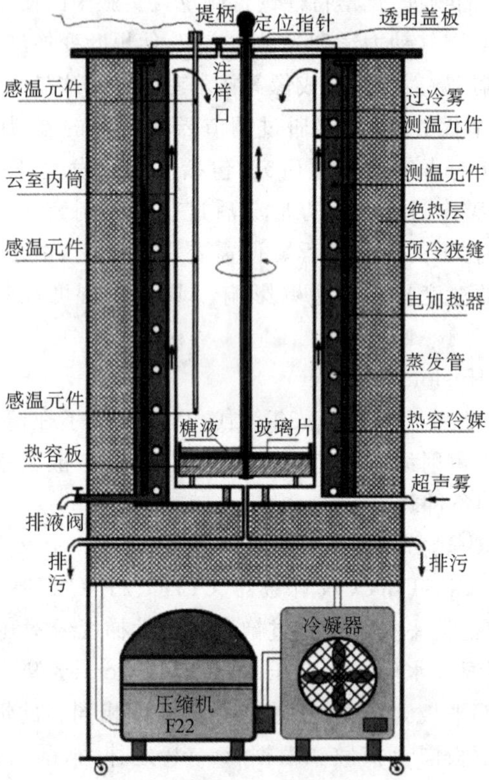

图 13.7　中国气象科学研究院 15 L 便携式混合云室结构示意图

除了以上介绍的三大类云室之外,代表性的云室还有专门为研究湍流大气中云粒子运动特征和湍流与云粒子相互作用设计的湍流云室,关键技术在于湍流场中粒子运动状态的微观测量。如美国密歇根理工大学的湍流云室主体为一立方体,每个角装有低音扬声器,扬声器的不规则振动推动空气运动,各个扬声器产生的不规则空气运动又在云室内部相互作用,由此使云室内形成近似各向同性的均匀湍流场。云室顶部一定大小的水滴从一伸向云室内部的圆筒中向下滴落,当水滴运动到筒末端时达到其下落末速度。然后,水滴进入湍流场中,使用互补性氧化金属半导体(CMOS)高速相机在线记录水滴的数字全息图像,从而确定水滴在湍流场中的位置变化情况。所使用的全息照像技术能达到每秒 100 帧的速度,可满足粒子实时跟踪的需要。初步研究结果清楚地显示了粒子的 Lagrange 速度和加速度分别受重力场和湍流场交替影响的特征。随着湍流强度的增大，大云滴和小毛毛雨滴的 Lagrange 速度可达下落末速度的数倍，加速度可达重力加速度的十倍以上（Stratmann 等，2009）。

13.1.2.2　云物理风洞

云雾降水粒子以一定的下落末速度存在于大气动力系统中，上升气流起到阻碍粒子下落的作用，有时甚至使小一些的粒子向上运动。这一特点对很多云降水过程均起到决定性作用，这些过程包括了水凝物粒子的相变（融化、冻结和蒸发等）、扩散增长和碰并增长、云降水粒子对气体和气溶胶粒子的湿清除等。为了定量研究这些理化过程，需要使模拟的实验环境尽可能接近实际大气状态。为了达到这一目的，可以让云降水粒子自由悬浮在上升气流中，上升气流的温度、湿度、气溶胶和微量气体的种类及浓度等条件都可以根据自然大气的状态进行设定和调节。同时，悬浮过程也为云降水粒子理化特性演变的测量提供了更充足的时间。在这样的实验条件下，可以较客观地进行大量云雾降水实验，如对粒子的碰撞效率和增长率、碰并和相变过程中云粒子的起电机制、云降水过程的湿沉降、浸润和接触冻结核化等要素和过程进行研究。

云物理风洞便是用来研究大气运动条件下云雾降水粒子的物理、化学过程及相互作用机制的实验设备。半个多世纪以来，先后设计了多种各具特点的云物理风洞系统用于科学实验。从风洞的整体形态大致可分为三种类型：

(1)L 型风洞（Cotton 等，1967）。早期设计的此类风洞测量段的向上垂直气流场由下部入口段鼓风建立，加上出口处为开路设计，造成流场的均匀性、稳定性以及湍流强度都不易控制。

(2)O 型风洞（List，1966）。此类风洞采用闭环结构，气流在竖直闭环结构中循环，便于控制风洞内的温、压、湿等参数，但气流的湍流强度较大，不适合小粒子的悬浮。

(3)Z 型风洞（Vohl 等，1999）。为了在低湍流状态下稳定悬浮云降水粒子，在 L 型风洞基础上，将上部出风口进行改进，垂直速度由出口段抽气产生（龚乃虎等，1992），流速由位于真空泵上游的临界流文丘里喷嘴控制，可以稳定悬浮 10^{-1} μm 到 10^{0} mm 的云降水粒子。

下面以德国美因茨大学 1987 年建成的 Z 型垂直风洞（Vohl 等，1999）为例介绍云物理风洞基本结构。风洞（图 13.8）整体呈 Z 字型，以末速下落的云滴、冰晶、雨滴、雪花、霰、冰雹等大气水凝物粒子可在实验段中自由悬浮。风洞内的气流由安装在上部平行段的两台真空泵产生，实验段上升气流速度由可调临界流文丘里喷嘴控制，通过整流栅和滤网可使实验段中气流处于层流或高度湍流状态。风洞下部平行段安装了粒子过滤器，以及空调系统，用于控制实验段的温度和湿度，低温可达 −30℃，相对湿度可大于 100%。微量气体、气溶胶粒子、云滴等可在实验段下端引入，在实验段末端进行采样，测量温度、露点、微量气体浓度等。

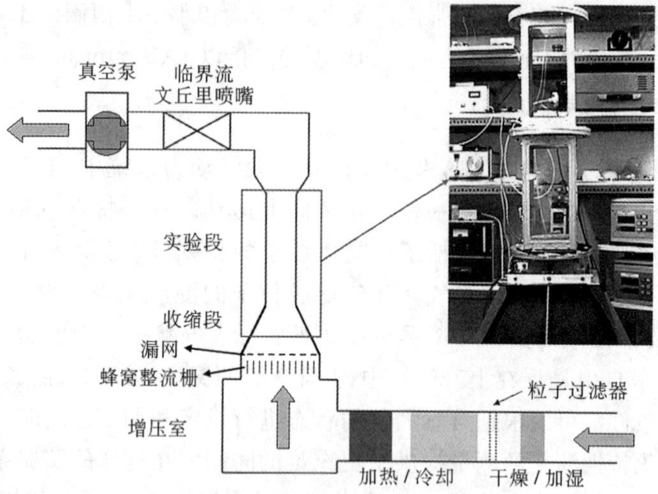

图 13.8　美因茨大学垂直风洞结构示意图

利用该系统，在实验段可对悬浮水凝物粒子进行直接观察、照相和各种光学测量，经过预定的实验时间后，水粒子可收集到采样瓶中，通过离子色谱等方法确定其化学成分。利用该风洞，在层流和湍流状态下开展了云滴碰并增长、气溶胶湿清除和单个云滴、冰晶对微量气体的吸收等研究，还进行了液滴浸润冻结和接触冻结两种核化检测。

此外，为了测量大气湍流对云降水粒子的作用，美国康奈尔大学（Ayyalasomayajula 等，2006）和德国马普动力学与自组织研究所（MPIDS）建立了专门的高 Reynolds 数风洞，在研究包括云在内的大气流体时十分必要。康奈尔大学风洞截面为1 m × 0.9 m，长度达 20 m，通过按格点排列并随机转动的搅拌器产生 Reynolds 数在$10^4 \sim 10^6$ 范围内的湍流，实验中喷嘴阵列可产生平均直径 20 μm 并具有较宽尺度谱分布的水滴。MPIDS 的 O 型高压风洞设计的最大 Reynolds 数可达 10^8，几乎是目前非超流体实验中所能达到的最强湍流。这两套风洞系统均设计用来研究大气粒子，包括云降水粒子与湍流的相互作用，可进行 Lagrange 运动研究，MPIDS 风洞配备的三台照相机拍摄速度能达到每秒 1000 次，并能以 5 $m \cdot s^{-1}$ 的速度随气流运动拍摄。

我国在 20 世纪 80 年代初开始了云物理风洞试验研究（郑国光等，1985），进行了冰雹下落阻力系数的测量和冰雹碰冻增长的模拟。随后较有代表性的云物理风洞有中国气象局人工影响天气研究所 1985 年建成的中型冷云室（张纪淮，1986）和中国科学院原兰州高原大气物理研究所（1999 年合并为中国科学院寒区旱区环境与工程研究所）1990 年建成的 L 型垂直过冷云风洞（龚乃虎等，1992）。前者为云室与垂直风洞共同构成的云物理综合实验系统，不仅可用于模拟云过程和催化剂试验，而且可以研究冰雹等降水粒子的生成机制。云室体高 14.8 m，容积 96 m^3，用双层不锈钢制成。它有六个辅助系统：冷冻系统、深冷干燥系统、真空增压系统、造雾催化系统、空调系统和云雾风洞。云室风洞试验段直径 200 mm，风速可控制在 1～30 $m \cdot s^{-1}$，可悬托 3 cm 以下的雹块。采用三种方法造雾：通入高湿空气，降温凝结；用压力喷枪将水破碎喷入云室；云室空气绝热降温。在空调系统中设置有高效过滤器，滤去尘埃粒子。兰州高原大气物理研究所的风洞为 Z 型结构，开展了冰晶形状、落速和增长速率同环境温度、云水量的关系，以及冰雪晶下落运动方式与形状、Reynolds 数的关系等方面的研究。

现有的云室和风洞在垂直尺度上与云厚有较大差异，而由大气垂直运动决定的云垂直结构是我们准确理解云降水过程和性质的关键之一。一些研究将上述云室和风洞技术在矿井中进行应用，这不仅能使云的垂直厚度与实际接近，而且从高 Reynolds 数、温湿控制和测量技术、费用投入等方面均更易于实现。如日本的人工云雾实验系统(ACES)所用垂直矿井水平面为 2.5 m×5 m，高度达 430 m。通过抽风机产生准绝热膨胀，垂直气流可达 0.5 ～ 2 $m \cdot s^{-1}$，(Yamagata 等，2004)。

通过云雾降水过程的云室和风洞模拟实验，可以获得大量云雾降水过程的客观规律。但需要注意的是，所进行的模拟只是在一定程度上与实际自然大气接近，科学的实验设计是取得可靠实验结果的基础，同时需要将实验室模拟与理论分析、直接测量和数值模拟充分结合，从而使实验技术为解决云降水过程中存在的科学问题提供基础支持。

13.2　云降水粒子探测

云降水微物理特征包括液态、固态水凝物粒子的数浓度、大小、密度和形状等。表 13.1 给出了云降水宏微观特征与其对应的大气影响范围，其中与空中水凝物粒子尺度谱分布有关的主要微物理特征量汇总于表 13.2。

表 13.1　云体特征、水凝物粒子特征及其影响范围

云体特征	水凝物粒子特征	影响范围
反照率	数目、表面积、相函数、消光系数、有效半径	气候
维持时间	数目、质量、下落速度	天气、气候、水循环
空间分布	数目、表面积、质量、下落速度	天气、气候、水循环
降水效率和降水率	数浓度、质量浓度、下落速度	天气、气候、水循环
化学反应效率	数浓度、表面积浓度、质量浓度、下落速度	气候、水循环

表 13.2　空中水凝物粒子的微物理特征

物理量	常用单位	定义*
数浓度	cm^{-3}	$N=\sum_{i=1}^{m}n_i$ 或 $N=\int_{r_1}^{r_2}n(r)\mathrm{d}r$
表面积浓度	$\mu m^2\cdot cm^{-3}$	$S=\sum_{i=1}^{m}4\pi r_i^2 n_i$ 或 $S=\int_{r_1}^{r_2}4\pi r^2 n(r)\mathrm{d}r$
质量浓度**	$g\cdot m^{-3}$	$M=\sum_{i=1}^{m}\rho_i\frac{4}{3}\pi r_i^3 n_i$ 或 $M=\int_{r_1}^{r_2}\rho(r)\frac{4}{3}\pi r^3 n(r)\mathrm{d}r$
下落速度	$cm\cdot s^{-1}$	$V_t=f(r_i,g,\rho(r_i),\rho_a,C_D)$
相函数	—	$P_{\lambda,\theta}=\sum_{i=1}^{m}F(m_i,\lambda,r_i,\theta)\pi r_i^2 n_i$ 或 $P_{\lambda,\theta}=\int_{r_1}^{r_2}F(m,\lambda,r,\theta)\pi r^2 n(r)\mathrm{d}r$
消光系数	m^{-1}	$\beta_e=\sum_{i=1}^{m}Q_e(m_i,\lambda,r_i)\pi r_i^2 n_i$ 或 $\beta_e=\int_{r_1}^{r_2}Q_e(m,\lambda,r)\pi r^2 n(r)\mathrm{d}r$
有效半径	μm	$r_{eff}=\frac{\sum_{i=1}^{m}n_i r^3}{\sum_{i=1}^{m}n_i r^2}$ 或 $r_{eff}=\frac{\int_{r_1}^{r_2}r^3 n(r)\mathrm{d}r}{\int_{r_1}^{r_2}r^2 n(r)\mathrm{d}r}$

*：$n(r)$是粒子尺度谱分布；ρ 和 ρ_a 分别是水凝物粒子和空气的密度；g 是重力加速度；C_D 是空气阻力系数；F 是单个粒子的辐射强度角散射效率；Q_e 是单个粒子的消光效率；

**：即含水量、含冰量。

云对气候的影响主要是通过改变大气辐射平衡过程造成的，对此来说，相函数、消光系数、有效半径等云的光学特性显得相对重要。而云对天气的影响，不仅通过影响辐射平衡过程，而且还通过影响降水过程造成。对降水过程而言，云的数浓度、尺度、含水量、形状等微物理特征量便显得更为重要。

直接测量能够获取雷达、卫星等遥感探测方法难以获取的云降水微物理特征，这些特征是我们深入理解云降水发生演变相关物理过程的基础。直接测量主要可以得到表 13.2 所列各种特征量，其中一些物理量可以利用当前已有的仪器设备直接测量得到，也有一些需要首先测得云降水粒子尺度谱分布后导出或进一步结合其他测量结果计算得到，下面将就一些相关测量方法进行介绍。

表 13.3 列出了较常用的 5 类水凝物粒子物理特征基本测量方法：碰撞、相变、单个粒子散射、粒子群散射、粒子成像。下面将分别介绍各类方法的基本原理、常用仪器等。

表 13.3　云降水粒子的基本测量方法

测量方法	测量与导出的物理量	仪器举例
碰撞与复制印模	直接测量：N 谱分布积分：M、V_t、$P_{\lambda,\theta}$、r_{eff}、β_e	视频冰粒子采样器(VIPS) 水凝物粒子录像仪(HYVIS) 云粒子影像仪(Cloudscope) Formvar 氯仿溶液印模采样器
相变	直接测量：N(CVI)、M	热线含水量仪 Nevzorov 云水量仪 逆流有效撞击采样器(CVI) 积冰传感器
单粒子散射	直接测量：N、$P_{\lambda,\theta}$(全散射角浊度仪) 谱分布积分：M、V_t、$P_{\lambda,\theta}$、r_{eff}、β_e	前向散射粒谱仪(FSSP－100) 云气溶胶粒谱仪(CAS)
粒子群散射	直接测量(PVM)：M(PVM)、r_{eff}(PVM)、β_e(CIN 和透射率仪)、$P_{\lambda,\theta}$(CIN,部分信息)	粒子群体积测量仪(PVM) 云积分浊度仪(CIN) 云透射率仪
无干扰光学成像	直接测量：N 谱分布积分量：M、V_t、$P_{\lambda,\theta}$、r_{eff}、β_e	二维光阵探头(2D-OAP) 云粒子图像仪(CPI)

13.2.1　碰撞印痕(印模)采样测量

人们最早采用这一技术测量云粒子的尺度谱分布和数浓度，虽然先后发展了多种具体方法，但基本原理都是以圆柱状、圆片状、带状、线状等不同形状物体表面小块区域作为采样面，将该采样面暴露于携带云降水粒子的气流中，使粒子在惯性作用下碰撞在采样面上，采样表面可均匀地涂上高黏性或易于固化的流体用来固定碰撞于其上的云粒子，或以铅箔、铝箔等易发生形变的材质作为采样面使云粒子碰撞后产生印痕。然后采用人工或自动的方法对这些固定在采样表面的粒子或粒子碰撞采样表面产生的印痕进行测量和计数，由采样面积和气流速度确定采样体积，从而得到云粒子的数浓度和尺度谱分布。

化学物质聚乙烯醇缩甲醛(商品名：Formvar)的氯仿溶液暴露在空气中时为半流体状，云粒子碰撞其中形成印模，随后进行干燥迅速固化，被包封的云粒子蒸发或升华，留下永久性的印模。常将该溶液涂于采样带表面制成印模采样器，通过采样带的运动使采样区域在采样带上连续移动，这样便可进行连续采样。粒子的大小和形状从固化后的印模得到。日本曾在 20 世纪 60 年代中期设计了一种气球携带的印模采样器，后来被美国大气研究中心(NCAR)改进后用于卷云的研究，美国芝加哥大学则设计了一款机载的连续印模采样器(Spyers-Duran 等，1967)。该方法的优点有印模可长期保存，无渗透、蒸发和粒子合并的问题，可在低速飞行状态下使用。

视频冰粒子采样器(Video Ice Particle Sampler:VIPS)采用 8mm 宽的透明采样带,在连续运动的采样带表面涂以硅油,云粒子在气流携带下碰撞到采样带表面,经透镜放大后使用两台数码摄像机记录用于分析。类似的云粒子影像仪(Cloudscope)使用一台摄像机记录碰撞到加热玻璃窗上的水凝物粒子,每一个水凝物粒子的大小由其碰撞在玻璃窗上形成的水斑大小和形状确定,水斑蒸发的速率用来确定云粒子的质量。

一些研究机构开发出来的此类仪器主要用于科学研究,目前没有商品化。美国的沙漠研究所(DRI)将聚乙烯醇缩甲醛印模仪和云粒子影像仪作为云飞机探测研究的基本设备。而美国国家大气研究中心(NCAR)主要使用 VIPS 进行相关研究。日本气象研究所(MRI)则使用一种原理与 VIPS 相似的下投式探测设备,另外还开发了一种采用类似原理的水凝物粒子录像仪(HYVIS,Murakami 等,1990),使用气球携带进行观测,自 20 世纪 90 年代开始一直在卷云和雷暴云微物理特征研究中使用。

滤纸色斑法是在地面进行雨滴谱分布测量的最基本方法,已有半个多世纪的使用历史,至今仍不失为一种简便、准确的方法,常作为现代雨滴谱自动化测量仪器的比较标准。该方法采用涂有水溶性染料的滤纸,事先确定水滴与滤纸斑痕尺度之间的关系,采样后对斑痕逐一进行正确的测量和计数,从而得出雨滴尺度谱分布,并可计算各类降水谱参数和物理量。

测雹板是观测地面雹谱的常用工具,测雹板法记录不同尺度雹块打击的凹痕,凹痕的大小与落雹的动能(质量、下降末速)有关。读数时先确定印痕的形状,然后量取印痕大小,包括不同方向,经检定曲线订正后,换算得到冰雹的尺度和数浓度。该方法的优点是设备简便、成本低、可大量布网、无需人值守。缺点是不能确切记录降雹起止时间,故无从了解降雹各参数随时间的变化。测雹板法所得雹谱资料的准确性和代表性取决于对测雹板材料的标定。由于雹块末速在不同海拔高度有较大差别,每批次采样材料的特性也会有变化,应根据采样点海拔高度、材料批次分别进行标定,以提高观测结果的可靠性。

13.2.2 水凝物相变测量

通过测量蒸发和冻结过程中的相变潜热可以确定水凝物的质量。基于这一原理已开发了多种仪器,如热线含水量仪和 Nevzorov 云水量仪(Korolev 等,1998),碰撞到采样面上水粒子总质量与水粒子蒸发消耗的热量对应。此类仪器采用圆柱或圆盘状金属作为感应体,通过电流加热使其温度恒定。感应体上的热量损失由两方面原因造成,一是对流,二是水滴碰撞到加热单元上被蒸发所吸收的热量,二者共同造成感应体温度降低。为了维持感应体的温度恒定,则需加大输入功率。其中对流造成的热量损失可通过热传递理论直接计算,因此总的热量损失减去对流热量损失便得到由水滴蒸发造成的热量损失。于是蒸发的水质量 M 与蒸发热量损失之间的对应关系如下:

$$M=\frac{P-P_d}{AV[L_v+c_w(T_b-T_a)]} \tag{13.11}$$

其中 P 是测量到的电功率，P_d 是计算得到的对流热量损失率，A 是感应体表面积，V 是气流速度，L_v 是蒸发潜热，c_w 是水的比热容，T_b 是水的沸点，T_a 是环境气温。

对于圆柱形感应体，冰晶易于直接或在完全蒸发前弹开，所以圆柱形的感应体只适用于对液态云滴的测量。对此 Nevzorov 云水量仪采用了双感应体设计，一个为圆柱形，另一个为凹盘状(图 13.9)。当云由液态水滴组成，两种感应体的测量结果应该一致。而对于混态云或冰云，凹盘状感应体能防止被捕获的冰粒子弹开，使其有足够的时间融化并完全蒸发，因此由凹盘状感应体得到冰水总质量(TWC)减去圆柱形感应体得到的液水质量(LWC)便得到云中冰粒子的质量(IWC)。

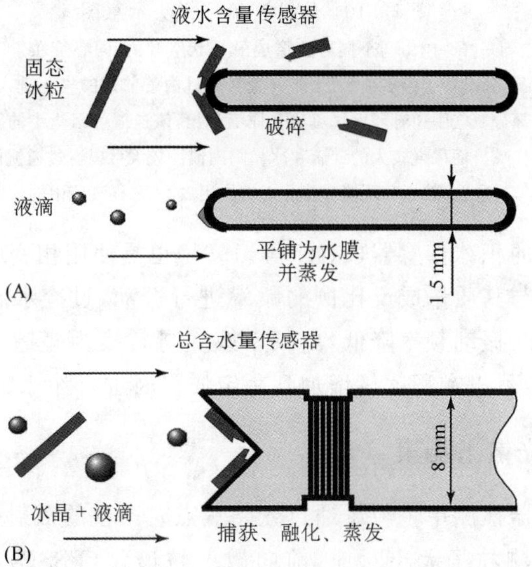

图 13.9　Nevzorov 云水量仪测量液水含量和含冰量的原理(传感器 A 捕获水滴测定液水含量，传感器 B 捕获冰晶和水滴测定云中总含水量)

还有一种仪器，通过测量水粒子蒸发后的水汽量来确定水凝物粒子质量，如逆流有效撞击采样器(CVI，Noone 等，1988；Twohy 等，1997)即使用该方法。由于 CVI 采样头(图 13.10)顶部的特殊设计，尺度大于某一空气动力学直径(根据实际需要常取 5～10 μm)的云滴和冰晶与间隙气溶胶粒子和环境空气分离后“有效地”进入干的氮气中，云粒子被分离出来是由于 CVI 采样嘴向外流出的逆向(相对于环境气流方向)氮气仅使惯性较大的水凝物粒子通过并进入采样气流。进入采样气流后，云粒子在采样头中被加热蒸发，所形成的水汽和非挥发性残留气溶胶粒子在采样头后部可通过其他仪器进行测量，如利用湿度计测量水汽含量后转换为总水凝物质量，利用凝结核计数器、光学粒子计数器测量数浓度及尺度分布，以及由滤膜收集后用于化学成分分析。由于较大采样体积中的云滴和冰晶被集缩到了采样头内较小的空间中，CVI采样头内部云粒子成分的浓度明显增高，因此该仪器具有较小的测量下限，在云粒子含量很小时（如卷云中）具有明显测量优势。

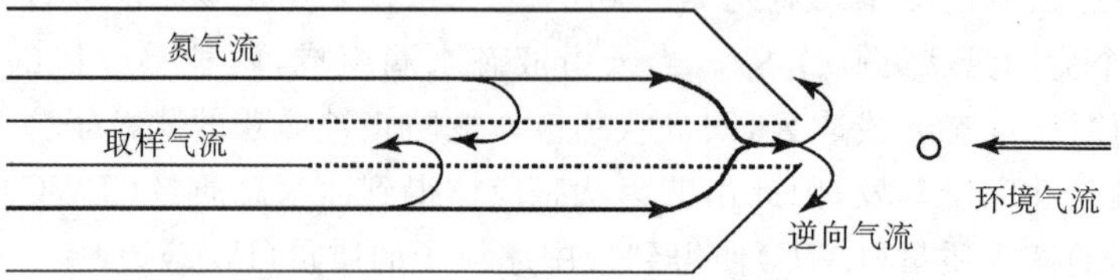

图 13.10　CVI逆流采样头示意图

（氮气由泵送到采样头内由两个同心管形成的环状空腔内，同心管在采样头前端连接在一起，内管靠近前端部分设计了很多小气孔，部分氮气通过内管前部的气孔进入内管后回流，形成采样气流。另一部分氮气则逆着环境气流从采样嘴流出，该逆流可阻止小的间隙气溶胶颗粒和环境空气进入采样嘴。而尺度较大的云滴和冰晶则因惯性较大可以通过逆流区进行入到采样气流中，达到云粒子与气溶胶粒子和环境气体分离的作用，进入采样气流中的云粒子被加热蒸发。）

用于冻雨观测的积冰传感器（Starr 等，1991）也是使用相变原理确定过冷却水质量。传感器以一个与其质量成反比例的频率进行振动，过冷水滴碰撞至传感器上冻结时，探头质量增加，振动频率降低，由频率改变量转换为碰撞水滴的液水含量。传感器内设有加热器，可以在积冰量增加到一定质量时进行除冰。

13.2.3　单粒子光散射测量

光学粒子计数器检测单个粒子通过光路焦点时产生的散射光，基于米散射理论，散射光的振幅与被测粒子大小对应，前向散射粒谱仪（FSSP）和云、气溶胶粒谱仪（CAS）基于这一原理测量云滴的大小和数浓度。环境气流携带的液滴通过激光光束时发生散射，对于 FSSP，散射角为 4°～12°（前向散射）环形锥范围内的散射光被光电探测器接收并将光能转换为电信号。CAS 不仅同样检测前向散射光，同时用另外一套接收组件检测散射角为 168°～176°范围内的后向散射光。图 13.11 给出了 CAS 的结构图，图中去除后向散射部分即为 FSSP 的结构。信号处理器分析每次散射时的最大散射光振幅，将其与预设的粒子尺度范围对应。经过一定时间测量了大量粒子后，得到不同尺度范围内粒子的个数，便可通过采样体积给出云粒子的数浓度尺度谱分布。散射光信号振幅与粒子尺度的关系由米散射理论和仪器标定时使用的已知尺度和折射指数的标准粒子共同决定，因此该原理测得的是米散射等效尺度。在确定了云粒子尺度谱分布后便可通过表 13.2 中的定义得到云粒子的各种微物理参数。

图 13.12 给出了数浓度和含水量(LWC)的尺度谱分布的例子,与表 13.2 中的定义相对应,总数浓度主要决定于小云滴,含水量则主要决定于大云滴。

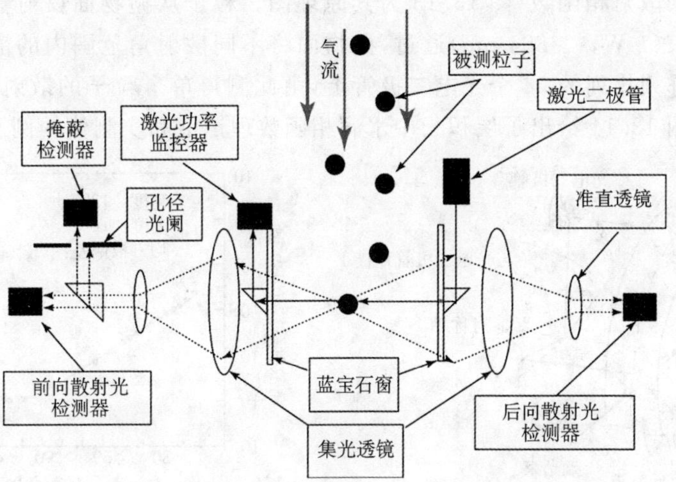

图 13.11　CAS 前后向散射传感器光路图

(当粒子通过激光束焦点区时使激光发生散射,前向和后向散射光分别被光电探测器接收。偏离激光焦点中心的被测粒子所散射的光线被孔径光阑阻挡,不能到达掩蔽检测器。蓝宝石窗起到隔离被测气流保护光学系统的作用。)

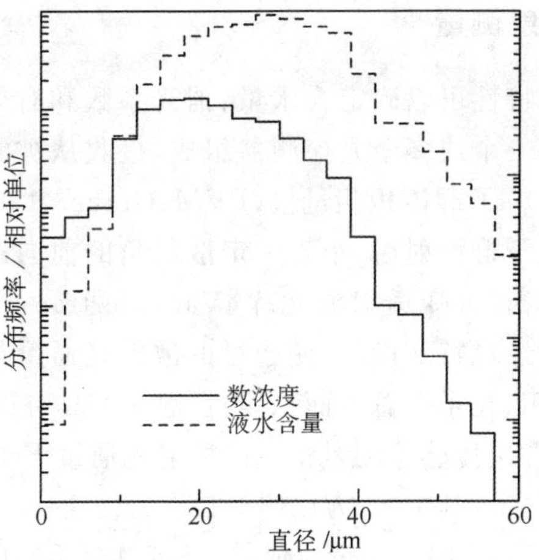

图 13.12　单粒子散射粒谱仪(如 FSSP、CAS)得到的数浓度和液水含量尺度分布(数浓度分布频率峰值位于 18～21 μm,而液水含量频率峰值位于 30～33 μm)

法国气象物理研究所(LaMP:French Laboratoire de Meteorologie Physique)全散射角浊度仪(Polar Nephelometer;Gayet 等,1997)采用单粒子散射原理直接测量空中水凝物的散射相函数,图 13.13 为其原理图。粒子从抛物面反射器焦点处的准直高能激光束(1 W,λ=804 nm)通过,抛物面将不同散射角范围内的散射光分别反射到以环形阵列排列的 54 个光电二极管上,由此测得单个粒子的散射光角度分布,即相函数。图 13.14 给出了层积云中水滴相函数理论值和实测值的例子。

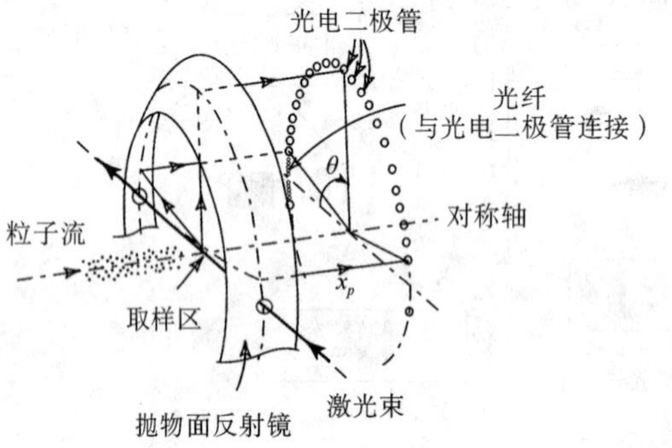

图 13.13　法国气象物理研究所全散射角浊度仪原理图

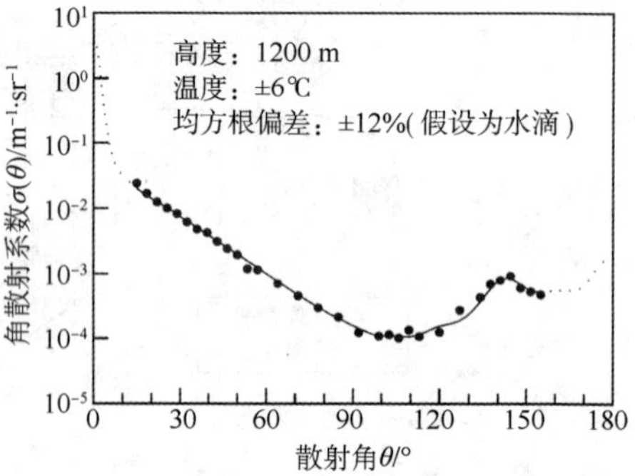

图 13.14　法国气象物理研究所全散射角浊度仪在层状水云中测量的云滴散射相函数(实心圆点)和米散射理论计算结果(实线)的对比

13.2.4　粒子群光散射测量

利用粒子群光散射特性可以确定含水量、消光系数和有效半径等参数。粒子群散射测量仪器由光源和一个或多个光探测器组成,接收从被测粒子群空间传来的散射光。图 13.15 给出了粒子群体积测量仪(PVM;Gerber,1991)的原理图,可以看到准直激光束被水凝物粒子群散射后,小于一定散射角的前向散射光被透镜汇聚后分别照射到两个表面安装有可变透射滤光片(Variable transmission filter)的探测器上。滤光片的透射函数经过特殊设计,使透过的散射光通量与水凝物粒子群的积分特性(如液水含量或体积、粒子群总表面积等)在数学上具有近似的反比例对应关系。从理论上来看,由液水含量传感器测量得到的散射光通量 $F(d)$ 与水凝物粒子群体尺度 d 具有 k_1d^3 的比例关系,其中 k_1 为比例常数。为使这一比例关系成立,可变透射滤光片由 N 个以 j 为序号的同心环带组成,各环带具有不同的透过率 T_j,即

$$F(d)=\sum_{j=1}^{N} f_j T_j \tag{13.12}$$

其中 $f_j(d)$ 为照射到第 j 个环带上的散射光通量。设计时利用(13.12)式确定 T_j 制作可变透射滤光片,比例因子 k_1 在云室中标定仪器时确定。类似地,对于粒子群总

表面积，比例关系变为 k_2d^2，设计具有另外一组透过率的可变透射滤光片实现测量。利用 PVM 得到的液水含量和总表面积测量结果则可导出水凝物粒子群的有效半径。

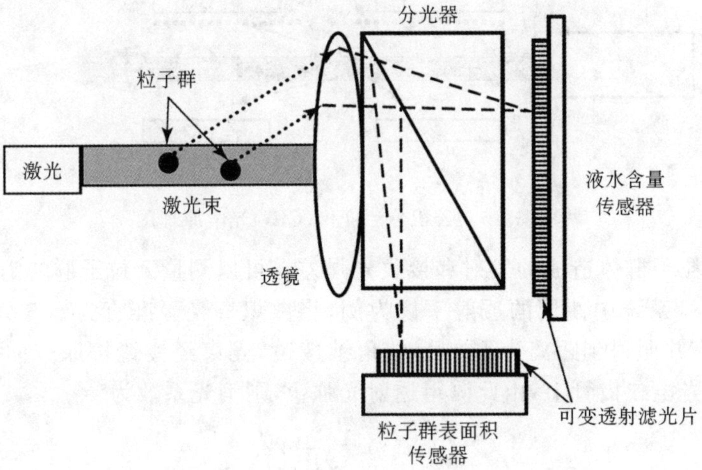

图 13.15　粒子群体积测量仪 PVM-100 原理图

（液水含量和表面积传感器检测粒子群通过激光束时产生的前向散射光，传感器表面安装可变透射滤光片，两种滤光片的透过率函数经特殊设计使透过的光通量与粒子群的液水含量（与体积对应）和总表面积成比例）

前面已介绍了全散射角浊度仪利用光电二极管环形阵列测量单个粒子相函数的原理。对于粒子群体散射，可用不对称因子来表示前后向散射光的分布情况。对于波长 λ，不对称因子可由单个粒子的相函数 $P(\lambda,\theta)$ 表示为

$$g_\lambda = \frac{\int \cos\theta P(\lambda,\theta)\mathrm{d}(\cos\theta)}{\int P(\lambda,\theta)\mathrm{d}(\cos\theta)} \tag{13.13}$$

即不对称因子数值上为相函数的散射角余弦加权平均值，值域为[－1,1]，表示粒子群体散射的前向与后向对称性，散射光主要分布在前向时 $g_\lambda>1$，反之 $g_\lambda<1$，前后向对称时 $g_\lambda=0$，云积分浊度仪（Cloud Integrating Nephelometer：CIN）被设计用来测量不对称因子。

如图 13.16，水凝物粒子群通过 CIN 的准直激光束发生散射，4 个传感器分别接收前向散射光（S1 和 S3）和后向散射光（S2 和 S4）。（13.13）式的分母与总散射系数成比例，S1 和 S2 测量结果之和可近似代表总散射系数。传感器 S3 和 S4 的表面覆盖有光学掩膜，起到对接收到的散射光进行余弦加权的作用，因此 S3 和 S4 测量结果之和可近似表示（13.13）式的分子。因此，（S3＋S4）与（S1＋S2）的比值即为被测粒

子群的不对称因子。

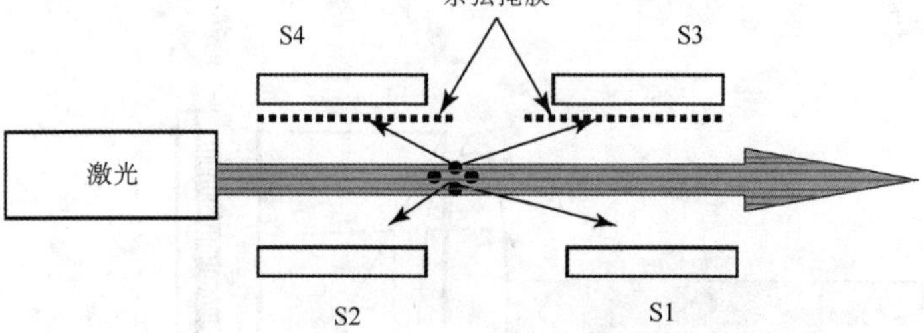

图 13.16 云积分浊度仪(CIN)光学原理图

通过云粒子群体造成的发射和接收光强差异可以测量云粒子群的消光系数。以一些机载测量系统中使用的透射率仪为例,将白炽灯光源准直为 0.5°发散角、光强为 F_0 的光束并照射到距离为 L 的远端角锥棱镜,光束经棱镜按原方向反射到光学接收单元的光电二极管上,由此测得透射光强 F,则消光系数为

$$\sigma_e(m^{-1})=\frac{1}{2L}\ln\frac{F}{F_0} \tag{13.14}$$

13.2.5 无干扰光学成像

云物理研究中最早采用的水凝物粒子尺度光学测量方法之一是令激光束照射到呈直线排列的光电二极管阵列上,二极管阵列检测粒子通过激光束时因遮挡产生的阴影(图 13.17),任一瞬时每个二极管是否被遮闭的状态由信号处理电路监测,采样频率与粒子通过激光束的速度成正比,由二极管阵列遮挡状态随时间的变化得到粒子与激光束垂直截面的二维图像(如图 13.18)。此类仪器称为二维光阵探头(2D-OAP),通常测量的粒子尺度范围为 25～80 μm(二维云粒子探头)或 200～6400 μm

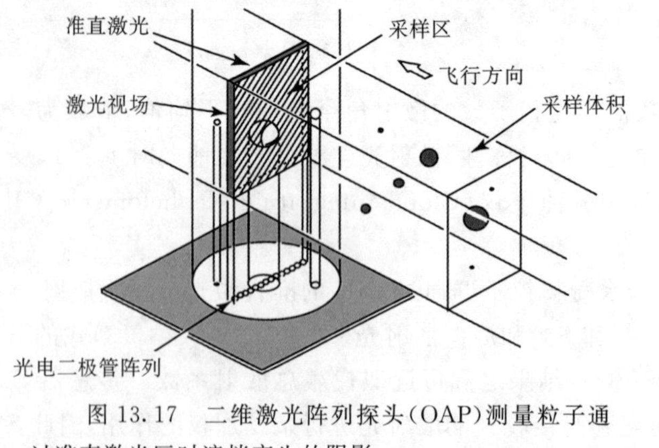

图 13.17 二维激光阵列探头(OAP)测量粒子通过准直激光区时遮挡产生的阴影

（二维降水粒子探头）。

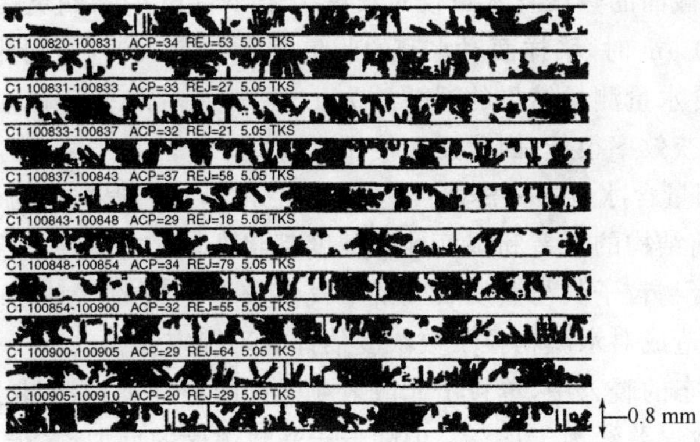

图 13.18　2D-OAP 重建的枝状冰晶及其聚合物二维图像

这一技术经过发展后，水凝物粒子测量的尺度分辨率得到提高。如云粒子图像仪（Cloud Particle Imager：CPI）的分辨率可达 2.5 μm，该仪器使用二维光电探测阵列配合激光脉冲获取粒子图像。与 2D-OAP 的黑白二值图像不同的是，CPI 记录云粒子的 256 级灰度图像，图 13.19 为 CPI 探测得到的不同形状的冰晶图像。

图 13.19　由云粒子成像仪（CPI）获取的冰晶图像

13.2.6　直接测量的局限性与误差

上述各种云降水测量系统均存在原理或技术上的局限性，从而造成了测量结果的不准确性，随着科学和技术的不断进步，这种不准确性不断得到控制。

使用碰撞与印模设备（除积冰传感器）采样后都需要进行大量的数据处理，才能得到粒子尺度和浓度等信息。同时，由于采样面对气流状态产生干扰，被测粒子与采样面的碰撞效率不可能达到 100%，较小的云降水粒子绕过采样面而不能被捕获。从取得的印模提取粒子尺度信息时，结果的准确性依赖于云降水粒子运动速度、空气密度等，这些因素也将造成结果的不准确。积冰传感器不仅同样存在碰撞效率小于 100%的问题，而且还要求环境温度低于 0℃，直接测量得到的积冰率与液水含量的转换关系需要在技术要求较严格的成冰风洞中进行标定，由于受环境温度、气流影响下的碰撞速度、被测云降水粒子群的液水含量等因素的影响，积冰传感器的测量精度估计约为±50%。

具有圆柱形截面的热线含水量仪对尺度大于 40 μm 的水滴灵敏度下降，当被测水滴尺度小于 10 μm 时，采样面对水滴的收集效率小于 100%。因此，对于完全液态的云，估计液态含水量测量结果的误差约为±10%，而对混态云和冰相云，由于采样面对冰粒子的捕获效率很低，因此无法使用。

目前 CVI 测量含冰量的分辨率可达 1 mg · m^{-3}，相对误差约为±15%。但流速测量、采样口几何结构的误差和湿度计的精度都将造成整个系统最终测量结果的不准确。此外，水凝物粒子数与蒸发后残留干气溶胶粒子数的不对应以及大粒子在采样口的破碎都将造成对水凝物粒子数浓度估计的不确定性。

在完全为液态的暖云中，单粒子光散射粒谱仪能很准确地测量小于 400 cm^{-3} 的云滴数浓度，计数误差约为±15%。但随着云滴数浓度的增加，多于一个的云滴同时通过采样体积的可能性增大，仪器本身无法识别这种粒子重叠现象，若不对此进行校正，测量的云滴数将小于实际云滴数，误差可超过±30%。基于此原理的仪器对粒子尺度的测量误差约为±25%，主要原因包括激光强度非均匀性、电子元件响应时间的滚降特性、米散射所要求的折射率和形状等假设以及前述重叠采样等。云滴数浓度和尺度的测量误差相结合，将使基于谱分布计算得到的粒子群体积分物理参数的误差变得更大，例如，估计由此类仪器得到的液水含量误差可能达到±40%。

对于粒子群光散射测量仪器，如 PVM，其主要不足是当部分粒子位于激光束最优采样范围之外时，传感器将低估液水含量。如果液水含量主要由 10～40 μm 的液滴决定时，测量误差约为±15%，随着大粒子对液水含量贡献的增加，测量误差亦随之增大。

OAP 光阵探头要求透射光具有尽可能好的平行度，但被测粒子与光阵之间采用透镜组控制图像分辨率，被测粒子与焦点中心（COF）的相对位置将影响测量得到的图像大小，即随着被测水凝物粒子远离 COF，测量的粒子图像逐渐变大。在仪器设计时已对这一问题可能造成的误差进行了尽可能的限制，但粒子尺度测量误差仍然可达到±15%。当水凝物粒子尺度小于 100 μm 时，采样空间的误差将导致粒子数浓度的较大测量误差。OAP 的采样空间近似为粒子直径平方的函数关系，当粒子尺度小于 100 μm，采样体积误差约为±20%。类似单粒子散射测量，数浓度和尺度的测量误差会导致 LWC 等积分特性的较大误差，OAP 测量结果计算的 LWC 的误差约为±33%。用 OAP 测量冰粒子时，由于复杂的形状和整体密度的不确定，测量误差将进一步增大，所得云含冰量的误差很容易超过±100%。

13.3　机载探测

飞机是很有效的大气探测工具。它既能够进行实时、实地的直接观测；又能够在短时间内飞行很大的距离，获取到要素空间结构的资料。因此特别适用于云降水物理探测。但是，由于探测飞行速度通常从 40 $m \cdot s^{-1}$左右到大于 200 $m \cdot s^{-1}$，而通常大气粒子取样和尺度测量仪器的流速小于 3 $m \cdot s^{-1}$，而且飞行中伴随着颠簸，加上大气要素垂直变化范围远大于水平变化范围等原因，给机载探测技术带来许多困难和挑战，直接影响着探测的准确性。

现在还没有完全意义上专门为大气探测需要设计制造的飞机（除微型无人驾驶飞机）。一般根据探测需要、现有飞机性能以及可能的使用条件选择合适的机型加以改装使用，或在总装阶段后期按探测需求进行布线和配置附件。

13.3.1　大气探测飞机

用于云物理探测的飞机大致需要符合以下基本指标：

升高上限：不小于 6 km；

巡航速度：200～300 $km \cdot h^{-1}$；

续航能力：4～6 h；

机载重量：视具体要求而定；

承受过载：强积雨云为 7.5g，一般积云 1g～2g；

安全设施：一般应用供氧、供电、防止飞机积冰的设施。

对于专项探测还需增加其他特殊要求。例如进行边界层探测，要求飞机有良好的低空、低速飞行能力、长续航能力、稳定高度和稳速飞行能力，以及能在特殊地形条件下起飞和降落等等。为了穿强积雨云探测，就需要对飞机进行加固改装，美国南达科他州矿业技术学院在 T-28 单螺旋桨教练机的机头、机翼等部位加装 318 kg 热处理铝板作装甲，进行了大量冰雹过程穿云探测（Sand 等，1974）。

13.3.2　影响机载测量的因素

飞机探测相对地面探测有很多优势，空中直接探测扩展了人们探索自然的能力，但同时也带来很多特有的困难和问题，包括飞机及设备本身存在的、空中云降水环境造成的和飞机高速运动产生的各类不同于地面探测的问题。对其进行充分认识，是正确进行机载探测试验设计、实施和资料分析的基础。

13.3.2.1　测量原理

除早期使用过碰撞采样器等人工测量仪器外，机载探测一般都采用电测仪器进行自动测量。通过探头将感应的大气信息转换为电信号变化，通过数据采集系统获得原始数据，经标定、反演后使用。机载测量与地面测量相比，条件允许的情况下更应在观测前、后均对仪器进行标定，而且尽可能在模拟的飞行环境条件下进行检定。同时还需要注意，许多大气参数与原始数据之间都是非线性的转换关系。例如在露点法测湿中，即使通过标定使露点温度的测量在量程内达到等精度，但由于湿度和露点的关系是非线性的，因此造成湿度测量在不同范围具有不同的精度。

在感应元件和传感器中，膜盒元件和磁性元件都有滞后效应。当大气要素由低变到高，又沿原路径返回时，使用上述元件的仪器测量得到的两条要素变化曲线将不重合，这一点在飞机垂直爬升和下降过程中将表现得尤为显著。即使是响应时间常数较小的传感器，在飞机急速上升下降时，也会出现这样的滞后效应。

此外，仪器的零点和灵敏度都有可能发生漂移。仪器的电子系统部分最容易发生漂移，其次是传感器，如皮托管压力传感器，在温度变化时就会发生“零点”漂移现象。

机载测量所涉及的大气要素和云降水粒子属性在垂直范围和全球不同区域具有极大的差异，对仪器适用范围和稳定性要求很高。

13.3.2.2　飞行条件

在实验室中，测量条件的变化相对缓慢，传感器和环境有充分的时间达到平衡。飞机测量时，飞行速度和仪器的响应速度发生矛盾。当仪器响应时间常数较大时，测量相当于对被测要素进行了时间和飞行距离上的平均，从而影响了测量的代表性。例如飞机以 360 $km \cdot h^{-1}$的速度穿过一块直径为 1 km 的积云只需 10 s，若仪器的时间常数为几秒，则测量结果为云中平均值，而不能得到云中的要素变化。

飞机上有大量的通信、导航、雷达等电子设备，还有马达、发动机等点火装置和电接点，这些都是电子噪声的来源。飞机还有强烈的机械振动，也对测量精度有很大影响。飞机升空以后，机身就是仪器的接“地”端，不能像在实验室那样有效屏蔽外来电子信号和大气电场的干扰。此外，飞机入云观测所造成的仪器沾湿、漏电、积冰、堵塞都可能产生测量的误差和错测。预防和消除干扰的影响是飞机探测中必须考虑的问题。

13.3.2.3　采样气流

在飞机上进行 CCN、IN 及云降水粒子探测时，常通过管道将环境空气引入。在采样头进口处，由于管内外的流速差，可引起流线弯曲。图 13.20 给出了同轴采样时采样头内外的流场情况，所谓同轴是指采样管内气流方向与环境气流方向在同一条直线上。当管内速度大于管外，则流线汇聚，气流中的大粒子将因惯性而不易随汇聚气流进入采样管，称为超动力学采样（图 13.20c）。而当管内流速小于管外时，则管外流线往外弯曲，质量小的粒子将因惯性小而随气流带走，进入管内较少，称为次动力学采样（图 13.20b）。只有在采样管内外速度一致时，才能保持流线平直，大小粒子都无损失地进入管内，称为等动力学采样（图 13.20a）。为了保证等动力学采样，可采取下列措施：设计特殊采样头，进口处为薄壁细管，管径往后逐渐增大，使入口处管内外流速一致，空气入管后逐渐减速到测量所要求的速度。为了防止气流与管壁脱离而引起湍流，此扩张角不能过大。另一保持等动力学采样的方法是在气路后端增加抽气设备。

由于飞行速度常远大于大部分仪器或采样器吸入的气流速度，很多机载探测设备不能做到等动力学采样则易形成次动力学采样，采样口流线发散可能造成惯性大的粒子穿过流线进入采样口的集缩效应，导致测量得到的大粒子数高于实际值。在地球大气中，单位密度的 10 μm 粒子的驰豫时间约为 3×10^{-4} s，如果飞机的航速为 100 m·s^{-1}，则粒子的制动距离为 3 cm。这一制动距离对采样十分重要，当环境气流的流线开始偏离的位置到采样口的距离小于一定大小粒子的制动距离时，粒子不能随流线绕过采样头而进入采样口，放大了采集到的该尺度粒子数。粒径为 1 μm 甚至更小的粒子，其制动距离较小，不易造成上述问题。

高速飞行产生的另一采样过程中的问题是加热效应。环境空气进入采样口时，气流速度急剧减小，因此产生的压缩增温是不可避免的，具体加热量可通过流速的变化确定，范围约在 5～20℃。由于空气被加热，使水凝物粒子和非水气溶胶粒子中的水分和其他可挥发性成分蒸发，而且这一过程发生的速度很快，从而影响到对粒子的准确测量。在某些情况下，如果能够确定蒸发率或挥发率，则可以对粒子尺度进行订正。此外，加热效应引起的温度、气压变化亦可造成采样体积计算的误差，因此条件允许时测量结果使用混合比较体积浓度更具代表性。

采样口轴线方向与环境气流方向只要偏离很小的角度，就会在采样口尖锐边缘处产生分流和激发湍流。湍流将产生粒子沉降，分流导致气流进入采样口发生弯曲。机载探测时，飞机或探测器与环境气流方向之间的夹角取决于高度、升降角、飞机重量、环境流速等因素，无法保证采样管内气流方向与环境气流方向在一条直线上，这种情况称为非同轴采样。如图 13.21，θ 角表示环境气流方向与采样管内气流方向的夹角。由于气流方向的改变，环境空气中惯性足够大的粒子能够越过采样流线边界损失，进入采样口的惯性次大粒子也可能偏离流线而与采样头内壁发生碰撞。而且，采样口处的重力沉降、环境气流的湍流作用等因素也都能造成被测粒子的损失，从而降低采样效率。

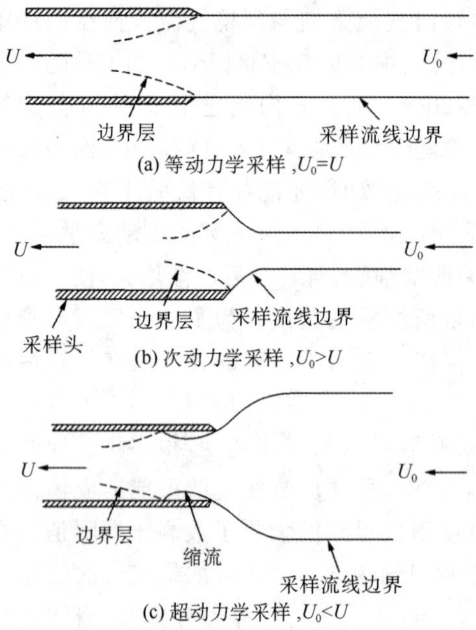

图 13.20　同轴采样流场示意图

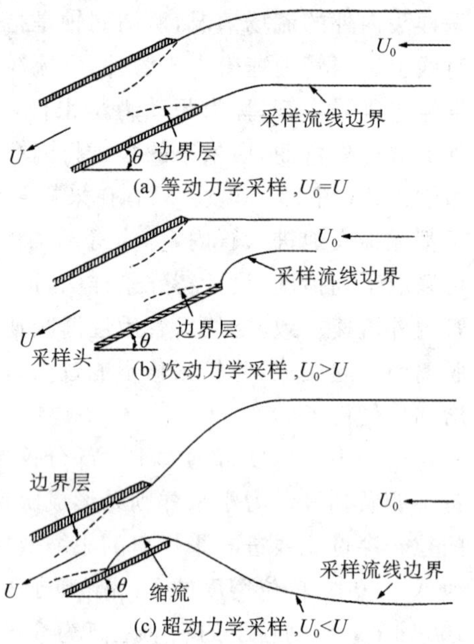

图 13.21　非同轴采样流场示意图

对于非同轴采样，通常采用两种方法进行改善。一是在气流到达采样口前，增加设计一整流罩，使经整流后的气流方向与采样口方向一致。此方法中需要尽可能减少整流罩对测量带来的新的误差。第二种方法是将采样头入口边缘设计成椭圆形，钝的边缘加大气流的接触面，可有效减弱湍流的激发，但却会增强绕流，使一些惯性大的粒子在采样口处发生碰撞破碎，因此只适用于一定的流速范围。

以上采样头内外流场的分布从根本上决定于 Reynolds 数和 Stokes 数，机载探测时，大气温度、气压在垂直方向上变化很大，造成采样器性能随高度升高而降低。当气压下降时，光学粒子计数器入口处流场发生变化可造成粒子偏离激光束或激光束焦点，使感测的粒子数减小。

此外，空气样品进入采样头后，通过输送管道进入测量仪器。输送管道的设计原则是使空气样品中的气体成分和各类粒子的损失最小化，这些损失包括重力沉降、质量和热扩散沉积、惯性沉积(湍流、弯道、阻塞)、静电沉积等。达到损失最小化的常用方法是使输送距离最小、输送时间最短，同时包括管道材料非化学活性、减小弯道、防静电等。

13.3.2.4　飞行动力学

飞机在飞行中与大气发生相对运动，飞机外围的气流变形等空气动力学特性会对测量产生严重影响。飞行时，是大 Reynolds 数条件下大气相对飞机作绕体流动，可以近似地把空气相对于飞机的流动分成两部分：紧贴机身的附面层(边界层)和在附面层外的无黏性自由流动。

附面层厚度随 Reynolds 数加大而变薄，在同样飞行条件下，不同机型有不同厚度的气流边界层。对于同一机型，在固定的飞行条件下，附面层厚度是确定的：迎着空气来向的附面层厚度最小，由飞机头部往后，附面层逐渐加厚。在附面层内紧贴机壳表面处，相对速度为零，相对速度随离开机壳的距离逐渐增大到自由流动的速度。

在附面层外的自由流动，由于机身形状的影响，也会产生扰动。考虑大气是静止的，飞机水平稳速运动，相对速度为 V。机身和机翼看作是上凸下平的流线型(图 13.22a)，气流在机翼下部流过为平直流线，气流流到机头或翼端前缘 A 点被阻滞，此点称为前驻点。气流沿上部流过，流线向外凸起，流动速度从前部逐渐加大，到最凸起的 B 点速度最大，往后逐渐减小到 V。按伯努利定理，在 A 点速度最小为零，压强最大，等于静压与动压之和。B 处压强最小，C 处静压不变且比 B 处压强大，所以产生举力。

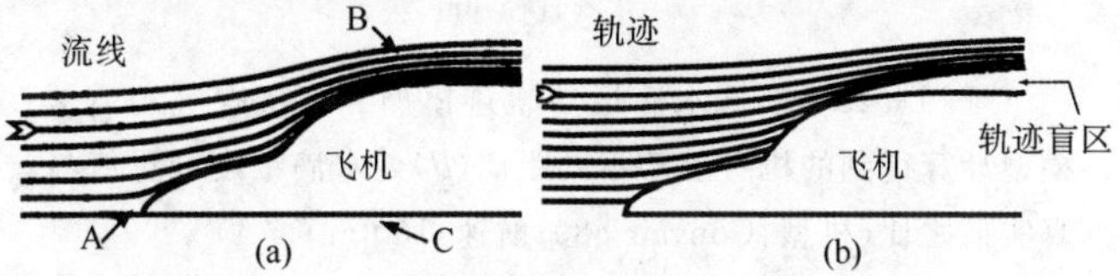

图 13.22　机身上面的流线(a)与 100 μm 的水滴以 90 m·s^{-1} 的相对速度经过飞机时的轨迹(b)

在机身、机翼附近自由流动产生的汇聚和发散，使绕凸体作大曲率运动的粒子由于惯性的影响脱离流线，形成轨迹盲区，粒子不能到达该区域。盲区厚度除了与机身形状和航速有关外，还决定于粒子的惯性。盲区向外离盲区边界越近的区域轨迹汇聚越严重，从而使该区域的粒子浓度被放大(图 13.22b)，随着离盲区距离的增加，粒子浓度逐渐接近于环境浓度。

因此，即使在机身边界层以外，因气流急速转向和加速，对气流中悬浮的粒子也有很强的分选作用，因此从机壳向外不同距离上各处的粒子浓度和真实情况有很大不同。图 13.23 是根据水滴运动轨迹模型和飞机空气动力学模型计算得到的机身上部不同距离处水滴浓度测量值与实际值之比(Isaac 等，2009)。可以看到，对于计算所使用的机型和航速，随着与机身的距离增大，粒子浓度与实际值逐渐接近，120～160 μm以上的粒子因为盲区而不能被仪器捕捉到。对于不同机型，NCAR 的 C-130Q型飞机上部流场盲区影响最大的粒子尺度范围约为 50～500 μm，空中国王－200 型约为 80～700 μm。这里需要注意的是，冰晶的流体动力特性与水滴有很大差异，所以流场影响的具体情况也与水滴不同。此外，安装在合适位置的空速管测得的飞机真实空速与机头上方的实际流速也不相同，如果使用不在同一位置的空速管测值计算机头上方的采样体积，显然会造成数据不匹配的错误。

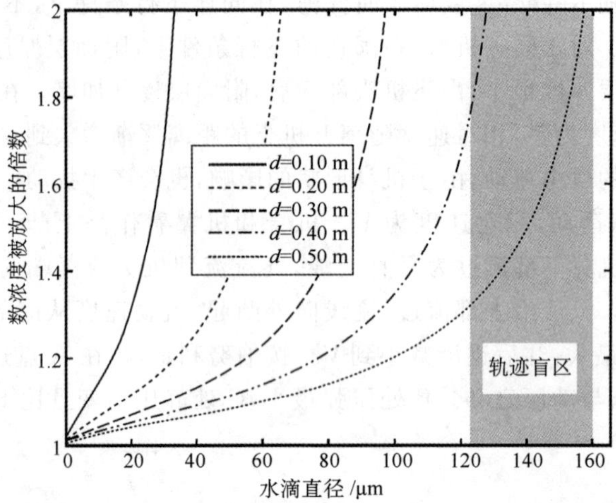

图 13.23 根据水滴运动轨迹模型和飞机空气动力学模型计算得到的机身上部不同距离(d)处水滴浓度测量值与真实值之比(机型：Convair 580；航速：100 m·s^{-1})

飞机发动机的螺旋桨或喷射流会造成气流扰动，并排放热废气，且锥形向后扩散。如发动机安置于机头或机壁就会对后部安装的仪器有影响。

综上所述，由于机身边界层、流型扰动、发动机干扰、仪器相互干扰等因素会直接影响机载仪器测量精度，所以正确选择仪器安装位置是取得可靠资料的关键之一，必须在空气动力模型指导下进行。一般来说，为了避免附面层的影响，所有探头和采样器都必须伸出到附面层外的自由流动区中。对于引擎位于机翼的飞机，仪器或采样头应装在机身的前部，尽量避免引擎的影响。为了避免气流曲率陡变对粒子测量的影响和绕体流动对测速和测压的影响，仪器不宜装在机身上部，宜在机翼中心的下方，其次在机身的下方及飞机前方，以求其流线平直。同时应避免仪器间的相互影响。

此外，机载仪器本身也可能使流场发生畸变。对 FSSP 的研究表明，测量中大约有一半的流量和速度畸变是由 FSSP 的圆柱体外形、支撑臂扰动流场产生，另外一部分则由仪器和支撑臂与飞机外围流场相互作用产生，最终可造成尺度大于 20 μm 的粒子少计数 10%(Norment,1988)。

习　题

(1)对于膨胀型云凝结核计数器，以液水作为工作液体，压强膨胀率为 1.12。假设该计数器工作环境的温度和气压分别为 293 K 和 986 hPa，求在此计数器中能够生长的最小粒子直径是多少？(参考答案：2.81 nm)

(2)用几何形状参数 $C_0=0.8$，直流平板电极距离为 $z_0=5$ mm 的电动天平捕获 1.0 μm 的带电雾滴。若上板电极的电压为 8.0 V，试求雾滴带有多少个基元电荷？(参考答案：25 个)

(3)单分散云滴群由直径 20 μm 的云滴组成，其数浓度为 500 cm^{-3}。该云滴群通过仪器中内径为 30 mm 的圆筒形玻璃管，采用窄角消光技术，使用与玻璃管垂直的准直激光束对云滴群进行监测。忽略玻璃管对激光的影响，试计算激光束的透射率。(参考答案：0.91)

(4)在不考虑计数效率时，光学粒子计数器(OPC)的灵敏度可通过能够检出的最小粒径 d_{min} 表示。现有一台雾滴谱仪(激光波长：658 nm)的灵敏度已由 $d_{min}=0.1$ μm的玻璃球标准粒子确定。若取玻璃和纯水的折射率分别为 1.51 和 1.33，试在 Rayleigh 散射假设条件下计算使用该雾滴谱仪测量纯水雾滴时的灵敏度。(参考答案：0.114 μm)

(5)现有半径分别为 10 μm 和 100 μm 的云滴和毛毛雨滴组成的双分散系统，云滴和毛毛雨滴的数浓度分别为 100 cm^{-3} 和 20 cm^{-3}。现分别采用单粒子散射和粒子群体散射原理对该云降水粒子群进行测量，粒子被吸入测量空间时随空气一起被加速，云滴以 10 $m\cdot s^{-1}$ 的速度随空气运动，毛毛雨滴因惯性略大导致速度的增加明显滞后于空气，通过测量区时速度为 2 $m\cdot s^{-1}$。单粒子散射仪器的采样面积和采样时间分别为 1 cm^2 和 1 s，群体散射仪器的采样体积为 1 cm^3。试分别计算用单粒子散射和粒子群体散射原理测量得到的该双分散系中粒子群体算术平均半径。(参考答案：13.5 μm；25 μm)

(6)为何从高速飞行的飞机上探测云的微物理特性要比从低速飞行的飞机上困难？

(7)飞机水平穿过厚度为 4 km 的圆柱形积云中部进行微物理探测，巡航速度为 80 $m\cdot s^{-1}$。若机载雨滴谱探头的采样截面为 20 cm^2，求这样一次穿云探测到的云体积占整个云体积的比例。

参考文献

北京大学地球物理系大气物理教研室云物理教学组. 1981. 云物理学基础（大气物理专业用）. 北京：农业出版社，258 pp.

陈汝珍，酆大雄. 1980. 漫话云室. 气象，**6**:27-29.

龚乃虎，陶树旺，牛玉清. 1992. 用于研究冰雪晶生长的小型垂直过冷云风洞系统. 大气科学，**16**:353-360.

梅森(Mason B J)，中国科学院大气物理研究所译. 1978. 云物理学. 北京:科学出版社，677 pp.

苏正军，郑国光，关立友，张纪淮，黄庚. 2009. 一个用于催化剂成冰性能检测的新型等温云室. 高原气象，**28**:827-835.

杨绍忠，楼小凤，黄庚，酆大雄. 2007. 一个观测冰核的 15 L 混合云室. 应用气象学报，**18**:716-721.

张纪淮. 1986. 中型云室技术特点概要. 应用气象学报，**1**:221-224.

郑国光，李子华，蔡庆梅. 1985. 圆锥形冰雹阻力系数的实验研究. 南京气象学院学报，**8**:347-353.

Ayyalasomayajula S, Gylfason A, Collins L R, Bodenschatz E, and Warhaft Z. 2006. Lagrangian measurements of inertial particle accelerations in grid generated wind tunnel turbulence. *Physical Review Letters*, **97**:144507.

Baumgardner D, Gayet J-F, Gerber H, Korolev A, and Twohy C. 2002. Clouds: Measurement Techniques In Situ. *Encyclopedia of Atmospheric Sciences*, Holton J R, Curry J A, and Pyle J A, Eds., Academic Press, 489-498.

Bigg E K. 1957. A new technique for counting ice-forming nuclei in aerosols. *Tellus*, **9**:394-400.

Bundke U, Nillius B, Jaenicke R, Wetter T, Klein H, and Bingemer H. 2008. The fast ice nucleus chamber FINCH. *Atmospheric Research*, **90**:180-186.

Cotton W R, and Gokhale N R. 1967. Collision, coalescence, and breakup of large water drops in a vertical wind tunnel. *Journal of Geophysical Research*, **72**:4041-4049.

Davis E J. 1997. A history of single aerosol particle levitation. *Aerosol Science and Technology*, **26**:212-254.

DeMott P J, and Rogers D C. 1990. Freezing nucleation rates of dilute solution droplets measured between −30° and −40℃ in laboratory simulations of natural clouds. *Journal of the Atmospheric Sciences*, **47**:1056-1064.

DeMott P J, and Coauthors. 2008. The Fourth International Ice Nucleation Workshop (ICIS-2007): Objectives and preliminary results. *15th International Conference on Clouds and Precipitation*, Cancun, Mexico, July 2008, 11.7.

Duft D, and Leisner T. 2004. The index of refraction of supercooled solutions determined by the analysis of optical rainbow scattering from levitated droplets. *International Journal of Mass Spectrometry*, **233**:61-65.

Gayet J F, Crépel O, Fournol J F, and Oshchepkov S. 1997. A new airborne polar Nephelometer for the measurements of optical and microphysical cloud properties. Part I: Theoretical design. *Annales Geophysicae*, **15**:451-459.

Gerber H. 1991. Direct measurement of suspended particulate volume concentration and far-infrared extinction coefficient with a laser-diffraction instrument. *Applied Optics*, **30**:4824-4831.

Imre D G, Xu J, and Tridico A C. 1997. Phase transformations in sulfuric acid aerosols: Implications for stratospheric ozone depletion. *Geophysical Research Letters*, **24**:69-72.

Incropera F P, DeWitt D P, Bergman T L, and Lavine A S. 2006. *Fundamentals of Heat and Mass Transfer*. 6th ed. Wiley, 997 pp.

IPCC. 2007. *Climate Change 2007: The Physical Science Basis*. Cambridge University Press, 996 pp.

Isaac G A, and Schmidt K S. 2009. Cloud Properties from In Situ and Remote Sensing Measurements: Capability and Limitations. *Clouds in the Perturbed Climate System: Their Relationship to Energy Balance, Atmospheric Dynamics, and Precipitation*, MIT Press, 73-106.

Korolev A V, Strapp J W, Isaac G A, and Nevzorov A N. 1998. The Nevzorov airborne hot-wire LWC-TWC probe: Principle of operation and performance characteristics. *Journal of Atmospheric and Oceanic Technology*, **15**:1495-1510.

Langer G. 1973. Evaluation of NCAR ice nucleus counter. Part I: Basic operation. *Journal of Applied Meteorology*, **12**:1000-1011.

List R. 1966. A hail tunnel with pressure control. *Journal of the Atmospheric Sciences*, **23**: 61-66.

McMurry P H, and Stolzenburg M R. 1989. On the sensitivity of particle size to relative humidity for Los Angeles aerosols. *Atmospheric Environment*, **23**:497-507.

Möhler O, and Coauthors. 2003. Experimental investigation of homogeneous freezing of sulphuric acid particles in the aerosol chamber AIDA. *Atmospheric Chemistry and Physics*, **3**:211-223.

Möhler O, DeMott P J, Stetzer O, and the ICIS-2007 team. 2008. The Fourth International Ice Nucleation Workshop ICIS-2007. *Proceedings of the 15th International Conference on Clouds and Precipitation*, Cancun, Mexico, July 2008, 7-11.

Murakami M, and Matsuo T. 1990. Development of the hydrometeor videosonde. *Journal of Atmospheric and Oceanic Technology*, **7**:613-620.

Noone K J, Ogren J A, Heintzenberg J, Charlson R J, and Covert D S. 1988. Design and calibration of a counterflow virtual impactor for sampling of atmospheric fog and cloud droplets. *Aerosol Science and Technology*, **8**:235-244.

Norment H G. 1988. Three-dimensional trajectory analysis of two drop sizing instruments: PMS OAP and PMS FSSP. *Journal of Atmospheric and Oceanic Technology*, **5**:743-756.

Roberts G C, and Nenes A. 2005. A continuous-flow streamwise thermal-gradient CCN Chamber for atmospheric measurements. *Aerosol Science and Technology*, **39**:206-221.

Rogers D C, DeMott P J, Kreidenweis S M, and Chen Y. 2001. A continuous-flow diffusion chamber for airborne measurements of ice nuclei. *Journal of Atmospheric and Oceanic Technology*, **18**:725-741.

Rotstayn L D. 1999. Indirect forcing by anthropogenic aerosols: A global climate model calculation of the effective-radius and cloud-lifetime effects. *Journal of Geophysical Research*, **104**:9369-9380.

Sand W R, and Schleusener R A. 1974. Development of an armored T-28 aircraft for probing hailstorms. *Bulletin of the American Meteorological Society*, **55**:1115-1122.

Slingo A. 1990. Sensitivity of the Earth's radiation budget to changes in low clouds. *Nature*, **343**: 49-51.

Snider J R, Petters M D, Wechsler P, and Liu P S K. 2006. Supersaturation in the Wyoming CCN instrument. *Journal of Atmospheric and Oceanic Technology*, **23**:1323-1339.

Spyers-Duran P A, and Braham R R. 1967. An airborne continuous cloud particle replicator. *Journal of Applied Meteorology*, **6**:1108-1113.

Starr K M, and van Cauwenberghe R. 1991. The development of a freezing rain sensor for automated surface observing systems. *Preprints of the Seventh Symposium on Meteorological Observations and Instrumentation: Special Sessions on Laser Atmospheric Studies*, American Meteorological Society (New Orleans, 13-18 January 1991), 338-343.

Stetzer O, Baschek B, Lüönd F, and Lohmann U. 2008. The Zurich ice nucleation chamber (ZINC)—A new instrument to investigate atmospheric ice formation. *Aerosol Science and Technology*, **42**:64-74.

Stratmann F, Möhler O, Shaw R, and Wex H. 2009. Laboratory Cloud Simulation: Capabilities and Future Directions. *Clouds in the Perturbed Climate System: Their Relationship to Energy Balance, Atmospheric Dynamics, and Precipitation*, J. Heintzenberg, and R. J. Charlson, Eds., MIT Press, 149-172.

Twohy C H, Schanot A J, and Cooper W A. 1997. Measurement of condensed water content in liquid and ice clouds using an airborne counterflow virtual impactor. *Journal of Atmospheric and Oceanic Technology*, **14**:197-202.

Vohl O, Mitra S K, Wurzler S C, and Pruppacher H R. 1999. A wind tunnel study of the effects of turbulence on the growth of cloud drops by collision and coalescence. *Journal of the Atmospheric Sciences*, **56**:4088-4099.

Yamagata S, and Coauthors. 2004. Mineral particles in cloud droplets produced in an artificial cloud experimental system (ACES). *Aerosol Science and Technology*, **38**:293-299.

第 14 章　云降水数值模拟简介

由前述几章可知，云的形成过程是大气动力学、热力学和云微物理学共同作用的结果。要想全面了解成云致雨的物理过程，需要借助于云的数值模式。把代表成云过程的数学方程式综合起来，组成一个可以用来预测或分析成云过程的数理模式便是云模式。采用数值方法去求解的云模式便是所谓的数值云模式。本章将简要介绍云模式的基本原理，并不涉及数值处理和计算方法。为叙述方便，这里所考虑的模式按照空间维数进行分类，并且仅以积云模式为例。

14.1　一维云模式

积云主要由伴随上升空气的膨胀冷却作用而形成，其上升运动归结为层结不稳定空气中的对流运动。由于云的变化主要体现在垂直方向上，因而，早期云模式多侧重表达各种云特征量在垂直方向的变化，同时把环境条件视作不随时间变化，这就是所谓的一维云模式。以 Srivastava(1967)一维云模式为例对这类模式加以描述。该模式中不考虑冰相粒子的存在，云中的水分以水汽、云滴和雨滴的形式出现，对云滴和雨滴的大小不做限定，但云滴直接随空气运动，而雨滴则相对空气有一定的下落速度，其值取决于单位体积中的雨水总量；不考虑凝结过程的细节，只假定水汽压超过平衡值时都通过凝结产生云水，而当水汽压低于平衡值时，云中的凝结水就蒸发以维持水汽压平衡状态；不考虑水滴的碰并作用，假定云中含水量超过某一特定的阈值时，就自发地转化为雨水。

Srivastava(1967)的模式由 5 个方程组构成，包含 5 个未知量，即垂直速度 U、温度 T、水汽混合比 X、云水混合比 W 和雨水混合比 R，每个未知量均表示成高度和时间的函数。这些控制方程形式如下：

垂直速度：

$$\frac{\partial U}{\partial t}=-U\frac{\partial U}{\partial z}+gB-g(W+R) \tag{14.1}$$

上式中 z 代表高度，g 为重力加速度，$B=(T-T')/T'$ 代表浮力项，其中 T' 是环境温度，通常云中温度较暖，所以 $T>T'$，B 就代表了浮力。右端第三项表示由于凝结水的重量而产生的浮力减小项，即空气团的负荷，因而前面的符号为负。

水汽：

$$\frac{\partial X}{\partial t}=-U\frac{\partial X}{\partial z}+E \tag{14.2}$$

其中 E 代表蒸发或凝结，如果是蒸发则 $E>0$，如果是凝结则 $E<0$。

云水：

$$\frac{\partial W}{\partial t}=-U\frac{\partial W}{\partial z}-E_1-P \tag{14.3}$$

其中 E_1 代表云滴的蒸发（$E_1>0$）或凝结（$E_1<0$），P 表示云中通过自发并合（称为自动转化）和碰并产生的雨。

雨水：

$$\frac{\partial R}{\partial t}=-U\frac{\partial R}{\partial z}-\frac{1}{\rho}\frac{\partial}{\partial z}(\rho RV)-E_2+P \tag{14.4}$$

其中 E_2 代表雨滴的蒸发项，ρ 为空气密度，V 代表雨滴的有效下落速度，(14.4)式右边第二项代表了雨滴的垂直辐散。

温度：

$$\frac{\partial T}{\partial t}=-U\frac{\partial T}{\partial z}-U\gamma_d-\frac{L_e}{c_p}E \tag{14.5}$$

式中 $E=E_1+E_2$ 代表总蒸发量，γ_d 为干绝热递减率。

需要指出的是，上式中 E_1、E_2、V 和 P 都必须事先设定。Kessler(1959, 1969)根据有关水滴的大小分布、下落速度和云转化为雨的实验资料，把这些因子表示成该方程组中其他独立变量的函数。这种不直接另写一个有未知函数的方式求解而是把它们认为是此系统内其他变量的函数的作法称为参数化方法。

14.2　二维云模式

上节介绍的一维模式只能描述云特征量在垂直方向上的变化，虽然也能呈现出云的某些重要特征，但无法处理许多对云发展有重要作用的过程。例如，环境风场里的垂直风切变对积云发展有十分重要的影响，可是这种风切变无法在一维云模式中表达出来。为此，有些研究人员设计了二维云模式，以便考虑环境风切变对云发展的影响。比较早发展二维云模式研究风切变作用较成功的，当属 Takeda(1971)。他对微物理过程作为了比较符合实际的处理，但仍旧忽略了冰相的作用。

在二维情况下，必须把各种特征量作为垂直平面上时间的函数进行计算，以代替仅沿一铅直线处理的简单情况。也必须同时对该平面的垂直速度分量和水平速度分量都进行计算。这里假定没有气流流进或流出该平面，同时沿着平面的法向各种特征量均不产生变化。由于流动限于二维情况，就可以用简单的流函数来表示这两个速度分量，从而简化计算，而且还可以把两个运动方程合并成单个方程，以达到简化方程的目的。当然还必须叠加上描述云的热力学过程和微物理学过程的相应方程。

然而，二维云模式终究是缺乏第三维的动力机制，因此模拟结果总是与实际云的动力行为有一定差异。尤其对那些发展强盛的对流云更是如此。要更加真实地模拟出云尤其是深对流云必须借助于三维云模式。

14.3　三维云模式

在云模式中，有一个很重要的概念，那便是把云当成是大气中的一种偏离基本状态的扰动。所谓大气的基本状态是就大尺度的过程而言，大气的基本运动状态满足流体静力平衡的状态。因此对于这种扰动状态，可以把它当做非流体静力平衡的状态。

在此情形下，任何一个云变量 φ 都可以分解为两部分。一部分是符合基本状态的，而另外一部分则代表扰动状态：

$$\varphi(x,y,z,t)=\varphi_0(z)+\varphi'(x,y,z,t) \tag{14.6}$$

其中 $\varphi_0(z)$ 代表水平方向均匀，垂直方向是流体静力平衡，而大尺度方面则符合地转平衡的基本状态，$\varphi'(x,y,z,t)$ 则是扰动部分。

实际上，在云模式中，把扰动部分仅用一项来代表是不够的。原因在于，云模式都是数值模式，需要用数值方法来求解，而这些方法最基础的做法便是先建立一套网格，然后计算各网格点上的变量值。这就造成比网格点尺度更小的变化不能被表达出来。这些比网格点尺度还小的现象称之为次网格尺度的扰动。

因此，对于一个数值模式来说，(14.6)式应写为：

$$\varphi(x,y,z,t)=\varphi_0(z)+\varphi'(x,y,z,t)+\varphi''(x,y,z,t) \tag{14.7}$$

式中最后一项即是代表不可分解的次网格尺度扰动。φ 可以代表云过程中任何因变量，例如三维的风、温度、气压、位温、质量混合比等。

下面以一个三维云模式为例来介绍发展这样一个云模式所需要考虑的方程式。该模式是中国科学院大气物理研究所发展出来的三维冰雹云模式。此处只简单介绍模式方程组，至于模式细节和微物理过程考虑，读者可参考 Klemp 等(1978)、孔凡铀等(1990,1991)和洪延超(1998)等文献。

(1)状态方程

$$p=\rho_a R_d T_V \tag{14.8}$$

式中 ρ_a 是空气密度，p 是气压，R_d 是干空气的比气体常数，而 T_V 是虚温：

$$T_V = T(1+0.608q_v) \tag{14.9}$$

上式中 q_v 是比湿。

(2)状态参量之间的关系方程

$$\theta = T\left(\frac{p_0}{p}\right)^{R_d/c_p} \tag{14.10}$$

$$\theta_v = \theta(1+0.608q_v) \tag{14.11}$$

$$\pi = \left(\frac{p}{p_0}\right)^{R_d/c_p} = \left(\frac{R_d}{p_0}\rho_a\theta_v\right)^{R_d/c_v} \tag{14.12}$$

其中 θ 为位温，θ_v 是虚位温，π 是无量纲气压，$p_0=1000$ hPa 为参考气压，$R_d=287.04$ J·kg^{-1}·K^{-1}为干空气的比气体常数，$c_p=1004$ J·kg^{-1}·K^{-1}是干空气的定压比热容，$c_v=717$ J·kg^{-1}·K^{-1}为定容比热容。则用无量纲气压表示的气压梯度力项的形式为：

$$\frac{1}{\rho_a}\frac{\partial p}{\partial x_i} = c_p\theta_v\frac{\partial \pi}{\partial x_i} \tag{14.13}$$

其中 $x_i(i=1,2,3)$为三个坐标自变量。

对于未扰动的初始环境大气，假定满足静力平衡关系，即有：

$$-c_p\theta_{v0}\frac{\partial \pi_0}{\partial z} - g = 0 \tag{14.14}$$

(3)运动方程

将 Navier-Stokes(纳维-斯托克斯)运动方程对网格元进行 Reynolds 平均，并运用对流近似处理，再用无量纲气压 π 和位温 θ 分别代替气压 p 和温度 T，忽略地转偏向力的作用，则可导出如下运动方程组：

$$\frac{du}{dt} + c_p\theta_0\frac{\partial \pi}{\partial x} = D_u \tag{14.15}$$

$$\frac{dv}{dt} + c_p\theta_0\frac{\partial \pi}{\partial y} = D_v \tag{14.16}$$

$$\frac{dw}{dt} + c_p\theta_0\frac{\partial \pi}{\partial z} = g\left(\frac{\theta'}{\theta_0} + 0.608q_v - q_t\right) + D_w \tag{14.17}$$

其中 u、v、w 分别为三个方向上的运动速度，θ' 为位温扰动，$q_t=(q_c+q_i+q_r+q_s+q_g+q_h)$为液、固态水总的混合比，$D_u$、$D_v$、$D_w$ 为次网格尺度项。

(4)气压方程

$$\frac{d\pi'}{dt} + \frac{\bar{c}^2}{c_p\rho_0\theta_{v0}^2}\frac{\partial \rho_0\theta_{v0}u_j}{\partial x_j} = -\frac{R_d}{c_v}\pi'\frac{\partial u_j}{\partial x_j} + \frac{c^2}{c_p\theta_v^2}\frac{d\theta_v}{dt} + D_{\pi'} \tag{14.18}$$

$$c^2 = \frac{c_p}{c_v}R_dT_v = \frac{c_p}{c_v}R_d\pi\theta_v \tag{14.19}$$

这里 π' 是无量纲气压扰动量，而 c 是声速。

(5)水分守恒方程

$$\frac{\mathrm{d}q_x}{\mathrm{d}t}=S_{qx}+D_{qx}+\frac{1}{\rho_a}\frac{\partial}{\partial z}(\rho_a q_x V_x) \tag{14.20}$$

$$\frac{\mathrm{d}N_x}{\mathrm{d}t}=S_{Nx}+D_{Nx}+\frac{1}{\rho_a}\frac{\partial}{\partial z}(\rho_a N_x V_x) \tag{14.21}$$

其中等号右边第一项为微物理过程源汇项，第二项为 Reynolds 平均的湍流通量，第三项为降水性水成物的重力沉降移出率，q_x 和 N_x 分别为水物质的质量混合比和比浓度，V_x 为雨水、冰晶、雪、霰和雹的下落末速度(假定云滴随空气运动)。

(6)热力方程

$$\frac{\mathrm{d}\theta}{\mathrm{d}t}=Q_{lv}+Q_{il}+Q_{iv}+D_\theta \tag{14.22}$$

式中 Q_{lv}、Q_{il}、Q_{iv} 分别为汽液、固液和固汽相变所产生的潜热贡献。在微物理参数化中所涉及的具体微物理过程中，只有伴随相变的过程才引起潜热改变。

对(14.11)式取对数求导，并将(14.22)和水汽方程代入得

$$\frac{1}{\theta_v}\frac{\mathrm{d}\theta_v}{\mathrm{d}t}=\frac{1}{\theta}(Q_{lv}+Q_{il}+Q_{iv})+0.608S_{qv} \tag{14.23}$$

方程(14.15)～(14.18)和(14.20)～(14.22)式就构成了三维云模式的预报方程组。

14.4　微物理过程的处理

云内的微物理过程极其复杂，有正过程、反过程和其他过程。正过程指粒子尺度的增长过程。可分为：简单暖雨过程、简单冰相过程、混合相过程。简单暖雨过程又称暖云过程，也称水云过程，即水汽凝结产生云滴，云滴凝结增长形成大云滴，启动碰并增长形成雨滴；简单冰相过程是水汽凝华形成冰晶，再经过凝华增长成雪晶，雪晶间又可攀附形成雪团产生降雪，同时冰晶之间、冰雪晶之间也可以碰并形成聚合体；混合相过程包括冰晶凇附过冷云滴长大、其他液固粒子间的并合增长、贝吉隆过程。云内的反过程有雨滴的破碎、冰晶的繁生、冰相粒子融化脱落、水滴的蒸发、冰相粒子的升华。其他过程还包括云滴冻结形成冰晶、过冷雨滴的冻结、冰相粒子的融化等。云内各种水成物之间主要的微物理过程可参见图 14.1。

在云模式中，微物理过程的处理方法主要有两种：一是参数化方法；二是谱分档方法。

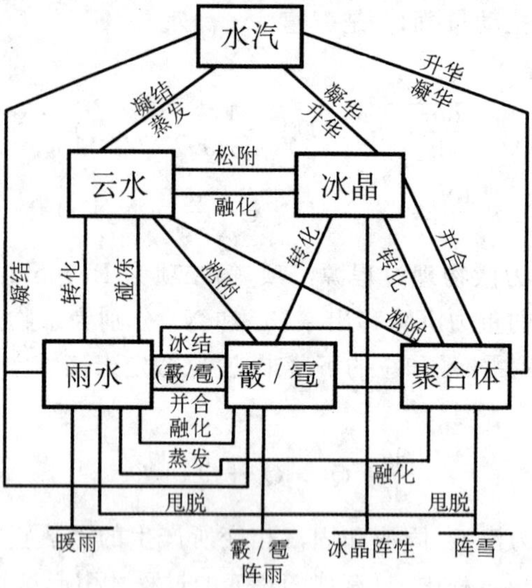

图 14.1 降水云中主要的云—雨发展过程与冰雹的形成

14.4.1 参数化方法

微物理过程参数化是用宏观参量(如质量、密度、热量、速度等)和宏观运动学方程(如水分连续方程)来描述云降水形成微物理过程及其对宏观动力过程的作用。通常把云粒子分为若干类,如云滴、雨滴、冰晶、雪、霰、雹等,以微物理总体特征量作为预报量,例如,某类粒子的比含水量、比数浓度。参数化方法中对各类粒子预先假定服从一定的粒子尺度谱分布密度函数,在某类粒子的谱分布函数中,若有两个谱分布参数是未知的,就需要两个总体特征量作为预报量,从而出现两个预报方程。若只有一个谱分布参数是未知的则只需一个预报量,出现一个预报方程。若两个谱分布参数是未知的,称为对该类粒子使用了双参数化方法,若只有一个谱参数是未知的,则称为单参数化方法。

以 J 类粒子的比含水量 q_J 为例,预报方程为:

$$\frac{\mathrm{d}q_J}{\mathrm{d}t}=\frac{1}{\rho}\frac{\partial}{\partial z}(\rho q_J u_J)+P_J+D_J \tag{14.24}$$

其中,u_J 为群体落速。方程右边第一项为降落项,第二项为源汇项。

许多云微物理过程也与其尺度有密切关系,例如直径为 D 的单个雨滴质量为 m_r,其蒸发率为:

$$\frac{\mathrm{d}m_r}{\mathrm{d}t}=\frac{2\pi D\left(1-\dfrac{q_v}{q_{vs}}\right)f(D)}{\dfrac{L}{KT}\left(\dfrac{L}{R_vT}-1\right)+\dfrac{R_vT}{D_f e_{sv}}} \tag{14.25}$$

各类粒子都是一群具有一定尺度范围的粒子，求源汇项 P_J 和群体落速 u_J 都需要粒子的尺度谱分布。不同的模式采用的尺度谱分布也可能不同，但使用较多的为 Gamma 分布（Ulbrich 1983）：

$$N_J(D)=N_{0J}D^{\alpha_J}\exp(-\lambda_J.D) \tag{14.26}$$

其中 $N_J(D)\mathrm{d}D$ 为直径为 $D\sim D+\mathrm{d}D$ 的 J 类粒子的数浓度，N_{0J}、α_J 和 λ_J 分别为截距、形状因子和斜率。

谱密度函数中的三个谱参数可用比含水量和比数浓度来表示。考虑一个简单形式，即假定 $\alpha_J=0$，这时谱分布简化为 M-P 分布。以雨滴为例（$J=r$），设雨滴谱分布为 M-P 分布，则：

$$q_r=\int_0^{\infty}\frac{\pi}{6}\frac{\rho_w}{\rho}D^3N_{0r}e^{-\lambda_r D}\mathrm{d}D=\frac{\pi}{6}\frac{\rho_w}{\rho}N_{0r}\frac{\Gamma(4)}{\lambda_r^4}=\frac{\pi\rho_w N_{0r}}{\rho\lambda_r^4} \tag{14.27}$$

$$n_r=\int_0^{\infty}\frac{1}{\rho}N_{0r}e^{-\lambda_D}\mathrm{d}D=\frac{N_{0r}}{\rho\lambda_r} \tag{14.28}$$

联立上面两式，可得：

$$\lambda_r=(\pi\rho_w n_r/q_r)^{1/3} \tag{14.29}$$

$$N_{0r}=\rho n_r(\pi\rho_w n_r/q_r)^{1/3} \tag{14.30}$$

利用谱参数与比含水量、比数浓度之间的关系，可把水物质转换量 P_J 和群体落速 V_J 表示为这两个总体特征量的关系，从而使预报方程闭合，这就是双参数化方法。

14.4.2　粒子谱分档方法

分档方法是将云粒子划分为许多档，计算各档粒子浓度的演变即粒子谱分布的演变，称为详细微物理过程方法，也称为微物理过程的非参数化方法。分档方法的优点：

(1)不需预先假定谱密度，理论上比参数化方法合理；

(2)能比参数化方法更精确地研究粒子谱的演变。

仍以水滴为例，设 N_I 为第 I 档水滴的数浓度，其预报方程为：

$$\frac{\partial N_I}{\partial t}=-V\cdot\nabla N_I+\frac{1}{\rho}\frac{\partial}{\partial z}(\rho N_I u_I)+D_I+\frac{\delta N_I}{\delta t} \tag{14.31}$$

右边第一项为平流项；

第二项为水滴降落项，u_I 为 I 档水滴的下落末速度，较小水滴不计落速可忽略此项；

第三项为扩散项，较大粒子不随湍流运动，忽略此项；

最后一项为微物理过程引起的水滴浓度变化项。

考虑水滴大小的分档问题。因为云雨滴的大小分布很广，且小云滴浓度比雨滴浓度大得多。一般直径小于 25 μm 的浓度约为 10^2 cm^{-3}，而半径 1～3 mm 全部雨滴浓度却只有 10^{-2}～10^{-4} cm^{-3}，所以，间隔的划分必须使小云滴的间隔比大云滴及雨滴的间隔小一些。

以 Berry(1967)给出的指数分布形式为例：

$$r_I = r_0 \exp[(I-1)/I_0] \tag{14.32}$$

$$x_I = x_0 \exp[3(I-1)/I_0] \tag{14.33}$$

r_I 及 x_I 分别为 I 档水滴的下限半径及质量；

r_0 及 x_0 分别为第一档水滴的下限半径及质量；

I_0 是由相邻档档距差异或质量差异决定的参数。

至于详细的微物理过程的处理，可参考相应文献。本节只是对微物理过程的处理方法做简要介绍，目的是让读者对此有个总体的认识。

习　题

(1)试写出(14.26)式所给出的谱分布中，当 $\alpha_I \neq 0$ 时，公式(14.27)和(14.28)式的变化形式。

(2)设地面温度为 285 K、露点为 278 K、气压为 998 hPa，温度垂直递减率为 1.1 K·(100 m)$^{-1}$。编写程序计算抬升凝结高度的气压和温度。

(3)如果将直径为 D 的雨滴的下落末速度表示为 $u = aD^b$，且雨滴谱分布为 M-P 分布，试导出雨滴群的质量加权平均末速度表达式。

(4)设雨滴群在云底为 M-P 分布，编写程序计算并讨论上升气流、蒸发过程如何改变下落过程中的雨滴谱分布。

(5)编写程序计算并绘制图 6.8。

参考文献

洪延超．1998．三维冰雹云催化数值模式．气象学报，**56**:641-653.

孔凡铀，黄美元，徐华英．1990．对流云中冰相过程的三维数值模拟 I:模式建立及冷云参数化．大气科学，**14**:441-453.

孔凡铀，黄美元，徐华英．1991．对流云中冰相过程的三维数值模拟 II:繁生过程作用．大气科学，**15**:78-88.

Berry E X. 1967. Cloud droplet growth by collection. *Journal of the Atmospheric Sciences*, **24**: 688-701.

Kessler E. 1959. Kinematical relations between wind and precipitation distributions. *Journal of Meteorology*, **16**:630-637.

Kessler E. 1969. On the distribution and continuity of water substance in atmospheric circulations. *Meteorological Monographs*, **10**:(32), American Meteorological Society, 84 pp.

Klemp, J B, and Wilhelmson R B. 1978. Simulation of three-dimensional convective storm dynamics. *Journal of the Atmospheric Sciences*, **35**: 1070-1110.

Srivastava R C. 1967. A study of the effect of precipitation on cumulus dynamics. *Journal of the Atmospheric Sciences*, **24**: 36-45.

Takeda T. 1971. Numerical simulation of a precipitating convective cloud: The formation of a "long-lasting" cloud. *Journal of the Atmospheric Sciences*, **28**:350-376.

Ulbrich C W. 1983. Natural variations in the analytical form of the raindrop size distribution. *Journal of Climate and Applied Meteorology*, **22**:1764-1775.

第 15 章 人工影响天气基本原理

地球上的天气过程对人类活动有着重要的影响，有时甚至产生严重的自然灾害。而且，人口的增长和分布的变化使得恶劣天气造成的生命财产损失随之增大，这就要求我们探索和研究相应的措施降低天气灾害对人类活动造成的危害。因此，有意识的人工影响天气是指，为避免或者减轻气象灾害，合理利用气候资源，在适当条件下通过科技手段对局部大气的物理、化学过程进行人工影响，实现增雨雪、抑雹、消雨、消雾、防霜等目的的活动。此外，大量的事实表明，人类活动，如工业废气的排放，可以改变小到局地的降水分布，大到全球气候过程。这种对天气和气候的无意识影响，同样需要进行深入研究。

人类很早以前就希望控制或者减轻灾害性天气造成的影响，直到 1946 年，干冰和碘化银成冰性能的发现才真正开创了人类科学地影响云和降水的新时代。此后，世界上 100 多个国家和地区陆续开展了人工影响天气试验。

15.1 人工增雨

15.1.1 冷云人工增雨

冷云中过冷水滴、冰晶和水汽三者共存，产生降水的关键是云中冰水转化。早在 1935 年 Bergeron 提出理论假说：由于相同温度下冰面饱和水汽压小于水面饱和水汽压，当实际水汽压介于两者之间时，过冷云中的冰晶将不断消耗空气中多余的水汽，水滴不断蒸发，冰晶则通过凝华迅速增长。这种水滴不断蒸发、冰晶不断长大的过程，即冷云中的冰水转化过程称为 Bergeron 过程或冰晶效应，它是近代人工影响冷云降水的物理基础。

Braham(1957)发现冰核浓度达 10^3 L^{-1}时，可使云层在 500 s 内完全冰晶化，冰晶长大成为降水质粒后，可以通过与过冷水滴碰冻结凇增长，并可在暖区融化，再经重力碰并进一步长大成为较大水滴。云的数值模式计算表明，为了通过 Begeron 过程最有效地使冰晶消耗过冷云水而迅速增长，一般要求冰晶数浓度达 10～100 L^{-1}，当云中温度高于－25℃时，云中自然核化的冰晶数浓度一般低于上述数值。综合观测资料认为，在一般的冷云降水中，自然产生的冰晶浓度有时很低，导致降水效率不高。对冰晶浓度不足、降水效率很低的自然云，若在其过冷却部位播撒适当数量的成冰催化剂，就可以改变云中微物理过程，实现增加冰晶浓度、促进冰水转化，提高降水效率，达到促进和增加降水的目的。此概念称为人工增加冷云降水的最佳冰核数浓度对策，也称为"冷云静力催化"。

过去几十年来，根据"静力催化"原理进行的人工降水试验结果表明，适宜于进行"静力催化"的云系包括过冷却层状云、地形云、积层混合云、大陆性积云等。

为了了解什么样的过冷却云可以通过引入适量冰核提高降水效率，20 世纪 60 年代美国进行了冬季地形云人工增雨试验，对降水效率和云顶温度的关系以及播撒日降水与云顶温度的关系作了系统研究，从 625 d 随机试验资料分析中得出：云顶温度在－20℃以下时，实际降水、潜在的凝结降水和经冰水转化所得降水基本一致，而当云顶温度高于－20℃时，实际降水效率较低，但经播撒后的降水量仍与潜在的可降水量相符，降水效率较高。这一工作不仅论证了用提高降水效率的方法可以增加降水的有效性，也证实了可用云顶温度作为催化云选择的指标。20 世纪 70 年代 Grant 等(1974)对七个不同地点的人工降水试验结果作了统计分析，按不同云顶温度分别得出各地播撒云和未播撒云平均降水量之比，结果发现一个共同点：当云顶温度高于－10℃或低于－24℃时，播撒无效；云顶温度处于－10～－24℃，播撒都有效，峰值区位于－15 ～－20℃，并把－10 ～－24℃的温度范围称为"播云温度窗"，作为选择播云的重要条件之一。

15.1.2　积云动力催化

"静力催化"原理，着眼于影响云的微物理过程，增雨效率一般不高，据估计可增加年降水量 5%～15%的自然雨量。若能促使云的宏观动力过程加强，则可望较大地增加降水，即使降水效率维持不变，由于云体增大、生命期延长，降水总量也将成量级地增加。20 世纪 60 年代后期，在美国佛罗里达的积云人工增雨试验中，提出了"动力催化"的播云原理，其着眼点是增强积云发展的动力过程。具体做法是在云的过冷部位播撒大量人工冰核，使云体迅速冰晶化而释放大量冻结潜热，从而增加云体浮力，使云能够增长得更快更厚，以至于产生更多的降水。

Simpson 等(1967)根据对积云动力学的研究建立了一维积云发展动力学方程，对自然云和催化云作了大量探测和数值模拟，提出了积云动力催化假设。经过较为严格的试验设计和效果检验，获得了比较肯定的结论。研究还发现，动力催化可播度(播撒后能够产生预期效果的潜力)与天气背景关系密切，雨天或稳定的晴天，播云效果都较差，只有对流性不稳定天气下，动力催化可使积云爆发性增长，使降水明显增加。若动力催化试验针对相邻积云作业，还可使两积云合并，发展成更大的云体，从而大幅度增加降水。

Woodly 等(1976)进一步发展了积云的动力催化概念。他们认为积云动力催化试验的假设条件和可能获得的预期结果是：第一，在积云中大约－10℃层加入碘化银，这个区域被认为有大量的过冷却液态水；第二，这种催化导致水到冰的转变，随着冻结潜热的释放，云内浮力增加；第三，催化产生的浮力引起上升气流加强，并贯穿整个云体；第四，云内上升气流的加强，会使得进入云底的潮湿空气入流增加；第五，潮湿空气入流的增加，最终会导致更多的降水；第六，适当的催化，有可能引起相邻云的合并，合并的云系尺度增大，引起总水量的增加。

1980 年，Simpson 提出动力播撒链的概念，从初始云塔垂直增长，经云体水平扩展，与相邻云相互作用、融合，形成中尺度环流，从而增加降水范围。但动力催化的野外试验并不令人十分满意。Rosenfeld 等(1993)在综合美国各地积云动力催化试验的成果和经验的基础上，对 Simpson 动力播撒催化机制进行了修正。修正模式指出动力催化不要求催化单体最大高度产生明显增高，而是强调了催化使云内冰粒子增加，尤其是霰在云内较高部位滞留的重要性，这有助于解释播云效应向云内其他部位的传播。霰的滞留可使下沉气流延迟出现，提供更多时间使云塔扩展。当有风切变时，上升和下沉气流分离，可将云水输送至更高的高度，从而可能发展为积雨云结构，既减少了云塔的降水负荷，也不致阻断暖湿空气入流，反而使分离的下沉气流在系统的前方促使产生或增强阵风锋，进一步导致新单体再生，甚至形成云系循环传播(图 15.1)。

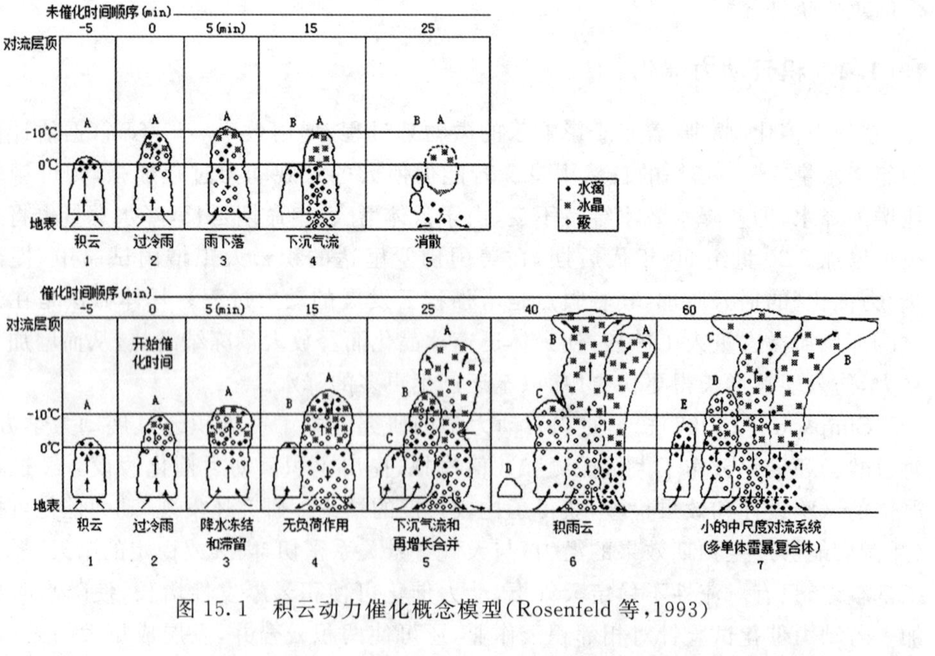

图 15.1　积云动力催化概念模型(Rosenfeld 等，1993)

研究与试验结果均表明，在冷云中，通过“动力催化”使云中产生大量冰晶，所释放的潜热将改变积云的宏观动力过程而增加降水。“动力催化”概念提出后，大量观测事实表明，积云中上升气流的速度，主要取决于云内外温差造成的浮力。在发展旺盛的积云内，存在着大量过冷水滴。在这种云中播撒大量的成冰催化剂时，能使过冷水滴冻结而释放潜热，水汽在冰粒子表面凝华时也释放潜热。据估计这两种潜热足以使云中局部温度升高 0.5℃左右，这将加大浮力而促使某些积云的上升气流速度增大，云体扩展，生命期延长，结果使进入云体的水分总量增大而增加降水量。

动力催化和静力催化的相同点在于：影响区域都是过冷水区域；影响的对象都是过冷却云滴；使用的催化剂都是冷云催化剂。动力催化将云滴相变和积云的流场联系起来，将云的微物理过程和云的宏观动力过程联系起来，为人工影响云的发展提供了一个新的理论设想。积云动力催化与积云静力催化差别在于积云发展程度不同，播云策略不同，影响的物理机制也不尽相同。动力催化要求大量播撒冷云催化剂，冰晶数浓度应达到 $10^2 \sim 10^3$ L^{-1}，使云中的过冷水大部分冰晶化。冻结潜热和凝华潜热集中释放，使云中温度明显升高，产生较大浮力，直接影响云内及其环境的动力过程，延长云的生命期，甚至促进与附近积云的合并，加强低层辐合，增加云内水分凝结量，引发中尺度环流，明显地增加较大范围的降水。

对于处在热力稳定状态的层状云，人工催化使云体温度仅升高 10^{-1} K，最多只能引起很弱的嵌入对流。因此，静力催化是增加层状冷云降水的最常用方法。

15.1.3　暖云人工增雨

暖云有层状，也有积状。暖层云的主要特点是，云顶高度比冷云低，未达到 0℃层高度，或者虽超过 0℃层，但尚未出现冰晶。上升气流在这类云中不太强(约为 10 $cm \cdot s^{-1}$)。在这类云中，自然降水形成过程是：上升气流携带水汽入云，以凝结核为核心，通过凝结过程生成云滴，并通过凝结和碰并过程增长为雨滴，然后下落至地面形成降水。此过程关键是要形成一些足以引起重力碰并的大云滴，其中大盐核起着决定性作用。计算表明，暖层云形成的降水只能是毛毛雨，而且要求云维持 3～4 h 以上。胡志晋等(1983)利用一维时变层状云模式讨论了层状云降水形成机制及播撒盐粉的增雨效应，认为云厚是关键，要求云厚达 1 km 以上，可通过随机重力碰并产生雨滴。其后的模拟计算和实测均表明，厚度 2 km 的层状暖云可产生 0.4～8.0 $mm \cdot h^{-1}$ 的降水(胡志晋等，1987)。云滴群随上升气流运动时，在云的上部通过“自动转化”过程形成小雨滴，下落途中再碰并云滴长大，数浓度基本不变，这也可视作暖雨的“播撒—供水”机制。

暖积云一般具有较大的垂直厚度，较强的上升气流和较高的液水含量。在这类云中碰并过程是形成降水的主要机制。与暖层云相比，它形成降水的时间短，雨滴大。这主要是由于暖积云内上升气流旺盛，外界水分能大量输入，云滴能很快增大，较短时间内就会出现一定数量的大云滴，足以引起碰并增长。

大量观测事实表明，大陆性暖积云降水效率不高，而海洋性暖积云则易产生降水。这是由于大陆性暖积云的滴谱很窄，云滴大小较均匀，微结构处于胶体稳定状态，碰并过程进行得很慢。而海洋性暖积云的滴谱较宽，云内含有较多的大水滴，能够产生碰并过程，故容易产生降水。可见，液相降水过程中，云滴的碰并增长是主要过程。而碰并过程的发生需要一定数量的大滴，当云中出现半径＞20 μm 的大滴时，云滴将通过碰并过程迅速长大，如果云内维持的动力作用越强，最后形成的云滴就越大。大滴尺度愈大，增长愈快。可向云中喷洒大水滴或播撒吸湿性大核以及表面活性物质（以减小水的表面张力，利于形成大云滴和破碎引起连锁反应），直接或间接增加大滴数目，拓宽云滴谱，促进暖云中碰并过程的发生，从而提高降水效率。

对于通过播撒半径大于 20 μm 的水滴进行催化，由于每克水可以形成约几百万个大云滴，要催化 10 km^3 的云体，则需要几吨水。因此，用水播撒要求飞机有较大的载量，在实际人工增雨过程中难以实施。

15.2　人工抑制冰雹

利用人工播云技术抑制冰雹已得到广泛应用，目前有 30 个以上的国家和地区开展了人工防雹试验和作业。近年来，随着探测仪器和技术的迅速发展，对雹暴的研究不断深入，进一步认识到冰雹形成过程比原先设想的更为复杂多变。虽然人们确信人工防雹是可能的，而且事实上已持久地开展防雹外场试验和业务作业，并获得相当的成功，但有关防雹概念模型、影响途径、技术措施尚有一些不确定性，需要进一步探索和实践。

15.2.1　人工抑雹概念模型

综合各种抑雹途径，已从物理概念上提出以下几种抑雹原理：

(1)增加人工成冰核形成人工雹胚，与自然雹胚竞争云中过冷却液态水。向正在发展的雹云中的雹胚形成区播撒比自然雹胚多得多的人工冰核，通过核化、凝华、碰冻等增长过程，迅速形成大量毫米尺度的人工雹胚，与自然雹胚竞争云中过冷却云滴，减缓雹块生长速率，以抑制较大冰雹的形成。

(2)促进雹胚形成区预先产生降水。在多单体雹暴中，对处于发展阶段的小云塔雹胚形成区进行催化，使其中的冰晶迅速增长至毫米尺度，相应该区域内的弱上升气流不能支持这些较大尺度的水成物粒子，使这些粒子下落，则不参与冰雹生长过程，并伴随降水粒子的拖曳作用和下落蒸发降温，促进下沉气流形成或加强，从而进一步减弱上升气流和水分供应。

(3)使冰雹云中的过冷却水滴完全冰晶化。人工大量播撒冰核直接进入雹胚形成区或冰雹增长区,使云中过冷水滴直接冻结,完全冰晶化。抑制碰冻结凇过程,不利于霰的形成,从而不致产生冰雹,且原有雹胚和冰雹不能长大。这种方法的副作用在于可能造成风暴的总降水量明显减少。若降水减少 5%,将抵消 20%的抑雹经济效益,由此说明使雹云过冷水冰晶化具有较大局限性,而且这种概念要求快速过量播撒,这在实践上也是不可能的。

(4)降低冰雹生长轨迹,使雹胚的生长因含水量较低、增长时间减少而受抑制。在雹胚形成区播撒巨盐核,迅速通过碰并增长随后产生冻结,充分减少液水含量,延迟自然冰雹的生长,降低其轨迹。最有利的条件是在雹云中的较低高度,促使液滴粒径增大,尽早冻结,以减少液水进入冰雹增长区。

(5)在云内引发动力干扰,包括促进下沉气流使雹云提前解体或破坏冰雹增长区的动态平衡流场,使未及时长大的冰雹提前降落或激发多个小单体的云早期发展,使局地上空对流性不稳定能量先期逐步释放,减少单个单体强度,减少雹灾损失,并可增大降水面积。

上述假设原理(图 15.2),早在 20 世纪 60 年代就已提出(WMO,1996),当时尚缺乏对雹暴的直接探测资料。在上述防雹物理概念中,比较合理的应是水分竞争和提前降水。

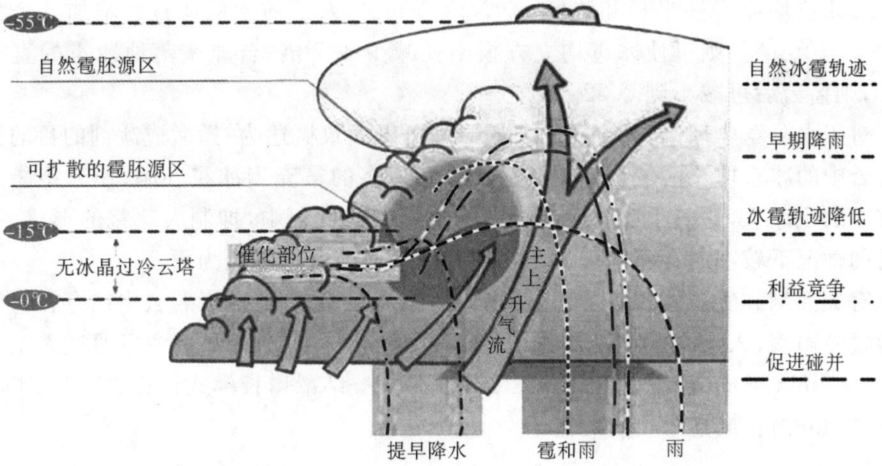

图 15.2　人工防雹概念模型(WMO,1996)

15.2.2　水分竞争

水分竞争防雹机制的基本思路是,认为冰雹云中含水量很大,而自然雹胚数量不多，它们都能充分并合过冷水滴长成大冰雹。为了抑制这些自然雹胚的增长，向云中引进大量人工胚胎，以争食主上升气流里可利用的云水，结果每一个雹胚都得不到充分的水分，从而使之不能长成大冰雹。

前苏联的这个抑雹原理是依据冰雹形成的累积带理论而提出的，利用催化剂抑制冰雹包含有三个假设：

(1)在自然冰雹云的中上部位，温度为 0～－20℃(甚至更低)之间的云层中，存在有大量的过冷水，也称为过冷水"累积区"，它处在最大上升气流层之上，那里积累了过冷却大水滴，含水量可达 20～30 g·m^{-3}，认为冰雹在该区域内增长，因此将该区域也称为雹源。

(2)累积区中总液水量是有限的，它与最大上升气流速度成比例，并认为在冰雹生长过程中总液水量不变，即 NR^3＝常数(N 是雹胚数浓度，R 是冰雹半径)。在雹云中强大上升气流的支持下，云中充足的过冷水使相对少的自然雹胚越长越大，直至上升气流托不住时降到地面即为冰雹。

(3)在大冰雹形成以前，向雹源内引入大量人工冰核，使人工雹胚与云中自然雹胚"争食"过冷水，从而抑制冰雹增长。

根据上述假设，可知冰雹半径与冰雹浓度应具有如下关系：

$$R_s = R_n \sqrt[3]{N_n/N_s}$$

其中 R_n、N_n 分别为自然条件生长的冰雹均立方根半径和浓度，R_s、N_s 分别为人工播云后的冰雹均立方根半径和浓度，若 $N_n = 1\ \mathrm{m}^{-3}$，人工播云后使雹胚增加 2 个数量级，$N_s = 10^2\ \mathrm{m}^{-3}$，则可使冰雹均立方根半径减少 4.5 倍；若原来落地冰雹的直径为 1 cm，则播云后可减小到 0.22 cm。

对于水分竞争理论，其主要的作用原理可以大致概述为：播撒成冰剂的目的是在冰雹云中的冰雹增长区域产生更多的冰晶和更多的霰充当冰雹胚胎；使云中能产生足够多的小冰雹，这些小冰雹在消耗过冷水长大的过程中，抑制大冰雹的形成，条件合适的情况下较小的自然和人工冰雹在到达地面前可以融化为雨。

有关探测和实验发现，人工雹胚也包括冻滴胚和霰胚，前者若云中已存在毫米尺度的过冷雨滴，人工冰核可使其碰并形成冻滴胚，时间<1 min；后者可通过人工冰核在 6～10 min 形成毫米尺度霰胚，三维冰晶凝华—结凇增长模式计算表明，人工冰核可在 8 min 内长成毫米尺度的霰。

15.2.3 提前降水

促进雹胚区早期降水的防雹假说认为，雹胚是在较小的发展着的云塔(风暴的供水云)中形成的，这里上升气流速度较小，温度处在 0～－20℃范围，有过冷却小水滴存在。在此区域播撒可形成混态云，冰晶迅速增长至毫米尺度，使相应的弱上升气流不能支持，遂落出而不参与冰雹增长过程，加速降水过程。在这种情况下，由于一些降水粒子在被送到主上升气流之前，将从雹胚源区落出，因此减少了对风暴雹胚的供给，不参与成雹过程。这种提早形成的雨，消除了雹胚形成区的液态水，伴随水负荷和下落蒸发引起的冷却，增大负浮力，减弱了上升气流。如果原供水云中上升气流较强，催化产生的粒子作为雹胚也能参加水分竞争起到抑雹作用。利用这种假说进行的一些催化作业获得了令人鼓舞的结果。

此外，冰雹是由胚胎不断与过冷水滴碰并而长大的。在冰雹生长区，水源供应非常充足，如果向云下部暖区引入吸湿性粒子，使该区云滴增大，促进并合，加速液相降水过程，就可以减少进入过冷却云区的水滴。因此，这种方法旨在改变冰雹胚胎的生长条件，减少冰雹生长区的水源供应。

这种方法具有一定的事实依据。众所周知，海洋上雷雨云中降雹的概率远小于大陆，这是由于海洋上雷雨云中含有大量吸湿性盐核，加强了云中暖区的降水形成过程，从而不利于过冷区冰雹的生长。在中纬度地区，夏季雷雨云中降雹的概率比春秋季少，这是由于夏季雷雨云中的暖区厚、含水量大，使暖区的降水形成过程大大加强，以致云的过冷区供水条件变坏，不利于冰雹生长。总之，在自然条件下，凡是有利于雷雨云暖区降水的因素，对冰雹的形成都不利。20 世纪 70 年代初，美国也曾在雹胚生长区播撒适量催化剂，常取 $10^2\ m^{-3}$，使之形成较大粒子，减少液水量或液水的向上输送，延迟自然雹生长。最有效的方法是进行吸湿性核的催化，且可由雷达观测比较天顶部位回波是否减弱，以便从物理上论证。实验发现，对雹胚形成区播撒 AgI，可使初始回波降低 400～600 m，而同样条件下播撒吸湿性核，初始回波高度可降低 1000 m，回波出现的温度也明显增高。

前苏联曾用此方法将食盐送入雹云底部、中部及雷达最大反射区，同时使用成冰催化剂播入冰雹生长区，使过冷水滴冰晶化，阻止冰雹生长。吸湿性粒子的引入，有助于在冰雹云中迅速地形成 30～40 μm 的大滴。这些大滴数量的增加，将有利于云中暖区的降水过程，出现降水对云过早的“冲刷”。结果使云的过冷区液水大大减少，使冰雹的生长条件变坏。如果同时使用成冰催化剂，引入冰雹生长区（−6℃层及其以上高度），引起过冷水滴的冰晶化，则更易阻止冰雹的生长。

播撒时采用载盐防雹炮弹射入积云暖区接近云底雷达反射率增强区的平均高度处，作为吸湿性核，而把 AgI 引入最大雷达回波的过冷云区作为冰核。吸湿性核促使凝结增长增强，并通过碰并进一步增大，形成大滴提前降落，使云水不能达到强上升气流区。为防止少量大滴在上升气流作用下进入过冷区，避免潜在雹胚的增长，在雹增长区引入人工冰核，使过冷水滴冰晶化，以减弱冰雹增长。

15.3　人工消雾、消云

15.3.1　人工消雾

人工消雾是指采用人工方法在局地范围部分或全部消除雾滴，促使能见度获得改善。下式中定义的能见度 V 为一个黑色的目标以地平方向的天空为背景在白天能够看到(对比感阈为 0.02 时)的距离，即

$$V=\frac{3.912}{\pi\sum_{i=1}^{M}(Q_iN_ir_i^2)}$$

式中 N 为雾滴或冰晶的数浓度，r_i 为雾滴半径，Q_i 是雾滴的散射效率。对于可见光和球形雾滴，散射效率近似为常数，约等于 2。

从方程看出，增加能见度即减少雾滴数浓度，或者减小它的半径，或者两者兼而有之。能见度和半径平方成反比关系，如果半径减小到原来的 1/3，能见度就要增加为原来的 9 倍。而雾滴数浓度减小到原来的 1/3，能见度只能增加为原来的 3 倍。

15.3.1.1　消雾的主要途径

(1)物理消除法

旨在减少雾滴数浓度的人工消雾方法便是物理消除法。一般说来，物理消除法可以分为三类，一是使空气中悬浮的雾滴或冰晶沉降到地面，如雾滴的静电沉降和用屏蔽、挡板和森林过滤的方法。二是使雾滴相互聚并或者与人为引进的大滴碰并，然后在重力作用下沉降的方法，如用超声波使雾滴并合以及播撒带电的有机化合物使雾滴消除。三是用差不多同样体积的纯净空气整个取代有雾空气的方法，如对小块地面雾使用大风扇吹散。

雾的物理消除法都直接作用于空气本身。因为雾滴的数浓度小，清除和凝聚的方法是无效的。使用过滤法和取代法所需的设备太大，也不实用。因此，物理消除法到目前为止还没有切实可行的办法。

(2)蒸发法

蒸发法是减小雾滴半径的方法。蒸发法是属于最有希望的消雾途径。因为雾是一种水滴和冰晶的悬浮物，它们和空气中的水汽处于平衡状态。

可以使水汽在吸湿性物质上凝结，这些物质在未饱和大气中对水汽具有特殊的亲合力。像氯化钙、氯化钠和尿素这样一些化学干燥剂，就是用作这种吸湿性物质的例子。也可以通过加热来提高雾环境的温度，促使雾滴蒸发。另外，也可以用自然干

空气或人为地提供干空气使之与雾混合，以造成促使雾滴蒸发所必需的非饱和环境。

(3)阻止法

以上人工消雾方法都是使已生成的雾消散。另外一种人工影响雾的概念是防止雾的产生。要做到这一点就要控制水汽、核和(或)生成雾所需的冷却过程。可以用阻碍凝结的化学物质来抑制自然凝结核发挥作用，以防止雾的发生。然而事实证明，这个方法只是使雾推迟 10 分钟左右生成，而且一旦雾最终生成，就比不施加影响的情况要浓得多。也有人提出辐射雾所需的夜间冷却条件可以通过人为地制造一个云层以大大地减小地面辐射冷却的办法来加以抑制。

阻止法的作业规模一般比只企图消除一部分雾所用的物理消除法和蒸发法的规模大得多。所以，阻止法只是对于前述消雾法不适合的情况或者水汽源与凝结核的大小及数量都很有限的情况才适用。

15.3.1.2　消过冷雾

在对各种天气现象实施的人工影响活动中，最有效的影响对象是过冷却雾和层云。其原因是过冷雾虽然是胶体稳定的，但是处于热力亚稳定状态。过冷水滴的能级高于更稳定的冰相的能级。只需加入很小的能量便可使过冷水滴转化成更稳定的冰相，从而导致雾的消散。因此，可在过冷雾中通过人为播撒增加冰晶，冰晶通过贝吉隆过程迅速长大落到地面，同时过冷水滴蒸发消失，达到消雾目的。

15.3.1.3　消暖雾

和过冷雾相比较，在暖雾中没有可供人工消雾过程利用的潜在的相态不稳定。消雾所需能量必须由消雾的方法来提供，所以必须周密设计，才能使得消暖雾的试验有效进行、成本合理且副作用小。

过去关于消暖雾方法的研究是从人工消雾过程的数值模拟和野外试验两个方面进行的，通过使水滴蒸发以改善暖雾中能见度的方法有三种：

(1)使雾和上面的较干而暖的空气机械混合。可以利用直升飞机悬停或慢飞将雾顶以上较干燥的空气搅入雾中与之混合，使雾滴蒸发。

(2)向雾中播撒吸湿性粒子，通过它们吸收水汽降低相对湿度，促使雾滴蒸发消失，它们自身又凝结长大，在下落途中还碰并一部分雾滴，使能见度改善。这种方法的消雾效果与所播撒的吸湿性物质的剂量、粒子大小、化学性质、雾的含水量以及周围风场有关。如果吸湿性粒子太小，它们将悬浮在雾中使能见度进一步恶化。另一方面，粒子太大则在雾中降落得太快，水来不及在粒子上充分凝结。粒子最合适的大小应该是它能长到足够大以便从雾中降落出来，并且使用尽可能少的吸湿性物质使其能在适当的时间里产生所要求的能见度。

(3)加热空气。最古老而且最有效的消暖雾方法之一就是通过燃烧的方法提供足够的热能使雾滴蒸发。国外曾在机场跑道两边设置加热炉系统，也有人采用喷气发动机作为加热源。该方法对短期内消除暖雾是有效的。

15.3.1.4 消冰雾

目前，冰雾一旦形成以后，还没有实用的消雾方法。虽然消暖雾的方法原则上也适用于冰雾，但要使这些方法在很低的温度下仍旧行之有效，需要的能量很大，不符合经济效益。但是，冰雾可以通过对导致冰雾形成的核和水汽源实行控制的办法来防止。

15.3.2 人工消云减雨

叶家东(1998)从人工增雨的反效果提出，不论是静力催化还是动力催化都附有一系列“可播性”条件，其中任意一条不满足都可能造成增雨无效或减雨的反效果，美国白顶计划表明人工过量播撒 AgI 可导致降水减少，以色列人工增雨试验统计分析发现，从撒哈拉—阿拉伯沙漠吹到以色列的沙尘提供丰富的冰核，能与播云催化剂“竞争”，从而对播云效果起到一种抑制或削弱作用(Rosenfeld 等，1992)。

大气状态的不稳定是人工影响天气的基础。其中，过冷却液态水的存在和大气垂直不稳定性具有最重要的意义。在第一种情况下，可通过人为增加冰晶的方法改变降水形成机制；在第二种情况下，将维持对流发展的大气不稳定能量，通过人工产生下沉气流的方式释放，从而导致对流云的崩溃。

人工核的引入可以导致如下一个或更多过程发生：云中降水过程加快且更多的云水转化为降水；释放的潜热所引起的空气浮力对云的发展产生明显的动力学影响；云冰晶化可有效地终止或延迟降水过程。

人工消雨的指导思想是设法改变自然云的降水状态或过程，从而降低降水效率；或使云提前降水，或延迟降水过程，使降水空间再分布。其主要技术思路包括以下内容。

15.3.2.1 提前降雨

当云中冰核达到一定浓度(1～10 L^{-1})时，冰晶在冷云环境中迅速长大落到暖区融化为水滴，掉到云下，下落同时蒸发，蒸发吸热降低云下温度诱发下沉气流，促使更多水滴下落。

就对流云而言，降雨过程的开始也即云消散过程的开始。大量观测事实表明，对流云强度大，消散也快，使对流云提前降雨可促使其提前消散。对层状云来说，大范围提前降水可能影响到降雨的时空再分布。

因此，根据特定时间、空间需求，为了避免目标区受到自然降雨影响，在上风方及周围邻近地区等即将影响本地降雨云系的来向，进行大规模连续催化作业，使云中小水滴长成大水滴，然后提前降落，从而改变降雨分布，使无雨或小雨空隙出现在目标区上空。

15.3.2.2　抑制降雨

(1)过量播撒

对云密集播撒产生高浓度冰晶和自然冰晶竞争有限的环境水汽和过冷水，抑制冰晶的增长，从而延迟和减弱降水。这需要选用的催化剂具有较高效的成冰性能。利用过量播撒使云冰晶化达到消云消雨目的时，碘化银为首选催化剂，但在高温段播撒时可以考虑结合使用液氮和干冰。

(2)动力下沉

通过飞机在对流云顶集中播撒粗分散颗粒，在云中引发下沉气流，以影响云的动力过程，抑制对流云的发展，减弱降雨强度，并最终促使对流云消散。前苏联在研究影响催化剂其他物理化学特征(比重、分散度)的实验中，曾确定了使用比重大的催化剂可能提高影响效率。利用动力沉降达到消云消雨目的时，一次性的播撒量要求较大，过小不易引起人工的下沉气流。

在实际进行人工消(减)雨作业时，一般是以上技术方法的综合应用，以便取得较好的消雨效果。

15.4　人工影响天气的其他方面

15.4.1　人工防霜

人工防霜是人工影响局地小气候的一种有效手段，指采取针对性措施，人为保持农田近地层叶面和土壤表层温度不降低或减缓其下降速度，使农作物免受霜冻危害。防霜冻方法大致分为两类：一类属保温措施，包括熏烟、覆盖、灌水法；另一类属增温措施，如燃烧加热、通风法。

(1)熏烟法：通过发烟的化学制剂或可燃物质产生大量烟尘，在农田上方形成烟幕层，以减少农田叶面的有效辐射，防止温度进一步下降。发烟物质有谷壳、木屑、锯末和青草等，可就地取材。熏烟作业宜在气温降至作物能忍受的临界温度前 1℃(最好以叶面温度作指标)开始，在日出后 1～2 h 结束。

(2)覆盖法：用草帘、稻草等物质覆盖作物，以减少有效辐射，此为我国农村常用的简便方法。在覆盖层下，气温比外界高 2℃左右，应注意避免覆盖物直接与叶面接触。对果树及珍贵经济作物(如橡胶)，可采用搭建防霜冻棚，或用稻草包裹干茎，以确保安全越冬。

(3)灌水法：对水稻、旱作物均有效。水稻秧田夜间灌水淹没秧苗，可避免秧苗受冻。旱地灌溉后增加土壤导温率，夜间增强土壤深层向上输送热量，使地面温度保持稍高水平。而且灌溉用水一般温度比裸地高，也能提供部分热量。

(4)燃烧加热法：有些国家使用石油、褐煤、泥炭等作燃料，直接加热近地层空气，防止气温下降，对果园的防霜冻效果较好，其效果与加热器分布密度、风速及燃烧时间有关。

(5)通风法：用 80～100 马力的大功率通风机，在田野 10 m 高处用强风破坏近地层逆温，但此法一般只能使近地层增温 1℃。每台风机有效影响半径不到 30 m。

15.4.2 人工抑制闪电

为了减少闪电引发森林火灾和确保空间飞行器发射时段免遭雷电闪击，常采取抑制并削弱云中雷电活动的人工影响措施。闪电分云闪(云内闪、云间闪、云与云外空间闪)和地闪(云地闪)，其中云地闪约占 20%，云地闪造成大量人畜伤亡、建筑物和电器、微电器的损毁，而且云地闪也是森林火灾的主要火源。20 世纪 60 年代初，人类为了减少和抑制自然雷电闪击的危害，提出并试验通过人工影响天气的方法来减少闪电的危害，但同时又不能破坏全球的电平衡，主要考虑以下 4 种可能有效的途径：

(1)在雷暴云内播撒人工冰核，加强云内冰晶化过程，以削弱起电机制的功率。

基于云中强起电效应与冰晶的结凇、过冷水滴和冰晶三者共存态之间的紧密正相关，当过冷水滴或冰晶的数浓度减少时，起电过程就明显减弱这一观测事实，通过向雷暴云中播撒大量冰核，增强云体冰晶化，将增大云内传导电流，减弱云中电荷累积率和改变云内电荷分布。1965～1967 年美国蒙大拿州西部山区针对 26 个单体雷暴进行播撒和控制试验，12 个单体催化作业，另 14 个单体控制对比。秩和检验表明，在播撒 AgI 的雷暴中，比未播撒的雷暴云，地闪减少 66%，云内闪减少 50%，催化雷暴的最大云地放电率和一定时段放电次数均偏小，但显著性水平不高，催化雷暴的平均闪电活动周期有较明显缩短，放电平均持续时间也缩短，这后两方面的显著性水平较高。

(2)对雷暴云中强电位梯度区，播撒金属箔针(表面镀金属的玻璃纤维针状物)通过电晕放电抑制雷暴电场的加强。

对雷暴播撒金属箔针的目的，在于使金属箔针成为电晕放电触发体，以降低云内电场强度，使之低于发生闪电所应达到的电场强度值。电晕放电增大了云体的导电率，降低了雷暴中的电荷累积。1972～1973 年美国用飞机在雷暴云中直接连续播撒直径为 25 μm、长度为 10 cm 的镀铝尼龙针，并使之平稳散布于云中，造成云中产生电晕放电，从而使电场强度减弱到产生闪击所需电场强度阈值以下。试验表明，播撒金属箔针后，云内闪击能较快地趋于消失，而未播撒的雷暴云中则未出现此类现象。这类外场试验已获数值模拟结果的支持。

(3)以可控速率在局部范围人工引发雷电。

1967 年首次利用小火箭以拖带接地导线方式发射至云中，在海上成功引发雷电。目前,人工引雷技术日趋成熟完善,成功率达66%~70 %。我国自1989年首次采用专用引雷火箭引发雷电成功以来,已先后在北方和南方成功地试验30余次。试验表明,在人工引雷后约20 min内无闪电发生,地面电场减弱,极性发生变化。同时人工引雷可真实地模拟自然雷电和下行先导及回击过程,对雷电机理研究和雷电有效防护技术试验具有重大意义。

(4)设法在雷暴内阻止产生闪击的触发机制。

以上人工影响闪击的方法,到目前主要试验了前3种,并取得了一定效果,但试验结果尚缺乏统计上的显著性。

15.5 无意识人工影响天气

人类活动正在对区域(点源污染、城市热岛、飞行尾迹等)至全球尺度(温室气体和气溶胶的变化及伴随着的云效应)天气产生无意识影响。温室气体、气溶胶和云量是全球变化领域被关注的主要内容。气溶胶对云和降水的影响是一个复杂的问题。Gunn等(1957)研究了空气污染产生的云凝结核对云和降水的不利影响。Twomey(1974)推断,云凝结核和云滴浓度的增加是污染增加造成的结果,并且使云反照率增加。Twomey等(1984)认为,云反照率增加的降温效应与温室气体加热效应具有相同量级,起到了冷却大气的作用。气溶胶变化(自然云凝结核的变化)导致云和降水变化的证据正在被广泛接受。大量证据表明,植物燃烧和其他人类气溶胶源影响着云系中云和降水过程中的辐射特性,导致了云系动力过程的变化,从而影响云的生命史。云凝结核增加将导致更高的云滴浓度和较窄的滴谱,同时也增加了云体自身的反照率,这将抑制毛毛雨的形成过程,层状云系生命史将延长,如航船烟迹研究(A1brecht,1989;Ferek等,2000)。

最近,根据对植物燃烧和工业污染源下风方云微结构的卫星研究表明,受影响的云系降水形成过程受到了抑制(Ramanathan等,2001;Rosenfeld,1999,2000)。污染状况下CCN浓度增多,云水向雨水的转化变得困难,进而对云中冰相过程、动力过程及最终降水均产生一系列影响和反馈(图15.3)。然而Cotton等(1995)指出,海洋层积云中毛毛雨过程对人类释放的CCN的敏感程度,可能依赖于云下大核和巨核气溶胶粒子。换句话说,毛毛雨形成过程不仅仅取决于CCN的浓度和云中液态水含量,可能还受到吸湿性气溶胶污染物的谱特性影响。研究表明(Rosenfeld等,2002),甚至在风速很小的条件下,海水飞沫产生的气溶胶粒子能够在受污染的对流云中启动降水,吸湿性催化剂正是在这方面的人工尝试。另外,1998年墨西哥大火烟尘增加了云地正闪的强度和频次,也是一个气溶胶通过云、降水微物理过程影响云电过程,最终导致复杂效应的个例(Lyons等,1998)。

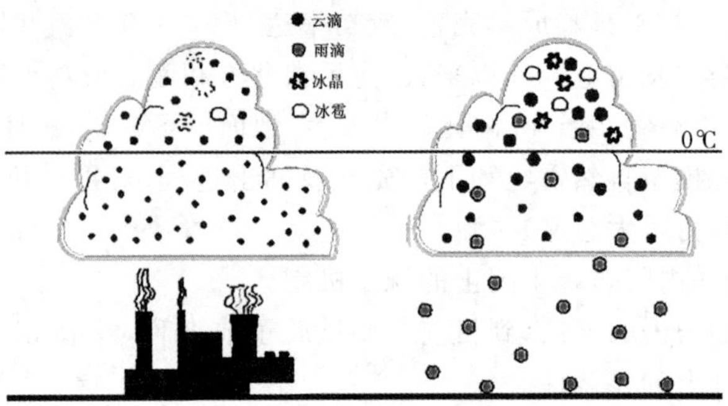

图 15.3　人类活动对云微物理特性的影响(The Hebrew University of Jerusalem,2007)

另一方面,清洁大气中云滴碰并形成雨滴,雨滴落出云体形成降水。在污染大气中,CCN 浓度较高,核化形成的云滴较多而粒径更小,云水可以被上升气流向上输送至更高的高度,冻结形成冰相降水。冻结过程导致在云中更高的高度有更多的潜热释放,导致云发展得更高、范围更大,云砧也更广阔。更多的冰粒子降落到低层融化时,吸收的潜热也更多。更强的降温增强下沉气流,更进一步增强风暴系统,使其有组织化。在清洁云中降水形成较早,下沉气流的较早形成不利于向过冷层输送云水,云体消亡较早,降水强度较小。在污染云中,降水延迟,在成熟阶段积累了大量过冷水,在消散阶段可以产生冰雹、强降水和下沉气流。当阵风锋的强度足够大时,可以触发对流云新生,导致飑线的形成和传播(图 15.4)。

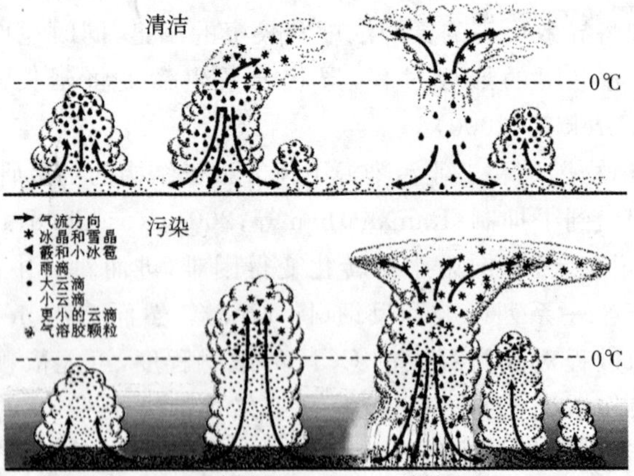

图 15.4　清洁和污染大气中深对流云的发展演变特征(Rosenfeld 等,2008)

沙尘和大气污染物混合后形成新的粒子，这些新粒子的液相、冰相核化能力均与原粒子不同，从而可对液相和冰相降水过程产生重要影响。Rosenfeld 等(1992)将以色列第二期人工增雨试验中南部目标区雨量的明显减少与空气中输入的沙尘粒子联系了起来。他们认为，沙尘粒子包含有更多的冰核，当表面被硫酸盐覆盖时则提供巨凝结核增强云中碰并过程，使降水过程更为有效。

习　题

(1)试回答或解释下列问题：

1)为什么冷云静力催化时存在最佳冰核数浓度?

2)为什么过冷却雾比暖雾和冰雾更容易通过人工的方法消散?

3)试从水面、冰面饱和水汽压差和考虑潜热及传导的冰晶扩散增长过程说明云顶温度处于−10～−24℃为“播云温度窗”，以及有效播云区位于云顶温度范围−15～−20℃。

4)吸湿性粒子已用于人工增雨。试问这样做的基本思路是什么? 你将根据什么原则确定合适的粒子大小?

5)对深厚暖底对流云进行人工增雨，适合暖云催化还是冷云催化? 催化通过哪些物理过程引起降水增加?

6)人类活动导致的气溶胶浓度增多对于人工影响天气的实施可能会有什么样的影响?

(2)雾的温度为 10℃、气压为 1000 hPa、液水含量为 0.3 $g \cdot m^{-3}$。为使该雾蒸发必须至少为每立方米空气提供多少热量? [提示：可使用热力学图解](参考答案：1270 J)

(3)将 40 L 水分散为直径为 0.5 mm 的水滴，并从云顶引入一块水平面积为 10 km^2的积云中。如果所有水滴在到达云底之前都增长到 5 mm 直径，计算由此产生的降水量是多少? 并讨论比起该方法可产生更大降水量的人工催化机制。(参考答案：4×10^{-3} mm)

(4)如果一个半径为 20 μm 的云滴从云底进入云中，该云滴先上升，然后下降，最终以直径为 5 mm 的雨滴到达云底。比较该云滴与上题中单个水滴的质量分别增加了多少倍。(参考答案：分别增加 10^3 倍和 2×10^6 倍)

(5)通过雹胚消耗有效云水，在雹云中某一区域生成的冰雹半径为 5 mm，数浓度为 10 m^{-3}。如果雹胚的浓度被增加到 10^4 m^{-3}，试计算该条件下冰雹能够生长到多大? (参考答案：0.5 mm)

(6)通过人工播撒使过冷云中某一层完全冻结，试用以下参数推导由此造成该层

温度增加 ΔT 的近似表达式：云中初始液水含量 w_l(g·kg^{-1})，空气比热容 c，水的冻结潜热 L_f 和凝华潜热 L_d，过程开始时相对于水面的饱和混合比 w_s(g·kg^{-1})，过程结束时相对于冰面的饱和混合比 w_i(g·kg^{-1})。（参考答案：$c\Delta T = w_l(10^{-3}L_f) + (w_s - w_i)(10^{-3}L_d)$）

(7)在上题答案中，如不考虑等号右边第二项，试计算将比含水量为 2 g·kg^{-1} 的云全部冻结产生的温度增加量。（参考答案：0.6℃）

(8)某一天，在 500 hPa 高度层（温度为－20℃）附近存在一个弱稳定层，其环境温度直减率为 5 ℃·km^{-1}，一些塔状积云无法穿越该弱稳定层。如果用碘化银成功地对这些云进行催化，使其中所有液水（1 g·m^{-3}）全部冻结，则云顶将因此升高多少？在什么条件下这种播撒可造成降水的显著增加？（提示：由热力学图解知 500 hPa高度的饱和绝热直减率约为 6 ℃·km^{-1}；参考答案：约升高 0.25 km）

参考文献

胡志晋，严采蘩，王玉彬. 1983. 层状暖云降雨及其催化的数值模拟. 气象学报，**41**:79-88.

胡志晋，严采蘩. 1987. 层状云微物理过程的数值模拟(二)——中纬度气旋云系的微物理过程. 气象科学研究院院刊，**2**:133-142.

叶家东，范蓓芬，杜京朝. 1998. 人工增雨试验中的反效果问题. 应用气象学报，**9**:336-344.

Albrecht B A. 1989. Aerosols, cloud microphysics, and fractional cloudiness. *Science*, **245**: 1227-1230.

Bergeron T. 1935. On the physics of clouds and precipitation. *Proc. 5th Assem. U. G. G. I.* Lisbon **2**:3-10, 173-178.

Braham R R, Battan L J, and Byers H R. 1957. Artificial nucleation of cumulus clouds. *Meteorological Monographs*, **2**:47-85.

Cotton W R, and Pielke R A. 2007. *Human Impacts on Weather and Climate*. 2nd ed., Cambridge University Press, 308 pp.

Ferek R J, and Coauthors. 2000. Drizzle suppression in ship tracks. *Journal of the Atmospheric Sciences*, **57**:2707-2728.

Grant L O, and Elliot R E. 1974. The cloud seeding temperature window. *Journal of Applied Meteorology*, **13**:355-363.

Gunn R, and Phillips B B. 1957. An experimental investigation of the effect of air pollution on the initiation of rain. *Journal of Meteorology*, **14**:272-280.

Lyons W A, Nelson T E, and Williams E R *et al*. 1998. Enhanced positive cloud-to-ground lightning in thunderstorms ingesting smoke from fires. *Science*, **282**:77-80.

Ramanathan V, Crutzen P J and Kiehl J T *et al*. 2001. Aerosols, climate, and the hydrological cycle. *Science*, **294**:2119-2124.

Rosenfeld D, and Farbstein H. 1992. Possible influence of desert dust on seedability of clouds in Israel. *Journal of Applied Meteorology*, **31**:722-731.

Rosenfeld D, and Woodley W L. 1993. Effects of cloud seeding in West Texas: Additional results and new insights. *Journal of Applied Meteorology*, **32**:1848-1866.

Rosenfeld D. 1999. TRMM observed first direct evidence of smoke from forest fires inhibiting rainfall. *Geophysical Research Letters*, **26**:3105-3108.

Rosenfeld D. 2000. Suppression of rain and snow by urban and industrial pollution. *Science*, **287**: 1793-1796.

Rosenfeld D, Lahav R, Khain A P and *et al*. 2002. The role of sea-spray in cleansing air pollution over ocean via cloud processes. *Science*, **297**:1667-1670.

Rosenfeld D, Lohmann U, Raga G B and et al. 2008. Flood or Drought: How Do Aerosols Affect Precipitation?. *Science*, **321**:1309-1313.

Simpson J, Brier G W, and Simpson R H. 1967. Stormfury Cumulus Seeding Experiment 1965: Statistical Analysis and Main Results. *Journal of the Atmospheric Sciences*, **24**:508-521.

Simpson J. 1980. Downdrafts as linkages in dynamic cumulus seeding effects. *Journal of Applied Meteorology*, **19**:477-487.

The Hebrew University of Jerusalem, 2007: Pollution reduces rainfall in hilly areas. *Science Daily*, March 9. [Available online at http://www. sciencedaily. com/releases/2007/03/070308220825. htm]

Twomey S. 1974. Pollution and the planetary albedo. *Atmospheric Environment*, **8**:1251-1256.

Twomey S, Piepgrass M, and Wolfe T L. 1984. An assessment of the impact of pollution on global cloud albedo. *Tellus*, **36B**:356-366.

WMO. 1996. Meeting of experts to review the present status of hail suppression. Programme on Physics and Chemistry of Clouds and Weather Modification Research. Golden Gate Highlands National Park, South Africa, November 6-10, 1995. WMO Technical Document No. 764, WMP Report No. 26, 39 pp.

第 16 章　云降水化学过程

云降水化学主要研究云雾降水的组成成分及云降水中发生的化学反应。大量凝结态水(液态或固态)组成的云雾粒子蒸发后,其中溶解的化学成分又可以返回气相存在。由于凝结态的化学反应,使得一些本来不能发生的化学反应变得可能或被加速,此种情况下,云可被视为大气化学反应的催化剂。

在大气中存在尺度范围为 0.01～10 μm的气溶胶粒子。在云内,云滴相互碰并或与气溶胶粒子碰并,同时吸收可溶性气体污染物,在云内部发生化学反应,这个过程叫污染物的云内清除或雨除。在雨滴下落过程中,雨滴冲刷着所经过空气中的气体和气溶胶,雨滴内部也会发生化学反应,这个过程叫做污染物的云下清除或冲刷。就酸雨的形成过程而言,气态物质和气溶胶粒子(含硫、氮等)是如何进入液相及其在液相中进行均相和非均相转化,是造成雨水酸化的关键步骤(图 16.1)。本章将结合降水酸化过程进行讨论。

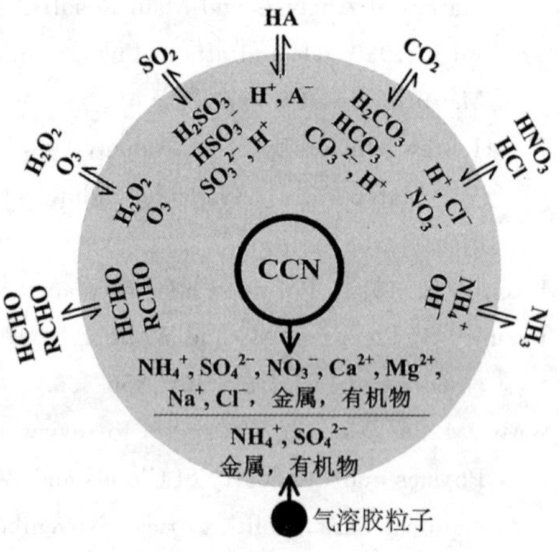

图 16.1　气体及颗粒物对云雾滴化学组成的影响(Collett 等,2003)

16.1　气体在云滴中的溶解

SO_2 和 NO_x 等气体由气态转入液相主要是通过气体在溶液中的吸收(溶解)平衡。吸收平衡是指液体吸收气体至饱和,吸收平衡遵循 Henry 定律:

$$A(g) \rightleftharpoons A(aq) \tag{16.1}$$

$$[A(aq)] = H_A P_A \quad \text{或} \quad P_A = H'_A [A(aq)] \tag{16.2}$$

式中 P_A 为物种 A 在气相的分压(Pa),$[A(aq)]$ 为平衡时液相中 A 的浓度

(mol · L^{-1})，H_A 为 Henry 系数(mol · L^{-1} · atm^{-1})，其中 mol · L^{-1} 常用 M 表示，H_A 与 H'_A 互为倒数。

如果气相和液相浓度都用 mol · L^{-1} 表示，则 Henry 常数为无量纲常数 $\hat{H}_A$，H_A 和 $\hat{H}_A$ 的换算关系为：

$$\hat{H}_A = H_A RT \tag{16.3}$$

当气压不变时，Henry 系数随温度而变化：

$$\frac{\mathrm{d}\ln H_A}{\mathrm{d}T} = \frac{\Delta H}{RT^2} \tag{16.4}$$

式中 ΔH 为物种 A 从气态变成液态时焓的变化，T 为绝对温度。通常 H 为负值，所以 Henry 常数随温度增加而下降。

Henry 系数作为反应物质在气液平衡时的相对挥发性或水溶性的关键物理常数，对研究多相过程中气态物质在溶液表面的吸附和扩散以及在溶液表面或内部进行的催化过程，还有物质干湿沉降等都具有重要意义。

表 16.1 列出了一些气体在 298 K 常温下溶于液态水的 Henry 系数值，O_2、NO、O_3 等气体的 Henry 系数值很低，它们是低溶解度的气体；NH_3、HNO_2 等有中等的溶解度；H_2O_2 和 HNO_2 等气体 Henry 系数值比之 O_2 高 $10^7 \sim 10^8$ 倍，是高溶解度气体。当 Henry 系数很大时，气体实际上已为水全部吸收。

表 16.1　一些气体在水中的 Henry 系数(298 K)(Seinfeld 等，2006)

物种	H_A/M · atm^{-1}	物种	H_A/M · atm^{-1}	物种	H_A/M · atm^{-1}
O_2	1.3×10^{-3}	HCl	1.1	CH3OOH	310
NO	1.9×10^{-3}	SO_2	1.23	$CH_3C(O)OOH$	473
C_2H_4	4.8×10^{-3}	NO_3	1.8	HO_2	5.7×10^{3}
NO_2	1.0×10^{-2}	CH_3ONO_2	2.0	HCOOH	3.6×10^{3}
O_3	1.1×10^{-2}	CH_3O_2	6	HCHO	2.5
N_2O	2.5×10^{-2}	OH	25	CH_3COOH	8.8×10^{3}
CO_2	3.4×10^{-2}	HNO_2	49	H_2O_2	1×10^{5}
H_2S	0.1	NH_3	62	HNO_3	2.1×10^{5}
DMS	0.56	CH_3OH	220		

16.1.1　SO_2 的溶解平衡

若大气中 SO_2 气体浓度范围为 $0.2\times10^{-9} \sim 200\times10^{-9}$(体积分数)，设 SO_2 气体与液相达到平衡，则

$$SO_2(g) + H_2O \rightleftharpoons SO_2 \cdot H_2O, H_{SO_2} = 1.22\times10^{-5}\ \mathrm{mol \cdot L^{-1} \cdot Pa^{-1}}$$

$$SO_2 \cdot H_2O \rightleftharpoons H^+ + HSO_3^-, K_{\alpha_1} = 1.32\times10^{-2}\ \mathrm{mol \cdot L^{-1}}$$

$$HSO_3^- \rightleftharpoons H^+ + SO_3^{2-}, K_{\alpha_2} = 6.42\times10^{-8}\ \mathrm{mol \cdot L^{-1}}$$

其中 K 为电离平衡常数。通常将 SO_2 气体溶入水中的 3 种液相形式 $SO_2 \cdot H_2O$、HSO_3^- 和 SO_3^{2-} 统称为四价硫，表示为 S(IV)。

溶解于水中的总硫[S(IV)]为：

$$[S(IV)] = [SO_2 \cdot H_2O] + [HSO_3^-] + [SO_3^{2-}] \tag{16.5}$$

将各种平衡关系式代入式(16.5)，得：

$$[S(IV)] = [SO_2 \cdot H_2O]\left(1 + \frac{K_{a_1}}{[H^+]} + \frac{K_{a_1} K_{a_2}}{[H^+]^2}\right) \tag{16.6}$$

Henry 定律只适用于气液间分子形态，上式可变为：

$$[S(IV)] = H_{SO_2}\left(1 + \frac{K_{a_1}}{[H^+]} + \frac{K_{a_1} K_{a_2}}{[H^+]^2}\right) P_{SO_2} \tag{16.7}$$

可见，溶解的总硫[S(IV)]不仅与气相 SO_2 浓度有关，还随液相 pH 而变化，图 16.2 描述了 273 K 和 298 K 时溶液中[S(IV)]与 pH 的关系。尽管在温度不变时[$SO_2 \cdot H_2O$]不随 pH 变化，但由于[HSO_3^-]和[SO_3^{2-}]随 pH 增加而增加，致使[S(IV)]也随着 pH 的增加而增加，同时[S(IV)]随温度增加而减小。在 pH 为 0～6 和温度为 273～298 K 时，[S(IV)]范围约为 $10^{-9} \sim 10^{-2}$ mol · L^{-1}。

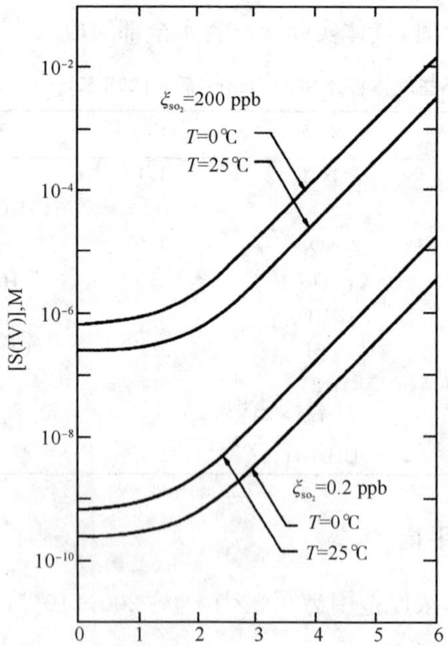

图 16.2　溶液中 S(IV)浓度与 pH、SO_2 气相混合比(ξ)和温度(T)的关系(Seinfeld 等，2006)

显然[S(IV)]的三种形态所占的比例随 pH 而变化，定义摩尔分数(即分配系数)为：

$$\alpha_0(SO_2 \cdot H_2O)=\frac{[SO_2 \cdot H_2O]}{[S(IV)]}=\frac{[H^+]^2}{[H^+]^2+K_{\alpha_1}[H^+]+K_{\alpha_1}K_{\alpha_2}}$$

$$\alpha_1(HSO_3^-)=\frac{[HSO_3^-]}{[S(IV)]}=\frac{K_{\alpha_1}[H^+]}{[H^+]^2+K_{\alpha_1}[H^+]+K_{\alpha_1}K_{\alpha_2}} \tag{16.8}$$

$$\alpha_2(SO_3^{2-})=\frac{[SO_3^{2-}]}{[S(IV)]}=\frac{K_{\alpha_1}K_{\alpha_2}}{[H^+]^2+K_{\alpha_1}[H^+]+K_{\alpha_1}K_{\alpha_2}}$$

图 16.3 表明：[S(IV)]三种形态的摩尔分数($\alpha_0 \sim \alpha_2$)随 pH 的变化，在典型大气液滴的 pH 范围 2～6 内，[S(IV)]的主要形态是 HSO_3^-。

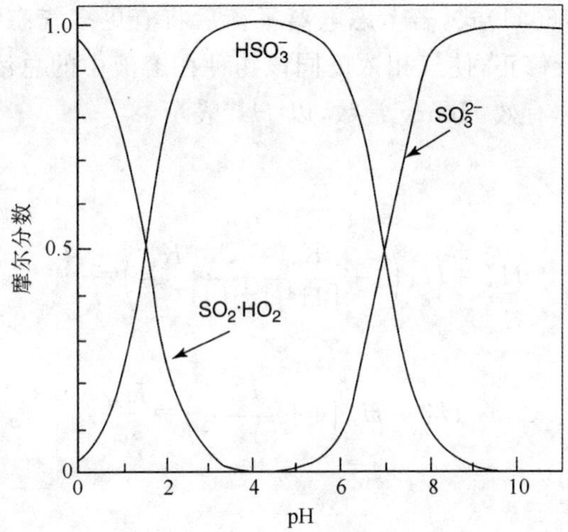

图 16.3　液相中四价硫与 pH 值的关系(Collett 等，2003)

16.1.2　NH_3 和 HNO_3 的溶解平衡

NH_3 进入液体会产生如下平衡：

$$NH_3(g)+H_2O \rightleftharpoons NH_3 \cdot H_2O, H_{NH_3}=6.12\times10^{-4}\ mol \cdot L^{-1} \cdot Pa^{-1}$$

$$NH_3 \cdot H_2O \rightleftharpoons OH^- + NH_4^+, K_b=1.75\times10^{-5}\ mol \cdot L^{-1}$$

溶解的总氨浓度[N(－Ⅲ)]为：

$$[N(-Ⅲ)]=[NH_3 \cdot H_2O]\left(1+\frac{K_b}{[OH^-]}\right)=H_{NH_3}\left(1+\frac{K_b[H^+]}{K_w}\right)p_{NH_3} \tag{16.9}$$

HNO_3 进入液体会产生如下平衡：

$$HNO_3(g)+H_2O \rightleftharpoons HNO_3 \cdot H_2O, H_{HNO_3}=2.07\ mol \cdot L^{-1} \cdot Pa^{-1}$$

$$HNO_3 \cdot H_2O \rightleftharpoons H^+ + NO_3^-, K_{\alpha 1} = 15.4\ \mathrm{mol \cdot L^{-1}}$$

从平衡常数 K_{α_1} 可知，HNO_3 在溶液中几乎全部以 NO_3^- 形式存在。溶解的 HNO_3 总浓度[N(V)]为：

$$[\mathrm{N(V)}] = [HNO_3 \cdot H_2O]\left(1 + \frac{K_{\alpha_1}}{[H^+]}\right) = H_{HNO_3}\left(1 + \frac{K_{\alpha_1}}{[H^+]}\right)P_{HNO_3} \quad (16.10)$$

同理，HNO_2 在液相的平衡和溶液总浓度[N(－Ⅲ)]为：

$$[\mathrm{N(-III)}] = H_{HNO_2}\left(1 + \frac{K_{\alpha_1}}{[H^+]}\right)P_{HNO_2} \quad (16.11)$$

16.1.3 Henry 定律的修正

对于(16.7)～(16.11)式，若考虑电离平衡后将有更多气态物质进入液相，有必要对 Henry 定律进行修正，使气相浓度同该物种在溶液中的总浓度相联系。修正后的实际 Henry 常数称有效 Henry 常数，以 H_A^* 表示：

对酸性物质 A：

二元酸：

$$H_A^* = H_A\left(1 + \frac{K_{\alpha_1}}{[H^+]} + \frac{K_{\alpha_1}K_{\alpha_2}}{[H^+]^2}\right) = \frac{H_A}{\alpha_0} \quad (16.12)$$

一元酸：

$$H_A^* = H_A\left(1 + \frac{K_{\alpha_1}}{[H^+]}\right) = \frac{H_A}{\alpha_0} \quad (16.13)$$

对碱性物质 B：

一元碱：

$$H_B^* = H_B\left(1 + \frac{K_b}{[H^+]}\right) = \frac{H_B}{\alpha'_0} \quad (16.14)$$

修正后的 Henry 定律表达式与修正前相同：

$$[\mathrm{S(IV)}] = H_{SO_2}^* P_{SO_2} \quad (16.15)$$

由于分配系数 α_0 总小于 1，所以 H_A^* 或 H_B^* 总大于 H_A 或 H_B。

16.1.4 NO_x 的液相平衡

NO_x 在液相中的平衡比较复杂，因为 NO_2 和 NO 没有相应的酸与之对应。下面简要讨论一下 NO_x 的液相平衡。

$$NO(g) \rightleftharpoons NO(aq)$$

$$NO_2(g) \rightleftharpoons NO_2(aq)$$

NO(aq)和 NO_2(aq)可以通过两条路径生成 NO_3^- 和 NO_2^-：

$$NO_2(aq)+NO_2(aq)\xrightleftharpoons{K_1}H^+ + NO_2^- + NO_3^-$$

$$NO(aq)+NO_2(aq)\xrightleftharpoons{K_2}2H^+ + 2NO_2^-$$

从上两平衡反应中可以计算出生成的 NO_3^- 和 NO_2^- 的比例为

$$\frac{[NO_3^-]}{[NO_2^-]}=\frac{[NO_2]K_1}{[NO]K_2}=\frac{H_{NO_2}K_1P_{NO_2}}{H_{NO}K_2P_{NO}} \tag{16.16}$$

当温度为 298 K 时，$H_{NO_2}K_1/(H_{NO}K_2)=7.4\times10^6$，如果 $P_{NO_2}/P_{NO}>10^{-5}$，则 $[NO_3^-]\geqslant[NO_2^-]$。除非大气中不存在 NO_2，在一般情况下，$[NO_3^-]$是 NO(g)和 NO_2(g)在液相中的主要物种。根据电中性原理，NO_x 在液相中存在下式关系：

$$[H^+]=[OH^-]+[NO_2^-]+[NO_3^-]\approx[NO_3^-] \tag{16.17}$$

$[NO_2^-]$是弱酸根，存在平衡：

$$HNO_2\xrightleftharpoons{K_3}H^+ + NO_2^-$$

利用 Henry 定律及下述平衡关系式：

$$K_1=\frac{[H^+]^2[NO_3^-][NO_2^-]}{[NO_2]^2}$$

$$K_2=\frac{[H^+]^2[NO_2^-]^2}{[NO_2][NO]}$$

$$K_3=\frac{[H^+][NO_2^-]}{[HNO_2]}$$

可求出 NO_3^-、NO_2^- 和 HNO_2 的浓度：

$$[NO_3^-]=\left(\frac{H_{NO_2}^3K_1^2P_{NO_2}^3}{H_{NO}K_2P_{NO}}\right)^{1/4} \tag{16.18}$$

$$[NO_2^-]=\left(\frac{H_{NO}^3K_2^3P_{NO}^3}{H_{NO_2}K_1^2P_{NO_2}}\right)^{1/4} \tag{16.19}$$

$$[HNO_2]=\frac{(H_{NO_2}H_{NO}K_2P_{NO}P_{NO_2})^{1/2}}{K_3} \tag{16.20}$$

16.2　液相化学反应

大气中液态水的存在形式有云、雾、雨水等水滴和气溶胶粒子表面的水层等。低价态的酸性物质在大气液态水中被氧化成高价态的硫酸盐、硝酸盐等与存在于大气液态水中的氧化剂有关，这些氧化剂主要是 H_2O_2、O_3 及自由基 OH 和 HO_2 等，它们对 SO_2 和 NO_x 的液相氧化起了重要作用。

16.2.1　O_3

O_3 微溶于水，它在溶液中的无机反应比较简单，其液相中的主要来源是一些光解反应产生的基态原子氧通过类似于气相中产生 O_3 的反应。

$$NO_3^- \xrightarrow{h\nu} NO_2^- + O \tag{16.21}$$

$$O + O_2 \rightarrow O_3 \tag{16.22}$$

在城市地区，O_3 最重要的去除过程是同低价硫和氮反应：

$$O_3 + NO_2^- \rightarrow NO_3^- + O_2 \tag{16.23}$$

$$O_3 + S(IV) \rightarrow S(VI) + O_2 \tag{16.24}$$

而 O_3 与有机物的反应并不显著。此外，O_3 还可以同 OH^-、HO_2^-、OH 和 HO_2 反应产生超氧离子 O_2^- 和 O_2，O_2^- 是产生 H_2O_2 的重要反应物。

$$O_3 + OH^- \rightarrow HO_2 + O_2^- \tag{16.25}$$

$$O_3 + HO_2^- \rightarrow OH + O_2^- + O_2 \tag{16.26}$$

$$O_3 + OH \rightarrow HO_2 + O_2 \tag{16.27}$$

$$O_3 + HO_2 \rightarrow OH + 2O_2 \tag{16.28}$$

16.2.2　H_2O_2

H_2O_2 极易溶于水，气相清除的 H_2O_2 是大气水系统中 H_2O_2 的主要来源。

$$HO_2 \rightleftharpoons O_2{}^- + H^+ \tag{16.29}$$

$$O_2^- + HO_2 \xrightarrow{H^+} H_2O_2 + O_2 \text{ 主要} \tag{16.30}$$

$$HO_2 + HO_2 \rightarrow H_2O_2 + O_2 \text{ 次要} \tag{16.31}$$

当有低价硫和氮存在时，H_2O_2 同 HSO_3^- 和 HNO_2 的反应是最重要的去除过程，H_2O_2 的光解及同 OH 自由基的反应在某些情况下也是 H_2O_2 的重要去除过程。

$$H_2O_2 + HSO_3^- \xrightarrow{H^+} SO_4^{2-} + H^+ + HO_2 \tag{16.32}$$

$$H_2O_2 + HNO_2 \xrightarrow{H^+} NO_3^- + H^+ + H_2O \tag{16.33}$$

$$H_2O_2 \xrightarrow{\lambda < 380\ nm} 2OH \tag{16.34}$$

$$H_2O_2 + OH \rightarrow HO_2 + H_2O \tag{16.35}$$

16.2.3　HO_2

液相中 HO_2 最重要的来源是 OH 自由基与 $CH_2(OH)_2$、H_2O_2 和 $HCOO^-$ 的反应：

$$OH + H_2C(OH)_2 \xrightarrow{O_2} HCOOH + HO_2 + H_2O \tag{16.36}$$

$$OH + H_2O_2 \rightarrow HO_2 + H_2O$$

$$OH + HCOO^- \xrightarrow{O_2} HO_2 + CO_2 + OH^- \quad (16.37)$$

由于 HO_2 易溶于水，而且它在水中的解离更增加了它在水中的溶解度，按照 Chameides 等(1982)的计算，HO_2 最主要的来源是气相 HO_2 的清除。

HO_2 最主要的去除过程是反应(16.30)、(16.31)以及与 O_3 的反应：

$$O_2^- + HO_2 \xrightarrow{H^+} H_2O_2 + O_2$$

$$HO_2 + HO_2 \rightarrow H_2O_2 + O_2$$

$$HO_2 + O_3 \rightarrow OH + 2O_2 \quad (16.38)$$

16.2.4　OH

OH 是液相中非常重要的自由基，OH 在液相中的反应十分复杂。它的来源除了从气相清除外，H_2O_2 的光解及 O_3 同 HO_2 的反应都可以产生 OH：

$$H_2O_2 \xrightarrow{\lambda < 380\ \text{nm}} 2OH$$

$$HO_2 + O_3 \rightarrow OH + 2O_2$$

Chameides 等(1982)认为，OH 的气相清除可能是液相 OH 的主要来源。以 α 表示供应系数(Accomodation coefficient)或黏附系数(Sticking coefficient)，即碰撞到液体表面的气体分子被捕获进液体的分数。在供应系数 α 小的时候，H_2O_2 的光解也同样重要，但 α 增大，H_2O_2 光解产生 OH 的重要性减小。Jacob(1986)认为，O_3 与 O_2^- 间快速反应，使液相反应在清洁地区产生的 OH 同气相清除到液相的 OH 在总量上大体相当。

$$O_3 + O_2^- \xrightarrow{H_2O} OH + 2O_2 + OH^- \quad (16.39)$$

Graedel 等(1985)认为锰、镍、铁和铜的反应应予以重视。

$$[Fe(OH)(H_2O)_5]^{2+} \xrightarrow{H_2O} [Fe(H_2O)_6]^{2+} + OH \quad (16.40)$$

OH 自由基最重要的去除反应时同 $CH_2(OH)_2$、H_2O_2 和 $HCOO^-$ 反应[见反应(16.36)～(16.38)]和 HSO_3^- 的反应：

$$OH + HSO_3^- \rightarrow SO_3^- + H_2O \quad (16.41)$$

其他一些去除反应如下：

$$OH + Cl^- + H^+ \rightarrow Cl + H_2O$$

$$OH + HO_2 \rightarrow O_2 + H_2O$$

$$OH + HCOOH \xrightarrow{O_2} CO_2 + H_2O + HO_2$$

$$OH + CH_3OH \xrightarrow{O_2} HCHO + H_2O + HO_2$$

$$OH + O_2^- \rightarrow O_2 + OH^-$$

16.2.5 液相硫化学反应

液相 S(Ⅳ)被氧化成 S(Ⅵ)，是大气液相化学最主要的化学转化过程，也是降水酸化的主要途径之一。溶解在大气液相中的 SO_2 主要以 $SO_2 \cdot H_2O$、HSO_3^- 以及 SO_3^{2-} 三种形式存在。S(IV)的三种形态的分配系数决定于溶液的 pH 值。在典型大气液滴 pH 范围 2～6 内，S(IV)主要以 HSO^{3-} 的形式存在，$SO_2 \cdot H_2O$ 次之，SO_3^{2-} 最少。已经知道的 S(IV)的液相氧化反应有 S(IV)与 O_3、H_2O_2、O_2(在金属离子 Mn(Ⅱ)和 Fe(Ⅲ)的催化下)、OH、SO_3^{2-}、HSO_3^-、SO_4^{2-}、PAN、CH_3OOH、$CH_3C(O)OOH$、HO_2、NO_3、NO_2、N(Ⅲ)、HCHO、以及 Cl_2^- 的反应(唐孝炎，等，2006)。

16.2.5.1 液相中 S(IV)的 O_3 氧化

在气相中 O_3 对 S(IV)的氧化速率很慢，但是在水溶液中这种反应很快。已经有很多人做了相关研究，Hoffmann 等(1985)详细评述了 O_3 氧化 S(IV)的反应机理及动力学资料，认为最符合现有动力学资料的速率表达式为：

$$R_0 = -\frac{d[S(IV)]}{dt} = (k_0[SO_2 \cdot H_2O] + k_1[HSO_3^-] + k_2[SO_3^{2-}])[O_3] \quad (16.42)$$

它是根据下述反应求得的：

$$O_3 + SO_2 \cdot H_2O \rightarrow 2H^+ + SO_4^{2-} \quad (16.43)$$

$$O_3 + HSO_3^- \rightarrow H^+ + SO_4^{2-} \quad (16.44)$$

$$O_3 + SO_3^{2-} \rightarrow SO_4^{2-} \quad (16.45)$$

O_3 氧化 S(IV)是通过上述 3 个独立路径进行的，$SO_2 \cdot H_2O$、$HSO_3{}^-$ 和 $SO_3{}^{2-}$ 分别与 O_3 反应的活性由大到小的次序为 $SO_3{}^{2-} > HSO_3{}^- > SO_2 \cdot H_2O$，因此可以预测 S(IV)同 O_3 反应的快慢次序为 $SO_3{}^{2-} > HSO_3{}^- > SO_2 \cdot H_2O$。但这三个反应的重要性随溶液的 pH 而变化，pH 较低时，$SO_2 \cdot H_2O$ 同 O_3 的反应比较显著，pH 较高时，$SO_3{}^{2-}$ 同 O_3 的反应占优势。

16.2.5.2 液相中 S(IV)的 H_2O_2 氧化

H_2O_2 是云雾化学中氧化 S(IV)很快的氧化剂。由于 H_2O_2 的 Henry 系数很大，常温下，水溶液中 H_2O_2 的浓度比 O_3 的浓度高 6 个数量级，这就使得 H_2O_2 有可能成为 S(IV)最为有效的氧化剂。H_2O_2 氧化 S(IV)的第二个优势是它的速率常数与 pH 有关，当 pH＞1.5 时速率常数随 pH 增加而减小，这与 S(IV)的溶解方向相反，结果 S(IV)的生成速率在一定的 pH 范围内与 pH 无关。尽管氧化反应所涉及 S(IV)的形态还不确定，但通常认为氧化机理可能是：

$$HSO_3^- + H_2O_2 \rightleftharpoons SO_2OOH^- + H_2O$$

$$SO_2OOH^- + H^+ \rightarrow H_2SO_4$$

可见，从 SO_2OOH^- 到 H_2SO_4 的反应在酸性条件下加快。速率表达式为：

$$-\frac{d[S(IV)]}{dt} = \frac{7.45\times10^7[H^+][HSO_3^-][H_2O_2]}{1+[H^+]} \tag{16.46}$$

当 $pH\gg1$ 时，$1+13[H^+]\approx1$，同时 $[H^+][HSO_3^-]=K\alpha_1[SO_2\cdot H_2O]$，所以，在实际大气环境中，氧化速率与 pH 无关。

$$-\frac{d[S(IV)]}{dt} = 7.45\times10^7 K\alpha_1[SO_2\cdot H_2O] \tag{16.47}$$

16.2.5.3　液相中 S(IV)的 ROOH 氧化

有机过氧化物 ROOH 可能是 S(IV)潜在的氧化剂，它可能以与 H_2O_2 相同的方式氧化 S(IV)：甲基过氧化氢(CH_3OOH)和过氧乙酸[$CH_3C(O)OOH$]都已证明能氧化 S(IV)，氧化机理如下：

$$HSO_3^- + CH_3OOH + H^+ \rightarrow SO_4^{2-} + 2H^+ + CH_3OH \tag{16.48}$$

当大气环境的 pH 在 2.9～5.8 时，氧化速率为：

$$R = -\frac{d[S(IV)]}{dt} = k[H^+][CH_3OOH][HSO_3^-] \tag{16.49}$$

其中，当 T=291 K 时，$k=1.7\pm0.3\times10^7\ M^{-2}\cdot s^{-1}$，活化能为 $31.6\ kJ\cdot mol^{-1}$，反应速率与 pH 无关。

$$HSO_3^- + CH_3C(O)OOH \rightarrow SO_4^{2-} + H^+ + CH_3COOH$$

当大气环境的 pH 在 2.9～5.8 时，氧化速率为：

$$R = (k_a + k_b[H^+])[HSO_3^-][CH_3C(O)OOH] \tag{16.50}$$

其中，当 T=291 K 时，$k_a=601\ M^{-1}\cdot s^{-1}$，$k_b=3.64\pm0.4\times10^{-7}\ M^{-2}\cdot s^{-1}$，反应速率随 pH 增大而增大。

16.2.5.4　液相中 S(IV)的催化氧化

在无金属离子存在的条件下，溶解 O_2 对 S(IV)的氧化速率始终是一个有争议的问题，在许多研究中，它的准一级反应速率常数不仅绝对值相差较大，而且速率常数与 pH 相关方向不一致。但所有的研究者都认为单纯溶解 O_2 同 S(IV)的氧化反应比起在重金属离子催化下的氧化反应就显得不重要了。

Fe(III)和 Mn(II)存在的情况下(表 16.2)，O_2 对 S(IV)的氧化反应为：

$$S(IV) + \frac{1}{2}O_2 \xrightarrow{Mn^{2+},Fe^{3+}} S(VI)$$

Fe(III)和 Mn(II)对 S(IV)催化反应的本征速率取决于 S(IV)和 Fe(III)、Mn(II)的浓度、pH、离子强度和温度，同时对于某些阳离子和阴离子的存在非常敏感。

表 16.2　气溶胶和液滴中锰和铁的离子浓度(Seinfeld 等,2006)

液滴	锰/μM	铁/μM
气溶胶(霾)	0.1～100	100～1000
云滴	0.01～10	0.1～100
雨滴	0.01～1	0.01～10
雾滴	0.1～10	1～100

Fe(III)在水溶液中的沉淀平衡如下:

$$Fe^{3+}+H_2O \rightleftharpoons FeOH^{2+}+H^+$$

$$FeOH^{2+}+H_2O \rightleftharpoons Fe(OH)_2^+ +H^+$$

$$Fe(OH)_2^+ +H_2O \rightleftharpoons Fe(OH)_3(s)+H^+$$

$$2FeOH^{2+} \rightleftharpoons Fe_2(OH)_2^{4+}$$

溶液中可溶性铁的浓度为:

$$[Fe]_{可溶}=[Fe^{3+}]+[FeOH^{2+}]+[Fe(OH)_2^+]+[Fe_2(OH)_2^{4+}]$$

而溶液中总铁浓度由可溶态和固态组成:

$$[Fe]_{总}=[Fe]_{可溶}+[Fe(OH)_3(s)$$

由此可见,水溶液中铁的主要存在形式随 pH 的变化而变化,当 pH 为 4.5 时,Fe^{3+} 的浓度约为 3×10^{-11} mol · L^{-1}。

在 pH=4 时,Fe(III)催化 O_2 氧化 S(IV)的氧化速率同 S(IV)和 Fe(III)浓度的一次方成正比:

$$-\frac{d[SO_4^{2-}]}{dt}=1.2\times10^6[Fe(III)][SO_3^{2-}] \tag{16.51}$$

pH>4.5 时,Fe(III)的溶解度显著减小,Fe(III)可能主要以凝聚的 $Fe(OH)_3$ 或 Fe_2O_3 形式存在。在 pH=5 时确定了 Fe(III)催化氧化 S(IV)的速率表达式为(Martin,1984):

$$-\frac{d[SO_4^{2-}]}{dt}=5\times10^5[Fe^{3+}(aq)][S(IV)] \tag{16.52}$$

Mn(II)催化氧化 S(IV)的速率表达式同 S(IV)和 Mn(II)的浓度大小有关。

当 Fe(III)和 Mn(II)同时存在时,Fe(III)和 Mn(II)之间便产生了协同效应,S(IV)的去除比 Fe(III)和 Mn(II)单独催化氧化之和快 3～10 倍。协同效应时的速率表达式为(S(IV)>10^{-6} mol · L^{-1}):

$$-\frac{d[SO_4^{2-}]}{dt}=4.7[H^+]^{-1}[Mn^{2+}]^2+0.82[H^+]^{-1}[Fe^{3+}][S(IV)]+\frac{0.82\times1.7\times10^3[H^+][Fe^{3+}][Mn^{2+}]^{1.5}[S(IV)]}{6.31\times10^{-6}+[Fe^{3+}]} \tag{16.53}$$

16.2.5.5　液相中 S(IV)氧化途径的比较

由于各种液相和多相反应的速率有很大的不定性,同时,这些反应还可能被环境中存在的各种金属催化，因此精确地定量评价各反应对 S(IV)氧化的贡献是不可能的。作为一种粗略估计，假设质量传输不是决定反应速率的控制因子，并且各种反应存在于含水量为 1 $g \cdot m^{-3}$ 的云中，Martin(1984)估算的一个典型大气中各种液相氧化路径在某一 pH 下的相对氧化速率表达式为：

$$V_{pH}=\frac{100d[S(VI)]/dt}{H^*_{SO_2}p_{SO_2}L+\frac{1000}{RT}p_{SO_2}}\times 3600\ \%\cdot h^{-1} \tag{16.54}$$

$$\frac{d[S(IV)]}{dt}=k[X][S(IV)]L \tag{16.55}$$

图 16.4 给出了在 $T=298$ K 的溶液中 S(IV)经不同途径的转化率与 pH 的关系。由图可见，H_2O_2 氧化 S(IV)在 pH<5 时是最有效的路径，当 pH>5 时，O_3 氧

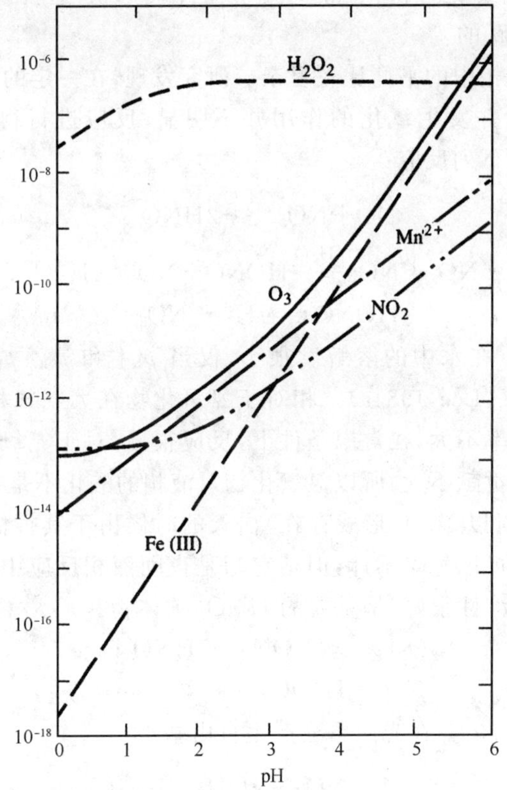

图 16.4　溶液中 S(IV)经不同途径的转化率与 pH 的关系([$SO_2(g)$]=5 ppb；[$NO_2(g)$]=1 ppb；[$H_2O_2(g)$]=1 ppb；[$O_3(g)$]=50 ppb；[Fe(III)]=0.3 μM；[Mn(II]=0.03 μM。Seinfeld 等，2006)

化 S(IV)比 H_2O_2 快 10 倍。Fe^{3+} 和 Mn^{2+} 催化 O_2 氧化 S(IV)在高 pH 下可能是比较重要的途径，但由于速率表达式在高 pH 下的不定性，故不能得到一个肯定的结论。在所研究的 pH 范围内以及气态 NO_2 和 HNO_2 的浓度水平上，NO_2 和 HNO_2 对氧化 S(IV)不重要。从图中可见，碳的催化氧化对 S(IV)的氧化速率在低 pH 下可与 Fe^{3+}、Mn^{2+} 相比。

16.2.6 液相氮化学反应

含氮化合物是大气中的重要污染物，它们可溶于大气中的液相并构成一个液相平衡体系，在这体系中含氮化合物有特定的转化过程。如 NO 氧化转化为 NO_2，最终转化为 HNO_3、PAN 和其他氧化物形式等。NO_3^- 是酸雨中一种重要的致酸物质，在此过程中，溶液中含氮物种的化学反应是非常重要的，不仅仅在于 HNO_3 的强酸性，同时也由于一些含氮化合物光解产生了活性中间产物，这就预示着溶液中氮的化学反应过程是非常活跃的。

NO 和 NO_2 在液相中的平衡比较复杂。研究发现，在一定的气象条件下，NO 和 NO_2 在液相表面吸附并发生氧化的作用并不明显，反应进行得比较缓慢。NO 和 NO_2 溶于水后会发生下列反应：

$$NO + NO_2 \xrightarrow{H_2O} 2HNO_2 \tag{16.56}$$

$$NO_2 + NO_2 \xrightarrow{H_2O} HONO + NO_3^- + H^+ \tag{16.57}$$

$$HONO \rightleftharpoons H^+ + NO_2^- \tag{16.58}$$

由于 NO 和 NO_2 在水中的溶解度很小，仅当 $p_{NO_2}^2$ 和 $p_{NO_2}p_{NO} > 1.0 \times 10^{-4}\ Pa^2$ 时，上述反应才有意义(Lee，1984a)。相对于氮氧化物在大气气相中的反应，氮氧化物在液相中的反应速率不大，在常温条件下，反应很慢，对于氮氧化物的氧化去除以及对液相中硝酸盐的贡献不大，所以氮氧化物对液相的酸化不是很重要。

NO_3 自由基(有时以 N_2O_5 形式存在)白天的时候由于其很快的光解速率，在白天时其浓度很低几乎可以忽略不计，但是它却是夜间液相反应中最重要的含氮自由基。N_2O_5 和 NO_3 水溶性很好，是重要的 HNO_3 前体物。

$$N_2O_5(g) + H_2O(l) \rightarrow 2HNO_3(aq)$$

$$NO_3 + H_2O(l) \rightarrow HNO_3(aq)$$

HONO、NO_2^- 和 NO_3^- 在光照下会产生自由基：

$$HONO \xrightarrow{h\nu} OH + NO \tag{16.59}$$

$$NO_2^- \xrightarrow[H_2O]{h\nu} OH + NO + OH^- \tag{16.60}$$

$$NO_3^- \xrightarrow{h\nu} O + NO_2 \tag{16.61}$$

光解产生的原子氧自由基同溶解 O_2 反应生成 O_3，成为液相 O_3 的重要来源，而 OH 自由基则可以同 NO、NO_2、NO_2^- 和 HONO 反应生成 HONO、NO_3^- 和 NO_2：

$$OH + NO \rightarrow HONO \tag{16.62}$$

$$OH + NO_2 \rightarrow NO_3^- + H^+ \tag{16.63}$$

$$OH + NO_2^- \rightarrow NO_2 + OH^- \tag{16.64}$$

$$OH + HONO \rightarrow NO_2 + H_2O \tag{16.65}$$

溶液中的其他氧化剂如 H_2O_2 和 O_3 能氧化低价态的氮：

$$H_2O_2 + HONO \rightarrow NO_3^- + H^+ \tag{16.66}$$

$$O_3 + NO_2^- \rightarrow NO_3^- + O_2 \tag{16.67}$$

反应(16.66)受 pH 强烈影响，在 pH 为 5 时，$p_{H_2O_2} p_{HNO_2}$ 要达到 1.3×10^{-4} Pa^2 才有意义，而反应(16.67)则受碱催化 pH 为 5 时，该反应对 NO_3^- 的生成有一定的重要意义。

气相反应生成的过氧乙酰硝酸酯(PAN)可能对大气水系统中的 NO_3^- 有所贡献，PAN 进入水相后发生水解：

$$PAN \xrightarrow{H_2O} NO_3^- + CH_3C(O)O^- + 2H^+ \tag{16.68}$$

该水解速率常数为 $1\times10^{-4}\sim4\times10^{-4}$ s^{-1}。但 PAN 的 Henry 常数比 HNO_3 小得多，当 PAN 小于 1 Pa 时，PAN 不是大气水系统中 NO_3^- 的主要来源(Lee,1984b)。

由上述可见，生成 NO_2^- 和 NO_3^- 的主要反应路径是：

$$2NO_2 \xrightarrow{H_2O} 2H^+ + NO_2^- + NO_3^-$$

$$NO + NO_2 \xrightarrow{H_2O} 2H^+ + 2NO_2^-$$

$$NO_2^- + O_3 \rightarrow NO_3^- + O_2$$

$$NO_2^- + H_2O_2 \rightarrow NO_3^- + H_2O$$

$$NO_2 + Fe^{2+} \rightarrow NO_2^- + Fe^{3+}$$

设物种在气液相达到平衡，液相内达到离解平衡，$p_{O_3} = 50\times10^{-9}$、$p_{HNO_2} = 0.1\times10^{-9}$，$[Fe^{2+}] = 10^{-5}$ $mol\cdot L^{-1}$，$[H_2O_2] = 10^{-5}$ $mol\cdot L^{-1}$，则 NO_2^- 和 NO_3^- 的生成速率分别为：

$$-\frac{d[N(V)]}{dt} = k_4[H^+][NO_2^-][H_2O_2] + k_3[H^+]^{-1}[NO_2^-][O_3] + k_1[NO_2]^2$$

$$-\frac{d[N(III)]}{dt} = k_1[NO_2]^2 + k_2[NO][NO_2] + k_5[NO_2][Fe^{2+}] - k_4[H^+][NO_2^-][H_2O_2] - k_3[H^+]^{-1}[NO_2^-][O_3]$$

将各浓度及平衡常数和速率常数代入以上两式，可得：

$$-\frac{d[N(V)]}{dt} = 1.1\times10^{-13} + \frac{3.2\times10^{-19}}{[H^+]^2} + 4250 p_{NO_2}^2 \tag{16.69}$$

$$-\frac{d[N(III)]}{dt}=4250p_{NO_2}^2+1400p_{NO}p_{NO_2}+5\times10^{-3}p_{NO_2}-1.1\times10^{-13}+\frac{3.2\times10^{-19}}{[H^+]^2} \tag{16.70}$$

16.3 云与气溶胶的相互作用

在非降水云中，气溶胶粒子的化学成分和尺度谱分布与云过程密切相关。首先，气溶胶粒子中的一部分通过核化过程形成云滴，即大气气溶胶粒子的核化清除过程，该过程决定了云滴的初始化学组成。而在云形成过程中那些未活化的粒子常被称为云中间隙气溶胶粒子。如果气溶胶与云之间只有这一过程发生，则云滴蒸发后气溶胶粒子的化学成分和尺度谱分布又可恢复到成云之前的状态。但在成云之后，一系列后续过程还将继续改变气溶胶的化学性质，这些过程包括液相化学反应、间隙气溶胶粒子与云滴的碰并以及云滴之间的碰并。

在有降水发生的云中，还将在云内和云外发生雨滴与气溶胶粒子的相互作用，从而产生气溶胶粒子的湿沉降，同时也改变降水的化学成分。此外，由于云体边缘湿度较高，以及云顶强烈反射太阳光加强云顶附近光化学过程，可使云体周围气溶胶粒子浓度增加(Weber 等，2001)。

核化过程中大气气溶胶粒子群体的临界饱和度范围较大。通常认为尺度大的、易溶性颗粒物更有可能具有低临界过饱和度，因此最先被活化。但是，情况并非总是如此。由于这些粒子体积较大，增长时需要较多的水汽扩散到它们表面，所以可能需要较长的时间达到临界尺度。当过饱和度增加的速率超过大粒子消耗水汽的速率时，环境水汽压可能超过一部分小粒子的临界过饱和度，从而使这些小粒子增长到活化尺度，而且这部分小粒子本身的尺度和临界尺度均较小，因此有可能较大粒子先期增大到临界尺度活化为云滴。随着活化小粒子形成的云滴急剧增长，使水汽含量快速减少，降低了环境的过饱和度，则可以阻止大粒子和其他粒子的活化。该现象进一步说明气溶胶的尺度分布和化学组成在决定其形成的云滴尺度分布上扮演了重要角色。

水汽虽然只是对流层的一个微量组分，但在大气化学中扮演了重要角色。通过溶解，使得空气中气体和固体痕量组分被移除大气，随后通过湿清除或湿沉降过程降落到地面。液滴中的化学反应还能够将易挥发的物质转化为难挥发物质。因为大气中液滴相态要比气相具有更小的体积，溶解过程表现为浓度的显著上升。溶解到大气液相中的大多数普通无机阴离子是 SO_4^{2-}、Cl^- 和 NO_3^-，阳离子主要为钠离子、氨离子和氢离子以及碱土金属如钙和镁的离子。氯化氢和硝酸易挥发，但是在大气水中发现具有极高的溶解性。氯化铵和硝酸盐也具有同样的易挥发性，也可从气溶胶中损失：

$$NH_4Cl(s) \rightleftharpoons NH_3(g) + HCl(g)$$

$$NH_4NO_3(s) \rightleftharpoons NH_3(g) + HNO_3(g)$$

也有些情况例外，一般大部分可溶性盐和硫酸不具有显著的挥发性，因此它们形成气溶胶的效率很高。这些溶解的盐在湿气溶胶和雨水中提供了高浓度的背景电解质溶液。在气溶胶中它们浓度很高，甚至能达到过饱和，但在云和降雨中被稀释，它们此时的浓度一般低于 10^{-3} mol・L^{-1}。一旦溶解在小滴中并形成降水，这些溶解物就会被移除到地面。通过抽取并过滤大量的空气，可以收集并分析大气中的水溶性气溶胶粒子。对气溶胶粒子的简单分析只能提供它们原始的化学组成，一般由氯化钠、硫酸铵、重硫酸盐和硫酸组成。对干粒子的检测能够证明这些化合物的重要性。远海上的物质一般被分为海盐（氯化钠）、硫酸铵和硫酸。海盐在大尺度粒子（$>2\ \mu m$）中占主导地位，二氧化硫氧化形成的硫酸盐存在于较小的尺度（$<2\ \mu m$）上。硝酸盐是氮氧化物氧化形成的产物。从大气液相化学的角度看，在最初的盐中阴阳离子之间并不总是相关的。

气溶胶中的有机化合物包括燃烧过程和生物排放产生的大量碳氢化合物。这些碳氢化合物对清洁地区的气溶胶有很大的贡献，但是这些物质可能不太容易溶于水。大气传输过程，特别是氧化作用，使挥发性高、溶解度低的化合物转化为挥发性低、溶解度高的化合物。但是同样有一些因素限制它们在溶液中出现。很多氧化产物（醇类、乙醛、酮和酸）仍然有挥发性，由于其分子含碳原子较少，它们易挥发变为气相。

虽然气溶胶中有机物有很大一部分是水溶性有机物，但是气溶胶中仍然还有很多不确定的有机物质。雾水中大概有 80％的水溶性有机碳可以被定义为：(1)中性/碱性有机物；(2)一元羧酸和二元羧酸；(3)多元酸有机物（Descari 等，2000）。一些生物化合物虽然不挥发，但也可以进入大气，典型的是糖、氨基酸、尿素和腐殖质。

典型的氧化产物具有低挥发性和高溶解性，包括两种截然不同的酸：二元羧酸（草酸、丙二酸、琥珀酸和含氧酸如乳酸）；由糠酸代表的环状化合物（2—糠酸）。Saxena 等（1996）根据有机基团的亲水性试图寻找大气中的水溶性更高的有机物。除上面提到的这些酸之外，他们也认识到乙二醛、烷基二醇和多羟基化合物、二醇类、丙酮酸和多功能酸（柠檬酸、乳酸、酒石酸）在气溶胶中存在的可能性。除了这些含氧化合物之外，一些含氮有机物如硝基酚、乙醇胺和氨基酸，由于其固有的物理特性而被认为应该能够存在于气溶胶中。Kames 等（1992）研究表明烷基硝酸盐和与其截然不同的其他硝酸盐应该能够溶于大气水系统中。

一些含有长链的碳氢化合物，虽然不溶但可以作为气溶胶液滴表面的活性剂。最明显的活性剂可能是羧酸和硝酸盐（Seidel，2000）。左旋葡聚糖是森林烟雾的示踪剂，但是不太易溶。大气中的 α 和 β 葡萄糖、α 和 β 果糖、蔗糖和海藻糖这些可溶性糖一般源于扬尘。萜烯易挥发，能够从植物表面蒸发，我们知道的萜烯如松萜和柠檬柑，在夏天的森林里就会有其微量的气味。这些化合物并不特别溶于云和气溶胶中，但是它们的双键意味着其易氧化成羰基化合物。松醛和蒎酸极性非常高(图 16.5)，其溶解到大气水系统中会影响森林上空气溶胶的吸湿性。

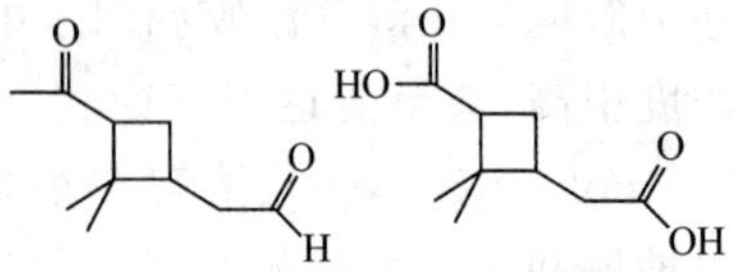

图 16.5　α 松萜(含双键)、松醛氧化产物和蒎酸的结构式。

大气中的有机物种类繁多，要准确把握每种有机物的大气化学过程是很困难的。但是，可以把它们分成多羟基化合物、糖、萜烯和多环芳烃几个种类分别进行认识。大气中的一些类似于土壤腐殖质的有机物也很重要，这些棕色的类腐殖物质(HULIS)通常与有机沉积物及其风化产物联系在一起。HULIS 表面具有活性，可能参与到云的核化过程中。同时，含有金属离子的 HULIS 可以作为光敏剂促进气溶胶光化学反应。

表面活性化合物可能和植被也有关系。湿润的叶面化学组成特殊，因为植被气孔的吐水作用可以渗出很多不寻常的物质。这种水经常溶解有高浓度的二氧化碳和源于植物的离子如钾(Hughes 等，1994)。植被表面的水珠是易溶痕量气体重要的汇，例如二氧化硫可以转变成硫酸盐。在日本，即使大气中硫酸盐和硝酸盐的酸化作用较强，春季地表沉积的高浓度黄沙可使露珠变为中性或者碱性(Chung 等，1999)。氨和亚硝酸盐在水珠中的浓度要高于雨中。但是，如果叶面的水珠干了的话，氨和亚硝酸盐会消失(Takenaka 等，1999)。在很多露水样品中，水珠体积小意味着乙醛的高浓度和乙二醛(乙烷，$C_2H_2O_2$)的支配地位。在露水中生物质的降解如叶片蜡质(Fruekilde 等，1998)具有产生水溶性有机物如四氧戊醛的潜力。

16.4　云降水化学成分

降水是大气净化的主要过程之一。由于雨除(云内清除)和冲刷(云下清除)，各种微量物质(大气气溶胶粒子和微量气体)都会进入降水，使云降水化学组成十分复杂。云降水化学组成必然为云降水所处的环境条件及云降水演变过程中的宏观过程所控制，进而与地域、气团性质等有关。了解云和降水的组分分布是进一步研究云降水化学过程及其对环境生态影响的基础。

云降水中包含的化学组分大体可包含几类：

1）大气的固定成分：O_2、N_2、CO_2 等；

2）无机物：土壤源：Al^{3+}、Ca^{2+}、Mg^{2+}、Fe^{3+}、Mn^{2+}、$SiO_3{}^{2-}$ 等；海洋源：Na^+、Cl^-、Br^-、I^-、$SO_4{}^{2-}$、$HCO_3{}^-$、K^+、Ca^{2+}、Mg^{2+}、$PO_4{}^{3-}$；气体转化产物：$SO_4{}^{2-}$、$NO_3{}^-$、$NH_4{}^+$、Cl^- 等；人为源：As、Cd、Cr、Co、Cu、Pb、Mn、Mo、Ni、V、Zn、Ag、Sn、Hg（及其氧化物）等；

3）有机物：有机酸（HCOOH、CH_3COOH）、醛（HCHO、H_3CHO）、烯烃、芳烃、烷烃；

4）光化学反应产物：H_2O_2、O_3、PAN；

5）不溶物：土壤粒子、燃烧不完全产物（碳黑）等

通常有关云降水化学组分资料，多半集中于无机酸阴离子 $SO_4{}^{2-}$、Cl^-、$NO_3{}^-$ 和阳离子 $NH_4{}^+$、Ca^{2+}、H^+ 等。这些离子参与土壤的酸碱平衡，对陆地和水生生态有较大影响。

一般来说降水云的离子浓度比非降水云低，而云水离子浓度要比雾水浓度低。由于资料不是来自同一地点，很难比较它们的绝对差值。由于降水云通常含水量要大于非降水云，且在降水过程中本身要清除粒子和污染气体，故而在同样的云中污染条件下，降水云中所含的组分浓度低些。由于雾通常形成于近地的大气层中，且常常有地面逆温，污染物不易散发出去，雾水中的离子浓度就比较高。表 16.3 给出了清洁地区和污染地区云、雾主要成分观测值的典型范围（Collett 等，2003）。

表 16.3　清洁和污染地区云雾主要可溶性成分的典型浓度范围（Collett 等，2003）

成分	单位	污染地区云	污染地区雾	清洁地区云
pH		2～5	3～7	4～6
$SO_4{}^{2-}$	$\mu eq \cdot L^{-1}$	50～2000	50～5000	5～50
$NO_3{}^-$	$\mu eq \cdot L^{-1}$	10～2000	50～20000	0～20
$NH_4{}^+$	$\mu eq \cdot L^{-1}$	50～1000	100～20000	10～50
Cl^-	$\mu eq \cdot L^{-1}$	0～500	0～100	0～500
Na^+	$\mu eq \cdot L^{-1}$	0～500	0～200	0～500
$HCOO^-$	$\mu eq \cdot L^{-1}$	0～100	0～1000	0～20
CH_3COO^-	$\mu eq \cdot L^{-1}$	0～100	0～500	0～10
HCHO	μM	10～50	5～500	0～10
TOC	ppm C	2～30	5～50	0～2

云雾粒子对可溶性气体和气溶胶粒子的清除加上非均相化学反应过程共同决定了云雾水的化学组成，同时相变过程（如蒸发—凝结）也在一定程度上决定各种成分的绝对含量。通常情况下，云雾水中包含大量的离子成分，其中主要的离子有 $NO_3{}^-$、$SO_4{}^{2-}$、$NH_4{}^+$。在中国很多地区，阴离子多以 $SO_4{}^{2-}$ 为主，阳离子除 $NH_4{}^+$ 外

Ca^{2+}的浓度也较高。在一些沿海地区，海盐粒子是云雾水化学成分的主要来源之一，而在大陆地区土壤源的贡献较大。云雾水中的有机成份目前仅在全球部分地区有少量观测结果，但已表明它们是云雾水化学成分的重要部分。在一些污染地区，云雾中的甲醛、醋酸、甲酸浓度可达到与主要无机离子相当的量级，但观测结果同时表明，云雾中甲醛、醋酸盐、甲酸盐等低分子有机碳（TOC）只占总有机碳的一小部分，对云雾中高分子有机碳的研究主要针对特殊来源或者有毒性的一些高分子有机碳化合物。到目前为止，观测过的主要有机成分包括羧酸（蚁酸、醋酸、丙酮酸、丙酸）、醛类（甲醛、乙醛、乙二醛、苯甲醛）、多环芳烃（屈、芘、荧蒽、苯并芘、苯并荧蒽）、酮类（丙酮）、农药（西维因、二嗪农、马拉息昂、林丹、阿特拉津）以及各种酚（苯酚、硝基酚、二硝基酚、甲基苯酚、愈创木酚、丁香酚）等。云滴中部分有机化合物来源于燃料燃烧，而也有很多通过大气化学反应形成。除了低分子量羧酸和醛类化合物以外，云雾滴中大多数单一有机化合物的浓度通常远小于主要无机成分的浓度。

越来越多的证据表明，云雾滴群中各个云滴的化学成分并不相同，而且差异可能很大（Moore 等，2004）。原因包括：形成云雾滴的 CCN 成分差异，不同尺度云雾滴凝结增长速率不同，以及可溶性微量气体成分在不同云滴上的溶解量不一致。因此，已开始在云雾化学模式和测量中更多地考虑云滴之间化学成分的差异。

习　题

(1)试回答下列问题：

1)大气中 $SO_4{}^{2-}$ 和 $NO_3{}^{-}$ 生成的主要过程是什么？

2)二氧化硫通过哪些氧化途径转化成三氧化硫或硫酸？影响二氧化硫氧化的因素主要有哪些？

3)简述大气水系统中的氧化剂及其来源。简述液相中硫和氮的化学转化及其反应动力学。

(2)单位体积云中，某种气体在空气和云水中质量相等。若云的液水含量（LWC）为 $1\ g \cdot m^{-3}$，温度为 5℃，试计算该气体的 Henry 系数。（设一摩尔该气体在气压为 1 atm、温度为 5℃时的体积为 22.8 L）（参考答案：$4.38\times10^4\ mol \cdot L^{-1} \cdot atm^{-1}$）

(3)0.1 g 的 $(NH_4)_2SO_4$ 溶解于 200 cm^3 的水中。求其浓度以及溶液的平衡水汽压（温度自定）。

(4)当温度为 298 K，气压为 1 atm 时，若空气中 SO_2 的浓度为 1 ppbv，求其在水中的平衡浓度。

(5)当温度为 298 K 时，若 CH_3COOH 溶液的浓度为 $1\ mol \cdot L^{-1}$，求其 pH 值。

(6)求 NH_3 溶于水的有效 Henry 系数表达式。若温度为 298 K 时，取平衡常数为1.8×10^{-5} mol·L^{-1}，试计算pH值分别为4、7、10时的Henry系数。(参考答案：分别为原Henry系数的1.8×10^{5}、1.18、181倍)

(7)如果云中液水含量(LWC)为1 g·m^{-3}，其中溶解的SO_2的浓度为空气中的1000倍。为了达到1 %·h^{-1}的氧化率，则液相中的转化率应为多少?

(8)在大气微滴中由S(IV)氧化成SO_4^{2-}的过程中，Fe^{3+}可能起到催化作用，若大气中铁离子总量的1%可溶于水。若Fe^{3+}的浓度为1 μg·m^{-3}，水的液相体积与空气体积比为1.0×10^{-10}($m^3_{水}/m^3_{空气}$)，pH值为4，且环境SO_2的浓度为5 ppb时，求SO_2的氧化转化率(%·h^{-1})。

(9)假定CCN通过核化过程从大气中移除。试估计从地面到5 km高度气柱中CCN的滞留时间。设年降雨量为100 cm，云的液水含量为0.30 g·m^{-3}。(参考答案：5.2×10^{4} s=14.5 d)

(10)设云底高度为2 km，均匀分布于云下的某气体浓度C为10 μg·m^{-3}。若仅考虑降水清除作用，则清除效率可定义为

$$\Lambda=-\frac{1}{C}\frac{\partial C}{\partial t}$$

即单位时间内气体浓度减小的比例。设清除系数Λ为3.3 h^{-1}，试计算降水开始半小时后该气体在云下空气中的浓度，以及沉降通量。(参考答案：1.9 μg·m^{-3}，16.2 mg·m^{-2})

参考文献

唐孝炎，张远航，邵敏. 2006. 大气环境化学. 第二版. 北京：高等教育出版社，739 pp.

Chameides W，and Davis D. 1982. The free radical chemistry of cloud droplets and its impact upon the composition of rain. *Journal of Geophysical Research*，**87**：4863-4877.

Chung Y S，Kim H S，and Yoon M B. 1999. Observations of visibility and chemical compositions related to fog，mist and haze in South Korea. *Water，Air，and Soil Pollution*，**111**：139-157.

Collett J L，and Herckes P. 2003. Cloud Chemistry. *Encyclopedia of Atmospheric Sciences*，J. R. Holton，J. A. Curry，and J. A. Pyle，Eds.，Academic Press，451-459.

Decesari S，Facchini M C，Fuzzi S，and Tagliavini E. 2000. Characterization of water-soluble organic compounds in atmospheric aerosol：A new approach. *Journal of Geophysical Research*，**105**：1481-1489.

Fruekilde P，Hjorth J，Jensen N R，Kotzias D，and Larsen B. 1998. Ozonolysis at vegetation surfaces：A source of acetone，4-oxopentanal，6-methyl-5-hepten-2-one，and geranyl acetone in the troposphere. *Atmospheric Environment*，**32**：1893-1902.

Graedel T E，Franey J P，Gualtieri G J，Kammlott G W，and Malm D L. 1985. On the mechanism of silver and copper sulfidation by atmospheric H_2S and OCS. *Corrosion Science*, **25**: 1163-1180.

Hoffmann M R, and Calvert J G. 1985. Chemical Transformation Modules for Eulerian Acid Deposition Models, Vol. 2, The Aqueous-Phase Chemistry, EPA/600/3—85/017, U. S. Environmental Protection Agency, Research Triangle Park, NC.

Hughes R N, and Brimblecombe P. 1994. Dew and guttation: formation and environmental significance. *Agricultural and Forest Meteorology*, **67**:173-190.

Jacob D J. 1986. Chemistry of OH in remote clouds and its role in the production of formic acid and peroxymonosulfate. *Journal of Geophysical Research*, **91**:9807-9826.

Kames J, and Schurath U. 1992. Alkyl nitrates and bifunctional nitrates of atmospheric interest: Henry's law constants and their temperature dependencies. *Journal of Atmospheric Chemistry*, **15**:79-95.

Lee Y N. 1984a. Atmospheric aqueous-phase reactions of nitrogen species, in Gas-Liquid Chemistry of Natural Waters, Vol. 1, BNL 51757, Brookhaven National Laboratory, Brookhaven, NY, pp. 20/1—20/10.

Lee Y N. 1984b. Kinetics of some aqueous-phase reactions of peroxyacetyl nitrate, in Gas-Liquid Chemistry of Natural Waters, Vol. 1, BNL 51757, Brookhaven National Laboratory, Brookhaven, NY, pp. 21/1—21/7.

Martin L R. 1984. Kinetic studies of sulfite oxidation in aqueous solution, in *SO_2, NO, and NO_2 Oxidation Mechanisms: Atmospheric Considerations*, J. G. Calvert, ed., Butterworth, Stoneham, MA, 63-100.

Moore K F, Sherman D E, Reilly J E, and Collett J L, Jr. 2004. Drop size-dependent chemical composition in clouds and fogs. Part I. Observations. *Atmospheric Environment*, **38**: 1389-1402.

Saxena P, and Hildemann L M. 1996. Water-soluble organics in atmospheric particles: A critical review of the literature and application of thermodynamics to identify candidate compounds. *Journal of Atmospheric Chemistry*, **24**:57-109.

Seidl W. 2000. Model for a surface film of fatty acids on rain water and aerosol particles. *Atmospheric Environment*, **34**:4917-4932.

Seinfeld J H, and Pandis S N. 2006. *Atmospheric Chemistry and Physics: From Air Pollution to Climate Change*. 2nd ed. J. Wiley, 1203 pp.

Takenaka N, Suzue T, Ohira K, Morikawa T, Bandow H, and Maeda Y. 1999. Natural denitrification in drying process of dew. *Environmental Science & Technology*, **33**:1444-1447.

Weber R J, and Coauthors. 2001. Measurements of enhanced H_2SO_4 and 3—4 nm particles near a frontal cloud during the First Aerosol Characterization Experiment (ACE 1). *Journal of Geophysical Research*, **106**:24107-24117.